PRESENTE
PERMANENTE

Suzanne Corkin

PRESENTE PERMANENTE

A história de Henry Molaison e de como o estudo de seu cérebro revolucionou a neurociência

Tradução de José Gradel

Revisão técnica de Suzana Herculano-Houzel

EDITORA RECORD
RIO DE JANEIRO • SÃO PAULO
2018

CIP-BRASIL. CATALOGAÇÃO NA PUBLICAÇÃO
SINDICATO NACIONAL DOS EDITORES DE LIVROS, RJ

C831p Corkin, Suzanne
Presente permanente: a história de Henry Molaison e de como o estudo de seu cérebro revolucionou a neurociência/Suzanne Corkin; tradução de José Gradel; revisão técnica de Suzana Herculano-Houzel. – 1ª ed. – Rio de Janeiro: Record, 2018.

Tradução de: Permanent present tense: The Unforgettable Life of the Amnesic Patient, H. M.
Inclui bibliografia e índice
ISBN: 978-85-01-40416-9

1. Neurociência. 2. H.M., 1926–2008. 3. Amnésicos – Biografia. 4. Epilepsia – Cirurgia. I. Gradel, José. II. Herculano-Houzel, Suzana. III. Título.

17-42287

CDD: 612.82
CDU: 612.8

Copyright © Suzanne Corkin, 2013

Título original em inglês: Permanent present tense: The unforgettable life of the amnesic patient, H. M.

Todos os direitos reservados. Proibida a reprodução, armazenamento ou transmissão de partes deste livro, através de quaisquer meios, sem prévia autorização por escrito.

Texto revisado segundo o novo Acordo Ortográfico da Língua Portuguesa.

Direitos exclusivos de publicação em língua portuguesa para o Brasil adquiridos pela
EDITORA RECORD LTDA.
Rua Argentina, 171 – 20921-380 – Rio de Janeiro, RJ – Tel.: (21) 2585-2000, que se reserva a propriedade literária desta tradução.

Impresso no Brasil

ISBN 978-85-01-40416-9

Seja um leitor preferencial Record.
Cadastre-se em www.record.com.br e receba informações sobre nossos lançamentos e nossas promoções.

Atendimento e venda direta ao leitor:
mdireto@record.com.br ou (21) 2585-2002.

Em memória de Henry Gustave Molaison
26 de fevereiro de 1926 — 2 de dezembro de 2008

Sumário

Prólogo: O homem por trás das iniciais   9

1. Prelúdio à tragédia   19
2. "Uma operação francamente experimental"   39
3. Penfield e Milner   57
4. Trinta segundos   75
5. Memórias são feitas disso   105
6. "Uma discussão comigo mesmo"   129
7. Codificar, armazenar, recuperar   147
8. Memória sem lembrança I: Aprendizado motor   191
9. Memória sem lembrança II: Condicionamento clássico, aprendizado perceptual e precondicionamento   225
10. O universo de Henry   249
11. Conhecendo os fatos   291
12. Fama crescente e saúde em declínio   325
13. O legado de Henry   351

Epílogo   371
Agradecimentos   383
Notas   387
Índice   427

Prólogo

O homem por trás das iniciais

Henry Molaison e eu nos sentamos frente a frente, um microfone na mesa estreita entre nós. Estacionado ao seu lado estava seu andador, e em uma cesta branca presa na parte dianteira havia uma revista de palavras cruzadas. Ele sempre tinha uma dessas por perto. Henry vestia sua roupa habitual — calças com elástico na cintura, camisa esportiva, meias brancas e confortáveis sapatos pretos. Seu rosto largo, parcialmente coberto por óculos de lentes grossas, tinha uma expressão atenta e agradável.

— Como você está se sentindo hoje? — perguntei a ele.
— Sinto-me bem — respondeu Henry.
— Isso é bom. Você está com uma ótima aparência.
— Poxa, obrigado.
— Soube que você tem um pouco de dificuldade para lembrar as coisas.
— Sim, tenho. Eu tenho... bem... muita dificuldade para lembrar coisas, você sabe. E uma coisa que descobri é que gosto muito de palavras cruzadas. E isso me ajuda, de certa forma.

Falamos um pouco sobre suas palavras cruzadas, um tópico frequente nas conversas. Depois perguntei:

— Há quanto tempo você tem dificuldades para lembrar das coisas?
— Isso eu não sei. Não posso dizer porque não lembro.
— Você acha que são dias ou semanas? Meses? Anos?
— Não posso colocar isso exatamente em termos de dias, semanas, meses ou anos.
— Mas você acha que tem esse problema há mais de um ano?
— Acho que é algo assim. Um ano ou mais. Porque creio que fiz, isto é apenas um pensamento que eu mesmo estou tendo, bem, que possivelmente eu tenha feito uma operação ou coisa do gênero.

Essa conversa aconteceu em maio de 1992, quase quarenta anos depois de que Henry tivesse perdido sua capacidade de criar memórias de longo prazo, como resultado de uma intervenção cirúrgica de risco. Em 1953, ele sofreu uma resseção bilateral do lobo temporal medial, uma operação experimental no cérebro que pretendia aliviar a severa epilepsia que ele enfrentava desde os 10 anos de idade. Desde seu primeiro ataque, em 1936, sua condição havia piorado, tornando cada vez mais difícil sua participação em atividades normais. A operação permitiu controlar as crises, mas com uma consequência inesperada e devastadora — uma amnésia profunda que tirou de Henry a capacidade de formar novas memórias e, ao fazer isso, determinou o curso do resto de sua vida.[1]

Amnésia é a incapacidade de estabelecer lembranças duradouras que permaneçam disponíveis para uma posterior recuperação consciente. A palavra tem origem no grego *amnesía*, que significa "esquecimento" ou "perda da memória", mas essa deficiência vai além do esquecimento. Pacientes amnésicos como Henry são privados da capacidade de transformar experiências imediatamente presentes em lembranças duráveis. Essa condição, que pode ser permanente ou temporária, origina-se geralmente de uma lesão do cérebro, resultante, por exemplo, de uma encefalite, um derrame ou um traumatismo craniano. A perda de memória também pode surgir de uma desordem psiquiátrica rara, a amnésia psicogênica,

O HOMEM POR TRÁS DAS INICIAIS

que não tem uma causa neurológica identificada. No caso de Henry, a amnésia foi consequência da remoção cirúrgica de partes do cérebro, e foi permanente.

Henry era um jovem de 27 anos de idade quando foi operado. Agora, aos 66 anos, ele se locomove com o apoio de um andador para prevenir quedas. Contudo, para ele, passou-se apenas um curto período de tempo. Nas décadas posteriores à operação, ele viveu em um tempo presente permanente: não guardava lembrança do rosto de pessoas que conhecia, de lugares que visitava ou de momentos que tinha vivido. Suas experiências escapavam de sua consciência segundos depois de acontecerem. Minhas conversas com Henry desapareciam da mente dele de forma imediata.

— O que você costuma fazer?
— Vejamos, é difícil — o que não faço... Eu não me lembro das coisas.
— Você sabe o que fez ontem?
— Não, não sei.
— E hoje de manhã?
— Não me lembro disso também.
— Pode me dizer o que almoçou hoje?
— Para falar a verdade, eu não sei. Eu não...
— O que você acha que vai fazer amanhã?
— Qualquer coisa que seja benéfica — disse ele em seu modo amistoso e direto.
— Boa resposta — disse eu. — Já nos encontramos antes, você e eu?
— Sim, penso que sim.
— Onde?
— Bem, no colégio.
— No colégio?
— Sim.
— Que colégio?
— Em East Hartford.

— Não nos encontramos em nenhum outro lugar além do colégio?
Henry hesitou um pouco.
— Para falar a verdade, não posso... Não. Acho que não.

Na época dessa entrevista, eu já vinha trabalhando com Henry por trinta anos. Encontrei-me primeiro com ele em 1962, quando fiz a pós-graduação. Não nos encontramos no colégio, como Henry acreditava firmemente, mas, por pura coincidência, nossas vidas tinham se cruzado. Eu cresci em Connecticut, perto de Hartford, a poucos quilômetros da casa onde Henry vivia. Quando eu tinha 7 anos, fiquei muito amiga de uma menina que morava na casa em frente à nossa. Lembro-me do pai dela zunindo por nossa rua em seu Jaguar vermelho-bombeiro e, nos fins de semana, vestido com macacão de mecânico, fuçando o motor do carro.

O pai dessa minha amiga era neurocirurgião. Quando criança, eu não tinha ideia do que fazia um neurocirurgião. Anos depois, quando fiz a pós-graduação no Departamento de Psicologia da Universidade McGill, aquele homem retornou à minha vida. Enquanto lia artigos sobre a memória em publicações científicas, topei com o relatório de um médico que havia realizado uma operação de cérebro para curar um jovem de uma epilepsia intratável. A operação fizera o paciente perder a capacidade de estabelecer novas memórias. O médico coautor do artigo era William Beecher Scoville, o pai da minha amiga. O paciente era Henry Molaison.

Essa conexão de infância com o neurocirurgião de Henry fez com que a leitura sobre o "paciente amnésico, H.M." fosse mais estimulante. Mais tarde, quando me uni ao laboratório de Brenda Milner no Montreal Neurological Institute, o caso de Henry caiu no meu colo. Para a minha tese de doutorado, tive oportunidade de examiná-lo em 1962, quando compareceu ao laboratório de Milner para a realização de um estudo científico. Milner tinha sido a primeira psicóloga a fazer testes com Henry depois da cirurgia, e seu artigo de 1957 com Scoville, descrevendo a operação de Henry e suas terríveis consequências, revolucionou a ciência da memória.[2]

O HOMEM POR TRÁS DAS INICIAIS

Eu estava tentando expandir a compreensão científica da amnésia de Henry ao examinar sua memória por meio do sentido do tato, ou seja, do sistema somatossensorial. Essa investigação inicial foi focada e breve; durou uma semana. Depois que fui para o MIT, no entanto, o extraordinário valor de Henry como participante de pesquisa tornou-se claro para mim, e passei a estudá-lo pelo resto de sua vida, 46 anos. Desde sua morte, dediquei meu trabalho a relacionar 55 anos de ricos dados comportamentais ao que vamos aprender com a autópsia do cérebro dele.[3]

Quando me encontrei com Henry pela primeira vez, ele me contou histórias sobre o começo de sua vida. Pude conectar-me de forma instantânea com os lugares sobre os quais ele falava e sentir a história da sua vida. Várias gerações da minha família viveram na região de Hartford. Minha mãe frequentou o mesmo colégio que Henry, e meu pai foi criado na mesma vizinhança em que Henry viveu. Eu nasci no Hartford Hospital, no qual foi levada a cabo a cirurgia cerebral de Henry. Com todas essas interseções em nossos passados e experiências, foi interessante que, quando lhe perguntei se nos havíamos conhecido antes, ele emblematicamente respondeu "Sim, no colégio". Só posso especular como Henry forjou a conexão entre mim e sua experiência de colégio. Uma possibilidade é que eu me parecia com alguém que ele conheceu na época; outra é que, durante suas muitas visitas ao MIT para fazer testes, ele gradualmente tenha construído um sentido de familiaridade comigo e tenha arquivado essa representação entre suas memórias daquela época.

Henry era famoso, mas não sabia. Sua surpreendente condição tinha feito dele tema de pesquisa científica e de fascinação pública. Por décadas, recebi pedidos dos meios de comunicação para entrevistá-lo e filmá-lo. A cada vez que eu lhe dizia quão especial ele era, Henry podia entender momentaneamente, mas não retinha o que eu dizia.

A Canadian Broadcasting Corporation gravou nossa entrevista de 1992 para dois programas de rádio: um dedicado à memória; o outro, à epilepsia. Um ano antes, Philip Hilts havia escrito um artigo sobre Henry para o *New York Times* e, posteriormente, fez dele o protagonista de um livro, *Memory's Ghost*.[4]

Artigos científicos e capítulos de livros foram escritos sobre Henry, e seu caso é um dos mais amplamente citados na literatura da neurociência. Abra qualquer livro didático de introdução à psicologia e provavelmente encontrará em algumas páginas uma descrição de um paciente conhecido apenas como H.M., ao lado de diagramas do hipocampo e imagens em preto e branco de ressonâncias magnéticas. A deficiência de Henry, um tremendo ônus para ele e sua família, tornou-se um ganho para a ciência.

Enquanto ele viveu, as pessoas que o conheceram protegeram sua identidade, sempre se referindo a ele somente por suas iniciais. Quando dava conferências sobre a contribuição de Henry para a ciência, sempre me deparei com intensa curiosidade das pessoas por saber quem ele era, mas seu nome só foi revelado para o mundo depois de sua morte, em 2008.

Ao longo das décadas em que trabalhei com Henry, tornou-se minha missão assegurar-me de que ele não fosse lembrado apenas por breves e anônimas descrições em livros didáticos. Henry Molaison foi muito mais que uma coleção de resultados de testes e de imagens do cérebro. Ele foi um homem agradável, cativante e gentil, com um agudo senso de humor, que sabia que tinha uma memória pobre e aceitava seu destino. Havia um homem por trás das iniciais, e uma vida por trás dos dados. Henry frequentemente me dizia que esperava que a pesquisa sobre sua condição ajudasse outros a viver vidas melhores. Ele teria se orgulhado em saber o quanto sua tragédia beneficiou a ciência e a medicina.

Este livro é um tributo a Henry e sua vida, mas também uma viagem pela ciência da memória. A memória é um componente essencial de tudo o que fazemos; no entanto, não estamos conscientemente atentos ao seu alcance e à sua importância. Nós subestimamos a memória. Quando andamos, falamos e comemos, não nos damos conta de que nosso comportamento deriva de informações e habilidades que aprendemos previamente e das quais nos lembramos. Apoiamo-nos constantemente em nossa memória para atravessar cada momento e cada dia. Precisamos da memória para sobreviver — sem ela, não saberíamos como nos vestir, navegar por nossa vizinhança ou nos comunicar com os outros. A memória nos possibilita revisitar nossas experiências, aprender do passado e até mesmo planejar o que fazer no futuro. Ela provê continuidade de um momento a outro, da manhã à noite, dia a dia, ano a ano.

Com base no caso de Henry, percebemos melhor os vários processos específicos em que a memória se divide e entendemos os circuitos cerebrais subjacentes. Hoje sabemos que, quando descrevemos o que jantamos na noite anterior, citamos um fato sobre história europeia ou digitamos uma frase em um teclado sem olhar para as teclas, estamos acessando diferentes tipos de memória armazenados no cérebro.

Henry nos ajudou a compreender o que acontece quando a capacidade de armazenar informações está ausente. Ele reteve bastante dos conhecimentos que adquiriu antes da operação, mas, em sua vida cotidiana depois disso, ele dependia enormemente das memórias daqueles à sua volta. Os membros de sua família e, mais tarde, a equipe de sua casa de repouso lembravam o que Henry havia comido naquele dia, que medicamentos precisava tomar, e se precisava de um banho. Os resultados de seus testes, os boletins médicos e as transcrições de suas entrevistas ajudaram a preservar informações sobre sua vida que ele não era capaz de reter. É claro que nenhum desses recursos poderia substituir as habilidades que Henry perdeu. Pois a memória faz mais do que apenas ajudar-nos a sobreviver — ela influencia nossa qualidade de vida e ajuda a modelar nossa identidade.

Nossa identidade é composta de narrativas que construímos com base em nossa história pessoal. O que acontece se não conseguimos reter nossas experiências por tempo suficiente para encadeá-las? O vínculo entre memória e identidade ocupa o centro de nossas apreensões em relação ao envelhecimento e ao declínio cognitivo. Perder nossa memória para a demência parece uma desgraça inimaginável e, no entanto, assim foi toda a vida adulta de Henry. À medida que seu presente avançava, não deixava rastro de memória atrás dele, como um andarilho que não deixa pegadas. Como poderia tal pessoa ter um sentido claro de quem era?

Aqueles de nós que conhecemos Henry reconhecemos uma personalidade clara — gentil, de bom coração e altruísta. Apesar de sua amnésia, Henry tinha um sentido de si mesmo. Mas era distorcido, refletindo pesadamente seu conhecimento geral do mundo, de sua família e dele mesmo antes de 1953. Depois da cirurgia, ele conseguia ganhar apenas fragmentos mínimos de autoconhecimento.

Podemos descrever as várias maneiras em que usamos a memória em nossas vidas. Mas como nossas experiências se traduzem em mecanismos no cérebro? A memória não é um acontecimento isolado, não é um instantâneo imobilizado em celuloide pelo clique de um obturador. Aprendemos — inicialmente com Henry — que a memória não reside em um único lugar do cérebro. Em vez disso, ela utiliza muitas partes do cérebro em paralelo. Podemos pensar sobre o ato de recordar como uma ida ao supermercado para comprar todos os ingredientes para um ensopado. Selecionamos a carne, os vegetais, o caldo e os temperos de diferentes partes da loja e depois os combinamos em uma grande panela. De maneira similar, rememorar nosso último aniversário implica obter informação armazenada em diferentes partes do cérebro — as imagens, os sons, os cheiros e os gostos — e organizar esses traços armazenados de um modo que nos permita reviver a experiência.

Para ajudar a compreender o funcionamento da memória, costuma-se pedir emprestada uma metáfora da ciência da computação: memória é informação que o cérebro processa e armazena. Para ter sucesso nesse empreendimento, o cérebro necessita realizar três passos: deve codificar a informação, transformando os dados brutos de experiência em um formato compatível com o cérebro; deve armazenar a informação para uso posterior; e deve ser capaz de recuperar mais tarde a informação armazenada.

O HOMEM POR TRÁS DAS INICIAIS

Na época da operação de Henry, pouco se sabia sobre como o cérebro realiza esses processos da memória. Nos anos 1960, a disciplina que agora chamamos de neurociência mal existia. Desde então, o caso de Henry tem sido essencial para uma série de profundas descobertas científicas sobre a natureza da memória e sobre os processos específicos pelos quais ela é adquirida. Uma lição básica, porém crucial, que Henry nos ensinou foi que é possível perder a capacidade de lembrar e mesmo assim permanecer inteligente, articulado e perceptivo. É possível esquecer uma conversa que ocorreu há instantes, mas ainda assim ter a capacidade de resolver desafiadoras palavras cruzadas.

O tipo de memória de longo prazo que Henry não tinha é chamado agora de memória *declarativa*, porque as pessoas podem declarar o que aprenderam por meio de palavras. Em contrapartida, Henry possuía memória de longo prazo para habilidades motoras, tais como usar um andador. Esse tipo de memória agora é chamado de memória *não declarativa*, porque as pessoas demonstram seu conhecimento por meio do desempenho e não podem verbalizar o que aprenderam.[5]

À medida que a neurociência e particularmente a ciência da memória evoluíram na segunda metade do século XX, o caso de Henry permaneceu muito relevante para a pesquisa. Quando apareciam novas teorias sobre processos de memória e novas ferramentas de imagens do cérebro, nós as aplicávamos a seu caso. Até sua morte em 2008, ele pacientemente permitiu a mim e a mais de cem outros cientistas que o estudássemos, avançando enormemente em nosso conhecimento sobre como o cérebro lembra — ou como falha em lembrar.

Como Henry doou seu cérebro para o Massachusetts General Hospital (Mass General) e para o MIT em 1992, ele continua a desempenhar um papel nas novas fronteiras da ciência. Na noite em que morreu, escaneamos seu cérebro com uma máquina de ressonância magnética durante nove horas. Depois seu cérebro foi preservado, embebido em gelatina, congelado e cortado em 2.401 fatias ultrafinas, da frente para trás. Essas fatias foram digitalizadas e montadas em uma imagem tridimensional que eventualmente estará disponível na internet para cientistas e leigos, oferecendo uma nova maneira de explorar em detalhe a anatomia de um único e bem estudado cérebro amnésico.

Temos poucos exemplos de pacientes individuais que transformaram completamente um campo científico como Henry fez. Sua história não é apenas uma curiosidade médica: é a prova do impacto que um único sujeito pode ter. O caso de Henry respondeu a mais questões sobre a memória do que toda a pesquisa científica do século anterior. Embora tenha vivido sua própria vida no tempo presente, Henry causou um impacto permanente na ciência da memória e nos milhares de pacientes que se beneficiaram com suas contribuições.

1.
Prelúdio à tragédia

Em junho de 1939, a família Molaison vivia em Hartford, Connecticut. Atravessando a Ponte Bulkeley ficava East Hartford, uma cidade que vibrava com a excitação da aviação, já que era o lar da Pratt & Whitney, líder mundial na fabricação de motores de avião. Pilotos ofereciam ao público "passeios pelo céu" em pequenos aviões e Henry, com 13 anos, gostava de observar esses voos do solo. Como presente de formatura do colégio, ele iria voar pela primeira vez.

Henry e seus pais foram de carro até Brainard Field, junto ao rio Connecticut, a uns cinco quilômetros do centro de Hartford. Ali, Gus Molaison pagou 2,50 dólares para que Henry desse uma volta curta sobre a cidade em um avião monomotor Ryan, similar ao *Spirit of St. Louis* com o qual Charles Lindbergh tinha voado sobre o Atlântico doze anos antes — sentado sozinho em uma cadeira de vime, com os mais básicos suprimentos para sustentá-lo e apenas um motor de 223 cavalos de potência impedindo que caísse no mar. A superfície do Ryan era de alumínio polido e o interior da cabine estava revestido de couro verde fosco. Henry ajeitou-se no banco do copiloto, no lado direito do aeroplano, e o piloto mostrou-lhe como funcionavam os controles — o manche que guiava as viradas e fazia o avião subir ou descer, e os pedais que dirigiam o leme.

Quando o motor arrancou, a hélice começou a girar e em pouco tempo foi como se desaparecesse. O piloto empurrou o regulador de potência para a frente e logo o avião ergueu-se da pista e voou sobre o aeroporto. Naquele dia de primavera, tudo no solo estava verde e vibrante. O piloto sobrevoou Hartford e Henry pôde ver o topo dos edifícios do centro da cidade — o prédio mais alto de Hartford, o Travelers Tower, e o Old State House com sua brilhante cúpula dourada.

O avião dispunha de dois conjuntos de controles, e o piloto deixou Henry pilotar. Ele agarrou o manche, que podia ser levado para diante e para trás a fim de elevar ou abaixar o nariz do avião, ou girado para virar a aeronave para ambos os lados. O piloto o alertou para segurar o manche com firmeza e nunca empurrá-lo para a frente de modo abrupto, o que colocaria o nariz do avião para baixo e faria com que ele mergulhasse. Henry ficou surpreso ao ver como pilotava bem — o avião voava suavemente ao seu comando.

Quando chegou a hora de pousar, o piloto assumiu os controles, mas permitiu que Henry continuasse segurando o manche, que estava ligado de forma mecânica ao do piloto. Ele instruiu Henry para manter os pés no chão durante o pouso, para evitar que tocasse inadvertidamente o pedal do leme, o que poderia fazer com que o avião se desviasse. Eles desceram, indo em direção a uma suave curva do rio onde ficava o aeroporto. Quando começaram o pouso, o piloto disse a Henry para manter o manche para trás, assim a frente do avião não apontaria muito para baixo, fazendo o avião "ir de nariz" e ficar de cabeça para baixo. Eles tocaram a terra de forma suave e taxiaram até parar ao lado da pista.

Para o jovem Henry, o curto passeio deve ter despertado os mesmos sentimentos de aventura e possibilidade que ele sentira ao ouvir falar da improvável odisseia de Charles Lindbergh pelo Atlântico. Aquele passeio de avião foi um dos momentos mais emocionantes de sua vida. Do começo ao fim da experiência ele ficou completamente extasiado pelas sensações do avião, pela visão da terra abaixo deles, e pela excitação de assumir o controle. Cada detalhe do passeio estava vividamente gravado em sua mente.

PRELÚDIO À TRAGÉDIA

Anos mais tarde, depois que Henry havia perdido a capacidade de formar novas memórias, tudo o que lhe restou foi seu passado — o conhecimento que havia adquirido até o dia da operação. Ele se lembrava da mãe e do pai, dos amigos de escola, das casas em que vivera, e das férias em família. Mas, quando lhe pediam que falasse sobre essas memórias, era incapaz de descrever um único evento, um único momento no tempo com todas as visões, sons e cheiros que vinham com ele. Ele guardava o quadro geral de suas experiências, sem nenhum detalhe específico.

O primeiro e único passeio de avião de Henry foi uma de duas exceções. Mesmo quando ficou velho, ainda podia recordar o interior forrado de verde do avião, o movimento do manche, a visão do Travelers Tower e as instruções do piloto enquanto ele assumia o controle do avião — tudo com nitidez perfeita. Em décadas de perguntas e entrevistas com Henry depois de sua operação, esse era o único episódio de sua vida que ele descrevia com vívidos detalhes. A outra exceção foi, quando aos 10 anos de idade, ele fumou seu primeiro cigarro.

Henry nasceu no Manchester Memorial Hospital, dia 26 de fevereiro de 1926, em Manchester, Connecticut, cidade a uns 16 quilômetros a leste de Hartford. Era um bebê saudável de 4 quilos. Seus pais o levaram para casa a menos de dois quilômetros dali, na rua Hollister.

O pai de Henry, Gustave Henry Molaison, conhecido como Gus, era de Thibodaux, Louisiana. Henry ainda conseguia se lembrar das origens familiares, e brincava: "A família do meu pai é do Sul e se mudou para o norte, e a família da minha mãe veio do Norte e se mudou para o sul." Um parente rastreou a linhagem dos Molaison até Limoges, na França. Nos anos 1600, os cajun franceses se mudaram para a Nova Escócia, de onde foram deportados para a França em meados do século XVIII. No final dos anos 1700, eles migraram novamente, desta vez para a Louisiana, e os Molaison se estabeleceram em Thibodaux, uma pequena comunidade a uns cem quilômetros ao sudoeste de Nova Orleans. A mãe de Henry, Elizabeth McEvitt

Molaison, conhecida como Lizzie, nasceu em Manchester, Connecticut, mas seus pais vieram da Irlanda do Norte, lugar com o qual continuaram a manter estreitos laços familiares.

    Gus era alto e magro, tinha cabelos castanho-escuros e era um homem atraente, apesar das orelhas protuberantes. Lizzie era uma cabeça mais baixa que Gus, tinha cabelos castanhos encaracolados e usava óculos. Um parente distante lembra-se dela como tendo "um temperamento muito suave e sempre sorridente". Gus era mais gregário, sempre rindo e brincando com os amigos. Gus e Lizzie se casaram em 1917 na Igreja de Saint Peter, em Hartford. Ele tinha 24 anos de idade e ela, 28. Os Estados Unidos declararam guerra à Alemanha naquele ano, mas Gus nunca fez o serviço militar. Em vez disso, ele trabalhou como eletricista na região, fazendo instalações elétricas em edifícios como o G. Fox and Company, uma famosa loja de departamentos na rua principal de Hartford. Lizzie não trabalhava fora, como a maioria das esposas da época, e aprendeu a cozinhar os pratos sulistas da família de Gus. Mas a vida deles não era totalmente convencional: Gus e Lizzie eram aventureiros. Eles gostavam de viajar, costumavam ir de carro até a Flórida, o Mississippi e a Louisiana para visitar os parentes, levando uma barraca para acampar ao longo do caminho. Ela colecionava fotos e lembranças dessas viagens.

    Lizzie tinha 37 anos quando Henry nasceu. O menino foi o único filho deles, criado na fé católica. Frequentou um jardim de infância privado na vizinha East Hartford e depois a Lincoln Elementary School em Manchester, na primeira e na segunda séries. Por volta de 1931, os Molaison se mudaram para uma casa com jardim na rua Greenlawn, em East Hartford, a primeira de várias mudanças em torno da região de Hartford que a família faria durante a juventude de Henry. Em junho daquele ano, o garoto e sua mãe viajaram para Buffalo, Nova York, durante umas férias curtas. Em um cartão-postal para Gus, Lizzie escreveu: "Tudo bem e divertindo-nos. De..." e Henry, com 5 anos, rabiscou embaixo seu nome a lápis.

PRELÚDIO À TRAGÉDIA

Durante os anos 1930, a família Molaison viveu em um bairro residencial adjacente ao centro de Hartford. Henry frequentou a Saint Peter's Elementary School, ao lado da igreja onde seus pais haviam casado. Fez amigos, aprendeu a patinar e teve lições de banjo na Drago Music House, na Main Street. Em 1939, com 13 anos, o menino se formou na Saint Peter's e foi para a Burr Junior High School, na Wethersfield Avenue. Nessa época, sua vida começou a mudar.

Henry teve uma infância típica de um garoto de classe média nos anos 1930. Como a maioria, ocasionalmente sofria acidentes e, em algum momento, machucou levemente a cabeça em um acidente de bicicleta. As lembranças de fontes médicas e familiares são contraditórias quanto aos detalhes: não se sabe, com exatidão, a idade que Henry tinha quando isso aconteceu, se ele caiu da própria bicicleta ou se foi atropelado por um ciclista enquanto caminhava, ou se ficou inconsciente como resultado do acidente. O mais importante é que não há evidência de que o acidente tenha causado qualquer dano cerebral. Dois pneumoencefalogramas (radiografias do cérebro) efetuados em 1946 e 1953, antes da operação, estavam normais.

No entanto, quando Henry começou a ter ataques epilépticos aos 10 anos de idade, sua mãe lembrou-se do acidente de bicicleta e se perguntou se aquele não teria causado alguma lesão cerebral grave, embora invisível. Talvez o tenha feito, mas pelo lado de Gus da família havia um histórico de epilepsia: dois primos e uma sobrinha eram epilépticos, e Lizzie lembrou-se de ter visto um deles, uma menina de 6 anos, que jazia rígida e inanimada na grama, em uma reunião de família. Lizzie mais tarde referia-se a esse incidente como um "conjuro". Ela sempre culpou o lado de seu marido da família pela condição de Henry. Do ponto de vista de um pesquisador, a causa da epilepsia de Henry poderia ter sido a pancada na cabeça, sua predisposição genética, ou ambas.

No começo, Henry tinha ataques do tipo *"petit mal"*, também chamados de crises de ausência, e não as dramáticas convulsões que muitas pessoas associam com a epilepsia. Quando lhe sobrevinha algum ataque, ele apenas ficava ausente por alguns segundos. Não tremia, nem caía, nem perdia a consciência: ele apenas "desligava" por um momento. Se estivesse em meio a uma conversa, ele parava de falar e parecia estar sonhando acordado. Um observador poderia vê-lo oscilar, inclinar a cabeça e começar a respirar pesadamente; com frequência ele fazia pequenos e repetitivos movimentos de coçar com seus dedos, sobre os braços ou sobre a roupa. Quando a crise passava, era como se estivesse despertando: ele balançava a cabeça e murmurava: "Tenho que sair disso outra vez." Às vezes podia ficar um pouco aturdido, mas, em várias ocasiões, continuava com o que estivesse fazendo, como se nada tivesse acontecido, embora estivesse consciente de ter sofrido um ataque. Essas crises ocorriam diariamente e, ocasionalmente, Henry explicava aos eventuais espectadores que havia tido um ataque.

Ainda que as crises de ausência persistissem, elas nunca duravam mais de noventa segundos, de modo que nunca o impediram de levar uma vida normal. Saía de férias com seus pais e brincava com as crianças no Parque Colt, uma praça do seu bairro que tinha quadras de tênis, campo de beisebol e um rinque de patinação. Suas crises tampouco interromperam sua educação, tanto no ensino elementar como no secundário. Ele ia à missa aos domingos e estudava o catecismo como preparação para sua confirmação na Igreja católica. Notavelmente, suas crises não o impediram de assumir os controles do aeroplano durante seu passeio aéreo, quando tinha 13 anos.

Mas uma mudança drástica ocorreu no seu aniversário de 15 anos. Henry estava no carro da família, seu pai dirigia e sua mãe estava no banco de trás. Eles voltavam a Manchester depois de visitar alguns parentes em South Coventry, uma aldeia histórica a uns trinta quilômetros de distância. Antes que chegassem em casa, Henry teve uma crise diferente de todas as que havia sofrido antes. Seus músculos se contraíram, perdeu completamente a consciência e seu corpo tremia com convulsões. Seus pais o levaram diretamente para o Manchester Memorial — o hospital onde havia nascido. Mais tarde, ele não se lembrava desse episódio.

PRELÚDIO À TRAGÉDIA

Esse foi o primeiro ataque *grand mal* de Henry, também chamado de crise tônico-clônica, por causa dos dois processos físicos que ocorrem em sucessão no corpo — um enrijecimento dos membros seguido de convulsões rítmicas. Ao contrário das breves ausências que Henry havia experimentado antes, crises *grand mal* podem ser assustadoras para as testemunhas e exaustivas para as pessoas que as vivenciam. Henry perdia a consciência, mordia a língua, e ocasionalmente urinava, machucava a cabeça e espumava pela boca. Esses ataques mais violentos ocorriam juntamente com os ataques de *petit mal*, mais frequentes, e criavam um sério problema para Henry e sua família.

Epilepsia e *epiléptico* têm a mesma origem que o verbo grego *epilambánein*, que significa ter uma crise ou ataque. A epilepsia é uma doença com longa história e possivelmente vem desde o homem pré-histórico. Os primeiros episódios registrados datam da civilização mesopotâmica no Oriente Médio. Um manuscrito do Império Acadiano (2334-2154 a.C.) descreve um ataque epiléptico no qual o afligido move sua cabeça para a esquerda, enrijece as mãos e os pés, espuma pela boca e cai inconsciente. Séculos de debate opuseram os médicos, que acreditavam que a causa era física e devia ser tratada com manipulações racionais tais como dietas e drogas, aos magos, feiticeiros e curandeiros, que defendiam que a doença era causada por poderes sobrenaturais e devia ser curada com purificações e encantamentos dirigidos a apaziguar a entidade ofendida.[1]

A compreensão médica da epilepsia avançou nos séculos XVI e XVII, quando estudiosos começaram a concentrar-se sobre a variedade de fatores que precediam os ataques epilépticos, tais como medo súbito, excitação, estresse e lesões na cabeça. Essa mudança na direção de uma interpretação científica da epilepsia continuou durante o Iluminismo, quando os eruditos reforçaram a observação de pacientes epilépticos e fizeram experiências tanto com animais como com seres humanos, em um esforço para descobrir as causas biológicas dos ataques epilépticos.[2]

O século XIX testemunhou um avanço expressivo no estudo da epilepsia quando os médicos começaram a estabelecer as diferenças entre pacientes epilépticos e aqueles considerados "insanos". Na França, foram introduzidos termos como crises *grand mal*, *petit mal* e de ausência, e os especialistas forneceram uma descrição clínica detalhada de cada um, enquanto os psiquiatras passaram a se interessar pelas anormalidades de comportamento dos pacientes, inclusive distúrbios de memória.

No final do século XIX, o trabalho de John Hughlings Jackson, pai da neurologia britânica, transformou o estudo da epilepsia. Jackson compilou os relatos de numerosos casos, incluindo seus próprios pacientes, aqueles tratados por seus colegas e os apresentados em relatórios na literatura médica. Ele extraiu detalhes minuciosos desses registros médicos e, com base nessa rica informação, propôs uma ideia nova: que os ataques começavam em uma área isolada do cérebro e se espalhavam de forma ordenada para outras áreas. Esse notável padrão de ataques chegou a ser conhecido como epilepsia de Jackson, e as incursões iniciais na direção do tratamento cirúrgico se concentraram em pacientes cuja anormalidade estivesse confinada a uma área cerebral delimitada.[3]

Por sugestão de Jackson, Victor Horsley, o pioneiro neurocirurgião londrino, realizou as primeiras cirurgias para tratamento da epilepsia em três pacientes, publicando suas observações de dois dos casos em 1886 e, do terceiro, em 1909. Os três pacientes sofriam ataques nos quais um braço subitamente se sacudia com violência. Durante as operações, Horsley estimulava o cérebro exposto do paciente para identificar a área correspondente ao braço afetado. Ele então removia aquela parte para eliminar os espasmos. Em 1909, Fedor Krause, neurocirurgião alemão, fez uma descrição mais detalhada da cirurgia para tratamento da epilepsia. Uma parte crítica da estratégia operativa de Krause era seu foco na estimulação elétrica do córtex, para mapear áreas motoras, sensoriais e relativas à fala no cérebro humano. Esses sucessos pioneiros forneceram a validação inicial da visão de Jackson de que a epilepsia focal era causada por uma área de irritação cortical, e sugeriram que o tratamento cirúrgico era seguro e eficaz.[4]

Em 1908, no John Hopkins Hospital, nos Estados Unidos, Harvey Cushing conduziu estudos de localização cortical em mais de cinquenta operações para tratamento da epilepsia, fazendo avançar enormemente o conhecimento da localização de diferentes funções no cérebro humano. Esses estudos usando estimulação cerebral permitiram aos cirurgiões vincular anormalidades de comportamento específicas de seus pacientes a áreas específicas no córtex, um pré-requisito importante para a cirurgia de tratamento da epilepsia. A pesquisa para localizar processos motores, sensoriais e cognitivos específicos em circuitos cerebrais identificáveis continua hoje em milhares de laboratórios.

Nos anos 1920, Otfrid Foerster, de Breslau, na Alemanha, operava pacientes que tinham tumores cerebrais ou epilepsia resultantes de traumatismos cranianos sofridos na Primeira Guerra Mundial. Foerster realizou essas operações com anestesia local, utilizando estimulação elétrica para reproduzir os ataques dos pacientes e depois extirpar a área atingida do cérebro para controlar os ataques.

Foerster foi mentor de Wilder Penfield, fundador e diretor do Montreal Neurological Institute. Após uma visita de seis meses ao hospital de Foerster em 1928, Penfield regressou a Montreal para expandir seus estudos de estimulação e mapeamento cortical, que lhe permitiam localizar e remover os focos epilépticos de seus pacientes. Começando em 1939, ele desenvolveu um procedimento cirúrgico, a lobotomia temporal — remoção de parte do lobo temporal direito ou esquerdo — que desde então vem sendo utilizada para controlar ataques originados naquela parte do cérebro.[5]

Uma importante descoberta feita no Montreal Neurological Institute nos anos 1950 iria afetar profundamente Henry Molaison. Penfield e seu colega Herbert Jasper, neurofisiologista, revisaram evidências dos casos cirúrgicos nos quais Penfield levara a cabo estudos de estimulação e dos experimentos de estimulação em animais. Eles concluíram que os ataques do lobo temporal se originavam na amígdala e no hipocampo, estruturas profundas do lobo temporal. Daí em diante, uma lobotomia temporal padrão do lado esquerdo ou direito, no Instituto Penfield, incluía a remoção da amígdala e de parte do hipocampo. O neurocirurgião de Henry, William Beecher Scoville, sabia dos bons resultados de Penfield com a remoção da amígdala e do hipocampo e citava essa evidência como justificativa para a operação do jovem.

Hoje sabemos que todos os ataques epilépticos são manifestações comportamentais de atividade elétrica excessiva no cérebro. Os pesquisadores compreenderam pela primeira vez esta marca registrada da epilepsia por meio do memorável avanço técnico de Hans Berger no final dos anos 1920. Berger, psiquiatra alemão, dedicou sua carreira a desenvolver um modelo de função cerebral, a interação entre a mente e o cérebro. Depois de esforços decepcionantes para vincular o comportamento ao fluxo sanguíneo e à temperatura, ele voltou sua atenção para a atividade elétrica no cérebro. Em seus primeiros experimentos, ele inseriu fios sob o couro cabeludo de um paciente e fez as primeiras gravações de atividade elétrica no cérebro humano. Berger batizou seu novo método de *eletroencefalograma* (EEG), e com ele identificou diferentes tipos de ritmos cerebrais, alguns rápidos e outros lentos. Depois de uma série de melhorias técnicas, inclusive o desenvolvimento de eletrodos não invasivos para uso sobre o couro cabeludo, Berger obteve sucesso em gravar atividade elétrica anormal em vários distúrbios cerebrais, inclusive epilepsia, demência e tumores cerebrais. Essa nova janela para o cérebro humano mudou a prática da neurologia, dando aos pesquisadores pistas para a biologia subjacente do cérebro.[6]

Notícias da notável descoberta de Berger alcançaram a Harvard Medical School em 1934, onde inspiraram um projeto de pesquisa cujo objetivo era estudar a atividade elétrica do cérebro em pacientes epilépticos. Em 1935, Albert Grass, técnico e pós-graduado do MIT, construiu três máquinas de EEG e fundou a pioneira Grass Instrument Company. Grass, em colaboração com os neurologistas William Gordon Lennox e Frederic Gibbs, gravou em papel eletroencefalogramas de indivíduos com epilepsia do tipo *petit mal*. As gravações mostraram um padrão característico de ondas cerebrais naqueles sujeitos, e estudos posteriores em outros pacientes com convulsões do tipo *grand mal* revelaram um padrão característico diferente. O EEG, aquela maravilhosa ferramenta nova, permitia aos médicos identificar a natureza do ataque e sua localização no cérebro, um enorme avanço para o diagnóstico e tratamento. Nos primeiros tempos da cirurgia para tratamento da epilepsia, os cirurgiões se baseavam nos padrões de ataques dos pacientes a fim de identificar a área cerebral onde estes se originavam, e então remover o tecido disfuncional. Algumas vezes, no entanto, quando os cirurgiões expunham o cérebro na sala de operações, a área em questão se revelava normal e nenhum tecido era removido. O EEG melhorou enormemente a avaliação pré-operatória de pacientes com epilepsia e também proporcionou um meio de monitorar a atividade elétrica cerebral durante as operações. No final dos anos 1930 e nos anos 1940, o laboratório de Herbert Jasper desenvolveu métodos para registrar padrões de EEG e para localizar focos de atividade anormal no córtex e em estruturas mais profundas do cérebro do paciente durante a operação. Scoville e seus colaboradores utilizaram métodos de gravação fisiológicos similares durante a operação de Henry, numa tentativa de descobrir a origem das convulsões, mas sem sucesso.

A disponibilidade de máquinas de EEG para registrar a atividade convulsiva lançou as bases para o tratamento com drogas antiepilépticas, desenvolvidas para corrigir a disfunção cerebral evidenciada nos traços do EEG e para impedir que os ataques ocorressem. O uso de drogas para tratar a epilepsia pode ser verificado desde pelo menos o quarto século antes de Cristo, quando curandeiros administravam uma variedade de remédios bizarros. Esses tratamentos — alguns baseados em crenças mágicas e outros, na observação — incluíam pelo de camelo, bile e revestimento do estômago de focas, fezes de crocodilo, coração e genitais de lebres, sangue de tartaruga marinha e amuletos feitos, entre outras coisas, de raiz de peônia. Embora hoje sejam considerados superstições, esses remédios eram considerados eficazes em muitos casos. A introdução da terapia anticonvulsiva experimental teve início com o surgimento das drogas Luminal (fenobarbital), em 1912, e Dilantina (fenitoína), em 1938. Na maioria dos pacientes, essas drogas controlavam efetivamente os ataques e se tornavam a espinha dorsal do tratamento da epilepsia. Na época de Henry, vários outros medicamentos anticonvulsivos tinham sido adicionados ao arsenal farmacêutico. Tais drogas podiam diminuir a severidade ou a frequência dos ataques, mas era comum apresentarem efeitos colaterais indesejáveis, inclusive sonolência, náusea, perda de apetite, dor de cabeça, irritabilidade, fadiga e constipação.[7]

No começo dos anos 1950, a terapêutica da epilepsia havia avançado em três frentes: localização dos focos epilépticos, medicamentos e cirurgia. A maioria dos pacientes conseguia controlar os ataques com regimes personalizados de medicamentos. Aqueles que requeriam intervenção cirúrgica desfrutavam de resultados satisfatórios depois que o cirurgião removia a área específica do córtex onde se originavam os ataques. As remoções variavam em extensão, frequentemente restritas a uma parte do lobo frontal, temporal ou parietal em um lado do cérebro, mas ocasionalmente incluíam todo o córtex do lado direito ou esquerdo. Em centros de neurocirurgia de todo o mundo, pesquisadores conduziam estudos de EEG e testes cognitivos antes e depois das operações, para documentar a eficácia do tratamento e para guiar novas abordagens.[8]

Na escola, a epilepsia de Henry o impediu de adaptar-se. Ele se matriculou na Willimantic High School, mas abandonou os estudos por vários anos, por não poder suportar a provocação dos outros garotos. Em 1943, aos 17 anos de idade, Henry matriculou-se no primeiro ano da East Hartford High. Usava óculos de fundo de garrafa, era alto, calado e bastante tímido. Exceto uma breve passagem pelo Clube de Ciência, nunca tomou parte em atividades extracurriculares. Poucos de seus colegas de colégio o conheciam; esses poucos comentavam que ele era muito educado.

PRELÚDIO À TRAGÉDIA

A vergonha de Henry sobre sua epilepsia pode tê-lo impedido de ser mais ativo na escola — ser mais participativo aumentaria a probabilidade de que um ataque acontecesse na frente de seus colegas. Só podemos especular como Henry teria sido diferente sem sua epilepsia, e quanto de sua atitude retraída era causado por um acanhamento natural em vez de vergonha por sua doença. Naquela época, a conduta em relação à epilepsia ainda era alimentada pelo medo e pela desinformação, e Henry era segregado pela sua condição. Certa vez, uma professora chamou um dos colegas de turma do jovem e lhe disse: "Você é alto e forte. Temos um problema aqui: um de seus colegas, Henry, tem epilepsia. Se ele tiver um ataque, quero que você o mantenha no chão enquanto eu chamo a enfermeira." Por sorte, nunca houve necessidade de o garoto intervir.

Uma colega da East Hartford High, Lucille Taylor Blasko, lembra que a primeira vez que reparou em Henry foi quando o viu deitado no chão do corredor do colégio, tremendo e se contorcendo. De longe, pareceu a ela que o rapaz estava tomado pelo riso. No dia seguinte, o superintendente da escola convocou todos os estudantes para uma reunião no auditório onde expôs a situação de Henry. Embora sua intenção fosse orientar, ele também colocou o jovem em evidência e fez com que sua condição se tornasse de conhecimento geral.

Dois vizinhos e amigos de Henry, Jack Quinlan e Duncan Johnson, alistaram-se no exército, durante a Segunda Guerra Mundial, enquanto Henry ainda estava na escola. Nesse período eles trocaram cartas animadas nas quais se pode vislumbrar a vida social de Henry. Ele estava definitivamente interessado em mulheres e tivera alguns encontros. Em 1946, parece ter admitido a Quinlan que tinha uma queda por uma mulher mais velha. Quinlan escreveu-lhe de Chefoo, na China, aparentemente em resposta à revelação de Henry. "Mi amigo! Fico triste em saber que você é um caso psicopático [sic]. Damas de 28 anos de idade são demasiado espertas para caras como você, especialmente as doces mulheres casadas."[9]

Henry parece ter desfrutado de outros simples prazeres também. Acompanhava programas de rádio: era fã de Roy Rogers, Dale Evans e Gabby Hayes e da comédia *As aventuras de Ozzie e Harriet*. Ele tocava discos em uma Victrola e algumas vezes escutava canções populares com amigos. Adorava o trio das McGuire Sisters, que faziam uma doce harmonia, assim como as grandes bandas dos anos 1930 e 1940, e sucessos como "My Blue Haven", "The Prisoner's Song", "Tennessee Waltz", "On Top of Old Smocky" e "Young at Heart".

Tinha fascínio por armas. Com a ajuda do pai, Henry reuniu uma coleção de rifles de caça e pistolas, inclusive uma velha pistola de pederneira, arma popular no século XVIII e no começo do XIX. O jovem conservava as armas em seu quarto, e seu passatempo favorito era praticar tiro ao alvo no campo. Era um membro orgulhoso da National Rifle Association e adorava mostrar sua coleção a amigos e parentes.

Em 1947, aos 21 anos, formou-se na East Hartford High. De acordo com a senhora Molaison, o superintendente não permitiu que Henry participasse da cerimônia de graduação, por temor de que ele tivesse uma crise. O rapaz limitou-se a ficar sentado com os pais e ficou "muito chateado com aquilo". Em 1968, não se lembrava do evento. Mais de sessenta colegas assinaram seu anuário, um número surpreendente considerando seu relativo isolamento social. É possível que, durante uma sessão de assinatura de anuários, os exemplares tenham sido passados de uma pessoa a outra, e todos assinaram os livros de todos. Seu amigo Bob Murray escreveu: "Um colega de quarto que ilumina a escuridão." Outra colega anotou: "Para um grande colega e perfeito amigo. Amor e sorte sempre, Loris." Henry escolheu uma citação de Júlio César, de Shakespeare, para acompanhar seu bonito retrato no anuário: "Não há truques na plena e simples fé."

No colégio, Henry havia escolhido o curso técnico, em vez de o preparatório para a faculdade. Com isso, cursava disciplinas direcionadas para o desenvolvimento de habilidades que o preparavam para uma carreira técnica, em vez de puramente acadêmica. Aos 16 anos, trabalhou nas férias como porteiro de cinema. Seu primeiro emprego, depois de formado, foi em um ferro-velho no subúrbio de Willimantic, rebobinando motores elétricos. Depois, atuou na Ace Electric Motor Company, também em Willimantic, onde auxiliava os dois donos. Henry era um trabalhador metódico e fazia cuidadosas anotações e diagramas sobre seu trabalho em um pequeno diário de capa preta. Suas anotações incluíam equações para calcular a voltagem e a potência em um circuito elétrico, e um diagrama de dois resistores em paralelo. Seu diário também continha plantas para construir uma estrada de ferro em escala. Mais tarde, Henry deixou a Ace e se empregou numa linha de montagem na Underwood Typewriter Company, a fábrica de máquinas de escrever situada em Hartford.

Henry ia e vinha do emprego todos os dias com um vizinho. Ele não podia dirigir, pois ainda sofria muitas crises *petit mal* todos os dias e, intermitentemente, ataques *grand mal*. As crises dificultavam suas tarefas cotidianas e, com frequência, faltava ao trabalho. Tomou grandes doses de drogas antiepilépticas, sem que os ataques fossem debelados.

Henry tinha então 24 anos, e seu tratamento estava a cargo de William Beecher Scoville. Médico proeminente, Scoville havia criado o Departamento de Neurocirurgia no hospital em Hartford em 1939 e dava aulas na Escola de Medicina da Universidade de Yale. Tinha um título de BA (bacharel em artes) da Yale e um MD (doutor em medicina) da Universidade da Pensilvânia e, antes de chegar a Hartford, havia treinado em alguns dos melhores centros médicos do país: no New York Cornell Hospital e no Bellevue Hospital, em Nova York, e no Mass General e na Lahey Clinic, em Boston — onde foi orientado por algumas das mais proeminentes figuras da neurocirurgia do século XX. Brilhante, enérgico e ambicioso, Scoville falava com um toque de humor, mas com frequência parecia reservado com seus colegas. Considerado como um pensador independente e um não conformista, ele andava de motocicleta e tinha paixão por carros antigos. Em 1975, escreveu: "Prefiro a ação ao pensamento, por isso sou um cirurgião.

Gosto de ver resultados. Sou um mecânico de carros de coração e amo a perfeição na maquinaria. Assim, escolhi a neurocirurgia."[10]

Quando se tornou claro que os medicamentos disponíveis não eram adequados para controlar os sintomas de Henry, seu médico de família, Harvey Burton Goddard, sugeriu que o jovem e seus pais consultassem Scoville. Henry provavelmente teve sua primeira consulta com Scoville em 1943, quando tinha 17 anos, e começou a tomar Dilantina naquela época, obtendo algum alívio das crises *grand mal*.

Em algum momento entre 1942 e 1953, os pais de Henry o levaram à renomada Lahey Clinic, em Boston, uma viagem que ele era capaz de relatar depois da operação. Não há registros disponíveis que descrevam tal consulta. O rapaz continuou sob os cuidados de Scoville, de modo que os médicos da Lahey provavelmente disseram aos Molaison que não podiam oferecer nenhum tratamento que já não estivesse disponível em Hartford, e enfatizaram a importância de Henry ser tratado por um médico local. Scoville internou o jovem no Hartford Hospital em três ocasiões antes de setembro de 1946, mas os registros médicos dessas internações não se encontravam nos arquivos do consultório de Scoville.

No dia 3 de setembro de 1946, aos 20 anos, Henry foi internado pela quarta vez e fez um pneumoencefalograma para descartar outras anormalidades, tais como tumores cerebrais, como causa dos ataques. Esse exame desagradável e invasivo era o mais perto que os médicos podiam chegar de visualizar o tecido cerebral vivo sem abrir o crânio para espreitar lá dentro. Um médico inseria uma agulha na espinha de Henry, extraía um pouco de fluido cerebrospinal e injetava oxigênio, que ascendia pelo canal espinal até o cérebro. Era feita, então, uma radiografia, que revelava a localização e o tamanho dos espaços no cérebro nos quais o fluido cerebrospinal normalmente passava. Examinando a imagem, o médico podia determinar se o cérebro de Henry havia diminuído devido a uma doença ou se as estruturas tinham se deslocado para um ou outro lado por causa de um crescimento anormal, tal como um tumor. Os pacientes detestavam esse procedimento porque os deixava com uma terrível dor de cabeça e com náuseas. Apesar desses efeitos colaterais, Henry deixou o hospital dois dias depois com boas notícias — seu pneumoencefalograma estava normal, e seus exames físicos e neurológicos não indicavam problemas. Embora os exames excluíssem algumas das possíveis causas da epilepsia de Henry, tais como tumor ou acidente vascular cerebral, também não revelavam exatamente onde se originavam os ataques. O sumário de alta hospitalar do Hartford Hospital, de setembro de 1946, dizia "continuar com Dilantina indefinidamente". Henry ainda esperava a descoberta médica que iria normalizar sua vida.

No dia 22 de dezembro de 1952, quando Henry tinha 26 anos, há uma anotação de Scoville registrando que havia ocorrido pelo menos um ataque no mês anterior. Ele escreveu que Henry estava "sob medicação maciça, tomando Dilantina cinco vezes por dia, fenobarbital duas vezes por dia, Tridione três vezes por dia e Mesantoína três vezes por dia". Por precaução, o médico solicitou exames de sangue mensais para estar seguro de que as drogas não alcançassem um nível tóxico, e pediu a um colega do Hartford Hospital, Howard Buckley Haylett, que examinasse Henry em seu consultório. De acordo com as anotações de Scoville, Haylett examinou o paciente novamente três meses depois, em março de 1953.

Henry também passou por repetidos exames de EEG na tentativa de descobrir a área do cérebro onde se originavam os ataques. Se os médicos tivessem encontrado tal foco, então poderiam ter proposto a remoção cirúrgica daquela área, com a esperança de eliminar os ataques. No entanto, um EEG realizado no dia 17 de agosto de 1953, oito dias antes de sua operação, registrou apenas atividade lenta e espalhada. Henry, aliás, teve um ataque durante a gravação, o que foi potencialmente útil, mas mesmo assim o EEG não apontou um lugar específico de anormalidade. Dois dias mais tarde, fez outro pneumoencefalograma que não mostrou anormalidades. Sua visão e audição também foram consideradas normais. Em resumo, os exames disponíveis em 1953 não revelaram nenhuma evidência de anormalidades discretas no cérebro de Henry. Em uma repetida tentativa de localizar o foco epiléptico, outro estudo de EEG foi feito no dia anterior à operação, quando ele já não estava recebendo medicamentos pesados. As ondas anormais ainda estavam difusas e não se concentravam em uma área em especial. Durante as duas semanas anteriores à operação, Henry teve dois ataques *grand mal* e ataques diários *petit mal*.

Sabendo que as crises de Henry vinham se agravando por uma década, Scoville sugeriu uma operação experimental que ele esperava fosse controlar os ataques e melhorar a qualidade de vida de Henry. Ele acreditava que aquele tipo de operação era parte de uma série de cirurgias investigativas que poderiam fazer avançar a compreensão da doença psiquiátrica e oferecer soluções para certas desordens do cérebro que pareciam intratáveis. A operação implicaria remover vários centímetros de tecido cerebral de estruturas profundas do cérebro de Henry, primeiro de um lado e depois do outro. Scoville havia realizado operações similares antes, mas somente em pacientes com desordens psiquiátricas severas, principalmente esquizofrenia. Os resultados psiquiátricos eram variados: Scoville, em consultas com a equipe do hospital e membros da família, classificava os sintomas psiquiátricos de cada paciente de menos um (pior) a quatro (melhora notável com alta para voltar para casa). Um paciente foi classificado como menos um e dois como quatro, os outros ficaram entre esses números. Não eram feitos testes cognitivos. Henry seria o primeiro paciente a passar por esse procedimento para a melhoria da epilepsia intratável. Em 1991, quando Henry tinha 65 anos, um acompanhante o escutou dizer que se lembrava de ter assinado formulários há muito tempo, mas não se lembrava quando nem a que se referiam. "Penso que eram sobre a operação na minha cabeça." Não há registro das conversas que Henry teve com seus pais após os encontros deles com Scoville, mas, depois de uma década de tratamentos sem resultados, todos concordavam que a operação seria a melhor chance de alívio para Henry.[11]

Na segunda-feira, 24 de agosto de 1953, ele e seus pais saíram de sua casa na Burnside Avenue e atravessaram o rio Connecticut desde East Hartford,

PRELÚDIO À TRAGÉDIA

dirigindo durante tensos oito quilômetros até o Hartford Hospital. Após ser internado, Henry foi entrevistado por uma psicóloga, Liselotte Fischer, e fez alguns testes. Ela escreveu em seu relatório: "Ele admite estar 'um pouco nervoso' por causa da operação iminente, mas expressa a esperança que ela irá ajudá-lo, ou pelo menos a outros, se a fizer. Sua atitude foi cooperadora e amistosa em toda a entrevista e expressou um tipo agradável de senso de humor."[12]

Henry passou a noite no hospital. No dia seguinte, membros da equipe rasparam sua cabeça e o levaram para a sala de cirurgia. O relatório de operação de Scoville dizia: "Finalmente admitido para nova operação de resseção bilateral da superfície medial do lobo temporal, inclusive o úncus, a amígdala e o giro hipocampal, após recentes operações no lobo temporal, para tratamento de epilepsia psicomotora."

Aquele foi um dia de ansiosa antecipação para Scoville e de cauteloso otimismo para a família Molaison. Scoville conhecia os procedimentos que outros cirurgiões estavam utilizando para controlar os ataques de seus pacientes e esperava abrir novos caminhos na terapia cirúrgica com sua própria técnica. O caso de Henry era o primeiro desse método experimental. Ele e seus pais esperavam voltar a viver como uma família normal, sem as inesperadas intrusões dos ataques de Henry. A questão na mente de todos era se a remoção do tecido cerebral curaria a epilepsia do rapaz. Ninguém imaginou que ele perderia a memória, mas aconteceu, e naquele dia o curso inteiro de sua vida foi irremediavelmente alterado.

2.

"Uma operação francamente experimental"

Na quinta-feira, 25 de agosto de 1953, William Beecher Scoville ficou de pé frente à mesa de operações e injetou um anestésico no couro cabeludo do seu paciente. Henry estava acordado, falando com os médicos e enfermeiras; não era necessário anestesia geral porque o cérebro não tem sensores de dor e, portanto, não iria registrar qualquer dor durante a operação. Os únicos lugares que precisavam estar adormecidos eram o couro cabeludo e a dura-máter, tecido fibroso entre o crânio e o cérebro.

Quando a anestesia surtiu efeito, Scoville fez uma incisão ao longo de uma ruga na testa de Henry e puxou a pele para trás, a fim de revelar seu lado de dentro vermelho e o osso debaixo dela. Logo acima das sobrancelhas, Scoville perfurou dois orifícios no crânio, de 3,8 centímetros de diâmetro e 13 centímetros entre eles. Removeu dois discos de osso dos locais das perfurações e os deixou reservados. Os orifícios tornaram-se entradas para o cérebro de Henry, através das quais o cirurgião poderia inserir seus instrumentos.

Antes de Scoville começar, sua equipe realizou um estudo final de EEG, dessa vez com eletrodos colocados diretamente em cima e dentro do tecido cerebral de Henry. Scoville quis tentar, ainda uma última vez, localizar a fonte dos ataques de Henry. A atividade elétrica em seu cérebro apareceu como uma série de linhas serrilhadas, chamadas traços, no papel do EEG, cada traço correspondente a uma parte diferente do cérebro. Se Scoville pudesse isolar a atividade epiléptica em uma área definida, a cirurgia experimental que ele havia proposto seria desnecessária; ele poderia simplesmente remover a área delimitada de onde surgiam os ataques. Mas, outra vez, o EEG mostrou atividade elétrica difusa e difícil de isolar, de modo que ele prosseguiu com a operação como planejara.

Scoville era treinado em psicocirurgia e forte defensor dela. Como muitos de seus contemporâneos, ele acreditava que a cirurgia oferecia uma solução radical, mas potencialmente transformadora, para casos desesperados. A destruição do tecido cerebral era, naquela época, considerada um tratamento válido, embora experimental, para numerosas doenças psiquiátricas, inclusive a esquizofrenia, a depressão, as neuroses de ansiedade e os estados obsessivos.

Scoville acreditava que algum dia os cirurgiões seriam capazes de mergulhar no cérebro e, ao remover ou estimular eletricamente uma área crítica, resolver problemas de modo direto, sem a necessidade de psicoterapia ou de drogas. Embora ele estivesse a ponto de operar Henry para tratar sua epilepsia, que não é uma doença psiquiátrica, foi por meio da exploração, por Scoville, desses procedimentos que ele chegou a fazer uma cirurgia tão extrema no jovem.

A maioria das pessoas pensa na psicocirurgia como a lobotomia frontal, que desconecta os lobos frontais do restante do cérebro. O filme vencedor do Oscar de 1975, *Um estranho no ninho*, oferece uma das mais vívidas ilustrações culturais do procedimento. Baseado no romance de Ken Kesey, o filme conta a história de R.P. McMurphy, um presidiário enviado a um hospital psiquiátrico por manifestar uma conduta ostensivamente lunática. Ali ele anima seus colegas pacientes a desafiar a ditatorial e odiada enfermeira Ratched. Quando seus planos produzem efeitos negativos e resultam

"UMA OPERAÇÃO FRANCAMENTE EXPERIMENTAL"

no suicídio de um paciente, ele culpa Ratched e tenta estrangulá-la. Como punição, McMurphy é lobotomizado. A operação lamentavelmente o deixa com o cérebro danificado e suscita a simpatia de outro paciente que, por misericórdia, o sufoca com um travesseiro. Na vida real, um exemplo da devastação causada pela lobotomia é a bem conhecida história de Rosemary Kennedy, filha de Joseph Kennedy e irmã de John, Robert, Edward e Eunice. Rosemary era uma jovem linda que diziam ser menos inteligente que seus irmãos. Em 1941, quando vivia em um colégio de freiras em Washington, D.C., as irmãs relataram que Rosemary sofria oscilações de humor, estava sujeita a explosões emocionais e fugia do colégio de noite. Preocupado com ela estar se encontrando com homens e poder se meter em problemas, Joseph Kennedy concordou com a lobotomia como remédio para sua filha de 23 anos de idade e levou-a ao renomado campeão da psicocirurgia Walter Freeman. O colaborador de Freeman, James Watts, diagnosticou Rosemary como depressiva agitada, fazendo dela uma boa candidata para o procedimento. O resultado foi horrível e devastador: Rosemary foi deixada mental e fisicamente incapacitada e ficou internada em instituições pelos próximos 63 anos, isolada de sua família.[1]

Agora banida em alguns países, a lobotomia frontal foi desacreditada e está virtualmente obsoleta. Conhecendo os resultados devastadores daquelas operações, é difícil compreender como algum dia puderam ter sido realizadas. De 1938 a 1954, porém, os defensores da lobotomia argumentavam que os riscos do procedimento eram justificáveis por permitirem a possibilidade de resgatar pacientes sem esperança, muitos dos quais viviam vidas deploráveis trancafiados em instituições. Algumas vezes pacientes que passavam pela cirurgia regressavam a suas famílias mais aptos a prosseguir com sua vida do que antes.

Certamente essa lógica guiou Scoville em sua recomendação para realizar o procedimento em Henry. Os ataques estavam ficando mais frequentes, colocando a vida desse paciente em risco, e ele não respondia mais, de modo satisfatório, até mesmo a doses maciças de medicação. Para Scoville, sem dúvida, a cirurgia parecia a última e a melhor opção.

Ao contrário de um tumor ou de um tecido cicatricial no cérebro, que um cirurgião pode identificar e remover, as doenças psiquiátricas não surgem de mudanças visíveis na anatomia do cérebro ou de uma doença obviamente manifesta em seu tecido. A base lógica para realizar uma cirurgia para tratar uma doença psiquiátrica, então, é que um circuito específico no cérebro não está funcionando de maneira adequada, ainda que a disfunção não seja observável.

A psicocirurgia tornou-se popular quando os cientistas começaram a mapear cérebros de animais e de seres humanos. Os experimentos de mapeamento do cérebro tiveram início no final do século XIX e tornaram-se cada vez mais difundidos quando os cientistas começaram a compreender que funções da mente estavam localizadas no cérebro. A ideia por trás daquelas investigações era que funções específicas sensoriais, motoras e até mesmo cognitivas, tais como a linguagem, estavam representadas em áreas cerebrais específicas e especializadas. Aqueles vínculos entre o cérebro e o comportamento, demonstrados no final do século XIX e no começo do século XX, aumentaram a esperança de que a doença mental poderia ser localizada e tratada cirurgicamente.

O psiquiatra suíço Gottlieb Burckhardt publicou o primeiro relato sobre psicocirurgia em 1891, ao remover partes do córtex cerebral — as camadas externas do cérebro, justo abaixo do osso — de seis pacientes que tinham alucinações. Os colegas de Burckhardt responderam ao longo relato de suas operações com o ostracismo profissional e classificaram seu procedimento de imprudente e irresponsável.[2]

No começo dos anos 1900, o neurocirurgião estoniano Ludvig Puusepp tentou um enfoque diferente. Os três pacientes de Puusepp tinham doença maníaco-depressiva ou sofriam convulsões, que ele acreditava fossem causadas por distúrbios psicológicos. Em vez de remover um naco de tecido

"UMA OPERAÇÃO FRANCAMENTE EXPERIMENTAL"

cerebral como Burckhardt havia feito, Puusepp cortou as fibras — as "linhas de telefone" — que conectavam os lobos frontais e parietais. No entanto, a cirurgia não diminuiu os efeitos da doença e Puusepp considerou que seu experimento havia fracassado.[3]

Nos anos 1930, a psicocirurgia começou em grande escala. O neurologista português António Egas Moniz foi um pioneiro deste campo, e suas tentativas de criar um tratamento biológico para distúrbios psiquiátricos, ao final lhe valeram um Prêmio Nobel. Moniz obteve inspiração de uma fonte inesperada: o Laboratório de Psicobiologia Comparada da Escola de Medicina da Universidade de Yale. Pesquisadores ali realizavam experimentos em chimpanzés para determinar a função dos lobos frontais do cérebro, a parte do córtex cerebral localizada logo atrás da testa.

Em um desses experimentos, os pesquisadores treinaram Becky e Lucy, chimpanzés normais com lobos frontais intatos, para que realizassem um teste de memória no qual elas observavam o pesquisador esconder um pedaço de comida debaixo de uma de duas xícaras. Os pesquisadores colocavam um biombo entre a chimpanzé selecionada e as xícaras, deixando-o ali por diferentes períodos de tempo, variando de segundos a minutos. Quando o biombo era retirado, a chimpanzé podia escolher uma das duas xícaras para obter a recompensa. Uma escolha correta refletia a capacidade do animal de lembrar onde a comida tinha sido escondida. Como os seres humanos, os chimpanzés manifestam diferenças individuais de personalidade e de emoções. De maneira distinta a Lucy, Becky tinha uma aversão violenta por toda a experiência de treinamento e não cooperava; ela fazia birra e rolava pelo chão, urinando e defecando, chegando a verdadeiros acessos quando realizava a tarefa de forma incorreta. Os pesquisadores concluíram que Becky tinha uma *neurose de experiência*, um distúrbio de conduta produzido no laboratório ao expor o animal a uma tarefa cognitiva extremamente difícil. Em essência, Becky teve um colapso nervoso. Lucy, por outro lado, não apresentou reações extremas.[4]

Prosseguindo com seu experimento para examinar o papel dos lobos frontais em condutas complexas, os pesquisadores removeram essas estruturas em Becky e Lucy. No período pós-operatório, ambas as chimpanzés fracassaram no teste de memória quando a demora em retirar o biombo era maior que alguns segundos, indicando que os lobos frontais eram necessários para manter a localização da comida na memória. Como outros comportamentos inteligentes foram preservados, os pesquisadores sabiam que o fracasso das chimpanzés naquela tarefa não era devido a um declínio cognitivo geral. Lucy continuou a ser uma participante colaborativa como era antes da operação, mas a conduta de Becky mudou completamente. Em um totalmente inesperado rumo dos acontecimentos, ela realizava a tarefa de forma rápida e entusiástica, e não era mais irritável e inclinada a explosões. Os pesquisadores concluíram que a operação dos lobos frontais havia "curado" sua neurose.

Essa descoberta acidental atraiu a atenção de Moniz. Ele acreditou que o caso de Becky, junto com outros estudos sobre animais e vários relatórios clínicos, fornecia suficiente evidência para sugerir que a destruição do tecido do lobo frontal nos seres humanos poderia tratar de distúrbios emocionais e de comportamento. Moniz especulou que pensamentos e comportamentos anormais exibidos por pacientes psiquiátricos eram resultado de vínculos anômalos entre os lobos frontais e outras áreas do cérebro. Ele propôs que o corte dessas conexões defeituosas iria redirecionar a comunicação neuronal para circuitos saudáveis, restaurando assim o estado normal dos pacientes.

Para alcançar este resultado, Moniz projetou o leucótomo, um instrumento novo que julgou necessário para a operação. Essa ferramenta consistia em um tubo metálico com um pouco mais de dez centímetros de comprimento e dois de largura, que podia ser inserido no cérebro através de dois pequenos orifícios circulares no crânio do paciente. Almeida Lima, neurocirurgião que colaborava com Moniz, inicialmente realizou todas as operações deles. Lima perfurava os orifícios, introduzia o leucótomo até o ponto desejado no cérebro e depois soltava um fino arame de aço da base do leucótomo, que podia fazer um laço até cinco centímetros além do tubo. Para cortar as conexões — a matéria branca — debaixo dos lobos frontais, ele girava o leucótomo lentamente até completar um círculo. Para fazer um segundo corte, ele retraía um pouco o arame e girava o leucótomo outra vez. Depois, Lima puxava o arame de volta para dentro do leucótomo, removia o instrumento do cérebro, tapava o orifício no crânio e repetia o procedimento no outro lado. A manobra assemelhava-se ao ato de retirar o coração de uma maçã, e os efeitos eram irreversíveis. Moniz chamou esse procedimento de *leucotomia pré-frontal*.[5]

Moniz e Lima começaram a realizar leucotomias pré-frontais em seres humanos em 1935. No primeiro relatório que Moniz divulgou sobre as cirurgias, ele descreveu vinte pacientes que variavam em idade entre 27 e 62 anos. Dezoito eram psicóticos — experimentavam pensamento irracional, delírios ou alucinações — e dois foram diagnosticados como portadores de distúrbios de ansiedade. Moniz descreveu os resultados com essa primeira série de pacientes em uma monografia de 1936, na qual ele avaliou o efeito terapêutico para diferentes distúrbios psiquiátricos separadamente. Ele descobriu que o resultado diferia entre os grupos psiquiátricos: pacientes com ansiedade, hipocondríacos e melancólicos apresentavam melhorias, enquanto aqueles com esquizofrenia ou mania permaneciam inalterados. Em sua monografia, Moniz incluiu fotografias de antes e depois que faziam seus pacientes parecerem mais sãos após as operações. Uma análise mais detida sobre as descrições dos casos individuais sugeria que os resultados na verdade eram ambíguos. Sete pacientes foram considerados curados, seis mostraram alguma melhoria e sete não se beneficiaram em nada.[6]

Mesmo assim, encorajados por esse experimento preliminar, Moniz e Lima operaram uma segunda série de dezoito pacientes. Embora os cirurgiões não tivessem uma forma de avaliar a extensão do dano cerebral nos primeiros vinte pacientes, decidiram que a realização de mais lesões seria melhor e, por conseguinte, fizeram seis cortes de cada lado na segunda série.

Moniz minimizou a severidade das convulsões e outros efeitos colaterais perturbadores que seus pacientes experimentaram após os procedimentos. Notavelmente, baseado em seus resultados, ele concluiu que desconectar os lobos frontais do restante do cérebro não tinha "repercussões sérias" sobre a inteligência e a memória dos pacientes. Mais tarde, depois de anos de leucotomias frontais em quase uma centena de pacientes, Moniz, que foi considerado o inventor da psicocirurgia, colocou seus esforços em outros interesses e se aposentou em 1944.[7]

A popularidade da psicocirurgia surgiu na esteira dos resultados de Moniz. A operação, rebatizada como lobotomia, foi utilizada amplamente no final dos anos 1930 e nos anos 1940. Esse florescimento foi devido em grande parte ao protegido de Moniz, um jovem e ambicioso neurologista norte-americano, Walter Freeman. Em parceria com o habilidoso neurocirurgião James W. Watts, Freeman realizou o procedimento de Moniz pela primeira vez nos Estados Unidos em setembro de 1936. No pós-operatório, a paciente, mulher de meia-idade com ansiedade e depressão, apresentou alívio sintomático e tornou-se mais fácil cuidar dela. Nos três anos seguintes, Freeman e Watts apresentaram os resultados da sua crescente série de casos em congressos científicos, e o procedimento gradualmente se afirmou, mesmo em instituições destacadas como a Mayo Clinic, o Mass General e a Lahey Clinic.

Freeman e Watts afinaram seus procedimentos, substituindo o leucótomo de Moniz por um novo modelo que inventaram, que levantava o cérebro e dava acesso aos alvos cirúrgicos. Esse novo leucótomo foi batizado com os nomes deles. Eles preferiram penetrar no crânio pelas têmporas e visavam a áreas diferentes dos lobos frontais, de acordo com os sintomas de cada paciente em particular. Algumas operações eram mais radicais que outras. Uma modificação, a lobotomia transorbital, foi planejada para danificar o tálamo — importante estação retransmissora de informações que entram no cérebro — e para minimizar danos aos lobos frontais. Dessa vez, Freeman penetrou no cérebro através do osso acima de cada olho,

"UMA OPERAÇÃO FRANCAMENTE EXPERIMENTAL"

utilizando um instrumento que ele achou em sua cozinha, um picador de gelo. Esse procedimento podia ser levado a cabo em dez minutos, com o paciente sentado em uma cadeira de dentista. As complicações incluíam olhos roxos, dores de cabeça, epilepsia, hemorragias e morte. Watts não aprovou a operação com o picador de gelo como procedimento de rotina, e a longa colaboração Freeman-Watts terminou, deixando Freeman sozinho para levar adiante seu trabalho.[8]

O número de lobotomias que Freeman realizou durante sua carreira é espantoso: foram mais de 3 mil em 23 estados, não só em pacientes psiquiátricos adultos, mas também em criminosos violentos e crianças esquizofrênicas, uma das quais tinha apenas 4 anos de idade. A maioria dos pacientes de Freeman era mulher, sendo a mais famosa Rosemary Kennedy. Em Spencer, na Virginia Ocidental, ele estabeleceu o duvidoso recorde de operar 25 mulheres em um dia. Contrariamente ao Juramento de Hipócrates, o foco de Freeman estava no seu procedimento, não nos pacientes.[9]

Apesar do grande volume de pacientes que Freeman operou, o cirurgião estava determinado a manter-se em contato com eles depois das operações. Em 1967, comprou um trailer que batizou de "lobotomóvel". Por anos a fio, viajou pelos Estados Unidos demonstrando seu procedimento em estabelecimentos médicos e chegou a visitar mais de seiscentos pacientes para observar seu progresso. Em 1967, Freeman perdeu seus privilégios no centro cirúrgico no Herrick Memorial Hospital em Berkeley, na Califórnia, depois que um de seus pacientes de lobotomia morreu de hemorragia cerebral. De acordo com outro psicocirurgião, H. Thomas Ballantine, Freeman também perdeu seus privilégios nos hospitais Georgetown e George Washington, significando que ele não poderia mais admitir ou tratar pacientes neles, nem podia utilizar as instalações ou equipes desses hospitais. Mas isso foi o máximo que a comunidade médica fez para impedir seus procedimentos danosos. De maneira chocante, ao final de sua vida, a Universidade da Pensilvânia deu a ele o título de aluno notável. Freeman morreu de câncer de cólon em 1972, aos 76 anos de idade.[10]

Freeman certamente não estava sozinho em seu entusiasmo pela lobotomia. Na esteira de seu modesto sucesso, centenas de outros médicos ingressaram no campo da psicocirurgia. Nas quatro décadas que se seguiram à primeira publicação do relatório de Moniz, entre 40 e 50 mil pessoas foram lobotomizadas, muitas contra a vontade. Mas a difundida aplicação das técnicas de lobotomia de Freeman não se baseava na crença dos médicos nas teorias de Moniz sobre romper os circuitos distorcidos entre os lobos frontais e outras áreas do cérebro. Na verdade, a escolha era pragmática: os médicos tinham poucos tratamentos alternativos a oferecer. A história da lobotomia está marcada pelo otimismo e pela falta de ceticismo de parte tanto dos cirurgiões como das famílias dos doentes. Milhares de pacientes de todos os estratos sociais foram operados, muitas vezes com justificativas inconsistentes e com escassa avaliação e documentação do benefício terapêutico e dos efeitos colaterais. As mulheres tinham o dobro de probabilidade de serem lobotomizadas do que os homens.[11]

Parte do problema no movimento da psicocirurgia é que Moniz, Freeman e outros cirurgiões informavam seus resultados com pouca ou nenhuma verificação externa. É claro que estavam inclinados a ver suas cirurgias como bem-sucedidas e a minimizar os resultados negativos. A avaliação adequada de qualquer operação do cérebro requer, no mínimo, que as capacidades cognitivas dos pacientes sejam testadas antes e depois da cirurgia, para determinar se foram afetadas pelo dano ao cérebro. De forma ideal, os pacientes deveriam ser testados por um psicólogo independente sem nenhum outro interesse no resultado, e de um modo que permitisse que tanto o funcionamento psiquiátrico quanto o cognitivo do paciente fossem quantificados com a aplicação de testes padronizados. Os testes deveriam ter o objetivo de acompanhar a progressão da doença ao longo do tempo — para melhor ou pior.

No apogeu da psicocirurgia, poucos pacientes receberam o benefício desse tipo de escrutínio científico. Com mais frequência eram os médicos, com alguma informação das famílias dos pacientes, que julgavam o sucesso ou o

"UMA OPERAÇÃO FRANCAMENTE EXPERIMENTAL"

fracasso de uma operação com base em observações subjetivas. Para muitas das famílias, quaisquer sinais de que a conduta do paciente tivesse melhorado eram tão bem recebidos que outros efeitos colaterais, como perda da memória ou de habilidades cognitivas, eram menosprezados ou aceitos como o preço da melhoria. Embora essas avaliações estivessem longe de ser rigorosas, as histórias de sucesso eram aceitas — algumas vezes exaltadas — pela comunidade médica, publicadas em revistas científicas e anunciadas pela mídia.

Mesmo assim, no final dos anos 1950 tornou-se claro que as lobotomias eram arriscadas. As consequências mais trágicas incluíam morte, suicídio, convulsões e demência. O próprio Freeman reconheceu uma *síndrome da lobotomia*, que poderia surgir a partir da operação, com sintomas que incluíam perda de criatividade, incapacidade para reagir de modo apropriado aos sinais do meio ambiente, incontinência urinária noturna, morosidade e convulsões epilépticas resultantes de tecidos cicatriciais que se formavam no cérebro depois da operação. O número de lobotomias diminuiu gradualmente devido à crescente preocupação nas comunidades médica e científica.[12]

No final do século XX, medicamentos antipsicóticos recentemente sintetizados tais como a clorpromazina, antidepressivos como a imipramina e a própria psicoterapia começaram a substituir a psicocirurgia como forma de tratamento. Nos anos 1970, a Comissão Nacional para a Proteção de Seres Humanos Submetidos à Pesquisa Biomédica e Comportamental reuniu e examinou dados sobre os efeitos da psicocirurgia e concluiu que os procedimentos psicocirúrgicos não deveriam ser totalmente proibidos mas que deveriam ser realizados somente sob certas circunstâncias nas quais estariam protegidos os direitos e a segurança dos pacientes. Os psicocirurgiões, uma vez estrelas da psiquiatria acadêmica, terminaram tornando-se marginais nesse campo.[13]

Na época da operação de Henry, a psicocirurgia ainda estava em voga. Mesmo assim, muitos neurocirurgiões, sabendo que os sintomas persistiam após lobotomias frontais, haviam começado a procurar variantes psicocirúrgicas, buscando áreas fora dos lobos frontais que mediassem os mecanismos subjacentes ao colapso mental e sua recuperação. Muitos pesquisadores se concentraram em estruturas mais profundas no cérebro. A lobotomia frontal implicava cortar, querendo ou não, as conexões entre os lobos frontais, enquanto novos procedimentos afetavam áreas delimitadas do cérebro.

Scoville estava entre os cirurgiões que desenvolviam esses procedimentos alternativos. Embora tivesse realizado lobotomias frontais em 43 pacientes psicóticos durante os anos 1940, Scoville suspeitava de que os lobos frontais não fossem o lugar de origem da psicose nem os melhores alvos para curá-la. Em vez disso, ele acreditava que os resultados positivos relatados com psicóticos que haviam sofrido lobotomias frontais eram devidos à redução da ansiedade dos pacientes, e não a uma mudança verdadeira em suas psicoses. Scoville, portanto, mudou seu foco para a parte interna dos lobos frontais, que pareciam oferecer maiores possibilidades de cura. Ficou interessado nessa parte do sistema límbico, um conjunto de estruturas debaixo de cada hemisfério cortical, porque se acreditava que era o berço da emoção no cérebro.

Scoville se lançou, em suas palavras, em um "projeto de ataque cirúrgico direto" a essa parte do cérebro, criando uma nova técnica cirúrgica que chamou de *lobotomia temporal medial*. Em 1949, começou a realizar lobotomias direcionadas ao sistema límbico. Ele levou a cabo diversas versões dessa operação, quase sempre em pacientes do sexo feminino confinadas em hospitais públicos de Connecticut. A maioria delas era composta de esquizofrênicas com distúrbios severos, mas duas pacientes foram descritas como mentalmente deficientes, com psicose e epilepsia. O procedimento de Scoville estava direcionado apenas à psicose. Psicose e epilepsia são doenças diferentes, causadas por distintas anormalidades do cérebro, de modo que era apenas uma coincidência que essas duas mulheres sofressem de ambas. Depois de Scoville ter operado as mulhe-

"UMA OPERAÇÃO FRANCAMENTE EXPERIMENTAL"

res, os ataques epilépticos delas se tornaram menos frequentes e severos. Uma paciente apresentou leve redução em seus sintomas psiquiátricos e a outra mostrou significativo benefício. O alívio das convulsões foi uma descoberta ao acaso que levou Scoville a investigar se a cirurgia do lobo frontal poderia ser um tratamento para a epilepsia. Em 1953, ele publicou os resultados da operação das duas mulheres (e de dezessete outras) e operou Henry no mesmo ano.[14]

Scoville não era o único a identificar uma conexão entre os lobos temporais e a epilepsia. Estudos anteriores haviam descoberto que estruturas dos lobos temporais, eletricamente estimuladas, podiam provocar sintomas parecidos aos da epilepsia em animais. O mesmo era verdadeiro quando pacientes epilépticos, ao passar por operações no cérebro, recebiam estímulos elétricos naquelas regiões. No começo dos anos 1950, o eminente neurocirurgião Wilder Penfield, do Montreal Neurological Institute, começou a realizar operações que removiam tecido dos lobos temporais direito e esquerdo de pacientes que sofriam convulsões.[15]

Nesse contexto, Scoville recomendou a lobotomia temporal medial para Henry. Por causa da severidade da sua epilepsia e da incapacidade de controlá-la, mesmo com altas doses de medicação, Scoville pensou que o rapaz seria um bom candidato para o que chamaria mais tarde uma "operação francamente experimental". Ele esperava que, ao remover uma porção significativa dos lobos temporais mediais, poderia finalmente ser capaz de manter sob controle os ataques de Henry.[16]

Olhando o cérebro de lado, vemos como a protuberância dos lobos frontais, que preenche o espaço detrás da testa, curva-se para baixo e se encontra com uma protuberância menor localizada mais abaixo no cérebro. Scoville visava à parte interna dessa protuberância mais baixa, os lobos temporais. Obtendo acesso através de um dos orifícios perfurados no crânio de Henry, Scoville fez um corte na dura-máter. Ele expôs a brilhante e convoluta superfície do cérebro, cruzada por vasos sanguíneos de um vermelho brilhante. O cérebro pulsava suavemente, ao compasso da respiração e dos batimentos cardíacos de Henry. A entrada de Scoville foi perto do quiasma óptico — a área em que feixes de nervos vindos de cada olho se cruzam em direção ao lado oposto do cérebro. Ele inseriu uma longa e fina espátula cerebral debaixo de um dos lobos frontais, levantou-o e moveu para um lado os grandes vasos sanguíneos que cobrem a superfície do cérebro. Um assistente passou-lhe um aparelho de sucção para remover qualquer excesso de sangue ou de líquor. Quando levantou o lobo frontal da parte inferior do cérebro e o líquor derramou-se para fora, o cérebro afundou no crânio, dando a Scoville mais espaço para trabalhar. Agora ele podia ver o úncus, a parte dianteira do hipocampo. O úncus, que significa "gancho", assemelha-se a um punho na ponta de um pulso curvado. Scoville já havia descoberto que levar estimulação elétrica, mesmo fraca, àquela estrutura em pacientes conscientes causava convulsões, fornecendo uma base lógica para removê-la no tratamento da epilepsia.[17]

Para realizar a resseção, Scoville usou uma técnica chamada de aspiração; ele guiou um pequeno instrumento através do orifício no osso de Henry e dentro da região do lobo temporal medial. Então ele aplicou sucção delicada, e, com essa simples ação, partes do cérebro de Henry foram puxadas para o interior do aparelho, pedaço a pedaço. Scoville extraiu o úncus, a metade anterior do hipocampo, e parte do córtex vizinho, inclusive o córtex entorrinal. Também removeu a maior parte da amígdala, que abraça o hipocampo e é crítica para expressar e sentir emoções. Tendo concluído o trabalho em um lado do cérebro de Henry, Scoville repetiu o procedimento do outro lado.[18]

Os orifícios no crânio de Henry permitiram que Scoville visse o que estava fazendo, mas ainda era impossível saber exatamente quanto tecido ele havia extraído. Exames posteriores de ressonância magnética mostraram que ele havia superestimado a extensão da remoção — ele acreditava que fossem oito centímetros de tecido de cada lado, mas a área real removida do cérebro de Henry era um pouco mais que a metade da área estimada.[19]

No decurso da operação, Scoville removeu a parte interior do polo temporal, a maior parte do complexo amigdaloide, o complexo hipocampal, exceto uns 2 centímetros na parte de trás, e o giro para-hipocampal — os córtices entorrinal, perirrinal e para-hipocampal — exceto por 2 centímetros na parte de trás. O cérebro tem um hipocampo esquerdo e um direito, localizados acima de cada orelha, bem fundo nos lobos temporais. Feixes que cruzam o meio do cérebro de esquerda a direita e de direita a esquerda interconectam os dois hipocampos. Graças ao caso de Henry, agora sabemos que o dano ao hipocampo nos dois lados do cérebro causa amnésia, mas em 1953 os cientistas não sabiam que a capacidade de formação da memória estava localizada nessa área em particular. Essa falta de informação levou à tragédia de Henry, e estudos de sua condição preencheram a lacuna no conhecimento.

Antes de 1930, os anatomistas acreditavam que a função principal do hipocampo era favorecer o sentido do olfato, e ninguém sabia que uma rede de memória ocupava aquela estrutura. Mas cientistas haviam escrito sobre o papel das estruturas do lobo temporal medial nas emoções. O artigo de James Papez, de 1937, intitulado "Uma proposta de mecanismo da emoção", descrevia o que veio a ser, denominado circuito de Papez: um anel de estruturas, inclusive o hipocampo, todas anatomicamente conectadas, que fornecem um mecanismo para sentir e expressar emoções. Em 1952, Paul MacLean introduziu o conceito de sistema límbico, que incluía a amígdala, chamando-o de cérebro emocional. Scoville e seus colegas deviam saber sobre o importante papel das estruturas do lobo temporal medial na emoção quando levaram a cabo suas lobotomias temporais mediais.[20]

Para Henry, o efeito de remover a metade anterior do hipocampo foi como se Scoville tivesse sugado a estrutura inteira. Os dois centímetros que permaneceram ficaram privados de vínculo com o mundo exterior e, assim sendo, não funcionais. A rota *principal* pela qual a informação chega ao hipocampo é através do córtex entorrinal, que Scoville também removeu. Assim, novas informações da visão, da audição, do tato e do cheiro não poderiam chegar ao hipocampo residual.

Durante a operação, um anestesista monitorou cuidadosamente o estado clínico de Henry. Em tais procedimentos, os cirurgiões de cérebro se preocupam com os danos a funções críticas, tais como o movimento e a linguagem. Ao pedir a Henry que apertasse sua mão, o anestesista podia testar tanto a capacidade do rapaz de compreender a linguagem como sua capacidade motora. Embora tenha ficado consciente durante a operação, ele provavelmente recebeu sedativos para manter-se tranquilo.

Quando Scoville terminou a remoção, o anestesista deu ao paciente uma anestesia geral, para que não sentisse nada enquanto Scoville completava o procedimento. Este costurou o corte na membrana exterior do cérebro, recolocou os discos de osso no crânio de Henry e costurou de volta o couro cabeludo.

Depois da operação, Henry foi levado à sala de recuperação, onde médicos e enfermeiras o vigiaram de perto para se certificar de que nenhum problema mais crítico, como uma hemorragia, passasse despercebido. As enfermeiras verificavam seus sinais vitais a intervalos de 15 minutos até que ele ficou desperto e claramente fora de perigo. Então eles o levaram de volta para o quarto, onde seus pais puderam visitá-lo.

Nos dias que se seguiram, Henry ficou sonolento, mas fisicamente parecia estar se recuperando bem da provação pela qual passara. Logo se tornou claro, porém, que algo estava terrivelmente errado. Pacientes em recuperação de cirurgias cerebrais com frequência experimentam um período de confusão, mas a condição de Henry foi muito além disso. Ele não reconhecia os profissionais que vinham ao seu quarto todos os dias, nem se recordava das conversas que tivera com eles, e não podia se lembrar das rotinas diárias do hospital. Quando Henry não conseguiu achar o

"UMA OPERAÇÃO FRANCAMENTE EXPERIMENTAL"

banheiro, após ter ido lá muitas vezes antes, Elizabeth Molaison começou a entender que algo trágico havia acontecido.

Pressionado pelas perguntas de sua família e da equipe do hospital, Henry pôde se lembrar de alguns pequenos eventos pouco antes da hora de sua operação, mas não parecia recordar nada do seu tempo no hospital. Ele não se lembrava da morte do tio três anos antes ou de outros eventos importantes na sua vida. Quando saiu do hospital, duas semanas e meia depois da operação, estava claro que Henry sofria de um severo distúrbio da memória — amnésia.[21]

A operação de fato conseguiu o que Scoville esperava: os ataques de Henry foram enormemente reduzidos; no entanto, esse benefício veio acompanhado de um custo devastador. Elizabeth e Gus, que sempre tiveram que cuidar do filho por causa de suas convulsões, agora tinham nas mãos alguém que não podia se lembrar de que dia era hoje, do que tinha comido no café da manhã ou do que haviam dito apenas alguns minutos antes. Pelo resto de sua vida, Henry estaria preso em um presente permanente.

3.
Penfield e Milner

Após a operação, Henry poderia ter continuado a viver uma vida difícil, porém reservada, sob os cuidados devotados de seus pais. Mas seu caso logo atraiu a atenção da comunidade científica, faminta de conhecimento sobre o cérebro humano. De sua tragédia, aprendemos que nosso cérebro é capaz de levar a cabo muitas operações diferentes relativas à memória, pois ela é formada, consolidada e recuperada em numerosos circuitos cerebrais especializados.

Henry não foi a primeira pessoa a desenvolver um severo distúrbio de longa duração da memória como consequência de uma operação no cérebro para mitigar a epilepsia. Na mesma época, dois outros homens, F.C. e P.B., sofreram uma complicação similar. Ambos ficaram amnésicos imediatamente depois das operações realizadas por Wilder Penfield, fundador e diretor do Montreal Neurological Institute, da Universidade McGill. Penfield havia removido parte do lobo temporal esquerdo em cada paciente para aliviar os ataques epilépticos.[1]

Penfield, junto com a então estudante de pós-graduação da McGill Brenda Milner, estudou de forma extensiva tanto F.C. como P.B. Milner mais tarde também estudou o caso de Henry. A pesquisa deles fazia parte de um crescente movimento entre os cientistas para vincular capacidades mentais complexas, tais como a memória e a cognição, a estruturas anatômicas específicas no cérebro. Esses três casos notáveis — F.C., P.B. e H.M. — propiciaram um salto qualitativo na neurociência e formaram a base da pesquisa moderna sobre a memória.

A história de Henry está inextricavelmente ligada à vida extraordinária de Penfield e seu instituto. Penfield nasceu em Spokane, no estado de Washington, em 1891. Seu pai e seu avô eram médicos, e ele seguiu o caminho deles. Após cursar um colégio privado para meninos, estudou em Princeton e mais tarde começou a faculdade de medicina no College of Physicians and Surgeons, em Nova York. Mas os planos de Penfield mudaram depois de seis semanas. Suas realizações acadêmicas, suas proezas atléticas e seu sucesso social fizeram com que ganhasse uma Bolsa de Estudos Rhodes e, em 1914, com 24 anos, ingressou no Merton College da Universidade Oxford, na Inglaterra.

Meu breve relato sobre a vida de Penfield inspira-se fortemente em sua autobiografia. Ele estudou ciência e medicina, e esse duplo treinamento definiu sua paixão permanente por unir as duas disciplinas. Desde o início de seus estudos, Penfield trabalhou à sombra de gigantes nesses campos. Durante seus dois primeiros anos em Oxford, seus mentores foram Sir Charles Scott Sherrington, ganhador do Prêmio Nobel de Fisiologia ou Medicina em 1932, por suas descobertas sobre a função dos neurônios, e Sir William Osler, idealizador do ensino à beira do leito e do sistema de residência médica.[2]

Após completar seu estágio em Oxford, Penfield regressou aos Estados Unidos e cursou seu último ano da faculdade na Universidade Johns Hopkins. Depois de um internato em cirurgia em Boston, no Peter Bent Brigham Hospital, orientado pelo famoso neurocirurgião Harvey Williams Cushing, Penfield regressou à Inglaterra para dois anos de estudos de pós-graduação, seguindo o curso de neurofisiologia em Oxford e neurologia em Londres, no renomado National Hospital, em Queen Square.

Em 1921, Penfield voltou para casa e aos 30 anos de idade, com formação incomparável, aceitou um posto no Presbyterian Hospital de Nova York para treinamento em cirurgia neurológica. Ali fez seu primeiro empreendimento em neurocirurgia. Seu primeiro paciente foi um homem com abscesso cerebral, uma massa cheia de pus. O segundo foi uma mulher com tumor cerebral. Ambos os pacientes chegaram ao hospital em coma e, apesar das heroicas tentativas de Penfield na sala de operações para salvá-los, morreram. Embora deprimido por esses fracassos, Penfield acreditava que a prática da cirurgia de cérebro iria dar enormes saltos no decorrer da sua vida.

O foco de Penfield — no ensino e na pesquisa — era o exame do tecido que ele removera do cérebro de pacientes durante as cirurgias. Ele esperava que, através de seu microscópio, ele veria algo que fornecesse pistas sobre a causa da epilepsia. No entanto, os resultados eram desapontadores, porque seus métodos não eram capazes de capturar detalhes suficientes das células. Naquela época, ele teve a sorte de ler um artigo em uma revista espanhola que incluía desenhos de células do cérebro, nos quais as diferentes partes de cada célula apareciam nitidamente. O autor do artigo era Pío Del Río-Hortega, pesquisador espanhol do Instituto Cajal de Madri, e Penfield ficou ansioso por visitar seu laboratório. Em 1924, ele obteve permissão de seu departamento para uma temporada de seis meses na Espanha com Río-Hortega. Ali, Penfield trabalhou em um problema fundamental que os biólogos enfrentavam: como identificar tipos específicos de células.

Quando pesquisadores observam tecido cerebral através de um microscópio, eles veem uma complexa e misteriosa série de estruturas. O cérebro tem muitos tipos diferentes de neurônios, que são especializados em diferentes funções. Mas, por mais importantes que os neurônios sejam, as *células gliais* são bem mais numerosas. A *glia* — do grego "cola" — provê sustentação estrutural para os neurônios e, na época de Penfield, acreditava-se que essas células não eram importantes para a transmissão de impulsos nervosos. Agora sabemos, no entanto, que são parceiras ativas dos neurônios, e que as interações entre esses dois tipos de células são provavelmente vitais para a função da sinapse, o espaço através do qual um neurônio envia mensagens ao seguinte.

Pesquisadores muitas vezes estudam os neurônios e as células gliais injetando corantes que são absorvidos por um tipo específico de célula, fazendo-a destacar-se de suas vizinhas. Em Madri, Penfield ajudou a desbravar essa tecnologia com Río-Hortega, que havia desenvolvido métodos avançados para corar tecido cerebral como ferramenta para revelar a estrutura de células nervosas e suas conexões. Sob a orientação de Río--Hortega, Penfield produziu a primeira coloração confiável para um tipo de glia chamado oligodendróglia, e a descreveu em uma publicação de 1924. Como aquelas células aparecem em resposta a uma doença ou dano cerebral, ser capaz de identificá-las deu aos neuropatologistas um método para examinar tecido cerebral anormal.[3]

Penfield estava particularmente curioso por saber por que uma cicatriz no cérebro, causada por lesão no parto ou trauma na cabeça, podia acarretar epilepsia em alguns pacientes. Ele teve a oportunidade de prosseguir com essa busca quatro anos depois de sua visita à Espanha. Sua fascinação pela epilepsia o levou a outra viagem à Europa, uma visita de seis meses ao laboratório de Otfrid Foerster, na Universidade de Breslau, na Alemanha. Foerster vinha realizando operações em pacientes epilépticos, extraindo o tecido cerebral cicatrizado que estava causando seus ataques. Esse procedimento era exatamente o que Penfield queria realizar, e estava ansioso por observar passo a passo o trabalho de Foerster na sala de cirurgia.

Em 1928, Foerster convidou Penfield para observá-lo enquanto removia do cérebro de um paciente uma cicatriz resultante de uma ferida de arma de fogo que sofrera dezesseis anos antes. Penfield pôde levar o tecido cicatricial a um pequeno laboratório especialmente equipado para aplicar as novas técnicas espanholas de coloração. Ali ele descobriu o que estava buscando: glia. Ele viu as células que havia visto antes em outros cérebros feridos, mas dessa vez pôde vê-las com maior detalhe, com todas suas arborizações complexas claramente discerníveis. Essa excitante descoberta foi um dos pontos altos da vida de Penfield. Ele estava cara a cara com as aberrações celulares que causavam os ataques dos pacientes, uma descoberta fundamental para compreender como a doença ou o ferimento no cérebro, e a formação de cicatrizes durante a cura, provocavam epilepsia. Compreender a causa abriu a porta para descobrir a cura.

As descobertas de Penfield animaram Foerster, que propôs que colaborassem para publicar descrições de doze casos de operações similares que havia realizado, todas as quais resultaram em melhorias para seus pacientes. Foerster queria que Penfield examinasse microscopicamente os espécimes de cérebro que ele havia extraído durante suas bem-sucedidas operações de tratamento da epilepsia. Aquele tecido possuía evidências sobre a causa dos ataques dos pacientes.[4]

Durante o resto de sua estada em Breslau, Penfield documentou a presença de anormalidades microscópicas no tecido cerebral de doze pacientes que tiveram uma excelente redução das crises convulsivas até cinco anos depois de suas operações. Em sua atuação conjunta, Penfield e Foerster combinaram os resultados positivos da cirurgia com descrições do tecido cerebral anormal, vinculando assim a causa e a cura. A operação de Foerster parecia um caminho promissor para o controle de convulsões em pacientes desesperados, e deu a Penfield uma ferramenta vital para o futuro. Ele tinha agora a justificação científica de que necessitava para remover o tecido anormal, como Foerster havia feito, utilizando apenas anestesia local. Com os pacientes conscientes e cooperando durante a operação, Penfield podia estimular o cérebro para mapear áreas motoras e de linguagem, que não removeria, e identificar áreas anômalas a serem extirpadas. Com a esperança de curar os casos de epilepsia, Penfield usaria esse enfoque com um grande número de pacientes. Essa epifania armou o palco para o restante de sua carreira.

Em 1928, Penfield mudou-se para Montreal no intuito de realizar um antigo sonho: fundar um instituto neurológico especializado na Universidade McGill. Seu plano — que se tornou a missão de sua vida — era construir o instituto próximo a um hospital-escola, mas independente. Ele vislumbrou um instituto neurológico que combinaria instalações para pacientes e pesquisadores no mesmo edifício, propiciando um ponto central de pesquisa e descobertas para a região. Um importante trunfo desse ambicioso esforço era o neurocirurgião William V. Cone, o primeiro aluno de Penfield e um colaborador próximo em Nova York, que se mudou com ele para Montreal. Penfield descreveu Cone como um "brilhante cirurgião e técnico" — um homem estudioso, dedicado ao cuidado do paciente, a aperfeiçoar a disciplina da cirurgia e a descobrir inovações na patologia. Na visão de Penfield, eles eram "companheiros de exploração", e trabalhar com Cone o fazia "duas vezes mais efetivo".

Penfield era um colaborador habilidoso, e um de seus primeiros sucessos foi reunir neurologistas de diferentes hospitais do Quebec para uma conferência semanal a fim de compartilhar ideias sobre casos incomuns ou intrigantes. Aquelas discussões forjaram uma nova ligação entre neurologistas anglo-canadenses e franco-canadenses. A visão de Penfield de um instituto neurológico estendeu esse tipo de colaboração em uma escala mais ambiciosa. Mas aquele plano só poderia ser realizado com um importante apoio financeiro e, depois de uma recusa de auxílio financeiro da Rockefeller Foundation, Penfield obteve seu financiamento de duas fontes improváveis.

A primeira doação veio da mãe de um rapaz de 16 anos que tinha ataques epilépticos incontroláveis provocados por lesões, provavelmente originadas pelo uso de fórceps durante o parto. Agradecida por Penfield ter assumido o caso de seu filho, a mãe do rapaz enviou-lhe espontaneamente um cheque de 10 mil dólares para expandir seus esforços de pesquisa sobre epilepsia. Antes de operar o rapaz, Penfield utilizou o dinheiro dela para consultar vários colegas mais antigos sobre as opções cirúrgicas. Ele então realizou o que chamou de "operação francamente exploratória", na qual removeu uma artéria do lado esquerdo do cérebro do paciente, acreditando ser aquela a causa das convulsões. O procedimento foi um sucesso e aliviou os ataques do jovem. Dezoito meses mais tarde, a mãe do rapaz morreu de câncer e legou a Penfield 50 mil dólares para prosseguir com sua missão.

A segunda bênção inesperada veio do pai de um jovem com ataques epilépticos de foco não localizado. Penfield realizou uma operação radical na qual removeu nervos conectados às artérias que entravam no crânio. Antes da cirurgia, informou aos pais do jovem que havia feito aquela operação em macacos sem consequências ruins. "O garoto melhorou muito após a operação, se não se curou", relatou Penfield mais tarde. O pai do paciente era membro do Conselho de Curadores da Fundação Rockefeller e, depois que a operação terminou, ele discutiu o trabalho de Penfield com o novo diretor da divisão de educação médica da Fundação Rockefeller, Allan Gregg.

Em março de 1931, Penfield encontrou-se com Gregg no escritório deste em Manhattan, no 27º andar, onde a vista panorâmica incluía o Hudson River, o East River e Long Island Sound. Nesse cenário maravilhoso, os dois homens tiveram uma longa e amistosa discussão sobre neurologia, neurocirurgia e pesquisa na Europa. Cauteloso, Penfield não mencionou suas esperanças de um instituto neurológico, nem Gregg deu indicações dos planos da Fundação Rockefeller para financiamento. Após voltar para casa, Penfield enviou a Gregg um convite cordial para visitar Montreal.

Sete meses depois, Gregg visitou Penfield em sua casa e assombrou seu anfitrião ao tirar de sua pasta uma oferta de financiamento, colocá-la sobre a mesa de café e dizer: "Esse é exatamente o tipo de coisa que sempre estivemos procurando na Fundação Rockefeller... Acho que compreendo o que você quer fazer... Não nos agradeça. Nós é que lhe agradecemos. Você estará nos ajudando ao fazer seu trabalho." Penfield recebeu da fundação um milhão, duzentos e trinta e dois mil dólares.

O Montreal Neurological Institute, L'Institut Neurologique de Montréal, abriu suas portas em 1934. No Instituto, Penfield ficou conhecido como "O Chefe". Ele era um neurocirurgião habilidoso e inovador, assim como um grande líder. Desenvolveu ainda mais o enfoque que havia testemunhado em Breslau, de operar pacientes com epilepsia enquanto estivessem despertos e conscientes, de maneira que ele pudesse identificar o tecido anormal responsável por suas crises — uma técnica que chegou a ser conhecida como Procedimento de Montreal. Essas operações abriram novas possibilidades para descobertas científicas sobre a especialização no cérebro humano.[5]

Brenda Milner, que se tornou peça importante no desenvolvimento da ciência da memória, era doutoranda em Psicologia na Universidade McGill quando começou sua colaboração com Penfield. Nascida em Manchester, na Inglaterra, em 1918, estudou psicologia experimental durante seu curso de graduação na Universidade Cambridge. Ali, dentre seus mentores, havia um psicólogo experimental proeminente e teórico da memória, Sir Frederic Bartlett. Seu orientador de pesquisa, Oliver Zangwill, também psicólogo experimental, foi pioneiro no estudo de pacientes neurológicos e era muito interessado em distúrbios da memória.[6]

Milner mudou-se para Montreal em 1944 e, dois anos depois, teve a honra de participar como estudante do primeiro seminário apresentado por Donald O. Hebb na Universidade McGill. Hebb era psicólogo fisiologista e muito influente na ciência do aprendizado e da memória. Três anos mais tarde, Milner tornou-se estudante de pós-graduação de Hebb. Quando Penfield pediu a Hebb que enviasse alguém do seu laboratório para estudar seus casos cirúrgicos, Milner agarrou a oportunidade. Sua tarefa era projetar e conduzir pesquisas cognitivas com pacientes epilépticos, criando testes para avaliar sua capacidade antes e depois das cirurgias, a fim de documentar os efeitos destas no cérebro. Assim nascia uma das grandes parcerias na história da ciência.

No começo dos anos 1950, Penfield e Milner levaram a cabo um estudo minucioso de dois pacientes cujas histórias de caso eram muito atípicas. Os pacientes, F.C. e P.B., eram dignos de nota porque propiciavam novos dados sobre a função vital de estruturas na parte interna de cada lobo temporal — as mesmas estruturas que Scoville iria remover do cérebro de Henry.[7]

Penfield operou muitos pacientes epilépticos para controlar suas crises, e F.C. e P.B. faziam parte daquele grupo. Antes de suas operações, não se diferenciavam dos outros pacientes. Porém depois delas, ambos enfrentaram uma complicação que ninguém havia previsto: uma duradoura incapacidade para registrar novas experiências. Qual a causa desse resultado aberrante?

Para responder a essa pergunta Penfield precisava compreender como o dano nesses dois pacientes diferia daquele dos outros pacientes em sua série. Ambos os homens haviam passado por um procedimento padrão: uma lobectomia parcial do temporal esquerdo. Nessa operação, Penfield removera, como de hábito, o córtex — a camada superficial — do lobo temporal lateral, junto com quantidades variáveis de tecido localizado profundamente no lobo temporal: a amígdala, o hipocampo e o córtex vizinho a eles. Penfield não fez nem notou nada incomum durante a operação dos dois homens.

Assim que F.C. se recuperou da operação, ficou claro que ele estava incapacitado para formar novas memórias. O caso de P.B. foi um pouco diferente: sua cirurgia foi levada a cabo em dois estágios, com cinco anos de diferença entre eles, e somente depois do segundo estágio ele se tornou amnésico. Sua primeira operação foi similar à de F.C., mas menos tecido foi removido: Penfield poupou o hipocampo e outras estruturas profundas do lobo temporal. Mas, após de voltar para casa, P.B. continuou a ter convulsões, de modo que, cinco anos depois, Penfield o operou novamente, desta vez removendo o hipocampo e o tecido circundante. Quando P.B. se recuperou do procedimento, também estava amnésico.

Embora a severa perda de memória resultante apontasse para o hipocampo e para o tecido circundante como culpados, Penfield não podia compreender por que o dano naqueles dois homens era diferente dos danos em outros pacientes que haviam passado pela lobectomia temporal esquerda. Na maior parte daqueles casos, como com F.C. e P.B., parte do hipocampo esquerdo fora removida. Por que então aqueles dois homens ficaram amnésicos quando dezenas de outros pacientes que passaram por uma operação similar não ficaram?

Penfield e Milner suspeitaram de que F.C. e P.B. poderiam ter alguma anomalia não detectada na área correspondente de seu hipocampo direito. Pensaram que a anormalidade descoberta no lobo temporal esquerdo na época da operação era provavelmente devida a uma lesão no parto, que poderia ter afetado também o lobo temporal medial direito. Herbert Jasper, renomado neurofisiologista do Neurological Institute, que conduziu vários estudos de EEG com F.C. e P.B., mais tarde provou que essa hipótese era correta. Em ambos os homens, Jasper encontrou evidências claras de dano à região do hipocampo no lado não operado de seus cérebros. Essa anomalia, relacionada com sua epilepsia, não era óbvia antes da cirurgia, mas ficou aparente nos estudos de EEG pós-operatórios.[8]

Em 1964, pesquisadores entenderam melhor o caso de P.B. Depois que ele morreu de um ataque cardíaco, sua esposa permitiu que Penfield examinasse o cérebro de P.B. no laboratório para pesquisar a causa da amnésia de seu marido. Quando Gordon Mathieson, neuropatologista do Neurological Institute, examinou o cérebro, descobriu que o hipocampo direito estava encolhido, com apenas uma pequena quantidade de neurônios sobreviventes. Aquela destruição maciça provavelmente teve sua origem em uma lesão no parto.[9]

Diferentemente dos outros pacientes das cirurgias de Penfield, que ainda dispunham de um lobo temporal normal, aqueles dois homens tinham dois lobos temporais anormais — aquele removido durante a operação, e o que lhes restava. Foi essa dupla perda o que os fez excepcionais. Aqueles casos mostraram que a base anatômica da amnésia é a perda de função nos dois hipocampos. Mas, se uma pessoa sofrer dano em apenas um hipocampo, seja o direito ou o esquerdo, o resultado não é catastrófico. Pesquisa subsequente em centenas de pacientes nos ensinou que o hipocampo pode ser removido com segurança, em um lado, com apenas um comprometimento pequeno da memória, desde que o outro hipocampo fique intato.

Um hipocampo só aparentemente pode compensar a falta de seu gêmeo, o que sugere que as duas estruturas compartilham uma capacidade geral de formar memórias. Detalhes da anatomia do cérebro podem explicar esse compartilhamento de funções. Sabemos que o lobo temporal esquerdo é especializado no processamento de informação verbal e o lobo temporal direito no processamento de informação visual-espacial. Pontes anatômicas que cruzam o cérebro de esquerda a direita e de direita a esquerda dão a cada lobo temporal acesso à informação especializada armazenada do outro lado. Quando falta um dos hipocampos, o restante pode ocupar-se de tipos múltiplos de conhecimento, tanto verbal como não verbal, para garantir aprendizado e memória satisfatórias.[10]

Milner avaliou as capacidades cognitivas de F.C. e P.B. antes e depois de suas operações, utilizando medições de sua inteligência e memória. Ao comparar os resultados dos testes dos dois pacientes, ela identificou formas pelas quais a função cognitiva deles foi alterada, ou permaneceu inalterada, pela lobectomia temporal esquerda. Ela pôde então vincular déficits às estruturas cerebrais danificadas. A amnésia deles, que Milner documentou meticulosamente, era ainda mais notável porque ocorrera em um contexto de inteligência normal. Antes de suas operações, o QI de F.C. era médio e o de P.B. estava acima da média. Nenhum dos homens apresentou mudanças em seu QI depois das operações — em outras palavras, ainda eram homens capazes e inteligentes. Podiam repetir séries de números para a frente ou para trás e resolver problemas simples de aritmética de cabeça, o que indicava que podiam perceber e prestar atenção em estímulos, e mantê-los na mente por alguns segundos. Apesar dessas capacidades cognitivas intatas, no entanto, ambos falharam em lembrar novas informações. Sua capacidade de memória de longo prazo estava comprometida — e nunca se recuperaria.[11]

Os resultados de F.C. e P.B. tornaram claro que sua perda de memória não era limitada a um certo tipo de informação, mas em vez disso englobava todos os tipos de temas, eventos públicos e privados, e conhecimento geral. F.C. e P.B. tinham *amnésia global*. Como é comum nessas situações, sua lembrança ou reconhecimento imediatos dos estímulos dos testes e dos eventos cotidianos era melhor do que depois que houvessem passado vários minutos ou horas. A passagem do tempo custa caro à memória. Mas a amnésia de F.C. e P.B. não era completa. Diferentemente de Henry, cada um deles retinha um resquício de memória de longo prazo para guiá-los através do cotidiano. F.C. foi capaz de retomar seu trabalho como cortador de luvas, e P.B. como desenhista.

Em 1954, Milner apresentou os resultados dos testes psicológicos de F.C. e P.B. no congresso anual da American Neurological Association, em Chicago. Antes do congresso, Scoville leu um longo resumo da conferência de Milner e entrou em contato com Penfield para conversar a respeito de seus dois casos similares de amnésia, H.M. e D.C. Penfield já estava interessado em mecanismos de memória, e os casos de Scoville atraíram sua atenção porque reforçavam suas ideias sobre a localização neural da memória. Consequentemente, Penfield perguntou a Milner se ela estaria interessada em testar os pacientes de Scoville, e ela aproveitou a oportunidade. Com essa colaboração já em marcha na época do congresso, Scoville foi chamado para dirigir uma discussão formal depois da apresentação de Milner. Ele descreveu sua técnica operatória e os resultados obtidos com trinta pacientes, 29 dos quais eram esquizofrênicos e um que sofria de convulsões incuráveis. Todos tiveram as estruturas do lobo temporal medial removidas, mas dois haviam passado por operações mais extensas. Henry, o paciente epiléptico, era um deles.[12]

O outro paciente era um médico de 47 anos de idade com esquizofrenia paranoide, conhecido por suas iniciais, D.C. Com o passar do tempo, D.C. tornara-se violento e combativo, e tentara matar a esposa. Foi internado e tratamentos drásticos — terapia de choque insulínico para induzir o coma, e terapia eletroconvulsiva para produzir convulsões — falharam em melhorar sua situação. Em um último esforço para ajudar D.C., em

1954 Scoville viajou até o Manteno State Hospital, em Illinois, e realizou nele uma resseção bilateral do lobo temporal medial, assistido por John F. Kendrick Jr., neurocirurgião de Richmond, na Virgínia. Essa operação, na qual o hipocampo e a amígdala de D.C. foram removidos nos dois lados, ocorreu aproximadamente nove meses depois da de Henry. Após a operação, a conduta agressiva de D.C. desapareceu, e, embora ele ainda mostrasse sinais de paranoia, tornou-se mais amigável e manejável. Como Henry, ele exibia uma profunda diminuição da memória e era incapaz de achar o caminho para sua cama no hospital ou de reconhecer a equipe médica.[13]

Durante sua conferência no congresso da American Neurological Association, Scoville ressaltou um notável resultado comportamental: uma quase completa perda da memória recente em dois pacientes, que não foi acompanhada por mudança de personalidade ou por declínio intelectual. Embora as descrições clínicas de Scoville sobre Henry e D.C. fossem convincentes, faltava-lhes o rigor de uma pesquisa meticulosa e sistemática. Era importante investigar as capacidades cognitivas dos dois homens, uma a uma, em experimentos formais. Déficits cognitivos são muitas vezes sutis e podem ser negligenciados sem medidas quantitativas de desempenho e comparação dos resultados dos pacientes com os de indivíduos saudáveis. Penfield conseguiu que Milner examinasse de novo nove dos trinta pacientes que haviam passado por operações do lobo temporal medial, laterais ou bilaterais, feitas por Scoville, e que estivessem suficientemente estáveis para suportar os testes. Henry era um deles.

Os resultados da avaliação psicológica de Milner realizada com os pacientes de Scoville formaram a base do artigo seminal de Scoville e Milner publicado na *Journal of Neurology, Neurosurgery and Psychiatry*, "Loss of Recent Memory after Bilateral Hippocampal Lesions" ("Perda da memória recente após lesões bilaterais do hipocampo"). Esse artigo amplamente citado propiciou a evidência científica para o padrão de perda de memória com preservação da inteligência que Scoville havia visto em sua avaliação clínica inicial de Henry e de D.C. Esse artigo tornou-se um clássico na literatura de neurociência por várias razões: a de maior importância era que informava aos neurocirurgiões que a destruição das estruturas do lobo temporal medial em ambos os lados do cérebro causava amnésia e devia ser evitada. Os resultados também estabeleceram, pela primeira vez, que uma região distinta do cérebro — o hipocampo e seus vizinhos — era necessária para a formação da memória de longo prazo. O artigo de Scoville e Milner também inaugurou décadas de estudos experimentais sobre Henry e outros pacientes amnésicos, e inspirou modelos de amnésia em animais, que trouxeram uma riqueza de informação sobre a biologia dos processos de memória.[14]

Milner examinou Henry pela primeira vez em abril de 1955, vinte meses depois de sua operação. Ela aplicou-lhe todos os testes cognitivos de que dispunha, e suas descobertas inauguraram uma nova era na ciência da memória. Seus testes formais mostraram que a inteligência geral de Henry estava acima da média e que suas capacidades de percepção, pensamento abstrato e raciocínio eram normais. Mas quando ela testou sua capacidade de recordar informação além do presente imediato — sua memória de longo prazo — seu déficit era óbvio, apesar de sua excelente motivação e cooperação. Henry fez os mesmos testes de memória que F.C. e P.B. tinham feito, mas seus resultados foram ainda piores. Quando lhe pediam que recordasse histórias breves e desenhos geométricos, sua pontuação ficava bem abaixo da média, e em alguns casos era zero. Ao longo dos testes, Milner ficou espantada ao ver que, uma vez que Henry mudava para uma nova tarefa, não podia mais lembrar-se da precedente nem reconhecê-la quando era repetida. Qualquer distração imediatamente o levava de volta à estaca zero.[15]

A amnésia de Henry era mais profunda que a de F.C. e P.B., provavelmente devido ao dano maior às suas estruturas do lobo temporal medial, e ele gradualmente tornou-se o parâmetro pelo qual outros pacientes amnésicos eram julgados. Na literatura científica, eles eram considerados "tão mal quanto H.M." ou "não tão mal quanto H.M.". Como sua amnésia não estava entrelaçada com uma desordem psiquiátrica, Henry era um caso mais direto do que o de D.C. Como sua operação não causou nenhum déficit cognitivo além da amnésia, seu desempenho com testes de memória era pura medição de suas capacidades de memória. Henry tornou-se o padrão-ouro para o estudo da amnésia.

Scoville e Milner concluíram seu celebrado artigo identificando o hipocampo e o giro hipocampal adjacente como o substrato necessário para recordar novas informações. A severidade da perda de memória em todos os dez casos estava relacionada com o tamanho da remoção hipocampal — quanto maior a remoção, maior o comprometimento da memória. O que distinguia Henry dos pacientes com amnésia devida a outras causas, tais como doença de Alzheimer ou ferimentos na cabeça, era que seu comprometimento da memória era incrivelmente específico. A pureza do seu distúrbio fez dele o foco perfeito para a investigação dos mecanismos da memória no cérebro humano.[16]

Enquanto Milner mergulhava mais profundamente no estudo da perda da memória, a de Henry em particular, Scoville continuou seu caminho. Ele manteve uma ativa prática neurocirúrgica e publicou mais de cinquenta artigos em revistas médicas, mas não continuou a ver Henry. Sei de primeira mão, no entanto, que Scoville ainda estava interessado no caso de Henry. No final dos anos 1970, quando eu estava visitando meus pais, que viviam em frente à casa dele, ele me convidou para sua casa para obter informações atualizadas sobre Henry e sobre nossa pesquisa com ele.

Em seus textos e conferências, Scoville compartilhou as perdas catastróficas de Henry e de D.C. com a comunidade médica, pelo seu valor científico. No interesse de uma causa maior, ele alertou outros neurocirurgiões contra danificar a área do hipocampo em ambos os lados do cérebro, e eles obedeceram seriamente a suas orientações. Em uma palestra em 1974, Scoville referiu-se à operação de Henry como "um erro trágico". De acordo com sua esposa, ele "lamentava profundamente" o que tinha feito a

Henry. Em 2010, o neto de Scoville, Luke Dittrich, escreveu um artigo para a revista *Esquire*, no qual fez um relato da vida e da carreira do seu avô.[17]

Em 1961, ingressei no laboratório de Milner no Instituto Neurológico como estudante de pós-graduação da Universidade McGill. Aquela instituição era conhecida pelo tratamento dispensado a pacientes com epilepsia, utilizando os procedimentos cirúrgicos que Penfield havia desenvolvido. No laboratório de Milner, nossa pesquisa se concentrava nesses pacientes. Milner era especialmente hábil para projetar testes que podiam ser aplicados antes e depois de uma operação para desmembrar o desempenho do paciente em diferentes tarefas cognitivas — percepção sensorial, raciocínio, memória, e resolução de problemas — para descobrir qualquer mudança na função cerebral causada pela cirurgia. Nós nos comunicávamos diretamente com os cirurgiões e sabíamos, depois de cada procedimento, que parte do cérebro do paciente tinha sido removida e o tamanho da excisão.[18]

Além de conduzir testes pré e pós-operatórios, tive a oportunidade de assistir às operações dos meus pacientes. Atrás de uma janela de vidro, no principal anfiteatro de operações, eu podia olhar, sobre o ombro do cirurgião, o cérebro exposto do paciente e observar o cirurgião estimular o cérebro para mapear pontos de referência antes de remover qualquer tecido. Para evitar o dano a áreas especializadas na linguagem e no movimento, os cirurgiões identificavam essas regiões ao estimular eletricamente as camadas externas do cérebro enquanto os pacientes estavam acordados. Quando essa estimulação interrompia a fala dos pacientes, causava um movimento espontâneo ou os fazia pensar em um objeto, cara, som ou toque em particular, os cirurgiões colocavam uma pequena letra na área estimulada do cérebro. Um estenógrafo sentado perto da mesa de operações anotava o comportamento associado com cada letra. Fotografias do cérebro mostravam as letras e mais tarde davam pistas sobre a localização das funções no córtex. A estimulação elétrica também ajudava a identificar onde se originavam os ataques epilépticos, e essas áreas eram extirpadas.

Eu podia ver que partes do cérebro eram removidas, e a extensão de cada procedimento mais tarde era explicitada em um relatório com fotografias e o desenho do cirurgião da localização e tamanho da área removida. Essa documentação era essencial para dar sentido aos resultados dos testes comportamentais que coletávamos no laboratório. Ao combinar resultados de testes com os relatórios dos cirurgiões, podíamos vincular quaisquer déficits cognitivos em nossos pacientes com as áreas do cérebro que foram perdidas, e seu desempenho normal com as áreas do cérebro que permaneceram intatas. Com esse enfoque de colaboração, Milner e seus colegas fizeram importantes descobertas sobre a organização dos hemisférios cerebrais esquerdo e direito nos seres humanos, baseados na necessidade efetiva de cada região do cérebro para um processo cognitivo em particular.[19]

Minha tese de doutorado estudava como as operações para aliviar a epilepsia afetavam o sistema somatossensorial — o sentido do tato. Para fazer isso, planejei e construí testes de memória que requeriam que os pacientes dependessem mais do tato que da visão ou da audição. Fiz testes com muitos pacientes que tiveram tecido cerebral removido tanto do lado esquerdo como do direito dos lobos frontal, temporal ou parietal. Eu estava particularmente ansiosa para testar os três pacientes amnésicos que tinham lesões nos dois hipocampos — pacientes sobre os quais eu havia lido previamente nos artigos que Milner escrevera junto com Penfield e Scoville: F.C., P.B. e Henry. A cirurgia para tratamento da epilepsia não resultava tipicamente em amnésia. Aqueles três casos eram raros.[20]

Encontrei-me com Henry pela primeira vez em maio de 1962, quando Milner conseguiu que ele nos visitasse no Instituto Neurológico e se submetesse a testes. Essa foi sua primeira e única viagem a Montreal, e foi memorável. Henry e sua mãe vieram de trem, que era como viajavam longas distâncias. A Sra. Molaison tinha medo de viajar de avião, e o trem era mais barato. Eles ficaram em uma casa de hóspedes próxima, e todas as manhãs, durante uma semana, os dois chegavam ao Instituto e se dirigiam à sala de espera.

Durante aquela semana, meus colegas e eu nos revezamos testando Henry. Diariamente eu o pegava na sala de espera e o guiava até a minha sala de testes e, quando terminávamos, o escoltava de volta. Ele foi um participante de pesquisa cooperador, como seria pelo resto da sua vida, e completamos todas as tarefas que eu havia planejado para ele. Já então, senti-me privilegiada por trabalhar com Henry, juntamente com F.C. e P.B. — um trio raro de pacientes amnésicos. Mas, em 1962, eu não tinha ideia de como Henry viria a se tornar famoso.

Na época de sua visita a Montreal, ele tinha cerca de 30 anos, no apogeu de sua vida, mas era completamente dependente da mãe. A Sra. Molaison, dona de casa e acompanhante constante de Henry, era uma mulher doce e agradável. Durante a visita inteira, ela ficava sentada pacientemente na sombria sala de espera, enquanto os pesquisadores levavam seu filho para várias salas de teste. Estava aterrorizada com a cidade grande onde as pessoas falavam francês, língua que ela não compreendia, e preferia ficar dentro das paredes seguras do instituto a explorar a cidade sozinha.

A semana de Henry foi ocupada. Tínhamos preparado uma extensa série de testes para ele, projetados para medir as várias facetas de sua memória e outras funções cognitivas. Embora não o soubéssemos naquele momento, os resultados de nossos estudos revelariam o alcance e os limites de sua amnésia, e, ao fazer isso, iriam prenunciar novas maneiras de explorar como a memória se organiza no cérebro humano. A perda de memória sofrida por Henry, embora tenha tido um impacto devastador em sua vida cotidiana, provou ser um ganho de valor inestimável na busca pelos fundamentos do aprendizado e da memória.

4.

Trinta segundos

Desde o começo, um dos aspectos mais surpreendentes da perda de memória de Henry foi como ela era notavelmente específica. Ele se esqueceu de todas as suas experiências posteriores à operação de 1953, mas guardou muito do que havia aprendido antes disso. Reconhecia seus pais e outros parentes, lembrava-se de fatos históricos que havia aprendido na escola, tinha um bom vocabulário e podia desempenhar tarefas diárias rotineiras, tais como escovar os dentes, barbear-se e comer. Estudar as capacidades remanescentes de Henry mostrou ser tão instrutivo como estudar as que ele havia perdido. Uma lição importante que os cientistas haviam aprendido de pessoas com perda de memória seletiva, tal como Henry, é que a memória não é um processo só, mas uma coleção de muitos processos distintos. Nosso cérebro é como um hotel com diferentes tipos de hóspedes — lar para diferentes tipos de memória, cada uma ocupando seu próprio conjunto de quartos.

O caso de Henry iluminou a antiga controvérsia sobre a existência de mecanismos de memória de curta duração distintos dos da memória de longa duração. A questão básica era saber se os processos que sustentam a memória de curto prazo, que retém temporariamente uma limitada quantidade de informação, diferem daqueles que sustentam a memória de longo prazo, que conserva vastas quantidades de informação por minutos, dias, meses ou anos.

A maioria das pessoas usa o termo *memória de curto prazo* de forma incorreta. Como definida pelos pesquisadores da área, a memória de curto prazo não está relacionada à lembrança do que fizemos ontem, esta manhã ou mesmo há vinte minutos. Esse tipo de recordação é memória de longo prazo, embora recente. A memória de curto prazo é o presente imediato, a informação em nossas telas de radar neste exato momento; ela expira em trinta segundos ou menos, dependendo da tarefa. A capacidade desta memória é limitada, e seu conteúdo evapora imediatamente se não o repetimos ou o convertemos em uma forma que pode ser guardada na memória de longo prazo. Quando digo a uma amiga meu número de telefone, os dígitos ficarão brevemente em seu armazenamento de curto prazo, e ela se esquecerá deles rapidamente a não ser que os processe mentalmente ou os anote. O armazenamento de curto prazo não é um depósito no cérebro: em vez disso, é uma série de processos que guardam bits de informação, tais como meu número de telefone, ativos por um breve período de tempo. A memória de longo prazo, por outro lado, é tudo que lembramos depois que alguns segundos se passaram.

Seriam a formação de memórias de curto e de longo prazo etapas diferentes de um só processo, ou, ao contrário, governadas por processos totalmente separados? Aqueles que defendiam a teoria do processo dual buscavam evidências convincentes de que um paciente em particular teria déficits nos testes de memória de longo prazo, mas não nos de curto prazo; e que outro paciente teria déficits em tarefas da memória de curto prazo, mas não nas tarefas da memória de longo prazo. Esses dois resultados, tomados em conjunto, indicariam que os dois tipos de memória eram independentes. Estudos de pacientes com dano cerebral seletivo aguçaram o debate sobre a memória ser um processo único ou dual, e Henry teve um papel estelar nessa pesquisa.

O papel de Henry como participante de pesquisa começou em 1953, logo antes de sua operação. Scoville solicitou uma avaliação psicológica completa para estabelecer uma referência pré-operatória contra a qual medir quaisquer mudanças decorrentes do procedimento. No dia anterior à cirurgia, a psicóloga clínica Liselotte K. Fischer sentou-se com Henry em uma sala do Hartford Hospital e conduziu uma série de testes, incluindo um teste de QI, um teste de memória e vários outros, projetados para revelar sua personalidade e seu estado psicológico. Uma das tarefas que Henry realizou é chamada de "alcance de dígitos", uma forma bem conhecida de medição da memória de curto prazo chamada de "alcance de dígitos", na qual um examinador pede a um paciente para repetir uma série gradualmente crescente de números. Por exemplo, se Fischer dissesse "três, seis, nove, oito", Henry deveria imediatamente repetir "três, seis, nove, oito". A pesquisadora então poderia seguir com cinco dígitos, depois seis, depois sete, oito e assim por diante; se o paciente repete oito dígitos, mas falha em nove, então o alcance de dígitos do paciente é oito. Fischer administrou esse teste a Henry, e depois lhe pediu que repetisse séries de números em ordem inversa, uma tarefa muito mais difícil. Se ela dissesse "Três, seis, nove", então a resposta correta seria "nove, seis, três". A pontuação combinada de Henry para ambos os testes foi seis — bem abaixo da média normal.

Dois anos depois da operação de Henry, quando Milner aplicou-lhe um teste similar, seu alcance de dígitos havia melhorado, colocando-o na escala normal. Sua capacidade para lembrar-se de mais dígitos no período pós-operação, no entanto, não significa que a cirurgia tenha melhorado sua memória. Múltiplos fatores podem ter contribuído para esse fraco desempenho anterior à operação. Durante os testes, Fischer presenciou vários ataques *petit mal*, que eram esperados, já que Henry havia deixado de tomar suas medicações como preparação para a cirurgia. Além disso, ele estava ansioso com a aproximação da operação, disparando mecanismos relacionados com o estresse em seu cérebro, os quais devem ter interferido com o desempenho no teste e mascarado suas verdadeiras capacidades. Seus déficits antes do grande evento eram provavelmente o resultado combinado de crises convulsivas e de nervosismo.

PRESENTE PERMANENTE

Ao longo das décadas, quando meus colegas e eu estudamos Henry, ele manteve um nível normal de desempenho quando testamos seu alcance de dígitos. Essa descoberta constituía um contraste agudo: Henry sofreu uma perda de memória catastrófica, mas podia lembrar brevemente e repetir uma série de dígitos. Isso sugeria que a memória de curto prazo dele estava intata; sua deficiência estava em converter memórias de curto prazo em memórias de longo prazo. Por exemplo, no transcurso de uma conversa de 15 minutos, ele me contaria três vezes a mesma história sobre as origens da família Molaison, sem saber que estava se repetindo. A informação podia chegar ao saguão do hotel do cérebro de Henry, mas não podia entrar nos quartos.

William James, brilhante psicólogo e filósofo, foi o primeiro a fazer distinção entre dois tipos de memória. Em 1890, ele lançou um livro frequentemente citado, uma verdadeira proeza em dois volumes, *The Principles of Psychology*, no qual descreve a memória primária e a secundária. A *memória primária*, afirmava ele, faz-nos conscientes do que "acaba de passar". O conteúdo da memória primária ainda não teve a chance de sair da consciência; a memória primária cobre um período de tempo tão curto que é considerado "agora mesmo". Ao ler essas frases, estamos simplesmente carregando todas as palavras em nossa mente no momento presente, e não as dragando do passado.

Em contrapartida, *memória secundária*, no esquema de James, é "o conhecimento de um evento ou fato, a respeito do qual não estávamos pensando, com a consciência adicional de que o havíamos pensado ou experimentado antes". Esse tipo de memória "é trazido de volta, lembrado, pescado, por assim dizer, de um reservatório no qual, com incontáveis outros objetos, jaz enterrado e perdido de vista". Com a memória secundária, a informação já não está mais passeando pelo saguão do hotel, mas, pelo contrário, está descansando no quarto e deve ser encontrada e resgatada.

Notavelmente, a categorização da memória feita por James parece ter surgido somente de sua própria introspecção. Ele não realizou experimentos de memória em si mesmo ou em outros, embora possa ter conversado com colegas que o fizeram. Depois que propôs esse esquema, no entanto, os cientistas voltaram para seus laboratórios a fim de projetar experimentos de comportamento que desmembrassem esses dois processos de memória. O trabalho deles resultou nos conceitos hoje conhecidos como memória de curto prazo (a memória primária de James) e memória de longo prazo (sua memória secundária).

Se as memórias de curto prazo e de longo prazo representam dois tipos distintos de processamento cognitivo, então seus fundamentos biológicos também deveriam diferir. Ao abordar essa questão, os cientistas fizeram duas perguntas básicas: a memória de curto prazo e a memória de longo prazo são sustentadas por circuitos neurais separados? E podemos identificar, nos circuitos cerebrais respectivos, mudanças estruturais que contribuem para o armazenamento da memória? Pesquisadores vêm analisando amplamente essas questões fundamentais, aprendendo com análises teóricas, celulares e moleculares.

Um primeiro avanço no exame da teoria do processo dual da memória veio de um colega de Penfield, o neurocientista Donald Hebb. Há algum tempo os cientistas já sabiam que funções do cérebro como a lembrança, o pensamento ou o controle dos movimentos do corpo dependiam da comunicação entre células do cérebro, os *neurônios*. Uma importante função dos neurônios é enviar mensagens elétricas e químicas através de uma *sinapse*, um minúsculo espaço entre dois neurônios, para outros neurônios que as recebem. Compreender como vincular um processo complexo como a memória a alguma atividade mensurável nos neurônios era difícil — e ainda é.

Em 1949, Hebb especulou que a principal diferença entre os dois tipos de memória é que a de longo prazo é acompanhada por uma mudança física nas conexões entre neurônios, enquanto na memória de curto prazo isso não acontece. Ele propôs que a memória de curto prazo torna-se possível quando neurônios em um circuito particular se comunicam continuamente uns com os outros, em um circuito fechado, como uma conversa mantida viva por um grupo de pessoas de pé que formam um círculo. A memória de longo prazo, ao contrário, vem de modificações duradouras das sinapses nos neurônios. Se a memória de curto prazo é como uma conversação oral, a de longo prazo é como uma transcrição escrita de comunicações passadas que podem ser exibidas e relidas à vontade.[1]

Ao desenvolver sua teoria, Hebb provavelmente inspirou-se no famoso anatomista espanhol Santiago Ramón y Cajal, que passou sua carreira observando células nervosas através de um microscópio. No final dos anos 1800, Ramón y Cajal havia proposto que o aprendizado estava vinculado a um crescimento físico de sinapses nos neurônios. Hebb também acreditava que a conexão estrutural entre dois neurônios muda fisicamente e cresce mais forte à medida que o aprendizado progride. A capacidade das sinapses de modificar-se estruturalmente oferece um modo de registrar informação de forma permanente para uso futuro.[2]

O modelo de Hebb exerceu muita influência. Ele criava uma ponte sobre a ampla brecha entre psicologia e biologia, vinculando o processo aparentemente elusivo da memória com uma mudança tangível no cérebro. Também deu aos cientistas um meio de moldar futuros experimentos e preparou o terreno para importantes avanços na pesquisa da memória. O postulado de Hebb ainda sobrevive na academia: todo estudante de neurociência sabe recitar a regra de Hebb: "Células que disparam juntas se conectam juntas."[3]

Anos mais tarde, inspirado em parte pela história de Henry, o neurobiólogo Eric R. Kandel elegeu como objeto de estudo a neurobiologia celular das memórias de curto prazo e de longo prazo. No final dos anos 1960, Kandel e seus colegas começaram a estudar um invertebrado com um sistema nervoso simples, a *Aplysia* (lesma-do-mar), para ver como ele transformava memórias de curto prazo em memórias de longo prazo. Os pesquisadores focaram em duas formas simples de aprendizado implícito: *habituação*, processo pelo qual organismos deixam de responder a estímulos conspícuos, mas sem importância, depois de muitas exposições a eles; e *sensibilização*, processo pelo qual experimentar um estímulo poderoso leva a uma reação aumentada a um estímulo posterior, que de outra maneira teria causado uma resposta mais fraca. Em nossa vida diária, esses mecanismos inconscientes operam no pano de fundo, protegendo-nos e nos mantendo focados. Com a habituação, aprendemos a ignorar a música alta do apartamento vizinho; e, com a sensibilização, ser mordidos pelo cachorro do vizinho nos torna temerosos e tensos quando ouvimos um cão latir.

Para estudar essas formas simples de aprendizado, Kandel e seus colaboradores se concentraram no reflexo de retração das guelras do caracol, que protege seu aparelho respiratório. A guelra normalmente está relaxada, mas, quando algo toca o sifão, tubo que ejeta líquido do corpo da lesma, este e a guelra se recolhem para dentro de uma fenda no corpo. Kandel e seus colegas treinaram essa simples resposta para demonstrar a habituação e a sensibilização. Em um experimento, eles tocavam repetidamente, com suavidade, o sifão. A lesma-do-mar terminou habituando-se a esse toque, e seu reflexo de retração da guelra se enfraqueceu. Em outro experimento, os pesquisadores tocavam com a mesma suavidade o sifão, mas desta vez aplicavam simultaneamente um choque na cauda do caracol. Nesse caso, a lesma ficava sensibilizada e produzia um forte reflexo de retração da guelra, mesmo quando o toque suave não era acompanhado pelo choque. A habituação e a sensibilização duravam desde um dia a várias semanas, dependendo do protocolo de treinamento.

Por causa da simplicidade do sistema nervoso central da *Aplysia*, Kandel e seus colaboradores puderam mapear anatomicamente o circuito neural do reflexo de retração da guelra e identificar as conexões sinápticas entre as células nesse circuito. Então eles inseriram eletrodos e gravaram a atividade dos neurônios sensores e motores individuais. Esses experimentos foram possíveis porque na *Aplysia* as células são relativamente grandes — com corpos celulares de até um milímetro de diâmetro. As gravações eletrofisiológicas tornaram possível identificar os neurônios sensores que eram ativados quando se tocava o sifão, e os neurônios motores que iniciavam o reflexo. Com esses métodos, Kandel mostrou que o aprendizado estava relacionado a um aumento da força elétrica das conexões nas sinapses, com o resultado de que uma célula podia comunicar-se mais efetivamente com seus alvos. Esse importante estudo foi um dos primeiros a chamar a atenção para as propriedades sinalizadoras dos neurônios, a biologia celular e molecular de como as conexões entre neurônios são afetadas pelo aprendizado.[4]

Na mesma série de experimentos, Kandel e seus colaboradores demonstraram de modo crucial que os mecanismos subjacentes à memória de curto prazo e à memória de longo prazo são diferentes. Eles aprenderam que a de curto prazo está associada com mudanças na função sináptica, mas não na estrutura. No decorrer do aprendizado, conexões existentes podem tornar-se mais fortes ou mais fracas, sem nenhuma mudança ostensiva na estrutura. A memória de longo prazo, ao contrário, requer mudanças físicas na sinapse. A memória de longo prazo requer síntese de proteínas; a de curto prazo, não. Os experimentos de Kandel confirmaram e ampliaram a visão de Hebb de que dois processos distintos de memória existem lado a lado.

Hebb tinha formulado o conceito de *plasticidade sináptica*, ao propor que a estimulação repetida de um grupo de neurônios, durante o aprendizado, gradualmente fortalece suas conexões, e, assim fazendo, estabelece memórias duradouras. Vinte anos mais tarde, Kandel deu grande apoio à teoria de Hebb quando vinculou a atividade recorrente de neurônios individuais a tipos específicos de aprendizado na *Aplysia*. Sua descoberta de que proteínas diferentes são necessárias para a memória de curto prazo e para a de longo prazo representou um importante passo inicial na direção de revelar a base molecular da memória. Seguindo os passos de Hebb e Kandel, os pesquisadores da neurociência hoje em dia buscam a identificação de proteínas e genes que nos dirão como as células falam umas com as outras e possibilitam o aprendizado.[5]

Descobrir a maquinaria molecular que sustenta a memória de curto prazo e a de longo prazo era fundamental para entender as raízes da amnésia de Henry. De modo similar, examinar sua amnésia em estudos comportamentais tornou-se uma oportunidade para que os pesquisadores investigassem como esses dois tipos diferentes de memória estão organizados no cérebro humano. Se a teoria do processo único fosse correta, então a memória de curto prazo de Henry deveria ter sido comprometida. Na realidade, sua memória de curto prazo permaneceu intata, enquanto sua memória de longo prazo desapareceu, sugerindo não só que eram processos separados, mas também que dependiam de áreas diferentes do cérebro.

Tendo estudado com Hebb, Milner foi influenciada pela sua teoria de processo dual da memória. Ela viu que Henry podia proporcionar evidência experimental para resolver o debate entre processo único e processo dual. Durante a visita de 1962 de Henry ao laboratório de Milner, sua aluna de pós-graduação Lilli Prisko reuniu dados sobre a memória de curto prazo dele. Ela pediu que Henry comparasse dois simples estímulos não verbais que eram separados por um breve intervalo de tempo. O desafio para ele era manter o primeiro item na memória o tempo suficiente para dizer se era "igual" ou "diferente" do segundo item. Prisko escolheu vários tipos diferentes de itens de teste, o que lhe possibilitou coletar dados de Henry em múltiplos experimentos. Tirar conclusões com base em uma tarefa ou experimento únicos é arriscado, de modo que Prisko evitou esse problema ao oferecer à memória de curto prazo de Henry tarefas complementares. Algumas usaram sons como cliques e tons, e outras usaram imagens visuais tais como flashes de luz, cores e figuras absurdas não geométricas. Ela também escolheu intencionalmente estímulos que fossem difíceis de verbalizar. Ao testar a memória para cores, por exemplo, Prisko não podia usar manchas de vermelho, laranja, amarelo, verde, azul e violeta porque Henry poderia repetir os nomes das cores para si mesmo durante os intervalos e ser mais esperto que o teste. Em vez disso, ela escolheu cinco diferentes tons de vermelho para diminuir a possibilidade de repetição verbal.[6]

Henry jazia em uma maca em uma área quieta e escura, separada por um biombo de onde Prisko estava sentada, no laboratório principal. Eles eram os únicos presentes. Ela dizia "Primeiro" para indicar que um teste estava começando. Os estímulos nesse teste eram uma série de flashes de uma luz estroboscópica a um ritmo de três por segundo. Depois de um breve intervalo, outro conjunto de flashes aparecia, mais rápido agora, quase oito por segundo. Henry tinha que dizer "Diferente" para indicar que tinha havido uma mudança entre os dois estímulos. Em outros exercícios, os flashes apareciam com o mesmo ritmo, e ele tinha que dizer "Igual".

Testar Henry nesse experimento foi desafiador, principalmente no começo. Algumas vezes ele falava em vez de ficar sentado e quieto, precisava ser instigado para responder, ou respondia depois do primeiro estímulo, sem esperar pelo segundo. A cada tantos minutos, Prisko repetia as instruções, para que Henry soubesse o que se esperava que fizesse. Ela também teve que repetir várias tentativas fracassadas para completar o experimento.

Os resultados do primeiro experimento forneceram uma base importante para compreender a capacidade de Henry para perceber e reter informação. Ele podia desempenhar a tarefa com facilidade e exatidão quando não havia demora entre os estímulos, cometendo um só erro em 12 tentativas. Ele não tinha nenhum problema com as instruções ou em perceber os estímulos do teste: era perfeitamente capaz de apreciar a diferença entre eles quando estavam perto um do outro no tempo. Com esse conhecimento, Prisko podia presumir que qualquer problema que Henry encontrasse durante as tentativas com intervalos de demora mais longos era resultado direto de uma incapacidade de lembrar.

Depois Prisko testou Henry com os mesmos conjuntos de flashes, dessa vez separados por 15, 30 ou 60 segundos. A capacidade de diferenciar entre estímulos torna-se mais difícil para qualquer um quando o intervalo entre ambos fica mais longo e a memória de curto prazo se debilita. No caso de Henry, no entanto, o diferencial era extremo. Com um intervalo de 15 segundos, Henry ainda se saiu bem, cometendo dois erros em doze tentativas. Quando o intervalo foi de 30 segundos, seus erros aumentaram para quatro. Com 60 segundos, suas respostas foram erradas em seis das doze tentativas, o que é considerado desempenho por acaso, como se Henry tivesse jogado cara ou coroa a cada vez para escolher uma resposta. Em comparação, sujeitos normais do grupo-controle fizeram uma média de um erro em doze tentativas durante a demora de 60 segundos entre os estímulos, mesmo se Prisko os distraísse.

A queda abrupta no desempenho de Henry mostrou que sua memória de curto prazo durava menos de sessenta segundos. Em algum ponto entre trinta e sessenta segundos, sua memória do que havia visto ou ouvido se perdia. Com intervalos mais curtos, ele acertava mais do que por mero acaso: sua mente mantinha vivos os estímulos do teste, desde que eles ocorressem dentro dessa estreita faixa de tempo. Os resultados de Henry eram consistentes com os de F.C. e P.B., a quem Prisko testou logo depois. Eles cometeram menos erros que Henry, mas mostraram o mesmo padrão de aumento de erros à medida que o tempo entre a apresentação dos dois estímulos era estendido, fazendo com que a memória do primeiro desaparecesse.

Para surpresa de Prisko, Henry mostrou alguma capacidade para reter certos tipos de informação. Após o teste com flashes, ela o deixou descansar por alguns minutos antes de começar a nova tarefa, dessa vez utilizando cliques audíveis. A essa altura, Henry parecia ter melhorado como participante nos testes: embora ainda falasse, ele não respondia mais depois do primeiro estímulo. Ela deu-lhe um descanso de uma hora antes do teste seguinte, que era com cores. Quando regressou, Henry havia esquecido completamente quem ela era. Mas, depois de ter recebido suas instruções, ele pareceu entender melhor o esquema do teste, falou menos e seguiu corretamente as instruções. Quando ela o testou outra vez no dia seguinte, foi suficiente dar as instruções a Henry uma única vez no começo de cada novo teste. Sua pontuação ainda era ruim, e ele não se lembrava de haver feito o teste antes, mas de alguma maneira Henry sabia o que se esperava dele.

Como Henry era capaz de aprender os procedimentos corretos — o "como fazer" — mas permanecia incapaz de reter por mais de alguns segundos qual estímulo específico de teste havia sido utilizado? Em 1962, ninguém podia explicar essa estranha distinção, mas isso deu a todos nós do laboratório de Milner a sensação de que Henry tinha muito que nos ensinar sobre a natureza da memória e da aprendizagem.

Os resultados dos testes de Prisko foram um golpe para a teoria de que a memória era um processo único. Na mesma época, outro caso estava aparecendo e significou um desafio similar. Um paciente na Inglaterra, conhecido por suas iniciais K.F., sofreu dano maciço ao lado esquerdo da cabeça e do cérebro em um acidente de motocicleta. Ele ficou inconsciente por dez semanas, e, embora mostrasse uma melhora gradual nos poucos anos seguintes, começou a sofrer convulsões. Como Henry, K.F. tinha um grave déficit de memória, mas com um padrão exatamente oposto. Notavelmente, ele podia formar novas memórias de longo prazo, apesar de sua falta de retenção a curto prazo. Tinha um alcance de dígitos de apenas dois, e podia repetir apenas um número, uma letra ou uma palavra de forma confiável. Se um examinador falasse pares de palavras ao ritmo de uma palavra por segundo, ele podia repetir ambas as palavras corretamente apenas metade do tempo. Seu armazenamento de curto prazo tinha uma capacidade muito limitada. Mesmo assim, K.F. teve desempenho normal em quatro testes diferentes sobre a memória de longo prazo, indicando que seu armazenamento de longo prazo estava intato.[7]

Tomadas em conjunto, as descobertas sobre Henry e K.F. indicam a existência de dois circuitos de memória independentes, que servem à memória de curto prazo e à de longo prazo respectivamente, apoiando fortemente a teoria do processo dual. Os dois circuitos têm localizações anatômicas diferentes: processos corticais mediam a memória de curto prazo, e processos do lobo temporal medial modulam a memória de longo prazo.[8]

O caso de K.F. sugeria que os processos da memória de curto prazo estão baseados no córtex cerebral, as camadas externas do cérebro. Scoville não tirou nada dessa parte do cérebro de Henry, de modo que todas as funções corticais foram preservadas, ficando disponíveis para conter informação em tempo real por breves períodos de tempo, poupando assim sua memória de curto prazo. Pesquisas posteriores demonstraram que as memórias de curto prazo estão espalhadas por diferentes partes do cérebro, dependendo do tipo de informação que representem. Evidências cada vez maiores indicam que áreas diferentes do cérebro são responsáveis por reter temporariamente memórias de rostos, corpos, lugares, palavras etc. Essas memórias não estão distribuídas aleatoriamente. Em vez disso, elas tendem a agrupar-se perto de áreas relacionadas com a forma em que a informação foi percebida inicialmente. O lobo parietal direito, por exemplo, é dedicado a habilidades espaciais, de modo que memórias de curto prazo relacionadas com o conhecimento espacial são mantidas naquela área. De modo similar, o lado esquerdo do cérebro controla a linguagem, e memórias verbais de curto prazo estão enraizadas predominantemente no lado esquerdo do córtex. Com uma melhor compreensão da memória de curto prazo como processo separado, podemos explorar em profundidade o que acontece nesse breve período de tempo. Agora sabemos muito mais sobre o conteúdo, as capacidades e os limites da memória de curto prazo.[9]

A informação permanece na estocagem de curto prazo por menos de um minuto, mas podemos manter informação indefinidamente ao repeti-la em nossos pensamentos. A repetição efetivamente refresca os traços de curto prazo, tornando-os novos outra vez. Esse é um bom exemplo de um *processo de controle*. Processos de controle estão por trás de nossa capacidade de organizar os pensamentos em prol de atingir uma meta. Usamos esses processos constantemente na vida diária, ajudando-nos a focar na tarefa que estamos desempenhando, a mudar de uma tarefa para outra, e a bloquear intrusões não desejadas.[10]

Imaginem um homem de negócios em um voo de Boston a São Francisco, com conexão com um voo para Honolulu. Depois que o avião chega a São Francisco, a comissária anuncia os números dos portões de embarque para voos de conexão com outras cidades. O homem escuta atentamente enquanto cada cidade é mencionada, e, quando ouve "Honolulu" e o número do portão, começa a repeti-lo sem parar enquanto desembarca e se desloca com sucesso entre a multidão até o portão designado, ignorando intencionalmente distrações ao longo do caminho para que não esqueça para onde se dirige. O número do portão provavelmente desaparecerá de sua mente, uma vez que tenha embarcado em seu avião. Ele o manteve vivo em sua memória de curto prazo apenas o tempo suficiente para servir ao seu objetivo. Nós habitualmente usamos processos complexos como esses para nos ajudar a lembrar e a guiar nosso comportamento para alcançar nossos objetivos.

Como Henry podia confiar apenas na memória de curto prazo, ele se valia de processos de controle cognitivo para compensar seu déficit de memória. Ao repetir mentalmente a informação que lhe pediam que lembrasse, ele podia algumas vezes manter os pensamentos frescos em sua mente até que lhe pedissem que os recuperasse. Milner notou essa capacidade durante sua primeira sessão de testes com Henry em 1955, no consultório de Scoville. Ela deu a Henry as seguintes instruções: "Quero que você se lembre dos números *cinco, oito, quatro*." Depois saiu da sala e tomou um café com a secretária de Scoville. Vinte minutos mais tarde, ela regressou e perguntou a Henry:

— Quais eram aqueles números?

— Cinco, oito, quatro — respondeu ele.

Milner ficou impressionada; parecia que a memória de Henry era melhor do que ela imaginava.

— Oh, isso é muito bom! — disse ela. — Como você fez isso?

— Bem, cinco, oito e quatro somam 17 — respondeu Henry. — Dividindo por dois, você fica com nove e oito. Lembre-se do oito. Depois cinco, você fica com cinco e quatro — cinco, oito, quatro. É simples.

— Bem, isso é muito bom. E você se lembra do meu nome?

— Não, eu lamento. Meu problema é a minha memória.

— Sou a Dra. Milner e venho de Montreal.

— Ah, Montreal, no Canadá — disse Henry. — Eu fui ao Canadá uma vez — fui a Toronto.

— Você ainda lembra os números?

— Números? Que números?

Os cálculos complexos que Henry havia criado para manter os números em sua cabeça haviam desaparecido. Assim que sua atenção foi atraída por outro tópico, o conteúdo se perdeu. Seu esquecimento de que havia estado repetindo números é incomum, mas até mesmo pessoas com cérebro intato perdem informações quando são distraídas. Considerem o exemplo do aeroporto: se, enquanto caminhava pelo aeroporto, o homem de negócios tivesse sido distraído por uma notícia importante ou por um monitor de televisão, ele provavelmente esqueceria o número do portão de embarque que estivera trabalhando para reter em sua memória de curto prazo. Se tivesse lembrado o número do portão depois de ser distraído, seria porque utilizou recursos de sua memória de longo prazo — uma capacidade que Henry não tinha.[11]

Henry se apoiava em sua memória de curto prazo em colaboração com seus processos de controle. Quando conversava, parecia uma pessoa normal, porque podia responder facilmente a uma pergunta feita a ele. Desse modo, ele podia manter um aparentemente fácil diálogo de pergunta e resposta, ficando seguro enquanto nada distraísse sua atenção. Ele podia lembrar nomes, palavras ou números na mente por alguns segundos e podia repetir essa informação, mas apenas quando a carga de memória era pequena e nada mais interviesse para apagar tudo. Se eu estivesse falando com Henry e outra pessoa começasse uma conversa diferente com ele, Henry não só esqueceria o que eu recentemente lhe tivesse dito, como também não se lembraria de que eu tivesse falado com ele.

Depois que montei meu próprio laboratório no MIT em 1977, tivemos a oportunidade de testar o efeito da distração sobre Henry e quatro outros pacientes com amnésia motivada por outras causas, todas as quais tinham causado danos significativos a suas memórias de longo prazo e tinham apenas suas memórias de curto prazo em que se apoiar. Aplicamos a eles a tarefa de distração de Brown-Peterson, que testa quão rapidamente os sujeitos esquecem informação que acabam de absorver. Eles olham através de uma janela e veem pares de consoantes seguidos de pares de dígitos, cada par visível por aproximadamente três quartos de segundo. Os sujeitos podem ver, por exemplo, *VG* e depois *SZ*, seguidos por *83* e *27*. Eles leem as consoantes e os dígitos, mas lhes é pedido que lembrem apenas das consoantes. Como os sujeitos estão ocupados lendo os números, não podem repetir mentalmente as consoantes. Ao impedir a repetição, a tarefa mede quanta informação as pessoas esquecem e o quão rapidamente a esquecem durante um período de aproximadamente cinco segundos, antes que lhes peçam que recordem as letras. Quando o psicólogo John Brown introduziu pela primeira vez a tarefa de distração em 1958, descobriu que pessoas saudáveis podiam lembrar-se apenas de um par de consoantes com exatidão. Os sujeitos esquecem a outra informação — o segundo par — em menos de cinco segundos quando não podem repeti-la.[12]

Em 1959, os psicólogos Margareth e Lloyd Peterson trabalharam sobre o experimento de Brown, estudando como a exatidão muda quando os tempos de espera são manipulados. Na versão deles do teste de Brown, o examinador enuncia três consoantes, tais como *MXC*, e depois um número de três dígitos, como *973*. Os participantes precisam contar para trás a partir desse número, de três em três, — *973, 970, 967, 964* — até que recebem um sinal para repetir as três consoantes, *MXC*. Eles recebem o sinal após diferentes períodos de tempo — 3, 6, 9, 12, 15 e 18 segundos. Peterson e

Peterson descobriram que, quanto mais tempo os participantes gastavam distraídos com a atividade de contar para trás, de menos consoantes se lembravam. Depois das demoras de 15 e 18 segundos, eles não se lembravam de quase nada. Esse estudo mostrou que a memória de curto prazo dura menos de 15 segundos sob a influência da distração.[13]

No começo dos anos 1980, meu laboratório fez modificações na tarefa de Brown-Peterson para descobrir quanto durava a memória de curto prazo de Henry. Esse experimento fazia parte de uma ampla investigação com o propósito de dissecar os processos que compunham a *memória declarativa* — um sistema que sustenta a memória de longo prazo de eventos e fatos. Quando Henry e outros quatro pacientes amnésicos realizaram a tarefa de Brown-Peterson, tiveram desempenho comparável ao de participantes saudáveis, sem déficits de memória, nos intervalos de 3, 6 e 9 segundos de demora. Aos 15 minutos e 30 segundos, no entanto, como suas reservas de curto prazo estavam cheias até sua plena capacidade, as pontuações dos pacientes caíam muito abaixo daquelas dos participantes utilizados como controle. Nesse experimento, pessoas normais recorriam à sua memória de longo prazo para recuperar informação que precisasse ser mantida além de 15 segundos, mas pessoas com amnésia não o podiam fazer.[14] Esse estudo ajudou a definir os limites da memória de curto prazo.

Nossa compreensão da memória de curto prazo tem se tornado mais complexa à medida que estudamos como utilizamos nossas memórias na vida cotidiana. Conforme registramos informação do mundo, utilizamos numerosos processos complexos no cérebro. Se alguém tenta multiplicar 68 e 73 de cabeça, está realizando cálculos, guardando os resultados, combinando números e verificando sua exatidão. A tarefa requer muito mais esforço do que simplesmente regurgitar itens armazenados em sua memória de curto prazo; é um trabalho mental. A pessoa recorre às ideias abstratas de números e multiplicação, aplicando esse conhecimento ao problema a ser solucionado. Esse tipo de processo é chamado de *memória de trabalho*: uma extensão forçada da memória de curto prazo, um espaço de trabalho mental onde ocorrem operações cognitivas.

Como a memória de trabalho se diferencia da memória de curto prazo, imediata? Pensem na memória de curto prazo como simples e a memória de trabalho como complexa. A memória de trabalho é memória de curto prazo em marcha acelerada. Ambas são temporárias, mas a memória de curto prazo, imediata, é a capacidade de reproduzir um reduzido número de itens depois de um pequeno tempo de espera, ou sem espera (como dizer 3-6-9), enquanto a memória de trabalho requer armazenar pequenas quantidades de informação e simultaneamente trabalhar com essa informação para realizar tarefas complexas (como multiplicar 3 × 6 × 9 de cabeça). Quando utilizamos a memória de curto prazo, simplesmente repetimos uma quantidade limitada de informação, enquanto que, ao acessarmos a memória de trabalho, podemos monitorar e manipular essa informação da maneira que quisermos. A memória de trabalho organiza quantos processos neurais e cognitivos sejam necessários para alcançar um objetivo de curto prazo — decifrar sentenças longas, resolver problemas, entender o enredo de um filme, levar a cabo uma conversa, acompanhar um jogo de beisebol jogada a jogada.

Embora o conceito de memória de trabalho tenha sido introduzido pela primeira vez em 1960, só nos anos 1980 os artigos sobre memória de trabalho começaram a aparecer na literatura neuropsicológica. Em 1962, no entanto, Brenda Milner administrou a Henry um teste de resolução de problemas que mais tarde entendemos que não media apenas essa capacidade específica mas também sua capacidade de memória de trabalho. Milner colocou quatro cartas sobre uma mesa, lado a lado, e disse a Henry: "Aqui estão suas cartas-base." A primeira tinha um triângulo vermelho; a segunda, duas estrelas verdes; a terceira, três cruzes amarelas; e a quarta, quatro círculos azuis. Ela pediu a Henry que pegasse um baralho com 128 cartas e que colocasse cada carta sobre a mesa na frente de uma das cartas-base, onde Henry pensasse que deveriam ir. Depois que ele colocava uma carta, ela dizia "Certo" ou "Errado", e supunha-se que ele usaria essa informação para fazer tantas escolhas corretas quantas fosse possível. Ele começou a separar as cartas, e inicialmente ela dizia "Certo" se ele casava uma carta com uma carta-chave baseado na cor, e "Errado" se a casasse por forma ou por número. Após dez escolhas corretas, ela mudou o critério de distribuição sem dizer a ele. Agora, ela dizia "Certo" se ele casasse as cartas por forma. Após mudou outra vez, usando a quantidade de símbolos como critério de distribuição. Henry completou a tarefa bem e cometeu poucos erros. Ele estava usando a memória de trabalho: ele tinha que manter a atenção focada na categoria correta enquanto separava as cartas na mesa, ouvia a resposta de Milner e decidia sobre o lugar da próxima carta de acordo com isso. Contudo, apesar de seu excelente desempenho, Henry não se lembrava, no final do teste, de que estivera mudando de estratégias — colocando as cartas, primeiro, casadas por cor, depois, pela forma, e, finalmente, por quantidade— em resposta às pistas dadas por Milner.[15]

A tarefa de separar cartas lançou mais luz sobre o que Henry podia e não podia fazer. O fato de ele continuar seguindo um critério enquanto Milner dissesse "Certo" e de mudar para outro critério quando ela dizia "Errado" atesta sua capacidade de manter a atenção durante um teste longo, de distinguir entre diferentes formas e cores, e de pensar e responder com flexibilidade. Todas essas computações ocorriam em tempo real sem a necessidade de explorar a memória de longo prazo. Quando o teste acabou e Henry tentou refletir sobre todo o processo e lembrar-se de tudo que havia feito, ficou perdido. Os registros críticos na memória de longo prazo não tinham sido feitos.

Na mesma época, Milner teve oportunidade de administrar a tarefa de separar cartas a um paciente que teve o terço frontal de ambos os lobos frontais removido por Penfield, com o intuito de aliviar a epilepsia. Esse homem separou todas as 128 cartas baseado apenas na forma, mesmo quando Milner repetidamente dizia "Errado" — um exemplo extremo de comportamento persistente, respondendo do mesmo modo de novo e de novo. Esse caso e muitos outros, que Milner testou, de pacientes que haviam sofrido remoções tanto do lobo frontal direito como do esquerdo, mostraram convincentemente que a flexibilidade de planejamento e pensamento requerida para a tarefa de separação de cartas dependia da função normal do lobo frontal. Baseados nessas descobertas, podemos afirmar com confiança que as capacidades do lobo frontal de Henry eram excelentes.[16]

Nos anos 1990, meu laboratório dedicou um esforço substancial a nossos estudos com Henry para avaliar sua memória de trabalho. Esperávamos que as capacidades de sua memória de trabalho não estariam afetadas porque ele podia monitorar e manipular itens em suas reservas de curto prazo intatas. No entanto, os testes de memória de trabalho algumas vezes ofereciam a Henry um desafio em dois aspectos. Em uma tarefa, ele tinha que responder rapidamente para manter o ritmo imposto pelo teste e, em alguns casos, ele podia não ter tempo suficiente para decidir e executar a resposta correta. Em outro teste, o número de estímulos que ele tinha que monitorar e manipular excedia a capacidade de sua memória imediata e, portanto, requeria o uso da memória declarativa de longo prazo, que ele não possuía.

Para o teste com restrições de tempo, o teste N-atrás, os estímulos eram manchas de cores (por exemplo, *vermelho, verde, azul*) apresentadas de uma em uma na tela de um computador a um ritmo de uma cor cada dois segundos. Pedimos a Henry que apertasse um botão sempre que a cor na tela fosse igual à que tinha aparecido imediatamente antes dela, e um botão diferente quando não fossem iguais. Depois que ele completou algumas tentativas, a tarefa tornou-se mais desafiadora. Nós o instruímos a apertar um botão sempre que visse uma cor igual à que tinha aparecido duas cores atrás (isto é, com um estímulo diferente entre elas) e um botão diferente quando a cor duas cores atrás não fosse igual à atual.

No teste N-atrás com cores, o desempenho de Henry foi normal, atestando a integridade de três processos cognitivos-chave — *manutenção da informação* (Henry precisava manter as cores em mente à medida que apareciam); *atualização da informação* (ele tinha que atualizar constantemente a cor que mantinha em mente); e *inibição de resposta* (ele tinha que inibir a tendência a pressionar sempre o botão que indicava cores desiguais, porque as iguais ocorriam com menos frequência que as desiguais). Quando os estímulos eram cores, o tempo limite de dois segundos não o prejudicou.

Mais tarde administramos dois testes N-atrás similares, usando seis posições espaciais e seis formas sem sentido em vez das cores. Com esses novos estímulos, o desempenho de Henry não foi melhor do que se estivesse adivinhando. Ele tinha grande dificuldade em manter as posições espaciais e as formas sem sentido em sua memória de trabalho talvez porque ele não pudesse vinculá-las a etiquetas verbais e responder corretamente durante a janela de dois segundos. Diante de estímulos de teste difíceis de verbalizar e com a necessidade de responder rapidamente, Henry foi incapaz de ter sucesso nessa tarefa.

Em outro teste, escolha auto-ordenada, medimos a capacidade de Henry para planejar e acompanhar uma sequência de suas próprias respostas. Ele viu seis desenhos dispostos em uma grade na tela de um computador com três na fileira de cima e três na fileira de baixo. Pedimos que escolhesse um desenho. Depois ele viu uma nova tela com os mesmos seis desenhos, cada um em posição diferente. Dessa vez, ele teve que escolher um desenho diferente. Nas quatro tentativas posteriores, ele via os seis desenhos, cada vez em posição diferente, e outra vez teve que selecionar um que não havia escolhido antes. Henry completou esse procedimento três vezes seguidas, e seu desempenho foi comparável ao de um participante-controle. No entanto, em testes subsequentes, quando aumentamos o número de desenhos para oito e depois para doze, Henry cometeu mais erros que o controle. Como seus erros tendiam a ocorrer nas últimas tentativas, ele podia estar tendo interferência de seu monitoramento constante das experiências das primeiras tentativas. Ademais, a demanda de rastrear oito e depois doze itens provavelmente tenha exaurido os limites de sua memória imediata, e ele não tinha uma memória declarativa de longo prazo em que se apoiar.

O desempenho limitado de Henry em nossas tarefas de memória de trabalho não leva à conclusão de que a memória de trabalho depende de um hipocampo intato. Ele foi frustrado pelos testes que requeriam dele responder rapidamente ou usar sua memória de longo prazo. Quando a capacidade da memória imediata é insuficiente para manter o número ou a complexidade dos estímulos em mente, a memória declarativa e os circuitos do lobo temporal medial é que sustentam seu desempenho imediato bem-sucedido. Quando esses circuitos são disfuncionais, como no caso de Henry e de outros pacientes amnésicos, eles provavelmente falharão em testes desafiadores de memória de trabalho. Em 2012, pesquisadores da memória da Universidade da Califórnia, de San Diego, revisaram noventa artigos na literatura da neurociência sobre essa matéria e chegaram à mesma conclusão — quando os requerimentos de uma tarefa são maiores do que a capacidade de memória de trabalho pode acomodar, o desempenho é sustentado pela memória declarativa de longo prazo.[17]

A pesquisa sobre a memória de trabalho tornou-se uma vasta área de investigação, com mais de 27 mil artigos científicos sobre o assunto. Estudos em andamento em milhares de laboratórios continuam a dissecar os processos e circuitos da memória de trabalho para estabelecer correlações entre cérebro e comportamento em animais e nos seres humanos. Como a memória de trabalho se apoia em múltiplos processos cognitivos — atenção, controle do impulso, armazenamento, monitoração, ordenação e manipulação da informação —, ela recruta múltiplos circuitos cerebrais em paralelo. Consequentemente, a memória de trabalho é altamente vulnerável às condições neurológicas, de modo que encontramos déficits de memória de trabalho em pacientes com transtorno do déficit de atenção com hiperatividade (TDAH), autismo, doença de Alzheimer, mal de Parkinson, Aids, que sofreram AVC e até mesmo em idosos normais e saudáveis. Indivíduos nesses grupos algumas vezes têm problemas para utilizar sua memória de trabalho para alcançar seus objetivos porque esse desafiador esforço mental requer que o cérebro esteja bem; até mesmo anomalias sutis podem prejudicar o desempenho.

A noção de memória de trabalho não emergiu dos laboratórios de neurociência, mas sim do campo da matemática aplicada. Norbert Wiener, amplamente considerado como o matemático norte-americano mais brilhante de sua geração, propôs, em 1948, que o cérebro era como um computador. Com essa visão ele estabeleceu a disciplina da *cibernética*, o estudo dos processos de controle nos humanos e nas máquinas.[18]

A metáfora do cérebro humano como um processador de informação teve um efeito de longo alcance no campo da neurociência. Influenciou George A. Miller, Eugene Galanter e Karl H. Pribram, três pensadores de inclinação matemática do Stanford's Center for Advanced Study in the Behavioral Sciences, a unir as disciplinas da cibernética e da psicologia no livro deles *Plans and the Structure of Behavior*,* de 1960. Nesse trabalho pioneiro, eles defendiam que o comportamento deve ser dirigido por um "Plano" abrangente. Fizeram uma proposta radical: que o cérebro podia ser comparado a um computador, e a mente, a um programa de computador, ou Plano.[19]

O livro de Miller, Galanter e Pribram introduziu o termo *memória de trabalho*, um conceito que rapidamente se tornou uma ativa área de pesquisa na ciência cognitiva e na neurociência cognitiva. Essa vasta área de pesquisa vai além da formação da memória, ao abordar nossa capacidade de atingir objetivos complexos. Planos específicos orientados a objetivos, análogos a programas de computação, são armazenados em algum lugar e recuperados quando são executados. "O lugar especial pode ser sobre uma folha de papel", escreveram eles. "Ou (quem sabe?) pode estar em algum lugar nos lobos frontais do cérebro. Sem comprometermo-nos a qualquer maquinaria específica, portanto, gostaríamos de falar da memória que

---

* "Planos e estrutura do comportamento" (sem edição em português). Miller, G.A., Galanter, E. & Pribram, K.H. Nova York: Hold, 1960. (*N. do T.*)

usamos para a execução de nossos Planos como um tipo de 'memória de trabalho' de acesso rápido." Como demonstrou o estudo de separação de cartas que Milner fez com Henry, os autores não só estavam corretos em sua caracterização da memória de trabalho, como também haviam acertado em seu palpite de que residia nos lobos frontais do cérebro. Agora sabemos que o córtex pré-frontal é essencial para conter múltiplos pensamentos na mente com o objetivo de construir e levar a cabo um plano, como Henry fez quando realizou a tarefa de separar cartas.

Ao longo da década seguinte, o estudo da memória de trabalho estourou, conforme psicólogos e neurocientistas tentavam dissecar os processos cognitivos e neurais subjacentes. Em 1968, os psicólogos Richard Atkinson e Richard Shiffrin descreveram um modelo detalhado da memória humana em "Human Memory: A Proposed System and Its Control Processes" [Memória humana: uma proposta de sistema e seus processos de controle], ainda hoje um dos mais citados textos da literatura sobre a memória humana. Eles dividiram a memória em três estágios: o registro sensorial, o armazenamento de curto prazo e o armazenamento de longo prazo. O registro sensorial é o primeiro ponto de entrada da informação que chega pelos sentidos. A informação permanece ali por menos de um segundo e depois declina. No modelo deles de processo único, o armazenamento de curto prazo é memória de trabalho; recebe dados do registro sensorial assim como das memórias de longo prazo armazenadas. A informação flui ao longo de um *continuum*, do armazenamento de curto prazo ao armazenamento de longo prazo, que é um silo relativamente permanente.[20]

Embora o modelo de processo único de Atkinson-Shiffrin tenha sido influente, ele não explicava totalmente a formação do mecanismo da memória de longo prazo. Se o modelo estivesse correto, Henry não deveria ter sofrido amnésia porque, com a passagem do tempo, a informação presente no estágio de curto prazo teria fluído automaticamente para o estágio de longo prazo. Claramente isso não aconteceu — o cérebro de Henry não podia transferir informação dos mecanismos de processamento de curto prazo para os mecanismos de processamento de longo prazo. Mesmo assim, o modelo de Atkinson e Shiffrin é digno de nota por definir o armazenamento de curto prazo como memória de trabalho do indivíduo, onde os *processos de controle* atuam. Os processos de controle variam de indivíduo para indivíduo. Nós decidimos em que prestar atenção; repetimos a informação para mantê-la no armazenamento de curto prazo; e criamos dispositivos mnemônicos, como *Every Good Boy Deserves Fudge*, ao que os estudantes de música recorrem para lembrar-se das notas nas linhas da clave de sol — *EGBDF* (em inglês). O modelo de Atkinson-Shiffrin deu início à busca pela compreensão das estratégias que influenciam o processamento da informação contida na memória de trabalho.

Em 1974, o psicólogo Alan Baddeley e seu colega Graham J. Hitch propuseram que a memória de trabalho não é um sistema unitário. Afirmaram que ela consiste em três subsistemas: um *executivo central*, que dá as ordens; e dois *sistemas-escravos* que realizam o trabalho duro — um deles dedicado à informação visual e o outro, à linguagem. Esse modelo gerou um boom de experimentos que tentaram identificar os mecanismos que operam dentro de cada subsistema, como os processos transientes interagem com a memória de longo prazo, e as áreas do cérebro que são recrutadas durante o desempenho de tarefas da memória de trabalho. Os cientistas estudaram a memória de trabalho em pessoas sadias de todas as idades, gêmeos, bilíngues, mulheres na menopausa, cegos congênitos, fumantes, insones, pessoas com estresse e com numerosas desordens neurológicas e psiquiátricas. Esses experimentos tiveram impacto amplo, com implicações na educação, na avaliação de tratamentos, nos programas de treinamento e sua utilidade, e na avaliação de distúrbios psiquiátricos.[21]

Em anos recentes, no entanto, o modelo de Baddeley, que propõe áreas de retenção dedicadas — uma para a visão, outra para a audição, e uma terceira para eventos únicos — foi substituído pelo conceito de um sistema mais dinâmico. A concepção atual considera que os processos da memória de trabalho interagem com o armazenamento da memória de longo prazo. Nessa interpretação, a informação na memória de trabalho é mantida viva pelo processamento ativo em múltiplas áreas dentro dos lobos temporal, parietal e occipital, nas mesmas áreas especializadas do cérebro onde a percepção inicial da informação ocorreu. Assim, os circuitos que são chamados para atuar quando pela primeira vez ouvimos um nome, vemos um rosto ou apreciamos uma paisagem são os mesmos que estão ativos quando mais tarde nos lembramos do nome, do rosto ou da paisagem. A rede que é recrutada pelos processos da memória de trabalho em determinado tempo depende do conteúdo de nossa memória de trabalho e do que estamos tentando realizar.

Os modelos de memória de trabalho do século XXI enfatizam as interações entre as memórias de curto prazo e as de longo prazo. Os neurocientistas Bradley Postle, Mark D'Esposito e John Jonides defenderam o ponto de vista de que a memória de trabalho integra informação específica de diferentes períodos de tempo — as visões, sons, cheiros, gostos e as sensações de pele e corporais que recentemente entraram no cérebro e os conteúdos da memória de longo prazo que são relevantes para esses dados. Por exemplo, se tratamos de multiplicar 36 por 36 de cabeça, uma tarefa que envolve a memória de trabalho, precisamos acessar nosso conhecimento armazenado sobre números e sobre multiplicação para fazer os cálculos. Aqueles pesquisadores viam a memória de trabalho como um *fenômeno emergente* que surgia da cooperação entre muitas áreas cerebrais. Como resultado, o cérebro humano é capaz de executar multitarefas e de lidar com diferentes tipos de informação ao mesmo tempo, mudando de uma tarefa para outra com grande flexibilidade.[22]

Imagine uma mulher em um restaurante que está escutando o garçom listar as especialidades do dia. Ela mantém a lista de pratos ativa em sua memória de trabalho enquanto simultaneamente avalia cada prato, baseada no conhecimento armazenado em sua memória de longo prazo. Depois de misturar aquelas opções na cabeça, ela diz *não ao peixe-espada, por causa do seu conteúdo de mercúrio; não ao frango frito, porque tem muita gordura;*

mas a massa vegetariana parece similar a um prato de que eu gosto. Ela pede o prato de massa. Embora tenha tomado essa decisão rapidamente, isso aconteceu pela cooperação entre redes de áreas do cérebro, possibilitando que ela monitore e manipule diferentes tipos de informação. Como o cérebro realiza esse feito complexo assombroso? Em 2001, os neurocientistas Earl K. Miller e Jonathan Cohen propuseram que o córtex pré-frontal orquestra o pensamento e a ação para estabelecer objetivos internos, tais como decidir o que pedir para o jantar. Os circuitos neurais no córtex pré-frontal, que sustentam a memória de trabalho, permitiram à mulher em nosso exemplo conservar as palavras que acabara de ouvir, experimentar imagens visuais e gostos de comida para recuperar memórias de refeições recentes dela, e examinar seu conhecimento e opiniões sobre comida. Em resumo, a escolha dela foi guiada por um *processamento de cima para baixo*, usando sua experiência para guiar a tomada de decisões.[23]

Processos de cima para baixo nos capacitam a modular o impacto de informações sensoriais diversas. Essas computações incluem o planejamento de uma série de ações, o gerenciamento de objetivos, coordenar e monitorar processos automáticos (tais como reagir a um camundongo na cozinha), inibindo poderosas reações habituais, dirigindo a atenção de forma seletiva e suprimindo dados sensoriais irrelevantes, de modo a podermos gerar representações internas de objetivos e de como alcançá-los. O córtex pré-frontal na frente do cérebro guia o fluxo de informação ao longo de caminhos na parte de trás do cérebro e em áreas sob o córtex, que são essenciais para resolver problemas e tomar decisões. Uma característica do córtex pré-frontal é que ele precisa ser flexível — capaz de adaptar-se a mudanças no ambiente dentro ou fora do corpo e capaz de gerar novos objetivos e procedimentos.[24]

A memória de trabalho de Henry era suficientemente robusta para permitir que ele jogasse bingo, falasse frases completas e resolvesse aritmética simples de cabeça. No entanto, ele era incapaz de integrar seus pensamentos em tempo real com memórias do passado recente. Se pedisse uma refeição em um restaurante, ele podia fazer uma escolha baseada no que gostava ou não antes de sua operação, mas não podia levar em conta o que havia comido no dia anterior, se devia escolher itens de baixa caloria para controlar o peso ou se precisava limitar a ingestão de sal. Henry dependia de seus acompanhantes para preencher essas informações e muito mais. Sua vida cotidiana era de muitas limitações porque ele não tinha capacidades vitais de memória de longo prazo.

Como é experimentar a vida apoiando-se apenas na memória de curto prazo? Ninguém duvidaria de que a experiência de Henry fosse uma tragédia, mas ele raramente parecia sofrer e não estava sempre perdido e amedrontado — muito pelo contrário. Sempre vivia no momento, aceitando totalmente os eventos da vida diária. A partir da sua operação, cada pessoa nova que ele conhecia era um estranho para sempre, mas Henry se dirigia a todos com confiança e franqueza. Permaneceu tão agradável e bem-humorado como a pessoa educada e tranquila que seus colegas de colégio conheceram. Henry respondia a nossas perguntas com paciência, raramente ficava zangado ou perguntava por que estava sendo questionado. Ele entendia sua situação o suficiente para saber que tinha que apoiar-se em outras pessoas, e aceitava ajuda de bom grado. Em 1966, quando estava com 40 anos, ele visitou o Clinical Research Center do MIT pela primeira vez. Quando lhe perguntaram quem tinha feito suas malas, respondeu simplesmente: "Deve ter sido minha mãe. Ela sempre faz essas coisas."

   Henry estava livre das amarras que nos mantêm ancorados no tempo, apegos que às vezes podem ser opressivos. Nossa memória de longo prazo é essencial para a nossa sobrevivência, mas também nos prejudica. Ela não deixa que nos livremos de momentos embaraçosos que vivemos, da dor que sentimos quando pensamos em seres amados que perdemos, de nossos fracassos, traumas e problemas. O rastro da memória pode parecer uma corrente pesada que nos mantêm trancafiados nas identidades que criamos para nós mesmos.

Podemos estar tão envolvidos com nossas memórias que fracassamos em viver o aqui e agora. O budismo e outras filosofias nos ensinam que muitos dos nossos sofrimentos vêm do nosso próprio pensamento, especialmente quando permanecemos no passado e no futuro. Revivemos momentos e eventos que aconteceram antes e tecemos narrativas sobre o que poderia suceder no futuro, ficando atolados nas emoções e na ansiedade dessas histórias. Muitas vezes nossos pensamentos e sentimentos não têm nada a ver com a realidade concreta do presente. Quando as pessoas meditam, podem prestar atenção à sua respiração, ou a uma parte especial do corpo, ou podem repetir um mantra — qualquer coisa que as ajude a manter contato com o momento presente e evitar ficarem presas em pensamentos e narrativas que as distraiam. A meditação é um método para treinar a mente a ter uma nova relação com o tempo, conhecendo apenas o tempo presente, sem a carga do poder da memória. Meditadores dedicados passam anos praticando ser atentos ao presente — coisa que Henry não podia deixar de fazer.

Quando consideramos o quanto da ansiedade e da dor da vida diária surge de cuidar de nossas memórias de longo prazo e de preocuparmo-nos em planejar para o futuro, podemos apreciar porque Henry viveu a maior parte de sua vida com relativamente pouco estresse. Ele não era sobrecarregado com lembranças do passado e com especulações sobre o futuro. Tão assustador como parece ser a vida sem a memória de longo prazo, uma parte de nós todos pode compreender quão liberador poderia ser experimentar a vida sempre como ela é agora, na simplicidade de um mundo delimitado por trinta segundos.

5.

Memórias são feitas disso

Nossa pesquisa com Henry concentrou-se em dois tipos de investigação. Um deles utilizava ferramentas de imagens do cérebro para revelar a anatomia de sua cirurgia e assim mostrar exatamente quais áreas tinham sido removidas e o que havia ficado. Esse nível de detalhe é essencial quando os neurocientistas estão tentando relacionar a função de áreas delimitadas do cérebro com comportamentos específicos. O outro tipo de estudo envolvia testes cognitivos para avaliar a memória e outras funções intelectuais de Henry. Sabíamos pelos testes aplicados por Milner em 1955 que seu QI estava acima da média. Ainda assim, nós nos perguntávamos sobre outros aspectos do pensamento complexo. Além disso, era importante avaliar suas capacidades perceptivas para assegurar que ele estava recebendo informação exata sobre o mundo.

As raízes da formação da memória são plantadas em nossos órgãos sensoriais como coleções de tópicos separados. Se nos focarmos em nosso ambiente nesse exato momento, percebemos que estamos recebendo diferentes tipos de informação simultaneamente, através dos olhos, ouvidos, nariz, boca e pele. Estamos percebendo visões, sons, cheiros, gostos e toques. Essas diversas peças de informação são automaticamente canalizadas ao longo de caminhos separados até o nosso córtex, onde são processadas em áreas especializadas em cada modalidade sensorial. Esse material também atinge nosso hipocampo, onde as variadas sensações se juntam e começa a formação da memória. O processo de construir uma memória requer uma comunicação de ida e volta entre nosso hipocampo e as áreas distribuídas por todo nosso córtex onde a informação sensorial foi percebida pela primeira vez. Durante essa interação, o hipocampo organiza os componentes corticais de uma memória para que fiquem disponíveis para serem recuperados como uma memória completa e não como um monte de fragmentos desconectados. Juntos, esses traços contêm uma rica representação de nossas experiências.

Como a formação da memória depende decisivamente de receber informação válida dos sentidos, foi necessário estabelecer a integridade das funções sensoriais de Henry. Se ele não pudesse perceber fotos ou rostos normalmente, como poderíamos esperar que se lembrasse deles? O mesmo ocorreria em relação aos outros sentidos. Por essa razão, consideramos importante avaliar a capacidade sensorial de Henry e assim o fizemos desde os anos 1960 até os anos 1980. A evidência nos convenceu de que sua má memória não podia ser um efeito colateral de visão, audição ou percepção tátil prejudicadas.

A demonstração de que a memória de Henry podia chegar a uma paralisação enquanto sua inteligência permanecia intata indica que a capacidade de formar novas memórias está separada da inteligência geral. Para estabelecer de maneira conclusiva que sua perspicácia havia sobrevivido, conduzimos numerosos experimentos que examinaram as funções intelectuais mais altas de Henry, tais como a resolução de problemas, orientação no espaço e raciocínio. Uma tremenda vantagem para realizar esse esforço foi que Henry gostava de participar dos testes e sempre se mostrava cooperativo e dedicado. Seu padrão de forças e fraquezas cognitivas, demonstrado ao longo de anos de pesquisa, ajudou a definir o escopo da síndrome amnésica e das suas capacidades preservadas. Henry utilizava muitas capacidades diferentes para compensar, da melhor forma possível, seu trágico comprometimento da memória.

MEMÓRIAS SÃO FEITAS DISSO

Quando meus colegas e eu começamos a estudar Henry, não sabíamos exatamente quanto dano seu cérebro havia sofrido como resultado da cirurgia de Scoville. A única informação que tínhamos veio do relato de Scoville sobre o que havia removido, que era apenas uma estimativa instruída. Nas próximas cinco décadas, novas tecnologias surgiriam e nos permitiriam examinar a lesão cerebral de Henry com maiores detalhes.[1]

Sabíamos por meio do pneumoencefalograma de Henry feito em 1946 que seu cérebro tinha aparência normal antes da cirurgia. Levou quase meio século, no entanto, para obter um retrato fiel do cérebro de Henry após a operação. O imageamento do cérebro teve um grande avanço nos anos 1970, com a invenção da tomografia computadorizada (TC), que usa raios-X e um poderoso computador para criar imagens de seções transversais do cérebro. A TC permite que médicos e pesquisadores examinem estruturas cerebrais fatia a fatia, focalizando as imagens em um plano de cada vez e eliminando a interferência de estruturas circundantes.

Em agosto de 1977, pedi a um colega do Departamento de Neurocirurgia do Mass General Hospital que fizesse uma TC do cérebro de Henry. O radiologista observou grampos cirúrgicos na região do lobo temporal, em ambos os lados do cérebro de Henry, deixados ali deliberadamente para controlar o sangramento. Ambos os lobos temporais estavam levemente atrofiados (encolhidos), e os ventrículos laterais — os espaços entre os lobos temporal e frontal que contêm o fluido cerebroespinhal — estavam levemente alargados em ambos os lados, outra indicação de atrofia. O cerebelo de Henry mostrava evidência similar de encolhimento. As imagens não mostraram nenhum sinal de tumor cerebral ou de outra anomalia. O TC confirmou apenas que faltava tecido, profundamente, em cada lobo temporal, mas não fomos capazes de julgar exatamente quais estruturas tinham sido removidas e em que extensão.

Na metade da década de 1970, crescente evidência, conseguida com testes em animais e em seres humanos, havia convencido os cientistas de que o hipocampo era vital para transformar a memória de curto prazo em memória de longo prazo, mas ainda necessitávamos de prova direta de que o hipocampo fosse o responsável pela amnésia de Henry. Outra TC, feita em 1984, simplesmente confirmou os resultados do estudo de 1977. Como esses escâneres mostravam apenas os espaços em seu cérebro e não a anatomia do que restara, necessitávamos muito de uma ferramenta melhor.

No começo dos anos 1990, finalmente fomos capazes de avaliar minuciosamente os danos feitos ao cérebro de Henry, graças ao desenvolvimento do exame de Imagem por Ressonância Magnética (IRM), que fora inventado em 1970. Escâneres comerciais ficaram disponíveis no começo dos anos 1980, e a IRM evoluiu até chegar a ser uma ferramenta dominante no fim da década. A IRM é superior à TC em sua capacidade de distinguir uma área cerebral de suas vizinhas. Como a TC, a IRM gera imagens de seções transversais, mas em vez de apoiar-se na radiação, usa ondas de rádio e um poderoso ímã para obter imagens precisas de tecidos. O campo magnético força os átomos de hidrogênio a alinhar-se de um modo específico, enquanto as ondas de rádio ricocheteiam nos prótons de hidrogênio do corpo e produzem um sinal. Diferentes tipos de tecido produzem diferentes tipos de sinal, que um computador pode recriar como imagens em preto e branco.[2]

Usando imagens de RM, podíamos ver através do couro cabeludo e do crânio de Henry e observar seu cérebro. Com esse novo método, podíamos identificar pequenas estruturas cerebrais e ter um retrato mais claro do dano do que com as imagens de TC. Antes da IRM, o único meio de ver a anatomia do cérebro em detalhe era olhar para ele diretamente, durante uma cirurgia ou uma autópsia. A primeira IRM de Henry em 1992, no Brigham and Women's Hospital, em Boston, foi um momento excitante para todos nós que havíamos passado décadas estudando-o. Pela primeira vez, tivemos uma visão clara de dentro do que talvez fosse o cérebro mais estudado do mundo.[3]

De modo geral, o cérebro de Henry parecia normal para um homem de 66 anos, com exceção de seu cerebelo — a protuberância listrada próxima ao tronco cerebral que sustenta o controle motor. Nos anos 1960, podíamos apenas inferir esse dano a partir de anomalias em seus exames neurológicos, mas as imagens de IRM mostraram um cerebelo murcho, rodeado por um espaço extra cheio de fluido cerebroespinhal. Embora soubéssemos que o cerebelo de Henry era anormal, ficamos chocados pela extensão da atrofia. Esse dano era devido à morte de neurônios, relacionada com a medicação. Por muitos anos Henry havia tomado Dilantina para prevenir convulsões, até que a droga causou zumbido em seus ouvidos. Em 1984, os médicos a substituíram por um remédio diferente para evitar as crises, mas o zumbido não passou. A Dilantina o deixou com outros problemas permanentes — perda de sensibilidade nas mãos e pés, e dificuldades com equilíbrio e movimento. Henry ia de um lado a outro em um andar lento e instável, seus pés bem afastados para manter a estabilidade — sintomas da atrofia cerebelar que era tão notável em suas imagens de RM.

Quando os escâneres se moveram para o interior do lobo temporal, pudemos ver que a operação realizada quarenta anos antes havia deixado uma ausência irrecuperável — duas brechas quase simétricas no meio do cérebro de Henry. Estavam faltando a metade frontal de cada hipocampo e as áreas que fazem a interface com o hipocampo — os córtices entorrinal, perirrinal e para-hipocampal. Também havia sido removida a maior parte da amígdala, um grupo de estruturas em forma de amêndoa que sustenta a emoção. A lesão completa no cérebro de Henry estendia-se um pouco mais de cinco centímetros da frente para trás, bem menos que os oito centímetros que Scoville estimara. Aproximadamente dois centímetros de hipocampo ainda permaneciam em cada lado do cérebro, mas esse tecido residual era inútil: os caminhos que levavam informação a ele haviam sido destruídos.

Durante as sessões de IRM, Henry era, como sempre, um sujeito agradável. Ele não ficava claustrofóbico dentro do escâner, e depois nós lhe servíamos um lanche — um sanduíche, chá e seu pudim ou torta favoritos. Henry era guloso, e, à medida que envelhecia, sua barriga cresceu tanto que ele se preocupava de não caber no escâner tubular de IRM. Depois que

Henry saía do escâner, meus colegas do centro de imagens sempre estavam dispostos a conversar com ele, e assim Henry atraía com frequência um pequeno grupo de fãs. Mas nunca se perguntou por que era uma atração, aceitando tudo com naturalidade.

Em 1933 e de 2002 a 2004, realizamos vários estudos de IRM com Henry. Na época, as técnicas de análise de IRM tinham melhorado, e pudemos medir mais precisamente a quantidade de tecido cerebral que tinha sido removida ou poupada. Uma vez que tivemos claramente definida a anatomia das lesões cerebrais dele, tivemos a emocionante oportunidade de vincular suas deficiências com as áreas danificadas e seu bom desempenho com as áreas poupadas. A evidência da IRM apoiou fortemente a conclusão de que as estruturas do lobo temporal medial removidas do cérebro de Henry são essenciais para a *memória declarativa* de longo prazo, a recuperação consciente de fatos e eventos. A memória de Henry estava severamente danificada, não importava o tipo de teste (lembrança livre, lembrança induzida, reconhecimento sim/não, reconhecimento de múltipla escolha, aprendizado por critério), o veículo do estímulo (palavras, números, parágrafos, pseudopalavras, rostos, formas, cliques, tons, melodias, sons, labirintos, eventos públicos, eventos pessoais) e a modalidade sensorial por meio da qual a informação era apresentada a ele (visão, audição, tato, olfato). O dano não era apenas severo; era generalizado. Essa *amnésia anterógrada* que caracterizou sua vida após a operação levou a uma aquisição deficiente de *conhecimento episódico* — memória para eventos que aconteceram em um lugar e tempo específicos — e de *conhecimento semântico* — conhecimento geral sobre o mundo, inclusive significados de palavras novas.

Uma descoberta importante com as imagens de RM foi que, além do hipocampo, um pedaço de tecido do lobo temporal medial foi deixado em ambos os lados, a parte traseira de seu giro para-hipocampal (os córtices perirrinal e para-hipocampal). Cogitamos a possibilidade de que esse córtex poupado, conhecido, pelos estudos feitos com macacos, como importante

MEMÓRIAS SÃO FEITAS DISSO

para a memória, era usado quando, de tempos em tempos, Henry nos surpreendia ao se lembrar conscientemente de algo que não tinha por que lembrar. Ele podia desenhar a planta baixa de uma casa para a qual se mudara depois da operação. Podia reconhecer desenhos coloridos complexos até seis meses depois de tê-los estudado. E podia descrever alguns detalhes sobre celebridades que ficaram famosas após sua operação. Os córtices perirrinal e para-hipocampal recebem informação de outras áreas corticais, e essa informação armazenada provavelmente era usada para construir aquelas memórias. Evidência surgida em experimentos com animais e com seres humanos sugere que estruturas diferentes do lobo temporal medial atuam independentemente e podem mediar flexivelmente o comportamento, por meio de trocas por vias específicas de processamento cortical. Esses mecanismos corticais possibilitaram que Henry, na vida cotidiana, recuperasse ocasionalmente pedaços de informação armazenada sobre o mundo.

As imagens obtidas pela ressonância magnética também revelaram que a vasta expansão do córtex em ambos os lados do cérebro de Henry era normal. Assim, suas funções corticais — memória de curto prazo, capacidade de linguagem, habilidades perceptivas e raciocínio — ficaram imperturbadas. Além disso, circuitos dentro do córtex sadio de Henry e áreas subjacentes apoiavam vários tipos de *memória não declarativa*, habilidades e hábitos aprendidos sem percepção consciente. O caso de Henry nos mostrou que essas capacidades são independentes do hipocampo.

Cheguei ao MIT em 1964, depois de completar meu doutorado na Universidade McGill. Eu era uma pesquisadora no que era então o Departamento de Psicologia. Era um departamento em crescimento, energizado por cientistas que representavam disciplinas que variavam da neuroanatomia à psicolinguística. A atmosfera era estimulante. Nosso decano, Hans Lukas Teuber, era um imigrante alemão e figura influente no estudo do cérebro. Minha missão depois de chegar ao MIT era organizar um laboratório que centralizasse sua atenção em pacientes com distúrbios neurológicos. Ao longo dos anos, os grupos de pacientes incluíram veteranos da Segunda Guerra Mundial e da Guerra da Coreia que haviam sofrido lesões na cabeça, além de pacientes que haviam passado por psicocirurgias no Mass General. Ao investigar aqueles grupos de pacientes, conduzi um amplo exame de suas funções cognitivas e motoras, e meus conhecimentos específicos cresceram para além da minha pesquisa de doutorado, que havia se centralizado no sentido do tato. Sempre estive particularmente interessada na memória, e no final dos anos 1970 comecei a estudar pacientes com a doença de Alzheimer e com outros distúrbios neurodegenerativos. Nos anos 1980, meus colegas e eu expandimos nosso estudo sobre o envelhecimento para incluir alterações no cérebro e comportamentos relacionados em mulheres e homens sadios. Em todo esse tempo, meu laboratório continuou a estudar Henry intensamente, intercalando estudos dele com aqueles de outros tipos de pacientes.

O Clinical Research Center (CRC) do MIT, local de todos esses testes, foi fundado em 1964 como parte de um movimento maior para criar centros financiados com verbas federais para a pesquisa acadêmica sobre doenças humanas. Durante os governos de John F. Kennedy e Lyndon B. Johnson, o papel do governo federal na saúde pública se ampliou, e a pesquisa biomédica foi uma das beneficiadas. Os centros de pesquisa clínica resultantes, financiados pelos Institutos Nacionais de Saúde, foram fundamentais para a aplicação de técnicas científicas para estudar doenças em um cenário clínico. Nosso CRC era uma unidade pequena, de dez leitos, situada em um único andar de um prédio discreto de tijolos e concreto no campus do MIT. Tinha acomodações para os pacientes passarem a noite e permitia fácil acesso a nossas salas de teste que ficavam no mesmo andar.

O CRC tornou-se um lar fora do lar para Henry; a equipe do CRC e os muitos pesquisadores que passaram por nosso laboratório tornaram-se sua família estendida. Henry foi admitido no CRC para realizar testes 55 vezes de 1966 a 2000. Às vezes ficava ali de três semanas a um mês, enquanto os membros do laboratório administravam um espectro de tarefas de aprendizado que requeria vários dias consecutivos de treinamento.

MEMÓRIAS SÃO FEITAS DISSO

Henry viajava para o CRC e voltava de carro, guiado por mim ou por outro pesquisador do MIT. Uma segunda pessoa sempre acompanhava o motorista para o caso de Henry ter uma convulsão ou de algum evento imprevisto acontecer. Nessas viagens de duas horas, ele passava o tempo olhando pela janela, e algumas vezes as figuras nos cartazes davam ensejo a monólogos que eram recorrentes de viagem para viagem.

Howard Eichenbaum, um colaborador do Wellesley College, lembra-se de uma dessas viagens em 1980, quando dirigiu carro até Bickford, a casa de repouso onde Henry vivia, para transportá-lo para o CRC. No caminho para lá, Eichenbaum parou no McDonald's para o almoço e voltou para o carro com um copo de café. Quando chegou a Bickford, entrou na casa de repouso, falou com um membro da equipe de lá e acompanhou Henry até o carro. Com Henry sentado confortavelmente no banco de trás, partiram para Boston. Após alguns minutos, Henry notou o copo apoiado no painel do carro e disse: "Ei, eu conheci um cara chamado John McDonald quando era menino!" Ele passou a relatar algumas de suas aventuras com o amigo; Eichenbaum fez algumas perguntas e ficou impressionado por aquelas elaboradas memórias da infância. Em certo instante, a história terminou e Henry virou-se para ver a paisagem que passava pela janela do carro. Depois de alguns minutos, ele olhou para o painel e disse: "Ei, eu conheci um cara chamado John McDonald quando era menino!" e começou a repetir a história de forma praticamente idêntica. O motorista novamente fez algumas perguntas de sondagem, procurando continuar a interação e descobrir se os fatos narrados seriam os mesmos. Henry não sabia que estava contando o mesmo caso quase palavra por palavra. Decorrido algum tempo, a história terminou e ele tornou a apreciar a paisagem. Apenas alguns instantes depois, Henry olhou para o painel e exclamou: "Ei, eu conheci um cara chamado John McDonald quando era menino!" Eichenbaum o ajudou a reproduzir a mesma conversa uma vez mais e depois colocou rapidamente o copo debaixo do seu banco.[4]

As enfermeiras e a equipe da cozinha do CRC adoravam Henry. Ele tinha um quarto particular com banheiro privativo, e todas as manhãs as enfermeiras o despertavam e o ajudavam a ficar pronto para o café da manhã. Por volta das nove horas, ele começava os testes em uma das bem-equipadas salas do Centro. Nós conduzíamos estudos múltiplos em paralelo, com diferentes membros do laboratório aplicando testes distintos em sessões alternadas. Para que Henry não se cansasse, dávamos a ele intervalos frequentes, muitas vezes parando de tarde para comer biscoitos e tomar uma xícara de chá. A nutricionista do CRC e sua equipe serviam a ele comidas feitas em casa, preparavam seus pratos favoritos, como rabanadas e bolo. Ele só não gostava de fígado. Ao longo dos anos, Henry — sempre um homem grande — acumulou uma barriga substancial, e, embora a nutricionista refreasse sua ingestão calórica, ela sempre lhe permitia uma sobremesa. Depois do almoço e de noite, ele ia ao salão onde socializava com os outros participantes da pesquisa, trabalhava com quebra-cabeças e via filmes.

Nesse ambiente ideal de pesquisa, meus colegas e eu tivemos a maravilhosa oportunidade de investigar as forças e deficiências do intelecto de Henry. O foco inicial foi em suas capacidades perceptivas. A percepção e a memória estão ligadas porque a informação que percebemos por meio da visão, da audição, do tato, do cheiro e do gosto fornece os ingredientes básicos para nossas lembranças. Todas as modalidades sensoriais contribuem para a formação da memória, de modo que queríamos excluir qualquer problema básico de percepção como causa da memória ruim de Henry. Durante sua primeira internação no CRC do MIT em 1966, parte de nosso plano era estender o exame de sua visão e audição com maior precisão do que havia sido feito em exames clínicos neurológicos prévios. Brenda Milner veio de Montreal para o MIT, e, com a ajuda do meu colega Peter Schiller, administramos um amplo espectro de testes a Henry durante sua estada de dezessete dias.

Para confirmar que Henry podia ver todas as partes do seu campo visual — aquelas bem em frente, acima, abaixo e fora para cada lado —, pedimos a ele que pusesse o queixo em um apoio e olhasse para um ponto diretamente em frente dentro de um instrumento com forma de disco. Sua tarefa era apertar um botão a cada vez que uma pequena lâmpada acendesse em diferentes partes do disco, enquanto ficava com os olhos postos no ponto de fixação. Com esse método, descobrimos que o campo de visão de Henry era normal em todas as direções.

Em um teste de percepção visual, de *mascaramento*, Henry via uma letra grande em uma tela, seguida imediatamente por uma máscara que cobria a letra e parava o processamento da letra nos circuitos visuais de Henry. A medida-chave era de quanto tempo de exposição ele precisava para nomear a letra. Em uma segunda tarefa, de *metacontraste*, Henry via um círculo preto sólido por dez milissegundos e então, por dez milissegundos, uma rosca preta maior, cuja borda interna tocava a parte externa do círculo. Se o círculo e a rosca eram expostos ao mesmo tempo, Henry via os dois estímulos separados combinados em um único círculo preto grande. Mas, se eram expostos um depois do outro com um décimo de segundo entre eles, o círculo desaparecia e Henry via apenas a rosca. Quando o intervalo entre o círculo e a rosca era aumentado para um segundo, Henry percebia o círculo e a rosca omo objetos separados. Aqui a medida fundamental era o tempo que se passava entre a exposição do círculo e da rosca para que Henry os visse como dois objetos separados. Em ambas as medidas de percepção visual, o mascaramento e o metacontraste, o desempenho de Henry outra vez foi parecido com os desempenhos dos participantes normais utilizados como controle.[5]

Depois testamos a capacidade de Henry para perceber estímulos mais complexos, como rostos e objetos. Mostramos a ele 44 padrões, cada um sugerindo um rosto. Ele respondeu rápida e minuciosamente quando chamado a julgar o gênero e a idade aproximados de cada pessoa. Em outra tarefa, não teve dificuldade para identificar desenhos simplificados de vinte objetos.[6]

PRESENTE PERMANENTE

Para avaliar a audição de Henry, nós o colocamos confortavelmente sentado em uma cabine com sistema de atenuação de som e lhe pedimos que usasse fones de ouvido através dos quais podíamos enviar-lhe sons para um ou outro ouvido. Ele tinha em sua mão um dispositivo com um botão e devia pressioná-lo quando escutasse o som e soltá-lo quando o som desaparecesse. Colocamos instruções escritas na frente dele, de modo que Henry sempre sabia o que fazer. Um som muito fraco, quase inaudível, aparecia e lentamente se tornava mais alto. Logo que Henry ouvia o som, ele apertava o botão. Depois o som gradualmente ficava mais fraco, e Henry apertava o botão quando deixava de ouvi-lo. Ao repetir esse procedimento em várias frequências sonoras, mostramos que a audição de Henry era normal nas baixas e nas altas frequências.

Estabelecer a integridade do sentido de tato de Henry foi mais difícil, porque, como passara muitos anos tomando Dilantina, havia ficado com uma neuropatia (perda sensorial) periférica restrita às partes do corpo cobertas por luvas e meias. Em testes formais, Henry apresentou sensibilidade decrescente nessas áreas, mas podia ainda assim identificar objetos comuns pelo toque e podia apreciar a forma de padrões percebidos com suas mãos de forma suficiente para poder construir réplicas quando lhe davam os blocos necessários para fazê-lo.

A exceção das capacidades sensoriais preservadas de Henry era seu sentido do olfato. Em todo o mundo, as pessoas se deliciam com o cheiro de pão fresco saído do forno, mas depois de sua operação Henry não podia apreciar, nem, portanto, registrar, essa sensação celestial. O hipocampo não sustenta o sentido do cheiro (o olfato), mas várias estruturas adjacentes a ele o fazem. Quando inalamos o cheiro de pão saído do forno, ativamos neurônios que transferem informação olfativa do nariz para as mais importantes áreas receptoras do cérebro para esse sentido. Essas áreas incluem a parte frontal do giro para-hipocampal, parte da amígdala e o córtex em volta desta. O relatório da operação realizada por Scoville indicava que ele havia removido essas áreas-chave olfatórias do cérebro de Henry. A operação poupou outras áreas olfatórias primárias nos lobos frontais, de modo que em 1983 conduzimos vários experimentos para determinar se aquelas partes do cérebro, ainda intatas em Henry, poderiam sustentar alguma percepção do olfato.[7]

Para os testes, pedimos a Henry que sentisse o cheiro de garrafas que continham essências comuns como coco, menta ou amêndoa e que selecionasse o nome do cheiro entre cinco escolhas escritas em um cartão na sua frente. Embora esse não fosse um teste de memória, a única resposta correta que conseguiu foi ao cheirar água destilada, quando disse "Nada". Seu desempenho mostrou que ele podia detectar a presença de um cheiro normalmente — odor versus não odor — mas que seu cérebro não lhe dava nenhuma informação sobre a natureza dos cheiros. Ele não podia nomeá-los corretamente ou diferenciá-los: não podia dizer se dois odores apresentados consecutivamente eram iguais ou diferentes, e era incapaz de casar um cheiro com outro entre duas escolhas. De modo interessante, ele podia atribuir nomes aos cheiros, mas os nomes que ele escolhia não tinham nenhuma relação óbvia com o cheiro selecionado, e não usava esses nomes de forma consistente. Assim, ao cheirar uma garrafa que contivesse odor de cravos, ele respondia "madeira fresca" em uma ocasião e "peixes mortos lançados na costa" da próxima vez. Não tenho ideia do que inspirava essas respostas.[8]

Para eliminar a possibilidade de que seu déficit pudesse ser reduzido a um problema geral com a nomeação de coisas, mostramos que ele podia citar nomes de comidas quando lhe dávamos essas comidas em uma sacola, usando seu sentido do tato, ou ao vê-las brevemente. Um incidente em particular capturou a essência da falta de olfato de Henry: ele identificou corretamente um limão pela vista, depois o cheirou e disse: "Engraçado, não tem cheiro de limão."[9]

Mas a operação de Henry não eliminou completamente seu senso de olfato. Além de ser capaz de detectar a presença de um odor, comparado à água destilada, ele também se desempenhou com normalidade em uma tarefa de discriminação por intensidade. Essa tarefa media sua capacidade de distinguir entre diferentes intensidades de um odor específico. O examinador pedia a Henry que cheirasse uma amostra, depois outra, e que escolhesse a mais forte das duas. Ele escolhia corretamente a amostra com uma concentração mais alta do odor; ele apenas não sabia de quê era aquele odor.[10]

Os resultados desse único estudo sobre a percepção olfatória de Henry impulsionaram a ciência adiante. A revelação feita aos neurocientistas era que o circuito cerebral responsável pela detecção do odor — *essa garrafa contém um odor* — e pela discriminação da intensidade do odor — *esse odor é mais forte* — estava separado do circuito que sustenta a discriminação de odores — *isso cheira a cravos*. A capacidade de Henry de detectar até os odores fracos, de diferenciar as amostras de odores baseado em sua intensidade e de adaptar-se a um cheiro forte indicava que a maquinaria que carregava a informação olfatória do nariz ao córtex estava pelo menos parcialmente intata. Além disso, é possível que um caminho para outros córtices olfatórios em seus lobos frontais, acima dos olhos, tivesse sido poupado, ajudando a sustentar os comportamentos preservados. Mesmo assim, o processamento remanescente era insuficiente para manter a discriminação de odores, demonstrando desse modo que as estruturas do lobo temporal medial desempenham um papel crítico na identificação e semelhança dos odores. Graças a Henry, agora sabemos que a discriminação dos odores é levada a cabo na parte frontal do giro para-hipocampal, na amígdala e no córtex em volta desta. Essa capacidade para discriminar um odor de outro e de reconhecer odores específicos dependia daquelas áreas removidas do cérebro de Henry, enquanto os mais elementares processos de detecção, adaptação e discriminação por intensidade se sustentavam em redes separadas que permaneceram imperturbadas.[11]

Os pacientes amnésicos não perdem sempre seu sentido de olfato, e na verdade o déficit no caso de Henry não era parte de sua amnésia. Sua perda era devida à remoção de tecido cerebral durante sua operação. O

MEMÓRIAS SÃO FEITAS DISSO

continuado exame *post mortem* de seu cérebro nos contará definitivamente sobre a integridade dos circuitos olfatórios remanescentes, sobre os quais podíamos apenas especular durante sua vida. Especificamente, isso ajudará a entender a estrutura e organização das vias que levam do nariz às áreas olfatórias corticais nos seus lobos frontais e temporais. Sabendo que as capacidades perceptivas de Henry eram normais, salvo o olfato, pudemos atribuir com confiança sua incapacidade de lembrar--se de informação recebida pela visão, audição e tato a uma diminuição da memória, e não à incapacidade de perceber os materiais dos testes do mesmo modo que os participantes saudáveis.

Uma vez que eliminamos a perda sensorial como explicação para a memória deficiente de Henry sobre informação recebida pela visão, audição e tato, pudemos começar a catalogar os déficits relacionados com sua operação cerebral. Estávamos começando a entender a extensão em que a memória dependia de alguns centímetros de tecido no lobo temporal medial — aqueles que Henry não tinha. Hoje, o papel do hipocampo na memória está bem estabelecido, e, por décadas, Henry desempenhou um papel-chave no avanço desse conhecimento. Naquela época, no entanto, ele era nosso guia para explorar um território desconhecido.

O resultado trágico da operação de Henry inspirou neurocientistas a criarem modelos de amnésia em animais. Tentativas iniciais nos anos 1960 e no começo dos anos 1970 para criar um dano à memória igual ao de Henry em macacos e ratos não tiveram sucesso. Animais com lesões em ambos os hipocampos tinham pouca ou nenhuma dificuldade nos testes-padrão de memória. Pesquisadores começaram a fazer progressos durante o final dos anos 1970, quando criaram novas e mais desafiadoras formas de testar a memória, que requeriam que os animais reconhecessem complexos estímulos visuais ou aprendessem a mover-se em labirintos. Depois que os cientistas começaram a gravar a atividade de células únicas no hipocampo, uma teoria popular proposta em 1978 sustentava que o hipocampo desempenhava um papel-chave na memória espacial, e que essa atividade neural resultava no estabelecimento de mapas cognitivos, mapas mentais do ambiente de cada um.[12]

Consciente dessa evidência que surgia, Brenda Milner e eu decidimos testar, em 1962, a capacidade de Henry de navegar em um labirinto, quando eu era doutoranda no laboratório dela. Queríamos examinar a memória de Henry com tarefas que não se apoiassem pesadamente em estímulos verbais, tais como palavras e histórias, porque estudos prévios com Henry já haviam coberto esse aspecto. Perseguindo essa nova direção, Milner e eu exploramos sua capacidade de aprendizado espacial usando dois problemas de aprendizado de labirintos, um deles executado com o uso da visão e o outro com o uso do tato. Primeiro, Milner treinou Henry no labirinto visual por três dias, e depois eu o treinei no labirinto tátil por quatro dias.

O labirinto visual, colocado em uma mesa, era um quadrado de madeira de 33 centímetros de lado, com dez por dez fileiras de cabeças de parafusos colocadas a 2,5 centímetros de distância entre elas. Milner projetou um caminho que começava no canto esquerdo de baixo e terminava no canto superior direito. Henry tinha que descobrir esse caminho por tentativa e erro. Ele sustentava na sua mão direita um bastão metálico e ia de uma cabeça de parafuso para outra, uma de cada vez. Se Henry fazia um movimento errado, ouvia um clique alto que vinha de um contador de erros e tinha que voltar para a cabeça de parafuso anterior. Em algum momento, ele alcançou o final, completando a primeira tentativa de treinamento. No primeiro dia de treinamento, Henry completou 75 tentativas e fez o mesmo em cada um dos dois dias seguintes, perfazendo um total de 225 tentativas. Ao final de cada teste, Milner gravava o número de erros cometidos e o tempo total do teste.[13]

O labirinto tátil media 32 por 25 centímetros e tinha caminhos cortados em uma folha de alumínio pousada em uma moldura de madeira. Henry se sentava de um lado, e uma cortina de tecido preto o impedia de ver o labirinto. Eu me sentava no lado oposto, que era aberto para que eu pudesse observar a mão dele, o bastão e o labirinto, enquanto Henry avançava por ele. Eu o apresentei à tarefa pedindo-lhe que pusesse ambas as mãos sob a cortina para sentir o perímetro do labirinto, e o orientei guiando sua mão direita, que segurava o bastão, para o começo, depois para o fim, e depois de volta para o começo. Então eu o instruí para que movesse o bastão ao longo dos caminhos para encontrar a rota correta do começo ao fim. Cada vez que Henry entrava em um beco sem saída, eu tocava um sino indicando que deveria voltar e tentar outro caminho. Henry completou duas sessões de dez testes em quatro dias consecutivos, e eu anotei seus erros e tempo total, teste a teste.[14]

Naqueles experimentos de 1962, no Instituto Neurológico, Henry fracassou, tanto no labirinto visual como no tátil, em alcançar o critério de aprendizado — três tentativas consecutivas sem erros. Mesmo depois de fazer muitas tentativas mais que as necessárias para nossos sujeitos-controle, ele não mostrou nenhuma melhora. Tomados em conjunto, esses experimentos demonstraram que o déficit no aprendizado de labirintos não estava restrito a uma única modalidade sensorial porque era evidente quando a tarefa era executada com orientação visual e também quando a orientação visual era completamente excluída.

Em 1953, quando Henry voltou do hospital para casa após sua operação radical, tornou-se claro para seus pais que até mesmo atividades mundanas constituiriam um desafio para ele. Seu chefe na Royal Typewriter em Hartford devia gostar de Henry e estar satisfeito com o trabalho dele antes da operação, porque permitiu que ele voltasse ao trabalho na linha de montagem depois disso. Mas logo ligou para a Sra. Molaison e lhe disse que Henry estava demasiado esquecido para realizar bem sua tarefa. Ele ainda tinha uma noção do que significava o trabalho, mas não tinha o conhecimento declarativo específico para levar a cabo sua tarefa — mesmo que fosse a mesma tarefa realizada uma e outra vez. Agora desempregado, Henry ficava em casa com os pais, sob os cuidados constantes da mãe.

Sozinha, ela cuidou de todas as necessidades dele pelas três décadas seguintes. Henry definiu a vida dela.

Henry ajudava os pais nas tarefas domésticas, mas esquecia a localização de objetos que usava com frequência. Sua mãe tinha que lembrá-lo de onde achar o cortador de grama, mesmo que ele o tivesse usado no dia anterior. Ele não podia fazer nada longe de casa sozinho, inclusive sair para um curto passeio. Lia as mesmas revistas repetidamente e brincava com quebra-cabeças de encaixe sem dar-se conta de que já os tinha feito antes.

Dez meses após a operação, a família de Henry mudou-se para uma casa diferente em East Hartford, apenas alguns quarteirões depois, na mesma rua. A mudança foi drástica para Henry. Ele não podia aprender o novo endereço nem orientar um motorista até sua casa. Sua memória espacial — a memória declarativa para localizações espaciais — era deficiente.

Quatro anos mais tarde, em 1958, a família comprou um bangalô de 260 metros quadrados na Crescent Drive número 63, em East Hartford. Como todos esperavam, Henry deveria ter fracassado em lembrar-se desse endereço também. Em vez disso, ele nos surpreendeu muito. Durante uma visita ao MIT em 1966, Henry sabia seu endereço e era capaz de desenhar de cabeça uma minuciosa planta baixa da casa. Ainda mais assombroso, em 1977, três anos depois que ele se mudara daquela casa, ainda respondia "Crescent Drive número 63" quando eu perguntava onde ele morava, e outra vez desenhava uma planta baixa, com linhas hesitantes, mas com as portas marcadas e os nomes dos quartos. Entrei em contato com o novo habitante da casa e obtive a planta baixa original. A planta casava com o desenho de Henry, e ele foi capaz de recitar esse endereço pelo resto de sua vida.[15]

Era notável que Henry pudesse lembrar-se da planta de uma casa que ele jamais havia visto antes da operação. Andar de um quarto a outro, dia após dia por dezesseis anos permitiu-lhe construir um mapa mental da casa através do tempo. Mas seu conhecimento era mais que uma vaga noção do que havia ali. Por exemplo, ele podia ver sua casa com o olhar da mente e dizer-me para que lado virar para ir do seu quarto ao banheiro, e onde estavam localizadas as portas da frente e de trás. Sua capacidade de lembrar-se do endereço em conjunção com essa planta baixa em sua mente sugere que sua casa se havia tornado parte do seu conhecimento do mundo; aquela era uma informação que ele não deveria ter sido capaz de aprender.

Conseguir lembrar-se da planta baixa de Crescent Drive número 63 ocorreu sem uma percepção consciente do processo de aprendizado, e com a atenção de Henry focada em outras coisas. O aprendizado por hábito é também inconsciente, mas os hábitos são não cognitivos — automáticos, involuntários e inflexíveis. O conhecimento espacial que Henry possuía de sua casa era cognitivo. Ele conseguiu utilizar seu conhecimento espacial para imaginar os quartos de sua casa voluntariamente, um em relação ao outro, e para descrever conscientemente o caminho do ponto A ao ponto B. Essa flexibilidade de navegação de um mapa espacial internalizado é marcadamente diferente de um hábito.

Somente quando vimos as IRMs do cérebro de Henry pudemos compreender sua notável capacidade para desenhar aquela planta baixa. Nos anos 1990, os cientistas haviam descoberto uma rede de regiões cerebrais, inclusive o hipocampo e áreas do córtex, que são utilizadas quando nos lembramos da topografia dos espaços. Uma vez que conseguimos ver as estruturas precisas que haviam sido removidas ou poupadas do cérebro de Henry, descobrimos que alguns componentes dessa rede cerebral para processamento da informação sobre espaço ainda estavam presentes. Isso incluía áreas específicas dos lobos parietais, temporais e occipitais — o córtex somatossensorial, o córtex vestibular parieto-insular, o córtex visual, parte do córtex parietal posterior, córtex temporal inferior e córtex cingulado retroesplenial posterior.[16]

Claramente, sobrou suficiente tecido para formar uma memória da casa em que ele caminhara incontáveis vezes por anos — uma intensidade de exposição que não tínhamos capturado em nossos testes da capacidade de Henry para aprender. Ao passar pelos quartos de sua casa todos os dias, ele aprendeu pelo mesmo processo de imersão em que pode empenhar-se alguém que tente aprender uma língua estrangeira. Simplesmente seguindo uma rotina diária, ele enriqueceu seu mapa mental em pequenos incrementos cotidianos — um exemplo perfeito de aprendizado por mera exposição.

Essa evidência assombrosa de conhecimento espacial, adquirida lentamente ao longo do tempo, levantou uma intrigante questão: se essa capacidade se estenderia a um teste de orientação espacial no laboratório. A amnésia de Henry não era um problema nessa investigação porque essa tarefa espacial não se apoiava em sua memória de longo prazo. Queríamos descobrir se, sem um hipocampo que funcionasse, Henry poderia criar um mapa mental cognitivo em uma sala de testes.

Durante quatro das visitas de Henry ao CRC de 1977 a 1983, nós avaliamos sua capacidade espacial utilizando uma tarefa de navegação. O objetivo do teste era documentar sua capacidade para seguir uma rota em um mapa em sua mão, enquanto andava de um ponto de referência a outro. Os testes tiveram lugar em uma sala especialmente equipada do CRC. Pintados no tapete escuro que cobria a sala, havia nove círculos vermelhos de aproximadamente 15 centímetros de diâmetro, em três fileiras de três. Henry segurava um grande mapa que representava os nove círculos vermelhos do solo como pontos pretos. Um caminho entre ponto e ponto foi desenhado em linhas pretas grossas, com um círculo em volta do ponto inicial e uma flecha no final. O teste consistia em quinze desses mapas. A letra N, que indicava o norte, estava marcada em cada mapa, e um N vermelho grande estava afixado em uma parede da sala. A tarefa de Henry era ir de um ponto a outro ao longo do caminho que correspondia àquele no mapa. Ele não podia girar o mapa, de maneira que, enquanto caminhava, o mapa nem sempre estava na mesma orientação que a sala. O norte estava sempre na parte de cima do mapa, mas, quando Henry se virava, o N da parede podia ficar à sua esquerda, à sua direita, em frente ou atrás dele. Como resultado disso, ele tinha que fazer uma série de cor-

MEMÓRIAS SÃO FEITAS DISSO

respondências mentais do sistema coordenado do mapa para os correlatos direcionais da sala. Henry caminhava pacientemente de ponto a ponto, mas normalmente era incapaz de seguir o caminho indicado no mapa, e seu desempenho não melhorou com a repetição dos testes utilizando os mesmos mapas.

A rede de circuitos cerebrais que o capacitou a desenhar a planta baixa da sua casa não podia sustentar seu desempenho nesse teste de laboratório. Ele precisava do hipocampo para ler mapas. Sem aquelas estruturas, Henry não podia medir a relação entre os pontos de partida e final no desenho no chão do CRC, nem podia reconciliar a mudança de posição de seu corpo com as coordenadas estáticas da sala.

A aquisição bem-sucedida do mapa cognitivo de sua casa e seu fracasso na tarefa de navegação parecem contraditórios. Mas as tarefas em si são fundamentalmente diferentes. Através de incontáveis horas de prática, Henry lentamente aprendeu a geografia de sua casa, sem consciência e sem referir-se conscientemente ao armazenamento de sua memória declarativa. Embora o teste com mapas no CRC não fosse uma tarefa de memória, ele exigia que Henry formasse um mapa cognitivo instantâneo, uma tarefa que não podia desempenhar sem os seus hipocampos.

Durante os anos 1990, à medida que o conhecimento científico sobre como o cérebro processa o pensamento complexo foi aumentando, meus colegas e eu continuamos a perguntar se as áreas preservadas no cérebro de Henry poderiam sustentar novo aprendizado sobre o mundo físico à sua volta. Em 1998, uma jovem neurocientista da Universidade do Arizona estudou pacientes que haviam recebido pequenas lesões em seu hipocampo direito ou no córtex para-hipocampal direito para aliviar sua epilepsia. Pacientes com lesões no hipocampo direito não eram prejudicados em uma tarefa de memória espacial, mas aqueles com lesões no córtex para-hipocampal direito apresentavam uma incapacidade severa, o que sugeria que essa área é vital para a memória espacial. O córtex para-hipocampal direito de Henry estava parcialmente preservado, de maneira que nos perguntamos se essa parte do seu cérebro poderia contribuir para o aprendizado de lugares novos — a capacidade de dirigir-se a um alvo escondido. A fim de testar essa hipótese, a pesquisadora do Arizona viajou até Boston para aplicar em Henry um exame simples de memória espacial, que ele realizou ao longo de nove dias de teste, durante duas visitas ao meu laboratório, em 1998.

Na primeira tentativa, a pesquisadora disse a Henry que havia um sensor escondido debaixo de um pequeno tapete, mas não o mostrou. A sala de testes estava cheia de objetos — mesas, cadeiras, estantes e uma porta — que ele podia usar para se orientar em relação ao ambiente. Nessa tarefa de aprendizado, Henry tinha que encontrar o sensor invisível por sorte, lembrar-se de sua localização, e depois encontrá-lo outra vez de memória. Antes de cada tentativa, a pesquisadora disparava o sensor pisando nele enquanto Henry olhava para o outro lado. Ela pedia que ele achasse o lugar debaixo do tapete que produziria o som quando Henry pisasse nele. Como o som disparado pelo sensor provinha de um alto-falante distante, Henry não podia utilizar o som para descobrir a localização do sensor. Ele ficava muito motivado em sua busca, mesmo que precisasse utilizar seu andador para caminhar pela sala. Na primeira tentativa, ele achou o alvo. Em 54% das tentativas subsequentes, ele caminhou diretamente para o centro do tapete e dali, em 80% das vezes, tomou um caminho direto até o sensor escondido.[17]

A capacidade de Henry de descobrir o sensor era notável, dada sua severa amnésia e sua incapacidade de lembrar-se explicitamente do episódio do teste ou de ter ouvido um som. Seu sucesso nessa tarefa sublinha o papel do córtex para-hipocampal, do qual lhe restava no cérebro uns dois centímetros, na memória espacial. Sabemos que não estava utilizando sua memória de curto prazo nem a memória de trabalho para desempenhar a tarefa porque mais de 60% de seus acertos — encontrando o sensor — ocorreram um dia depois da primeira sessão de testes. Sua capacidade para localizar o sensor indicava que ele podia formar uma memória de longo prazo limitada, e que as estruturas além do hipocampo podiam sustentar a navegação espacial.[18]

Porém, como Henry era incapaz de se lembrar conscientemente de qualquer detalhe dos episódios de teste, concluímos que aprender a localização do sensor era não declarativo — um aprendizado que ocorria independentemente do lobo temporal medial. Henry encontrava o sensor repetidamente baseado em seu conhecimento não declarativo implícito sobre a localização do alvo. Não ficava claro se seu córtex para-hipocampal preservado era o único responsável pelo seu bem-sucedido aprendizado de navegação espacial, porque várias outras estruturas intatas, como o estriado (localizado debaixo dos lobos frontais), também poderiam ter mediado esse aprendizado.

Embora tenha levado décadas para descobrir a anatomia detalhada da remoção sofrida por Henry, um fato anatômico óbvio desde o princípio era que um grande pedaço de tecido hipocampal faltava em ambos os lados do seu cérebro. Os experimentos com labirintos que Milner e eu conduzimos com Henry ajudaram a estabelecer a importância do hipocampo para o aprendizado espacial. A descoberta posterior de que ele também tinha dificuldade no teste de leitura de mapa, que não requeria memória, indicava que seu déficit espacial ia além do aprendizado. Sem seu hipocampo, ele não podia processar eficientemente informação espacial complexa. Não tinha a capacidade de criar um mapa cognitivo no sentido comum. Outros resultados de testes, no entanto, ressaltaram uma exceção à teoria do mapa cognitivo e sugeriram um fracionamento da memória espacial. Os inesperados desenhos feitos por Henry da casa em que vivia, quando nenhum dos hipocampos estava em condições de funcionamento, mostram que outras áreas do cérebro assumiram o trabalho de codificar e armazenar aquela rica informação espacial. Uma indicação de uma estrutura cerebral específica, que Henry provavelmente utilizou ao desenhar a planta baixa da sua casa, veio da tarefa de memória espacial na qual ele foi capaz de encontrar o sensor escondido debaixo do tapete. Trabalhos anteriores haviam mostrado que aquela tarefa dependia do giro para-hipocampal, parte do qual ainda permanecia nos dois lados do cérebro de Henry. Assim, em raras ocasiões, ele de alguma maneira compensava o efeito devastador de seu dano hipocampal mobilizando estruturas e redes cerebrais preservadas.

Um requerimento básico da formação da memória é a percepção intata. Henry atendia a esse requerimento para a visão, audição e tato, permitindo que meus colegas e eu testássemos seu aprendizado e memória através dessas modalidades sensoriais. Sua amnésia permeava todos os tipos de memória declarativa, sem importar o portal sensorial que introduzia a informação a ser lembrada. Nós documentamos consistentemente o distúrbio de Henry com um amplo espectro de estímulos de teste — palavras, histórias, rostos, desenhos, cenas, labirintos, quebra-cabeças etc. Observações de seu comportamento cotidiano suplementaram o conhecimento que recolhemos de extensivos testes formais em laboratório, dando-nos uma imagem completa de sua vida pós-cirurgia.

6.

"Uma discussão comigo mesmo"

Henry raramente compartilhava suas introspecções com alguém, de modo que na maior parte dos casos tivemos que inferir sua vida emocional da observação de seu comportamento. Durante nossas conversas, ele parecia feliz e contente; sorria com frequência e raramente se queixava. Vocês poderiam imaginar que, se estivessem no seu lugar, estariam habitualmente ansiosos, preocupados por seu comportamento ter sido impróprio e temerosos pelo que traria o amanhã. Mas ninguém descreveria Henry como um homem nervoso ou preocupado. É possível que a operação que retirou parte de seu cérebro emocional o tenha protegido das assustadoras realidades de sua vida. Mesmo assim, ele teve ocasionais episódios sombrios, ficando frustrado, triste, agressivo ou inseguro. Geralmente, essas emoções negativas se dissipavam assim que ele se distraía.

Na época da primeira visita de Henry ao CRC em 1966, sua mãe estava no Hartford Hospital, recuperando-se de uma pequena cirurgia. Seu pai arrumou a mala com as roupas de Henry e o levou ao consultório de Scoville em Hartford, onde Teuber o pegou e levou para Cambridge. Henry e o pai foram ao hospital visitar a mãe dele naquela manhã, e, quando se encontrou com Teuber, Henry tinha apenas uma vaga sensação de que algo estava mal com ela. Quando Teuber perguntou quem havia feito sua mala, ele respondeu: "Parece que foi a minha mãe. Mas não estou certo disso. Se há algo errado com a minha mãe, então pode ter sido meu pai." Durante a viagem para Cambridge, Teuber repetidamente explicou a Henry onde sua mãe estava e que ela estava bem, mas Henry tinha um sentimento permanente de inquietude por seus pais, perguntando-se se tudo estava bem. Quando se instalou em seu quarto no CRC, sua ansiedade se dissolveu. Dissemos que ele podia ligar para casa, mas ele já não sabia mais por que deveria fazer aquilo. Na tarde seguinte, no entanto, Henry contou a uma enfermeira que pensava que sua mãe estava no hospital ou que tivera um problema de coração. Ele recobrou durante a noite alguma suspeita de que sua mãe estava doente.

Naquela época, não estava claro o que poderia ser responsável pela recuperação dessa memória; especulamos que Henry simplesmente estava menos cansado que no dia anterior. Desde então, no entanto, numerosos experimentos com animais e com seres humanos demonstraram que o sono às vezes melhora a consolidação da memória. Durante o sono, as lembranças podem ser reativadas e reencenadas, tornando-se mais fortes e menos suscetíveis à ruptura. Diferentes tipos de memória são aprimorados por diferentes estágios do sono, que por sua vez recrutam diferentes estruturas cerebrais. Por exemplo, o desempenho da memória declarativa consciente se beneficia com o sono profundo (de ondas lentas), enquanto a memória não declarativa inconsciente é melhorada pelo sono leve (de movimento rápido dos olhos, sono REM). Os pesquisadores também descobriram que o sono REM melhora a memória de informação emocional (principalmente negativa) mais que a não emocional. De acordo com a enfermeira do CRC, ele "dormiu bastante bem" durante sua primeira noite, e a ativação de áreas cerebrais preservadas, inclusive os circuitos emocionais, podem ter fortalecido uma memória fragmentária da doença de sua mãe, de modo que ela aparecesse no dia seguinte.[1]

A hospitalização de sua mãe teve uma representação dual no cérebro de Henry, que consistia em um elemento factual e outro emocional. Ele rapidamente perdeu o conteúdo factual — *Mamãe está no hospital para uma cirurgia simples* — mas o conteúdo emocional vago — *algo está errado* — permaneceu por vários dias. Sem um circuito hipocampal funcional, Henry não podia preservar os fatos sobre a estada de sua mãe no hospital em sua memória de longo prazo; mas uma rede maior de áreas cerebrais, o *sistema límbico* e suas conexões, ajudaram a manter sua ansiedade. O componente emocional da situação tinha acesso e processamento privilegiados que ajudaram a estabelecer um traço de memória afetiva. Límbico é um termo anatômico que significa margem, referido nesse caso a uma faixa contínua de estruturas corticais e subcorticais próxima dos limites da cobertura cortical. Em 1877, acreditava-se que esse anel de córtex estava relacionado com o sentido do olfato, mas uma nova proposta em 1937 o descreveu como uma base anatômica para o comportamento emocional.[2]

Na versão de 1937 do circuito, a informação viajava de uma área do cérebro para outra como em círculo — da formação hipocampal para os corpos mamilares do hipotálamo, para o tálamo anterior, para o córtex cingulado, para o giro para-hipocampal e de volta para a formação hipocampal. Em 1952, outro pesquisador adicionou a amígdala ao circuito. Não se acredita mais que o hipocampo sirva de mediador para as emoções, enquanto a amígdala é vista como o centro das respostas emocionais. Essa estrutura complexa recebe informação de todos os sentidos e de áreas que processam sentimentos de bem-estar e problemas. A amígdala também envia informação de volta para muitas das mesmas áreas, criando vastas redes especializadas para a percepção, expressão e memória emocionais. Um crescente número de estudos rejeita a ideia de que diferentes emoções se relacionam com áreas cerebrais específicas, reconhecendo em vez disso que cada resposta emocional evolui a partir da colaboração entre muitas áreas cerebrais. Por essa visão, o cérebro armazena experiências emocionais individuais, para todos os tipos de emoções, recrutando uma ampla gama de estruturas cerebrais no sistema límbico e além dele — redes que sustentam as operações cognitivas básicas, tanto emocionais como não emocionais. O cérebro de Henry ocasionalmente era capaz de criar tais redes.[3]

A remoção da amígdala e do hipocampo de Henry causou um mau funcionamento em seus circuitos límbicos básicos, de modo que era razoável esperar que sua capacidade de processar emoções pudesse estar alterada. Mas aprendemos de nossos primeiros estudos com Henry que ele podia experimentar uma gama de emoções. Durante sua primeira visita ao MIT em 1966, uma enfermeira do CRC acordava Henry todos os dias às quatro da manhã para verificar seus sinais vitais. Naquelas ocasiões, ela conversava com ele brevemente e depois fazia cuidadosas anotações na ficha dele. Em oito das dezesseis noites de sua permanência ali, ele perguntou onde estavam seus pais, e se estavam bem. Com partes de seu sistema límbico distribuído ainda em funcionamento, ele podia sentir-se ansioso pelos pais — e estava condenado a reviver aquela emoção.

A memória pode ser um estorvo: ela nos força a revisitar eventos desagradáveis do passado. Mas, sem sua memória, Henry não podia lamentar ou processar adequadamente as perdas que são parte inevitável da vida. Ele não se lembrava que um tio favorito tinha morrido em 1950. De acordo com sua mãe, ele ficava desolado a cada vez que ouvia a notícia. Conforme essa emoção gradualmente desaparecia com a passagem do tempo, ele voltava a perguntar quando seu tio iria visitá-lo outra vez.

Em 1966, o mesmo ano de sua primeira visita ao CRC, Henry sofreu uma perda terrível. Em dezembro, quando Henry tinha 40 anos, seu pai morreu de enfisema no Saint Francis Hospital, de Hartford. A Sra. Molaison me disse que Henry ficou bastante triste depois da morte de seu marido, mas não entendia conscientemente que seu pai havia morrido, a não ser que alguém o lembrasse disso. Ela nos disse que, certa vez, Henry ficou zangado e fugiu de casa quando descobriu que algumas de suas apreciadas armas estavam faltando: tinham sido levadas por um tio depois da morte de seu pai. Quando o tio soube que Henry ficara zangado, devolveu as armas, e a raiva de Henry diminuiu. Ele ficou perturbado pelo desaparecimento da coleção de armas porque esta era um ponto focal de seu mundo. As armas haviam estado expostas em seu quarto desde sua juventude, de modo que a ausência delas naturalmente era visível e angustiante. Elas também representavam um laço emocional com seu pai e eram pertences valorizados por si sós.

Pelo menos por quatro anos Henry foi incapaz de articular o fato de que seu pai havia morrido. Sete meses depois da morte do Sr. Molaison, a Sra. Molaison pediu-nos que não disséssemos a Henry que seu pai estava morto porque ele poderia reagir como se ouvisse a notícia pela primeira vez. Eu pensava da mesma forma: não lhe perguntei explicitamente sobre seu pai porque sabia que isso iria perturbá-lo. Mas, em agosto de 1968, quando eu estava fazendo testes com ele, falou sobre o pai no passado, de modo que, ao longo do tempo, seu cérebro pode ter absorvido o doloroso fato em traços de memória inconsciente que o armazenaram. Mesmo assim, ele teria momentos de incerteza. Sem um hipocampo e uma amígdala funcionais, Henry não formava memórias emocionais de longo prazo; em vez disso, ele utilizava o que estava à sua disposição — numerosas áreas corticais interconectadas que armazenavam lembranças sobre seu pai de antes da operação, sobre sua vida em casa enquanto crescia e sobre o conceito de morte. Ao longo do tempo, ele gradualmente ligou os pontos e compreendeu em algum nível que seu pai havia partido para sempre.

Depois da morte de seu marido em 1966, a Sra. Molaison passou a ser a única acompanhante de Henry. Na esperança de que mais atividade melhoraria o ânimo do filho, ela conseguiu um lugar para ele no Hartford Regional Center, um local de trabalho para pessoas mentalmente incapacitadas. Ali, ele realizava tarefas simples e repetitivas, como embalar balões de borracha coloridos em pequenos sacos, ou colocar chaveiros em exibidores de papelão. Cada manhã, Arthur Buckler, vizinho de Henry, um homem pequeno e gordo de uns 60 anos, que tinha uma ligação afetuosa com ele, levava-o de carro para o Regional Center. Lá, Buckler supervisionava a equipe de manutenção e trabalhava como professor de ensino profissionalizante. Ele guiou Henry por meio de tarefas subalternas como embalar balões, instruindo-o para que contasse os balões e, quando cada saco contivesse o número certo, fechá-lo com um grampeador. Henry não padecia de pouca inteligência. Na verdade, seu QI era acima da média — 120 em 1962. Mas, mesmo que sua inteligência excedesse de longe as exigências desta tarefa simples, ele tinha dificuldades com ela devido à sua amnésia. Ficava absorto ao inspecionar os balões um depois do outro e esquecia-se de parar no número certo. Certo dia, no entanto, Henry teve uma ideia para aperfeiçoar a forma de fazer um dos trabalhos. Um parente distante lembra-se da contribuição de Henry como "uma coisa mecânica que eliminava alguns passos". Ele compartilhou sua ideia com a equipe e eles adotaram sua sugestão. Henry deve ter ficado muito orgulhoso de si próprio, mesmo que apenas por um momento.

Buckler mais tarde empregou Henry no Centro como faz-tudo, pintando edifícios, limpando a oficina mecânica e a sala da caldeira, ajudando com o trabalho de manutenção externa. Buckler às vezes o mandava à loja de ferragens para pegar um martelo ou uma chave, apenas para descobrir que Henry esquecia sua missão quando chegava à loja. Buckler recorreu a fazer um desenho da ferramenta de que necessitava em um pedaço de papel para que Henry o levasse, o que resultou ser uma estratégia bem-sucedida.

Na primavera de 1970, quando trabalhava no Centro Regional, Henry teve um colapso. A Sra. Molaison notou que ele estava muito mais nervoso e irritável do que de costume. Quando ela falava com ele, algumas vezes Henry reagia rudemente, em vez de responder com sua normal tranquilidade. Numa tarde de domingo, ele estava se comportando de modo estranho, sentado, com os olhos fechados, dizendo que queria ficar sozinho. Em certo instante, levantou-se de um salto e começou a golpear a porta. Por volta das cinco da tarde, teve uma convulsão, seu corpo ficou todo rígido e sua cabeça balançava de um lado para o outro. Depois de aproximadamente dez minutos, o ataque passou, mas, em vez de ficar adormecido como sempre fazia após um ataque, começou a ter um *petit mal* depois do outro. Em cada uma das vezes, ele ficava brevemente sem reação, e, depois, quando sua mãe falava com ele, dizia "Saia do meu caminho", e batia com força a porta do quarto. Levou uma hora e meia para que tirasse a roupa e fosse para a cama.

Na manhã seguinte, o comportamento de Henry estava de volta ao normal. Ele se levantou e, como parte de seu ritual diário, perguntou à mãe: "E o que vou fazer hoje?" Ela respondeu que ele iria para o trabalho no Hartford Regional Center, de modo que ele se vestiu e entrou no carro do Sr. Buckler. Como a mão esquerda de Henry estava machucada e arranhada, eles pararam no Manchester Hospital para um exame de raios X. A radiografia mostrou que ele havia quebrado o dedo mindinho, e foi feito um gesso.

Duas semanas mais tarde, em uma quinta-feira de manhã, quando Henry estava embalando balões em uma mesa do Regional Center, foi tomado por uma raiva totalmente inesperada e sem precedentes. Ele deu um salto e disse que alguém havia levado seus balões. Gritou que não tinha memória, que não era bom para ninguém e que estava atravessado no meio do caminho dos outros. Ameaçou se matar, disse que estava indo para o inferno e que levaria sua mãe com ele. Quando outras pessoas se aproximaram, ele as chutou e até mesmo arremessou um homem através do salão. Depois se voltou para uma parede e começou a golpear a cabeça com força contra ela. Um médico acudiu, injetou um sedativo em Henry e, depois que este se acalmou, foi levado para casa de carro.

Henry retomou o trabalho no dia seguinte sem nenhum incidente, mas parecia nervoso. A Sra. Molaison ligou para Teuber para relatar as alarmantes mudanças de conduta de seu filho. Ela acreditava que os rompantes fossem algum tipo de ataque epiléptico, e não estava com medo das ameaças que Henry lhe fazia. Ela também se perguntava se ele estava mais contrariado porque sua memória estava melhorando — ou, pelo menos, ela acreditava que algumas vezes sua memória estava melhor do que era.

PRESENTE PERMANENTE

Sua mãe pensava que talvez Henry estivesse ficando mais consciente de sua situação e cada vez mais desanimado com o entendimento de que era diferente de todos os outros. Ela pode ter tido razão: a constante repetição de falhas de memória em casa e no Regional Center possivelmente gerou desespero e um senso de menosprezo em Henry. Com o passar do tempo, ele compreendeu e aceitou que tinha uma má memória e que sua condição era permanente. A Sra. Molaison temia que ele fosse enviado para um hospital de doentes mentais se continuasse a ter crises em público, ou que não o deixassem trabalhar no Regional Center, emprego que, segundo ela, dava a Henry o sentimento de ter um propósito na vida.

Henry continuou a ter surtos ocasionais, algumas vezes mostrando frustração por sua incapacidade de se lembrar. Então, em maio de 1970, ele desenvolveu um novo sintoma, dores estomacais severas, especialmente pelas manhãs, e certa noite o som de seus gemidos despertou sua mãe. Ela notou que as dores pareciam piores nos fins de semana em que ele devia ir ao Regional Center, o que a fez pensar se alguma pessoa poderia estar implicando com ele ou dando-lhe motivo para ficar contrariado. Ela pensou que a dor poderia representar uma ansiedade quase despercebida, sentida por Henry nos dias em que ela lhe dizia que iria ao Regional Center. Ela também notou que ele ficava mais mal-humorado de manhã, exceto nos seus dias de folga. Esses problemas perturbavam a Sra. Molaison; ela não tinha meios de conhecer a verdadeira causa dos sintomas de Henry e não sabia como lidar com aquilo ou como ajudá-lo.

No mesmo mês, a mãe de Henry ligou para Teuber e explicou o que estava acontecendo. Depois que o filho continuou a queixar-se de dores estomacais severas durante a semana seguinte, Teuber lhe assegurou que conseguiria um exame físico completo para Henry. A Sra. Molaison estava preocupada porque Henry perdia peso e disse que a equipe do Regional Center pensava que sua saúde estava se deteriorando.

Meus colegas e eu nos sentimos na obrigação de assegurar que Henry recebesse os cuidados necessários, mesmo que fôssemos pesquisadores e

"UMA DISCUSSÃO COMIGO MESMO"

não cuidadores. Teuber conversou com Milner, depois com Scoville, que entendeu que não seria possível realizar os exames em Hartford sem que isso resultasse em gastos médicos substanciais para a mãe de Henry. No final, decidiram levá-lo para Cambridge para uma visita estendida e uma avaliação médica no CRC, sem custo para os Molaison. Todo o atendimento médico recebido por Henry no MIT foi gratuito e não representou uma carga financeira para a família.

Acompanhado pelo filho Christopher, Teuber foi de carro a East Hartford para pegar Henry. Eles pararam na casa de Crescent Drive, uma pequena construção de madeira de cor creme com bordas brancas, rodeada por um terreno simples composto de um gramado e algumas árvores. Dentro, eles encontraram Henry elegantemente vestido, com uma pequena mala, preparado para o que seria sua terceira visita ao CRC, uma estada planejada de três semanas. A Sra. Molaison agradeceu a Teuber pela ajuda e observou que aquelas semanas seriam suas primeiras férias em quase vinte anos. Ela estava animada em visitar amigos sem Henry e sair de noite.

Durante aquelas três semanas no CRC, Henry passou por um meticuloso exame feito pelos médicos do MIT, mas suas dores de estômago pareciam ter cedido. Ele permaneceu calmo, mas desorientado, durante toda sua estadia. Certa noite, Teuber o encontrou sentado em seu quarto na escuridão, com um jogo de palavras cruzadas perto dele. Ele perguntou a Henry se estava sentindo algum desconforto físico. "Bem, mentalmente, estou incomodado", disse ele, "por causar tantos problemas a todos — por não me lembrar". Ele procurou pelas palavras corretas. "E continuo pensando comigo mesmo se disse alguma coisa que não devia, ou se fiz algo que não deveria ter feito." Sempre que Henry lutava para recobrar uma memória, ele dizia: "Estou tendo uma discussão comigo mesmo." Era uma tensão constante. Teuber lhe deu confiança e disse que iria chamar sua mãe naquela noite. Em um momento incomum, Henry tocou no assunto do seu pai. "Estou tendo um debate comigo mesmo — sobre meu pai", disse Henry. "Você sabe, minha mente não está tranquila. Por um lado, penso que ele foi chamado — que foi embora — mas por outro lado penso que está vivo." Ele começou a tremer. "Não consigo me decidir."

Henry não era um homem ansioso, mas sua conversa com Teuber o fez reviver sua tristeza e incerteza sobre a morte do pai. Ele não podia reter por tempo suficiente o fato de que o pai morrera para aceitar sua morte. Ele não tinha memória de dizer adeus ao pai, de comparecer ao seu funeral, de visitar seu túmulo, ou de ser confortado pelo amor e pela solidariedade de sua família e de seus amigos. O tremor que Teuber observou era uma expressão física do estado emocional de Henry.

Após três semanas no CRC, chegou a hora de Henry voltar para casa. Ele não se queixou de dores abdominais durante toda a sua visita, sugerindo que os problemas que haviam levado à sua internação no CRC estavam relacionados com o estresse, possivelmente originados em suas atividades no Regional Center. Henry estava fumando um maço de cigarros por dia, e os raios-X detectaram doença dos pulmões, não visível em suas radiografias de 1968. Teuber ligou para a Sra. Molaison para discutir a viagem de volta de Henry e depois passou o telefone para ele. Henry estava visivelmente emocionado, sua voz quase falhando quando disse à mãe que era bom ouvi-la. Teuber o levou de volta para casa, em East Hartford. A Sra. Molaison apareceu à porta quando o carro chegou e comentou como Henry parecia estar bem, muito melhor do que quando saíra de casa. Os dois se abraçaram sem falar por alguns momentos, enquanto Henry acariciava o rosto e os ombros dela.

Era óbvio que Henry podia sentir e comunicar emoções — tanto positivas como negativas — apesar de ter perdido quase toda a amígdala, uma das estruturas-chave subjacentes às emoções. Em testes formais, ele podia julgar a emoção nos desenhos de rostos, por exemplo, indicando quando uma expressão era alegre ou triste. Normalmente ele era equilibrado, mas em raras ocasiões ficava muito zangado. Esses episódios agressivos eram respostas transientes à sua frustração por não poder se lembrar de informações importantes e a colegas pacientes que o irritavam. Henry não era um homem violento. Ao contrário, era bem comportado, amigável e paciente, e sua conduta em situações sociais era exemplar. No CRC, sempre era dócil e amistoso. A ciência da emoção explica por que Henry podia experimentar e exibir estados de ânimo positivos e negativos. As emoções cobrem uma ampla gama de experiências. Em 1969, o psicólogo Paul Ekman propôs que as pessoas em todas as culturas expressam seis emoções básicas: tristeza, felicidade, raiva, medo, nojo e surpresa. Várias combinações dessas emoções principais dão lugar a muitas outras, tais como afeição, esperança, empatia, ambivalência, ultraje e vergonha. Sentimentos se modificam com respeito a duas variáveis distintas: a extensão em que são agradáveis ou desagradáveis, e a extensão em que são excitantes ou calmantes. Subjacentes à nossa experiência consciente das emoções estão aumentos no batimento cardíaco, pressão sanguínea, glicose no sangue e hormônios do estresse. Um aumento do fluxo de sangue para o corpo e para o cérebro nos prepara para ações que nos capacitam a expressar nosso estado emocional. Estamos prontos para fugir, lutar ou abraçar, dependendo da situação. Nosso cérebro regula todas as variáveis biológicas, e o circuito cerebral que é ativado varia com a natureza da emoção que está sendo gerada.[4]

Em 1970, na viagem a caminho de sua terceira visita ao CRC, Henry testemunhou um incidente incomum que nos deu uma visão adicional da natureza de sua memória emocional. Quando Teuber o pegou em Hartford, chovia copiosamente. A estrada 15 estava cheia de água e lama quando Teuber, seu filho Christopher e Henry começaram a viajar para o norte, na direção de Boston. Teuber estava na pista da direita quando a motorista de um carro Impala marrom subitamente perdeu o controle, chocando-se contra um barranco do lado direito da estrada. O carro balançou sobre suas rodas esquerdas e depois voltou a cair sobre as quatro rodas. A grade do motor ficou dobrada, e os pneus de trás que perdiam ar assobiavam acima do ruído da chuva.

PRESENTE PERMANENTE

Teuber parou a alguns passos do carro acidentado, que invadia a pista direita. Ele disse a Henry para ficar dentro do carro e saiu para ajudar os passageiros — uma moça de 20 anos e sua mãe, ambas perturbadas, mas sem ferimentos. A mãe, uma mulher de grande estatura, começou a gritar histericamente. Outro carro passou em volta do veículo acidentado e parou. Um jovem saltou do carro, e ele e Teuber afastaram as mulheres do tráfego. Teuber voltou ao seu automóvel para buscar uma capa de chuva, mas decidiu que estava demasiado encharcado para que aquilo importasse. Depois de examinar o carro, eles concluíram que o veículo ainda poderia se mover com os pneus furados. Teuber bloqueou o tráfego na estrada enquanto o jovem guiou o carro acidentado para fora do barranco e o estacionou na pista de emergência ao lado da estrada.

Com todos fora de perigo, Teuber voltou para o seu carro e foi embora. Por vários minutos, Henry falou em tom preocupado com Christopher sobre as possíveis causas do acidente. A conversa deles então mudou para a chuva que não parava. Quinze minutos depois de abandonar o lugar do acidente, eles passaram por um carro da polícia com as luzes acesas, estacionado na saída para uma estrada secundária a um lado da estrada, atrás de uma caminhonete azul que puxava um reboque vermelho. Henry observou que o carro da polícia deveria estar protegendo o carro com reboque para que ninguém entrasse na saída em que estavam. Após uma pausa, Teuber perguntou a Henry:

— Por que estou todo molhado?

— Você foi ajudar em um acidente, quando um carro saiu da estrada — respondeu Henry.

— Que tipo de carro?

— Uma caminhonete — não, uma caminhonete e um reboque.

Teuber perguntou a Henry a cor do carro acidentado.

— Estou debatendo isso comigo mesmo — respondeu Henry. — A caminhonete que saiu da estrada — estava virada de lado — era azul. Mas depois vem à minha mente a cor marrom. Dois minutos após, Henry disse que um policial rodoviário tinha estado no local do acidente redirecionando o tráfego. Vinte minutos depois, Teuber perguntou outra vez a Henry por que estava molhado.

— Porque você precisou sair do carro — para pedir indicações sobre o caminho.

O acidente, um evento emocional que tinha criado uma vívida impressão em Henry, gradualmente ficou entremeado com novas informações — um carro da polícia, luzes brilhantes, um veículo diferente ao lado da estrada — que empurravam para longe a memória antiga. No decorrer de um curto período de tempo, a memória pareceu ter se desvanecido completamente. Mesmo assim, a intensa excitação do incidente deixou uma impressão excepcionalmente clara na mente de Henry.

Depois de chegar ao CRC, quando lhe perguntaram sobre a viagem, Henry disse que tinham passado por muito tráfego, que foram obrigados a fazer um desvio, mas que correra tudo bem. Naquela noite, no entanto, Teuber perguntou-lhe outra vez se ele se lembrava de alguma coisa sobre a viagem daquele dia. Henry disse que não.

— Eu fiquei molhado? — perguntou Teuber.

— Sim, você ficou molhado quando saiu do carro depois do acidente.

— Que acidente?

— Quando o carro derrapou e caiu pelo barranco — havia uma garota dentro dele. Você saiu na chuva para ver se alguém tinha ficado ferido.

— Só havia uma pessoa no carro?

— Não, tinha outra... outra senhora... uma senhora gorda.

Essa história ilustra vários princípios importantes para a natureza da função da memória. Naquela viagem, Henry deparou-se com dois episódios excitantes que capturaram seu interesse e elevaram seu grau de estimulação. Quando prestamos atenção cuidadosa a um evento e somos excitados por ele, nossa memória daquela experiência será acentuada. Os circuitos no cérebro de Henry devotados à atenção e à emoção estavam ativos durante aquele episódio, de modo que ele foi capaz de codificar detalhes das pessoas, dos veículos e da ação. Justo no momento em que Henry ainda deveria estar revivendo e repetindo aqueles detalhes, os três viajantes viram um carro da polícia e uma caminhonete com reboque, que chamaram a atenção de Henry. Ele redirecionou a atenção para esse segundo evento e absorveu tudo o que aconteceu ali. Ao fazer isso, no entanto, ele interferiu com o processamento do primeiro evento e perdeu alguns pedaços de informação.

A interferência é uma causa importante do esquecimento para todos nós. Nesse caso, o novo encontro, que envolvia um carro da polícia, uma caminhonete e um reboque, competiu com a informação sobre o acidente e interferiu com a manutenção da informação mais antiga. Ao avançar pela estrada, Teuber deu uma deixa para a memória de Henry sobre o acidente, ao perguntar por que estava todo molhado, e a resposta dele fundiu detalhes dos dois episódios, o que indica que ambos os traços de memória eram frágeis e incompletos.

Em cérebros saudáveis, tais traços delicados de memória tornam-se mais robustos com o passar do tempo através de um processo chamado consolidação. Henry era incapaz de consolidar nova informação porque essa atividade requer interações entre o hipocampo e o córtex — impossíveis de acontecer no cérebro dele. Quando a consolidação ocorre, situações emocionais desfrutam de um processamento privilegiado nos circuitos da memória e resultam em memórias que são relativamente difíceis de apagar. Quando Henry chegou ao CRC, não tinha lembrança da excitação da viagem, mas, naquela noite, Teuber outra vez deu-lhe uma deixa ao perguntar por que ficara molhado. Como antes, essa dica ajudou Henry a lembrar-se da ação, da garota e da mulher. Naquele momento, ele já havia descansado, jantado e revivido quaisquer fragmentos da viagem que fora capaz de reter. O mecanismo pelo qual ele fez isso não podia ser o mesmo que o de um cérebro saudável, mas, notavelmente, ele utilizou com sucesso outros circuitos para estabelecer traços temporários. Naquela época, nós não sabíamos nada sobre o tecido remanescente do lobo temporal medial

"UMA DISCUSSÃO COMIGO MESMO"

em torno do hipocampo que, juntamente com as áreas preservadas de memória emocional, provavelmente sustentaram essa breve lembrança de Henry.[5]

Até o começo dos anos 1980, nossa informação sobre o estado emocional de Henry vinha de pessoas que testemunharam e documentaram seu comportamento emocional. Naquela época, meus colegas e eu decidimos observar a personalidade dele de maneira mais ampla e objetiva. Como a operação havia danificado sua amígdala, era adequado examinar formalmente seu estado emocional. Não havíamos feito essa avaliação antes porque, nos anos 1960 e 1970, muitos neurocientistas, inclusive membros do meu laboratório, evitavam tópicos que pertencessem ao reino da psicologia clínica e da psiquiatria.

Aplicamos a Henry uma gama de testes de personalidade padronizados. Os resultados revelaram que seu nível de emoção estava de certo modo embotado, mas que ele ainda era capaz de exibir um leque de emoções. Também determinamos que, com respeito a cuidar de si mesmo, ele era um tanto negligente e necessitava de supervisão. Por exemplo, alguém precisava lembrá-lo de barbear-se ou tomar banho. Medições de sua personalidade e de sua motivação indicaram que ele era socialmente interativo, mas lhe faltava iniciativa. De maneira significativa, os testes não mostraram nenhuma evidência de ansiedade, de depressão grave ou de psicose. Pessoas saudáveis vivem o luto, a tristeza e a frustração, como as emoções de Henry quando seu pai morreu ou quando não podia lembrar-se das coisas. Em raras ocasiões, ele ficava extremamente zangado, mas esse tipo de reação não é estranho em pessoas que enfrentam sérias deficiências.

Em 1984, pedi ao psiquiatra George Murray que avaliasse Henry. Murray observou que Henry "estava sempre sorrindo, e tinha uma relativamente cálida interação comigo". Henry não sabia se seu apetite era bom ou ruim, mas sorriu ao dizer que não gostava de fígado. Quando Murray lhe perguntou se estava dormindo normalmente, ele respondeu

"Acho que sim". Ele disse que não pensava na morte e, pelo que sabia, não chorava. Quando perguntado se pensava que era incapaz, disse "Sim e não"; e, quando inquirido se achava que era um caso sem esperança, disse com um sorriso amplo: "Sim, e na maior parte das vezes não." Quando lhe perguntaram se sentia ser alguém sem valor, Henry sorriu outra vez e disse: "Isso pode ser o mesmo que sem esperança." A pergunta anterior havia ficado em sua memória de curto prazo. Quando Murray lhe perguntou se gostava de si mesmo, uma vez mais exibiu um sorriso cauteloso e disse: "Sim e não — não posso ser um neurocirurgião." (Ao longo dos anos, um tema recorrente nas conversas de Henry era que ele queria ter sido cirurgião de cérebro.) Murray concluiu que Henry "não tem nenhuma depressão. Isso não significa que não possa sentir-se triste em certas ocasiões".

Murray continuou a explorar a vida emocional de Henry com perguntas adicionais sobre seus pais e seu gosto musical. Eles riram juntos sobre sua mútua antipatia pelo jazz. Depois Murray deslocou-se para a área do sexo. Ele perguntou a Henry se sabia o que era uma ereção, e ele disse "um edifício". Murray então disse: "Bem, deixe-me usar outra expressão" e perguntou se sabia o que era "tesão". Henry, sem sorrir, sem franzir a testa e sem qualquer mudança na musculatura do rosto disse: "o que um homem sente, abaixo do cinto." Henry sabia que os homens têm pênis e as mulheres não, e descreveu como os bebês são concebidos. Durante essa linha de questionamento, ele não teve respostas faciais às perguntas de Murray e disse que nunca tivera qualquer desejo sexual. Murray o descreveu como *assexuado* — que não tinha libido. (Buckler, o chefe de Henry, tinha descrito seu funcionário como um perfeito cavalheiro que "nem olhava para as garotas do Centro".)

Quando meus colegas e eu interagíamos com Henry, ele sempre era amigável, mas passivo. Tinha um excelente senso de humor que, de vez em quando, aparecia nas conversas do dia a dia. Por exemplo, certo dia em 1984, um neurologista do nosso laboratório acompanhou Henry de uma sala de testes até o saguão de entrada. Quando a porta se fechou atrás deles

"UMA DISCUSSÃO COMIGO MESMO"

o neurologista perguntou-se em voz alta se tinha deixado suas chaves dentro da sala. Henry respondeu: "Pelo menos você vai saber onde encontrá-las!" A tranquilidade inerente e a natureza generosa de Henry ficavam aparentes na suprema paciência que exibia ao passar por todos os nossos testes. É claro que não tinha memórias de longo prazo relacionadas com os episódios dos testes, de modo que cada um era uma nova experiência para ele, e nunca parecia entediado. Certa vez, ao falar com um dos membros do nosso laboratório, Henry resumiu suas experiências com testes dessa forma: "É engraçado — nós apenas vivemos e aprendemos. Eu estou vivendo, e vocês estão aprendendo."

7.

Codificar, armazenar, recuperar

Em 1972, quando o escândalo Watergate dominava as manchetes, visitei Henry e a Sra. Molaison e perguntei o que Watergate significava para ele.

— Bem, primeiro penso em uma prisão, e penso em uma rebelião na Prisão Watergate — respondeu.

— Você ouviu alguma coisa nos noticiários recentemente sobre rebeliões ou sobre Watergate? — perguntei.

— Não. E então penso em uma investigação sobre isso.

— Isso mesmo — disse eu, animando-o.

— Mas, então, acho que não consigo dizer mais do que isso.

— Você alguma vez ouviu falar de John Dean?

— Bem, eu penso logo em um assassino, mas, logo depois de dizer isso, depois de dizer assassino, penso em... um líder, você sabe, um líder trabalhista ou um trabalhador que foi morto ou ferido. É isso o que penso sobre o assunto.

— Você lê tudo sobre eles nos jornais e em outros lugares — interrompeu a Sra. Molaison.

John Dean foi conselheiro da Casa Branca no governo Nixon. Henry fora exposto à extensa cobertura da invasão dos escritórios de Watergate, mas, como um computador com um disco rígido defeituoso, seu cérebro não era capaz de armazenar e recuperar aquela informação.

O estudo moderno do cérebro humano deve muito aos avanços da ciência da computação. Nossa busca pelas operações cognitivas subjacentes à memória de longo prazo baseia-se agora na *teoria da informação*, uma ideia apresentada em 1948 por Claude Shannon, engenheiro da Bell Telephone Laboratories, de Nova Jersey. Shannon introduziu essa ideia em sua teoria matemática da comunicação, integrando conhecimentos de matemática aplicada, engenharia elétrica e criptografia para descrever a transmissão de informação como um processo estatístico, e cunhando o termo *bit* para referir-se à mais fundamental unidade de informação. No começo dos anos 1950, o psicólogo cognitivo George A. Miller introduziu a teoria da informação ao estudo do processamento da linguagem natural, integrando assim as ideias de Shannon ao campo da psicologia.[1]

Conceituar o aprendizado e a memória em termos de processamento da informação foi um avanço-chave, que permitiu aos pesquisadores dividir a memória em três estágios de desenvolvimento, de forma semelhante aos processos de computação. O primeiro estágio é *codificar* a informação ao transformar entradas sensoriais do mundo em representações no cérebro. O segundo é *armazenar* essas representações de forma que possam ser extraídas mais tarde. O terceiro é *recuperar* as memórias armazenadas quando seja necessário. Os pesquisadores agora projetam experimentos com a memória para examinar cada um dos três estágios de maneira separada e para observar como eles interagem.

Os cientistas dividiram o fluxo subjacente de processamento da informação nesses três estágios para tornar o estudo científico da memória mais maneável. Essa divisão artificial é uma simplificação, mas uma simplificação necessária: permite aos pesquisadores descrever em detalhe os numerosos processos dentro de cada estágio. Na realidade, a codificação, o armazenamento e a recuperação ocorrem constante e simultaneamente. Compreender as partes constituintes da formação da memória é essencial para reuni-las em uma teoria compreensível.

CODIFICAR, ARMAZENAR, RECUPERAR

Henry não tinha problemas para codificar informação. Quando eu lhe perguntava se queria leite em seu chá, ele podia registrar minha pergunta em sua memória de curto prazo e responder que nunca tomava leite, mas aceitava açúcar. O problema de Henry era com os dois últimos estágios do processamento da informação — o armazenamento e a recuperação de informação nova. Se eu o distraía ao mudar o tópico da conversa e depois lhe perguntava o que havíamos falado antes, ele não sabia responder. Os estímulos que seu cérebro recebia podiam ser mantidos brevemente, mas não podiam ser guardados e revisitados mais tarde.

Começando com a publicação do artigo de Scoville e Milner de 1957, o caso de Henry ajudou a lançar décadas de pesquisas que dissecaram os processos cognitivos e neurais dentro de cada um dos três estágios da formação da memória. Tão importante quanto isso, o caso de Henry ilustrava o fracionamento da memória — a ideia de que nosso cérebro constantemente faz malabarismos com tipos diferentes de processos de memória de curto e de longo prazo, cada um mediado por um circuito de memória especializado separado. A descoberta marcante de Milner, ao mostrar que alguns dos processos de memória de longo prazo de Henry estavam interrompidos e outros não, levou à importante distinção teórica entre memória *declarativa* ou explícita — seriamente afetadas em Henry — e memória *não declarativa* ou implícita — intata nele.[2]

A memória declarativa, enraizada nos lobos temporais mediais, refere-se ao tipo de memória que invocamos quando, na conversa diária, dizemos "eu lembro" ou "eu esqueci". Esse tipo de memória inclui a capacidade de lembrar conscientemente dois tipos de informação: o *conhecimento episódico* — a lembrança de experiências específicas nas quais tomamos parte no passado — e o *conhecimento semântico* — o conhecimento geral, tal como a informação que recolhemos sobre pessoas, lugares, linguagem, mapas e conceitos não vinculados a um evento de aprendizagem em particular. De muitas maneiras, a memória declarativa é a espinha dorsal da vida cotidiana, que nos capacita a adquirir o conhecimento de que necessitamos para perseguir objetivos e sonhos e para funcionar como pessoas independentes.

Henry viveu por 55 anos sem adquirir nenhuma memória declarativa nova. Ele não podia nos contar sobre acontecimentos pontuais, tais como o que havia comido no café da manhã, que testes havia feito no dia anterior ou como celebrara seu último aniversário. Tampouco podia aprender novas palavras de vocabulário, nem o nome do atual presidente ou o rosto das pessoas que encontrava no CRC. Nos testes de memória, sua pontuação não era melhor do que se tivesse adivinhado as respostas. As estruturas removidas do cérebro de Henry eram dedicadas à memória declarativa. Sua cirurgia, no entanto, deixou intatos outros circuitos que sustentavam sua memória não declarativa, de modo que ele podia aprender novas habilidades motoras e adquirir respostas condicionadas.

A pesquisa que surgiu a partir do caso de Henry lançou luz sobre os processos fundamentais subjacentes à codificação, armazenamento e recuperação do conhecimento episódico. Ao longo dos últimos 55 anos, cientistas fizeram grandes progressos na caracterização desses três estágios de processamento. Nos anos 1990, aquelas investigações foram alimentadas pelo advento das ferramentas de imagens cerebrais, tais como a tomografia por emissão de pósitrons (PET) e a IRM funcional. Essas tecnologias tornaram possível que os pesquisadores examinassem separadamente, pela primeira vez, a atividade cerebral para cada estágio de processamento.

Depois da descoberta de que a lembrança consciente depende de mecanismos no hipocampo e no seu vizinho próximo, o giro para-hipocampal, os cientistas começaram a resolver questões básicas da psicologia e da biologia do aprendizado episódica: Que operações cognitivas específicas contribuem para a memória de longo prazo de um evento único? Qual é o funcionamento complexo dentro do hipocampo e do giro para-hipocampal? Qual é o papel do córtex cerebral na memória de longo prazo? Que processos cognitivos e que circuitos cerebrais

CODIFICAR, ARMAZENAR, RECUPERAR

correspondentes medeiam o quão bem nós codificamos, armazenamos e recuperamos episódios, e quanto esquecemos?

Simplesmente registrar um evento sensorial — visão, audição, olfato, tato ou paladar — não assegura que o aprendizado ocorrerá. O quão bem nos lembramos dos eventos e fatos depende muito do quão efetivamente eles são codificados no início. A probabilidade de que nos lembremos de um nome, de um rosto, de uma data, de um endereço, de indicações para chegar a uma festa ou de qualquer outra coisa está relacionada com a riqueza da representação. Os pesquisadores chamam isso de *efeito de profundidade do processamento*.

Os psicólogos Fergus Craik e Robert Lockhart descreveram pela primeira vez esse efeito no começo dos anos 1970, depois de conduzir uma série de experimentos para avaliar o quão profundamente os participantes da pesquisa processavam informação. Os pesquisadores argumentaram com persuasão que, quando o cérebro recebe informação, pode processá-la em diferentes profundidades. Craik e Lockhart apresentaram palavras curtas tais como *fala* e *rosa* como estímulos de teste, permitindo que os participantes vissem cada palavra brevemente, fazendo depois uma pergunta sobre cada palavra. Ao usar três tipos de perguntas, os pesquisadores esperavam gerar diferentes níveis de processamento — raso, intermediário e profundo.[3]

Por exemplo, com a palavra impressa *TREM*. Craik e Lockhart encorajavam o processamento raso por meio de perguntas sobre a estrutura física da palavra (*A palavra está em minúsculas?*), o processamento intermediário por meio de perguntas sobre as características de rima da palavra (*A palavra trem rima com bem?*) e o processamento profundo por meio de perguntas sobre o significado da palavra (*A palavra é um meio de transporte?*). Depois que os participantes tivessem codificado uma lista de palavras dessa forma, fazia-se uma breve pausa, seguida por um teste surpresa de memória para ver as palavras que lembravam. Os experimentos mostraram que os participantes se lembravam mais daquelas palavras codificadas por significado, seguidas das palavras codificadas pela rima e, por último, pelas palavras codificadas por sua estrutura física. Em geral, a retenção das palavras pelos participantes dependia de quão elaborada e descritivamente eles pensavam sobre elas enquanto as codificavam. Assim, Craik e Lockhart ilustraram que o processamento profundo produz memórias mais fortes que o processamento raso.[4]

Em 1981, ficamos curiosos em saber se Henry apresentaria o efeito de profundidade de processamento. Projetamos um teste no qual o ajudávamos a concentrar-se nos significados das palavras para melhorar sua capacidade de reconhecer aquelas palavras mais tarde. Teria ele mais probabilidade de reconhecer palavras que processasse profundamente do que aquelas que processasse de forma superficial? Os estímulos para o teste de Henry foram palavras nomes comuns, tais como *chapéu, chama* e *mapa*. Para a tarefa de codificação, o examinador usava uma fita de áudio. Henry primeiro ouvia uma palavra como *chapéu* e depois um de três tipos de perguntas, à qual respondia "Sim" ou "Não". Por exemplo, "Uma mulher disse a palavra?" apontava para o nível físico (raso). "A palavra rima com *céu?*" apontava para o nível fonológico (intermediário). "A palavra é um tipo de roupa?" apontava para o nível semântico (profundo).[5]

Após a fase de codificação, Henry passou por um inesperado teste de memória para ver se reconhecia as palavras que recentemente havia codificado. O examinador leu para ele três palavras, pedindo-lhe que escolhesse aquela que havia ouvido antes e o encorajava a adivinhar, se estivesse inseguro. Henry passou por essa tarefa de profundidade de processamento em duas ocasiões. Apenas por sorte, ele deveria obter dez respostas corretas em trinta. E, em duas sessões de teste separadas, sua pontuação não foi melhor do que se tivesse escolhido por sorte — doze em 1980 e dez em 1982. Seu desempenho geral era deficiente; a resposta à nossa pergunta original era que ele não apresentou o efeito de profundidade de processamento.[6]

CODIFICAR, ARMAZENAR, RECUPERAR

Agora compreendemos que Henry teve um desempenho ruim não apenas porque seu hipocampo estivesse danificado, mas também porque lhe faltavam as conexões e interações críticas que ocorrem entre as estruturas do lobo temporal medial — onde a informação é processada inicialmente — e as áreas corticais especializadas em armazenar representações de palavras e outras informações. Embora o hipocampo tenha uma contribuição vital para a codificação, o córtex desempenha um papel igualmente importante. Estudos funcionais de IRM, que nos permitem ver a atividade cerebral durante a execução das tarefas, mostram de forma convincente que a ativação no córtex é maior durante o processamento profundo que durante o raso. O córtex, no entanto, não pode desempenhar por si só o trabalho de codificação. Os sentidos de Henry podiam perceber palavras, desenhos, sons e toques e podiam entregar essa informação ao cérebro dele, onde seu córtex a registrava. Mas, além desse estágio, sua capacidade de armazenar aquela informação era tão deficiente que o processamento profundo não ajudou. Embora ele pudesse receber e compreender normalmente a informação sensorial que lhe chegava, era incapaz, mesmo com uma elaboração agregada, de formar representações profundas que resultariam em memória melhor.[7]

Em geral, quanto mais profundamente caracterizamos um nome, um rosto, uma data, um endereço ou qualquer outra coisa, melhor nos lembramos depois. Isso é certo quando extraímos a informação da memória de longo prazo sem ajuda — *lembrança espontânea* — ou se ela salta automaticamente em nossa frente quando consideramos várias opções — *reconhecimento*. Imagine que você quer procurar na Internet orientação sobre como chegar a um restaurante italiano específico. Se seu cérebro possui uma representação rica do restaurante, baseada em visitas anteriores, você se lembrará espontaneamente do nome dele e da cidade onde está situado e colocará essa informação no mecanismo de busca de seu computador. Por outro lado, se sua representação do restaurante é esparsa porque você nunca comeu ali e apenas passou em frente certa vez, você pode não se lembrar do nome e precisará examinar uma lista de possíveis restaurantes até reconhecer o que você estava buscando.

Quando codificamos nova informação de forma profunda, temos mais possibilidade de recuperá-la mais tarde porque a vinculamos a uma variedade de informação semântica já armazenada ao longo dos córtices temporais, parietais e occipitais. A *repetição elaborativa*, na qual mentalmente manipulamos informação e a relacionamos com outros fatos que conhecemos, ajuda muito mais a memória de longo prazo do que se simplesmente repetíssemos a informação. Os estudantes sabem o valor de preparar-se para os testes e provas formando pequenos grupos de estudo nos quais se perguntam, uns aos outros, questões práticas tiradas de material das aulas e leituras. As discussões que se formam constituem repetição elaborativa: encorajam um processamento mais profundo e uma codificação mais robusta do material do que se os estudantes simplesmente lessem suas anotações silenciosamente na biblioteca.[8]

Ao contrário de nossos estudantes hipotéticos, Henry não se podia beneficiar com a repetição elaborativa dinâmica. Em 1985, no entanto, ele utilizou *repetição simples* para realizar um feito que, à primeira vista, parecia formação de memória de longo prazo. Uma pós-doutoranda em meu laboratório quis testar a percepção que Henry tinha da passagem do tempo. Ela lhe disse que ia sair da sala e que, quando voltasse, iria perguntar-lhe por quanto tempo tinha ficado fora. Ela saiu da sala às 2h05 e regressou às 2h17. Quando perguntou a Henry quanto tempo estivera fora, ele respondeu "Doze minutos — nessa eu te peguei!" Ela ficou atônita, até ver o grande relógio na parede da sala e entender como Henry tinha dado a resposta correta. Durante sua ausência, ele repetiu 2h05 constantemente para si mesmo, mantendo o número na cabeça, e, quando ela voltou, ele olhou para o relógio e viu que eram 2h17. Então ele aproveitou sua capacidade de memória de trabalho para fazer aritmética simples, e concluiu que ela demorara 12 minutos. Henry não podia

CODIFICAR, ARMAZENAR, RECUPERAR

lembrar-se das coisas, mas ocasionalmente podia ser bem astuto para descobrir formas de compensar seu distúrbio.[9]

Repetição elaborativa não é o único meio de reforçar a memória. A história é rica em exemplos de pessoas que usaram técnicas intricadas para lembrar-se de informação, criando representações mentais e organizando-as para que a informação ficasse disponível mais tarde. Em 1596, o jesuíta italiano Matteo Ricci, missionário e estudioso que trabalhava na China, escreveu um pequeno livro intitulado *Tratado sobre as artes mnemônicas*, oferecendo aos chineses uma técnica de memorização da vasta carga de conhecimento de que precisavam para obter aprovação nos desafiantes exames para o serviço civil. A técnica de Ricci, baseada em uma ideia europeia medieval, centrava-se em volta de um "palácio da memória": um imponente edifício com um saguão de entrada e muitos quartos que continham imagens vivas e complexas, tais como pinturas que provocavam emoções, localizadas em diferentes pontos. Como os itens que possuem conteúdo emocional são mais memoráveis que itens neutros, o truque era criar uma associação emocional ou chocante entre cada pedaço de informação a ser lembrado e um objeto no quarto. Ao fazer isso, formamos vívidas associações mentais. Um termo moderno para a técnica de memorização de Ricci é método de *loci*, ou "palácio da memória": desenhar mentalmente uma rota familiar, colocando diferentes pontos de referência ao longo dessa rota e associando a cada um diferentes materiais que precisam ser lembrados.[10]

Se você quiser criar um palácio da memória, escolha um ponto de referência familiar — um edifício de escritórios, um armazém próximo, ou sua própria casa. Por exemplo, digamos que você esteja tentando memorizar um brinde que vai fazer à noiva na festa do casamento. Você tem um conjunto específico de histórias para lembrar — sobre futebol na escola primária, atletismo no ginásio, viagem para a França no secundário, adquirir um cachorro na faculdade e mais tarde conhecer o noivo. Escolha um lugar familiar para ser seu palácio da memória — digamos, o supermercado do seu bairro. Insira pistas para as anedotas do seu discurso na arrumação ordenada das comidas. Você coloca um lembrete atraente na porta do supermercado e depois avança, em sucessão, para os departamentos de frutas, vegetais, carne e comidas congeladas. À medida que se aproxima da entrada, você imagina uma enorme bola de futebol ocupando toda a porta de vidro, com a noiva e sua melhor amiga aos 7 anos em seus uniformes de futebol, empoleiradas no alto da imensa bola de futebol, de mãos dadas. Indo para a seção de frutas, você imagina a equipe de atletismo da noiva plantando bananeiras sobre os melões e, na seção de vegetais, uma gigantesca Torre Eiffel sobre os aspargos. Na seção de carnes, coloque um cão *husky* siberiano em tamanho real dentro do mostrador, com um bife de 2,5 quilos na boca. Na seção de comidas congeladas, visualize o noivo dentro do congelador, de joelhos, segurando um saco enorme de anéis de cebola. Uma vez que você construiu essas imagens e as fixou na mente, você pode embarcar em uma excursão mental pelo supermercado, visualizando de uma memória para a outra. Enquanto você faz o discurso, você pode encontrar, em uma ordem específica, as memórias e anedotas que você armazenou ali. Pessoas de todas as idades podem obter vantagem com truques de melhoria de memória como este.

Muitas pessoas que se inscrevem em competições de memória de alto nível usam o método de *loci*. Por exemplo, cada Dia Pi — 14 de março ou, em inglês, 3,14 — a Universidade de Princeton recebe multidões de pessoas para ver quem consegue recitar o maior número de casas decimais dessa constante matemática. Em 2009, pesquisadores de várias universidades colaboraram em um estudo funcional de ressonância magnética para identificar as áreas do cérebro que sustentam a capacidade de memorizar o número *pi* até uma quantidade impressionante de casas decimais. Durante esse experimento, os participantes ficam deitados de costas dentro de um escâner de IRM e realizam uma tarefa de comportamento. À medida que áreas cerebrais específicas são ativadas, seu consumo de oxigênio aumenta. O cérebro detecta essa utilização aumentada de oxigênio e ordena mais

CODIFICAR, ARMAZENAR, RECUPERAR

sangue para trazer oxigênio a essa parte do cérebro. O aumento de sangue oxigenado nessa área muda suas propriedades magnéticas. Podemos revelar essas mudanças localizadas no campo magnético utilizando um ímã poderoso, vários milhares de vezes mais forte que a atração magnética da Terra e que certamente deixará seus cartões de crédito inúteis se você se aproximar muito. Desse modo, podemos mapear a ativação ao identificar o circuito cerebral utilizado para cada capacidade em particular.

No estudo de 2009, o IRM funcional permitiu que os pesquisadores registrassem a atividade cerebral de um estudante de engenharia de 22 anos de idade enquanto ele recitava os primeiros 540 dígitos de *pi*. O estudante usou o método de *loci* para lembrar-se dos dígitos em ordem, e as imagens funcionais de RM feitas enquanto ele realizava tal façanha mostraram que seus processos de recuperação causavam ativação robusta em áreas específicas do seu córtex pré-frontal. Essas áreas são conhecidas como as que sustentam a memória de trabalho e a atenção, sugerindo que o estudante utilizou processos de controle cognitivo para recitar as bem aprendidas sequências de *pi*.[11]

Para entender como as pessoas adquirem essas vastas quantidades de informação em primeiro lugar, os pesquisadores pediram ao engenheiro que aprendesse uma nova série de cem dígitos aleatórios enquanto era escaneado. O resultado foi impressionante: depois de três sessões de seis minutos, o estudante havia codificado todos os cem números na ordem correta, utilizando sua própria variação do método de *loci*. Durante os primeiros estágios da codificação, as imagens de RM funcional mostravam maior utilização de áreas corticais especializadas no processamento visual, no aprendizado relacionado com as emoções, no planejamento motor, na organização de tarefas e na memória de trabalho do que durante a recuperação dos dígitos de *pi*. Aquelas áreas foram ativadas porque a tarefa requeria um grande esforço mental, e para ter sucesso o estudante precisou lançar mão de numerosos recursos, inclusive processos visuais na parte de trás do seu cérebro e processos de controle cognitivo na parte da frente.

O estudante explicou que, em seu método específico de locais, ele se apoiava pesadamente nas cores, na emoção, no humor, na vulgaridade e na sexualidade para construir seu palácio da memória — "quanto mais emocional e horrenda a cena, mais fácil lembrar". Os pesquisadores vincularam seu uso consistente de imagens altamente emocionais a uma diferença estrutural em seu cérebro — um volume aumentado na área de seu giro cingulado, parte do sistema límbico. Esse estudante era brilhante na memorização de grupos de dígitos, mas não possuía necessariamente um intelecto ou uma memória superiores. Ele havia trabalhado muito e desenvolvido circuitos bem eficientes de controle cognitivo para reter informação. Como um psicólogo havia dito previamente, "memorizadores excepcionais são feitos, não nascem assim". O desempenho de memória excepcional está ao seu alcance, sempre que você queira aplicá-lo. Quando você tenta memorizar nomes, números, palavras, desenhos etc., você se lembrará melhor dos itens se seu cérebro estiver otimamente ativo durante sua exposição inicial ao material.[12]

Codificar é a porta de entrada para a formação da memória, com a consolidação e o armazenamento vindo logo atrás. Henry podia codificar a informação apresentada a ele e registrá-la brevemente, mas então seu processamento se derruía. Ele não podia consolidar e armazenar.

Em 1995, quando a ressonância magnética funcional estava no início, tivemos a oportunidade de observar os processos de codificação de Henry em ação. Naquele experimento, pedimos a ele que observasse desenhos de cenas e que indicasse se estas eram cenas interiores ou exteriores. Aquelas perguntas eram intencionalmente fáceis. Ele respondeu a elas corretamente, de modo que soubemos que ele estava olhando e processando os desenhos. As imagens de ressonância magnética correspondentes mostraram atividade aumentada nos lobos frontais enquanto ele executava a tarefa de codificar os desenhos. Experimentos subsequentes dessa pesquisa em outros laboratórios, com participantes saudáveis, ampliaram o alcance dessa descoberta, e os resultados indicaram que duas áreas separadas no lobo frontal esquerdo e uma área no lobo frontal direito normalmente ficam ativas durante a codificação. Henry podia disparar seu córtex frontal para codificar os objetos que percebia, mas, depois disso, ele empacava — o processo de formação da memória se rompia, severamente impedido por sua incapacidade de consolidar e armazenar informação.[13]

Quando o cérebro recebe e codifica informação nova, o conteúdo deve continuar a ser processado, para torná-lo disponível para uso futuro. As transmissões iniciais não são colocadas imediatamente no armazenamento da memória de longo prazo. O processo mais longo pelo qual as lembranças se tornam fixas, *consolidação*, é uma mudança duradoura que acontece em neurônios individuais e em seus componentes moleculares. As conexões entre células adjacentes ficam mais fortes ou mais fracas em resposta a experiências aprendidas. O hipocampo inerte de Henry não era capaz de iniciar e de completar os processos ativos requeridos para a consolidação.

Dois ambiciosos psicólogos experimentais da Universidade de Göttingen, Georg Elias Müller e Alfons Pilzecker, introduziram o conceito de consolidação em 1900. Desde então, os cientistas lutam para compreender os mecanismos pelos quais o cérebro consolida lembranças. Essa busca inspirou milhares de experimentos com muitas espécies, de insetos a seres humanos, e alimentou uma saudável controvérsia sobre como diferentes tipos de memórias estão ancorados em nosso cérebro.[14]

Müller e Pilzecker fizeram a original descoberta de que o aprendizado declarativo, com a recuperação consciente de fatos e episódios, não leva imediatamente a uma memória duradoura. Em vez disso, a consolidação depende de mudanças no cérebro que ocorrem gradualmente com o correr do tempo. Durante esse tempo, o material recentemente aprendido é suscetível a interferências. Os pesquisadores alemães chegaram a essa conclusão após oito anos de experimentos realizados com um pequeno grupo de participantes que incluía seus alunos, colegas, membros da família, suas mulheres e eles mesmos. Primeiro, criaram 2.210 sílabas sem sentido, que foram unidas em pares como DAK-BAP e geraram listas de seis pares cada uma. Eles testaram um participante de cada vez, e o árduo treinamento e os testes ocorriam durante 24 dias. Durante o treinamento, os participantes liam a lista de seis pares em voz alta e tentavam associar mentalmente as duas sílabas sem sentido que formavam cada par. Depois vinha o teste de memória: os participantes viam uma deixa — a primeira sílaba de cada par, por exemplo, DAK — e pediam que eles dissessem a segunda sílaba do par, BAP.[15]

O principal achado dos pesquisadores ocorreu quando focaram suas análises nos *erros de intrusão* dos participantes. Um erro de intrusão era marcado se os participantes, enquanto recordavam os itens de uma lista, inseriam uma sílaba sem sentido de uma lista anterior, pensando que pertencia à lista atual. Nesse experimento, se os participantes haviam aprendido previamente a sílaba JEK, eles poderiam juntá-la com DAK, em vez da resposta correta, BAP. Os psicólogos raciocinaram que aqueles erros de intrusão resultavam da persistência do material recém-aprendido na memória recente dos participantes. Os erros eram mais numerosos quando o teste era realizado vinte segundos depois do treinamento, quando o cérebro ainda estava codificando a informação. Tornavam-se menos frequentes à medida que o tempo entre o treinamento e o teste aumentava de três a 12 minutos, período durante o qual o cérebro estava consolidando a informação. Erros de intrusão não ocorriam 24 horas mais tarde; nesse período, os sujeitos já haviam consolidado a informação com sucesso. Os experimentos revelaram que a consolidação é um processo ativo que leva tempo. As associações eram facilmente quebradas logo depois da codificação, mas tornavam-se mais fortes minuto a minuto.[16]

Pesquisas subsequentes com animais sustentaram a hipótese de Müller e Pilzecker. Em 1949, um psicólogo fisiologista da Universidade Northwestern treinou grupos de ratos para que evitassem tocar uma grade que dava choques suaves. Então eles administraram choques eletroconvulsivos no cérebro dos ratos em variadas oportunidades, depois do final de cada bateria de aprendizado. O grupo que recebeu choques eletroconvulsivos depois de vinte segundos foi o mais comprometido, e o déficit tornava--se progressivamente menor à medida que o tempo entre o aprendizado e os choques eletroconvulsivos aumentava para quarenta segundos, um minuto, quatro minutos e 15 minutos. Os ratos que receberam choques eletroconvulsivos uma hora ou mais após o aprendizado não ficaram comprometidos. Quanto maior o intervalo entre a codificação e os choques eletroconvulsivos, e maior o tempo de consolidação, melhor era a memória. Aqueles resultados mostraram que, para um tempo limitado após o treinamento, romper a atividade cerebral bloqueia os mecanismos subjacentes à consolidação. No cérebro de Henry, os eventos celulares críticos no hipocampo e no córtex que ocorrem por minutos ou horas depois da codificação nunca eram ativados, e assim a informação declarativa nova não podia ser guardada.[17]

Desses e de muitos outros experimentos, os neurocientistas aprenderam que a infraestrutura neural das memórias, os traços físicos que existem dentro do cérebro, é fraca no início e se fortalece gradualmente. Os traços físicos podem ser rompidos pelas manipulações de comportamento no laboratório e por danos mais diretos à fisiologia do cérebro, na forma de drogas, álcool ou ferimentos na cabeça. Um exemplo demasiado familiar da vulnerabilidade da formação da memória prevalece no futebol americano. No outono de 2012, um *linebacker* que estreava no time do colégio secundário foi derrubar o adversário que carregava a bola. Eles colidiram — capacete com capacete — e ambos os jogadores caíram ao solo, mas logo se levantaram e voltaram para as suas posições no campo. Após duas jogadas, os colegas do *linebacker* disseram ao treinador que o rapaz ferido estava jogando fora da sua posição e, quando lhe disseram que voltasse para a posição original, negou-se a fazê-lo. Foi imediatamente examinado pelo fisioterapeuta do time, que determinou que seu estado neurológico era normal, que não tinha náuseas nem dor de cabeça. O sintoma notável do jogador é que não se lembrava do golpe recebido ou de nada que tivesse ocorrido depois do choque. O golpe em sua cabeça havia descarrilado a consolidação daqueles frágeis traços de memória.

A maior parte dos testes de memória administrados em clínicas e laboratórios avalia a memória episódica, declarativa — a capacidade de formar associações entre palavras, elementos de uma história, ou detalhes em um desenho. Antes de Henry, os pesquisadores da memória não sabiam ao certo quais estruturas cerebrais eram responsáveis pelo estabelecimento dessas conexões. A lição crucial que Henry nos ensinou: o hipocampo é necessário para construir associações. Sem um hipocampo funcional, Henry não podia formar associações entre palavras familiares; ele não as podia vincular em sua memória. Seus depósitos de memória de longo prazo para novas informações estavam sempre vazios.

A *associação*, um conceito básico tanto para o aprendizado humano como para o aprendizado animal, é a essência da memória episódica; ela nos capacita a caracterizar um único evento (ler este capítulo) ao integrar seu contexto no tempo (três da tarde) e no espaço (na cozinha, com a luz vinda da janela). O contexto pode ser rico, incluir quem mais está no quarto, se há música tocando, e pensamentos específicos sobre cada frase lida.

Na vida cotidiana, as associações se desenvolvem e se fortalecem ao longo do tempo quando itens específicos ocorrem juntos de forma repetida. Quando nos mudamos para um novo bairro, gradualmente chegamos a conhecer as pessoas que vivem em nossa comunidade — nossos vizinhos e as pessoas que trabalham nas cafeterias, farmácias e restaurantes que frequentamos. Ao longo do tempo, chegamos a conhecer bem algumas dessas pessoas, à medida que reunimos pouco a pouco informações sobre suas vidas pessoais. Aprendemos, por exemplo, que o cavalheiro atrás da máquina de café expresso, que sempre pergunta por nosso cachorro, é um estudante que há cinco anos trabalha para se formar e sonha ser jornalista. E o homem mais velho na loja de conveniências, sempre com uma saudação alegre, perdeu sua neta para o câncer. Experimentamos como é viver nessa vizinhança na primavera, no verão, no outono e no inverno, e armazenamos as paisagens, os sons e os cheiros que caracterizam o ambiente. Ao longo do tempo, nosso cérebro constrói uma representação elaborada do nosso bairro, na qual muitos fatos e eventos individuais passam a ficar conectados uns com os outros. Depois de vivermos ali por alguns anos, podemos fornecer um retrato detalhado e vívido de como essa vizinhança é.

Em décadas recentes, graças às contribuições de milhares de laboratórios em muitos países, os cientistas conseguiram entender os processos cognitivos e as representações neurais que sustentam esses tipos de associações. Os vizinhos corticais do hipocampo, as áreas para-hipocampais, inundam o hipocampo com percepções, ideias e contextos complexos, e o hipocampo associa essa riqueza de informação de três maneiras. *Primeira*, o hipocampo vincula objetos distintos uns com os outros e com o tempo e lugar em que os encontramos — por exemplo, todos os objetos e pessoas que vimos, os sons que ouvimos e os aromas que sentimos no café do bairro esta manhã às 7h55. *Segunda*, ele vincula os eventos no tempo para registrar o fluxo de experiências que incluem um único episódio — por exemplo, a sequência de entrar na cafeteria, ficar na fila, ler o cardápio, pedir um *cappuccino* grande, esperar que o operador da máquina faça nossa bebida, pegar nosso pedido e correr porta afora para ir trabalhar. *Terceira*, o hipocampo vincula muitos eventos e episódios em termos de suas características comuns para formar uma rede de relacionamentos — por exemplo, conectar essa memória de cafeteria desta manhã com memórias de refeições em outras cafeterias e restaurantes que frequentamos, compondo assim nosso conhecimento geral sobre comer fora.[18]

Todas as manhãs, quando codificamos os detalhes de uma experiência em uma cafeteria, esse novo aprendizado reativa muitos eventos separados do passado, resultando em uma representação associativa rica e atualizada que transcende os eventos individuais. Para estabelecer essa representação inclusiva de comer fora, dependemos das interações cooperativas, em nosso cérebro, entre o hipocampo e regiões do mesencéfalo, uma estrutura de dois centímetros de comprimento que conecta o córtex e o estriado a áreas mais inferiores no cérebro. A integração de episódios cruzados, que conecta experiências separadas que têm características comuns, guia a tomada de decisões na vida de todos os dias. (Devo ir à cafeteria que tem o melhor *cappuccino* ou àquela que tem aquelas tortas fabulosas?) Essa infraestrutura neural e cognitiva não estava disponível para Henry.[19]

Quando Brenda Milner fez testes com Henry pela primeira vez, em 1955, ela examinou sua capacidade de formar associações de palavras ao ler pares de palavras em voz alta. Alguns dos pares eram considerados fáceis de lembrar, porque seus significados eram prontamente associados, enquanto outros eram difíceis porque as palavras não estavam relacionadas.

Metal — Ferro (fácil)
Bebê — Choro (fácil)
Esmagamento — Escuridão (difícil)
Escola — Mercearia (difícil)
Rosa — Flor (fácil)
Obedecer — Centímetro (difícil)
Fruta — Maçã (fácil)
Repolho — Caneta (difícil)

Cinco segundos depois de ler a lista de pares de palavras, Milner perguntou a Henry, "Você lembra o que ia com *Metal*? *Bebê*? *Esmagamento*?" E, assim por diante, ao longo da lista. Na primeira tentativa, ele teve uma resposta correta, *Ferro*. Milner leu a lista outra vez, e o testou novamente. Da segunda vez, ele se lembrou de *Choro, Ferro* e *Flor*, todas do tipo fácil. Na terceira vez, a última, ele se lembrou de *Maçã, Choro* e *Ferro*. Ele não podia consolidar os pares difíceis. Meia hora mais tarde, Henry reteve a única associação que ele acertou nas três tentativas: *Metal–Ferro*. As outras associações se dissolveram porque o cérebro de Henry não tinha a estrutura do lobo temporal medial requerida para consolidá-las e armazená-las.[20]

CODIFICAR, ARMAZENAR, RECUPERAR

Em seu inovador artigo de 1957, que detalhava a operação de Henry e os resultados de seus testes psicológicos, Scoville e Milner inauguraram a era moderna de pesquisa da memória. Embora estudos de pacientes anteriores, especialmente de F.C. e de P.B., tivessem sugerido que o hipocampo era crítico para o estabelecimento da memória de longo prazo, o caso de Henry garantiu a conexão. Como resultado de seu desempenho consistentemente pobre em numerosos e diversos testes de memória, o hipocampo tornou-se foco para milhares de pesquisadores da memória em todo o mundo.[21]

Agora sabemos que a consolidação é um aspecto essencial da memória, mas como ela ocorre exatamente? Quais são os processos subjacentes no cérebro? Responder a essas perguntas é essencial para compreender o dano à memória de Henry.

A consolidação da memória depende de diálogos entre circuitos cerebrais, simultâneos a mudanças celulares dentro de redes de células, especificamente aquelas no hipocampo. Ela requer intensas conversas entre o hipocampo e áreas nos córtices temporal, parietal e occipital, onde pedaços de informação são armazenados. Aquelas comunicações entre neurônios reorganizam e fortalecem conexões entre regiões de processamento de memória, assegurando que a informação seja preservada no córtex.[22]

As mensagens viajam de cada neurônio para seus vizinhos por meio de uma longa cauda, um *axônio*. No final do axônio, a mensagem, codificada em sinais elétricos e químicos, cruza a brecha entre os neurônios conhecida como sinapse. A sinapse contém uma *fenda sináptica*, um corredor através do qual as moléculas viajam de uma célula para a próxima. Do outro lado da sinapse, os dendritos do neurônio adjacente, parecidos a galhos de árvore, recebem mensagens e as passam com segurança para o corpo daquele neurônio para serem processadas. Cada neurônio tem sua própria saída, o axônio, e muitas entradas, os dendritos.

Na metade do século XX, os cientistas começaram a levantar hipóteses sobre as conexões entre neurônios. Em 1949, o psicólogo canadense Donald

O. Hebb especulou que um traço estrutural de memória no cérebro é a base para a formação da memória de longo prazo. A ideia de Hebb era que o aprendizado resulta em crescimento nas estruturas cerebrais, estabelecendo assim traços de memória. Seu pensamento foi influenciado pelo anatomista espanhol Santiago Ramón y Cajal que, em 1894, escreveu que o "exercício mental" provavelmente resultaria no crescimento dos axônios e dendritos. Hebb adotou essa ideia e a levou mais adiante. Ao considerar o que acontece em uma sinapse quando um neurônio conversa com seus vizinhos, Hebb propôs que, quando, de forma repetida uma célula excita outra, pequenas estruturas em ambos os lados da sinapse incham. (Na terminologia corrente, as estruturas sobre o axônio são chamadas de *varicosidades axonais* e aquelas dos dendritos, de *espinhas dendríticas*.) Esse crescimento faz com que seja mais provável que, no futuro, a primeira célula ativará a segunda célula outra vez. Quando animais e seres humanos aprendem informação nova, várias células bem próximas são excitadas repetidamente ao mesmo tempo, formando um circuito fechado que se fortalece gradualmente à medida que o aprendizado progride. Esse postulado, conhecido como *Regra de Hebb*, estabelecia a sinapse como um local crítico para se descobrir a base fisiológica da aprendizagem e da memória. Naquela época, Hebb não tinha nenhuma prova fisiológica direta de que caminhos fechados ou circuitos em alça participassem no comportamento ou no aprendizado. Como resultou ser, no entanto, sua hipótese visionária sobre a flexibilidade do cérebro estava correta — a plasticidade *hebbiana* existe, e a influência de Hebb continua à medida que os neurocientistas investigam se esse tipo de plasticidade é, de fato, responsável pelo aprendizado e pela memória.[23]

Essa linha de pesquisa avançou consideravelmente no final dos anos 1960 com a descoberta do fenômeno da *potenciação de longo prazo* (*LTP*), que muitos neurocientistas agora acreditam ser a sustentação fisiológica do aprendizado e da memória. Em 1966, Terje Lømo, doutorando na Universidade de Oslo, realizou experimentos em coelhos anestesiados

CODIFICAR, ARMAZENAR, RECUPERAR

para explorar o papel do hipocampo na memória de curto prazo. Quando Lømo aplicou uma série de pulsos rápidos de estimulação elétrica aos axônios que carregavam informação para o hipocampo de um coelho, descobriu que, depois de cada série de choques, neurônios do outro lado da sinapse no hipocampo respondiam ao mesmo sinal de entrada de maneira mais rápida, mais forte e em maior número do que antes. A estimulação fortalecia a transmissão de informação de uma célula a outra, como se aumentássemos o volume de um rádio. Uma característica crítica do aumento era que ele durava mais que uma hora. Lømo chamou essa nova descoberta de *potenciação de frequência*. Mostrou que ela podia ser induzida ao ativar repetidamente o axônio de uma célula, gerando um sinal que atravessava a sinapse e causava um aumento enorme na célula que recebia o sinal de entrada. Depois de mais estudos com ratos, os pesquisadores no começo dos anos 1970 mudaram o nome desse fenômeno para *potenciação duradoura* e mais tarde, na mesma década, para *potenciação de longo prazo*.[24]

A descoberta da LTP forneceu um modelo versátil para o estudo da formação da memória em muitas espécies de animais. Milhares de pesquisadores em vários continentes continuam a explorar os mecanismos moleculares e celulares pelos quais padrões específicos de ativação (isto é, experiências diferentes) alteram a força das conexões entre neurônios. A LTP fornece assombrosa evidência da neuroplasticidade, a capacidade do cérebro de mudar com a experiência. Os neurocientistas citam dois conceitos-chave para o estudo da alteração do cérebro: *plasticidade estrutural* e *plasticidade funcional*. Examinar a plasticidade estrutural nos mostra que a anatomia do hipocampo não é rigidamente fixa para toda a vida: os dendritos e suas sinapses mudam de forma contínua em resposta à experiência. A plasticidade funcional ilustra a propriedade das sinapses no hipocampo e em outras áreas cerebrais de aumentar ou diminuir sua força — em essência, a capacidade da atividade de um neurônio de excitar outros neurônios. No cerne da memória está a capacidade do cérebro de mudar como resultado da experiência, e a LTP é um excelente exemplo de laboratório tanto de plasticidade estrutural como funcional.[25]

Uma grande variedade de pesquisas conduzidas depois da descoberta da LTP revelou suas três características básicas. Primeira, a potenciação é duradoura e pode persistir de algumas horas a alguns dias, e até mesmo chegar a um ano (*persistência*). Segunda, a potenciação é restrita a caminhos neurais que estão ativos quando o acionamento de padrões específicos de estimulação inicia o processo de codificar nova informação (*especificidade de entrada*). Terceira, o neurônio do lado emissor da sinapse e aquele do lado receptor devem estar ativos simultaneamente (*associatividade*).[26]

Na metade dos anos 1980, uma questão principal permanecia sem ser respondida: a LTP é responsável pelo aprendizado, como se observa no desempenho de um animal ocupado na execução de uma tarefa relativa à memória? Em outras palavras, o aprendizado e a memória ainda ocorreriam se os pesquisadores *impedissem* a LTP de acontecer? Um estudo de 1986 debruçou-se sobre essa questão e forneceu mais evidências de que uma LTP deficiente está vinculada à amnésia espacial. Neurocientistas da Universidade de Edimburgo, colaborando com colegas da Universidade da Califórnia, em Irvine, treinaram ratos normais para que nadassem em direção a uma plataforma escondida em um tanque de água opaca (mais tarde batizado como labirinto aquático de Morris). Depois de alguns dias de prática, um grupo de ratos se deu conta de onde a plataforma estava e era capaz de subir nela para sair da água. Em outro grupo de ratos, os pesquisadores aplicaram uma droga que desligava a LTP no hipocampo deles quando tentavam aprender a tarefa. Esses ratos tiveram problemas para achar a plataforma. Esse resultado, uma indicação clara de um déficit de memória espacial relacionado a um bloqueio de LTP, é similar ao problema de Henry para encontrar o caminho de volta para sua nova casa, depois que sua família se mudou.[27]

Um importante avanço no método de bloqueio farmacológico surgiu em 1996, quando vários artigos originados nos laboratórios de dois laureados pelo Prêmio Nobel, Susumo Tonegawa e Eric Kandel, anunciaram uma revolução na busca pela compreensão do tipo de aprendizagem e de memória que depende do hipocampo. Esses pesquisadores notáveis e seus numerosos colaboradores usaram a poderosa tecnologia do *nocaute de genes* para remover exclusivamente o gene do receptor de NMDA (N-metil-D-aspartato) de um tipo específico de neurônio — *células piramidais* — localizado em três partes separadas do hipocampo do camundongo. Quando a LTP ocorre, células ativas do lado emissor da sinapse liberam um neurotransmissor, o glutamato, que abre portas chamadas receptores de NMDA no lado receptor da sinapse — *se* essas células receptoras estiverem ativas simultaneamente. Essa comunicação inicia processos que resultam na síntese de proteínas e em mudanças estruturais que ajudam a fixar o evento a ser lembrado e que tornam a sinapse mais efetiva (potencializada).[28]

Ao desativar o gene do receptor de NMDA seletivamente, em uma área de cada vez, Tonegawa, Kandel e seus colegas puderam descrever que papéis esse gene desempenha na formação da memória, e descobriram que as áreas CA1 e CA3 do hipocampo têm especializações distintas. Quando a deleção do receptor de NMDA era feita na área CA1, o camundongo ficava comprometido no labirinto aquático de Morris, requerendo mais tempo que seus irmãos, com receptores de NMDA intatos, para nadar e subir na plataforma escondida. Em contrapartida, os pesquisadores descobriram que outra parte do hipocampo, a região CA3, desempenha um papel diferente na memória. Ali, os receptores de NMDA eram necessários para o completamento de *padrões*, que ocorre quando os animais têm que recuperar uma lembrança integral depois de receberem apenas um fragmento daquela lembrança como pista. Aqueles experimentos que utilizaram o método de nocaute genético significaram um avanço fundamental porque apontavam para células específicas no hipocampo e porque estabeleceram conclusivamente o papel da plasticidade sináptica dependente de receptores na memória espacial.

Mas os seres humanos apresentam potenciação de longo prazo (LTP)? Desde o final dos anos 1990, laboratórios na Alemanha, na Áustria, no

Canadá, na Austrália e na Inglaterra vêm induzindo LTP no hipocampo, no córtex motor e na medula espinhal de seres humanos. Em algumas pessoas, a LTP pode ser inadequada, tanto se aumentada como se diminuída, e é possível que alguns distúrbios neurológicos e psiquiátricos resultem de demasiada ou de muito pouca LTP. Essa possibilidade abre numerosas opções de tratamento para milhões de pessoas com vidas miseráveis por sofrerem essas condições. Uma característica marcante do cérebro humano é sua plasticidade — sua capacidade de mudar com a experiência. Ao capitalizar esse potencial, deveria ser possível corrigir a LTP disfuncional. Uma perspectiva excitante é que a perda da memória, a epilepsia, a dor crônica, a ansiedade, o vício e outras condições que têm sido vinculadas à LTP disfuncional podem ser reduzidos pela colocação, em pontos estratégicos do sistema nervoso, de um dos muitos produtos químicos que controlam a LTP.[29]

Parece mais e mais plausível que a LTP é necessária para o aprendizado, mas há muitas coisas que não entendemos. Até agora, os cientistas têm sido incapazes de provar que a LTP dura tanto como nossas memórias; a LTP dura semanas, quando muito, enquanto as memórias de longo prazo podem durar décadas. Neurocientistas também estão trabalhando para compreender como os mecanismos celulares e moleculares que observaram diretamente em laboratório se relacionam com a codificação, o armazenamento e a recuperação de memórias específicas na vida cotidiana. Temos um longo caminho a percorrer antes que possamos construir uma ponte sobre a lacuna que existe entre os processos nas nossas células hipocampais e quão bem nos damos em um teste escrito para tirar a carteira de motorista.

Algumas pessoas negam que sonham, e outras dizem que sempre se esquecem de seus sonhos. Isso acontece porque lembrar-se completamente de nossos sonhos requer algum trabalho. Para documentar o conteúdo de nosso sonho, temos que ter um bloco e uma caneta ao lado da cama para

CODIFICAR, ARMAZENAR, RECUPERAR

podermos registrar cada sonho imediatamente depois de acordar, antes que ele se desvaneça. Os sonhos comumente incorporam experiências de nosso passado e podem também desempenhar um papel na consolidação da memória. Porém ainda não temos evidência direta de que os sonhos sejam *necessários* para a consolidação da memória, de modo que devemos interpretar com cautela os experimentos que relacionam os sonhos com a memória.

Para entender melhor como as memórias são consolidadas — ancoradas —, os pesquisadores na metade dos anos 1990 empreenderam estudos sobre o sono em ratos. Aqueles experimentos documentaram o conteúdo mental durante o sono por meio de eletrodos colocados nos hipocampos dos ratos. Os padrões específicos de atividade neural registrados durante o sono foram comparados com registros feitos quando os mesmos animais estavam acordados. Essa comparação frequentemente mostrou uma clara correspondência entre os dois conjuntos de registros, dando alguma noção do papel do sono na lembrança de experiências de vigília.

Essa pesquisa evoluiu a partir da descoberta fundamental de *células de lugar* no hipocampo. Em 1971, neurocientistas da Universidade College London (UCL) identificaram neurônios especializados no hipocampo do rato que sinalizam a localização atual do animal no espaço. Cada célula de lugar corresponde a uma zona particular do espaço do rato. Quando a célula dispara, ela indica ao rato onde ele está e em que direção está olhando. As células de lugar são ativadas, por exemplo, quando um rato é colocado em um labirinto e precisa encontrar o caminho para ganhar um prêmio. Juntas, essas células mapeiam o ambiente do rato. Campos de lugar são o melhor exemplo que temos sobre como o mundo do rato é representado dentro de seu hipocampo.[30]

Desde essa descoberta, as células de lugar nos ratos e camundongos atraíram um enorme interesse experimental. Quando esses animais participam de experimentos em labirintos, as células disparam em padrões e sequências que correspondem a diferentes lugares do labirinto, assinalando onde o animal está parado ou correndo. Ainda mais intrigante é que aquelas células de lugar são reativadas na mesma ordem *depois* que o rato é retirado do labirinto. Isto é, quando os ratos estão quietos — dormindo ou descansando — suas células de lugar repetem o padrão de atividade neural que ocorreu durante a experiência prévia.

Como a atividade de células de lugar afeta a formação das memórias de longo prazo? Em 1997, neurocientistas da Universidade do Arizona propuseram que o hipocampo facilita a reativação dos padrões de atividades corticais durante os períodos de desconexão, como o sono ou a vigília tranquila, quando o córtex está menos empenhado em processar a informação que entra. Para explorar essa possibilidade, os pesquisadores inseriram eletrodos perto das células de lugar no hipocampo dos ratos para registrar a atividade delas. Cada sessão de registro tinha três fases — sono, corrida no labirinto e sono. Os pesquisadores previram que, durante o segundo período de sono, o disparo neuronal no hipocampo se pareceria com o do córtex e, além disso, que o padrão de atividade iria corresponder àquele durante a corrida no labirinto. Os resultados comprovaram essas predições. Durante o sono, os padrões de disparo neuronal quando o rato estava no labirinto eram expressos outra vez no hipocampo e no córtex, e as representações mentais, os caminhos, nas duas áreas se pareciam à representação da corrida no labirinto que precedia o segundo período de sono. Essa correspondência sugere que circuitos no hipocampo e no córtex estavam interagindo durante o sono, mas a questão permanecia: essa atividade transiente desempenha um papel na memória de longo prazo?[31]

Utilizando o estudo do Arizona como trampolim, o neurocientista do MIT Matthew Wilson e seus colegas conduziram experimentos em ratos e camundongos que se moviam livremente, dos quais gravaram simultaneamente o disparo de quase cem células. A questão principal que orientava essa pesquisa era saber como grandes populações de células no hipocampo formam e retêm memórias. A resposta veio de registros da atividade de células de lugar no hipocampo dos animais. Aqueles animais usavam pequenos chapéus que continham vários eletrodos de gravação em miniatura — chamados *tetrodos* —, os quais permitiram que os cientistas monitorassem vários neurônios de forma simultânea. Reunidos, esses dados deram aos pesquisadores um retrato realista da atividade elétrica de numerosas células de lugar a qualquer momento dado.

Para comparar a atividade cerebral durante o sono e durante a vigília, pesquisadores monitoraram gravações de eletroencefalogramas e dividiram o sono em estágios separados caracterizados por diferente atividade elétrica. Nos humanos, o *sono de ondas lentas*, o sono profundo, é mais comum durante a primeira metade da noite, e o sono *REM* (*movimento rápido dos olhos*, na sigla em inglês), mais leve, ocorre principalmente durante a segunda metade. Os animais também conhecem o sono de ondas lentas e o sono REM.[32]

Em um experimento de 2001, o laboratório de Wilson registrou a atividade de células de lugar no hipocampo de ratos, primeiramente por 10 a 15 minutos, enquanto os animais corriam por um labirinto para ganhar uma recompensa e, mais tarde, das mesmas células por uma ou 2 horas, enquanto os ratos dormiam. Quando os pesquisadores compararam o comportamento das células do hipocampo durante o labirinto e durante o sono REM subsequente, encontraram uma notável correspondência — os dois conjuntos de dados eram surpreendentemente similares, sugerindo que os ratos que dormiam estavam revivendo o comportamento aprendido anteriormente no labirinto. Os neurônios hipocampais disparavam, durante o sono REM, na mesma ordem que o fizeram durante o aprendizado.[33]

Aqueles padrões de atividade neural, que representavam uma sequência de comportamento, duravam o mesmo tempo que as experiências reais. A repetição de padrões de disparo de uma coleção de células individuais é conhecida como *reprodução (replay) de memória*. Os ratos despertos codificavam as sequências em uma parte específica de seus hipocampos (área CA1), e essa atividade elétrica ainda era detectável 24 horas mais tarde, durante o sono REM. Essa recapitulação da atividade neural vinculada a um comportamento prévio é forte evidência de uma memória persistente. Os campos de lugar em CA1 codificavam a localização do animal no espaço, e, a partir dessa informação, seus cérebros uniam sequências de lugares. Conversas cruzadas entre o hipocampo e áreas cerebrais no córtex especializadas em habilidades espaciais provavelmente contribuíam para esse feito. O replay da atividade de vigília durante o sono REM pode aumentar a consolidação da memória no córtex como resultado de interações entre circuitos corticais e hipocampais. Essa e muitas outras hipóteses ainda precisam ser exploradas antes que possamos estabelecer definitivamente o papel da repetição de memória no aprendizado e na consolidação, mas um grande corpo de evidências sustenta a visão de que as células hipocampais de lugar têm memória.[34]

Evidências posteriores de que o replay da memória é um importante componente do aprendizado e da memória de longo prazo vieram de análises feitas, por Wilson e seus colegas, da atividade cerebral durante o sono de ondas lentas. Eles descobriram que o efeito sobre a memória era diferente do efeito do sono REM. Treinaram ratos para que corressem, ida e volta, por uma pista, recompensando-os com um pedaço de chocolate cada vez que chegavam ao final, de um ou outro lado. Enquanto os ratos comiam o doce, os pesquisadores registraram a atividade de muitas células no hipocampo simultaneamente. Depois monitoraram as mesmas células enquanto os animais dormiam. A experiência de vigília dos ratos era repetida no hipocampo durante o sono de ondas lentas, só que agora numa velocidade alta: um intervalo de 4 segundos foi repetido quinze a vinte vezes mais rapidamente no cérebro durante o sono de ondas lentas. As memórias que foram reativadas refletiam a ordem dos eventos, não sua duração real. Aqueles eventos ordenados poderiam então ser reproduzidos em um período menor de tempo do que o animal precisava para executá--los, fazendo com que parecessem comprimidos.[35]

Se criarmos um retrato em nossa mente do caminho que fazemos de casa ao supermercado, e depois nos imaginamos seguindo essa rota, nossa viagem mental levará muito menos tempo do que na verdade leva quando vamos até lá de carro. Sem dúvida comprimimos nosso conteúdo de sonhos da mesma maneira. No experimento de Wilson, esse tipo de replay da memória tinha mais probabilidades de ocorrer nas primeiras poucas horas de sono de ondas lentas posteriores à experiência, de modo que seu papel pode estar no começo do processamento da informação, anterior ao estabelecimento da memória de longo prazo.[36]

Como as memórias estão armazenadas por todo o córtex, a atividade cortical deve ser parte do processo de consolidação de memória que ocorre durante o sono. Sabemos que o hipocampo e o córtex devem trabalhar em parceria para receber, organizar e recuperar conhecimento, mas como áreas remotas do cérebro colaboram para isso? A equipe de Wilson contribuiu com outra importante descoberta, em 2007, quando observou uma associação estreita, durante a repetição de memória, entre a atividade celular no hipocampo e no córtex. Os pesquisadores treinaram ratos normais para correr em um labirinto com forma de oito. Os ratos começavam cada sessão da experiência no meio do oito e, para ganhar uma recompensa em forma de comida, tinham que correr alternativamente para a direita e para a esquerda. Depois de três semanas de treinamento, os pesquisadores implantaram pequenos eletrodos nos hipocampos e nos córtices visuais dos ratos — área de processamento sensorial na parte de trás do cérebro que recebe informação dos olhos — e registraram padrões de disparos neuronais a partir das duas áreas. Os cientistas encontraram evidência de replay da memória durante o sono de ondas lentas em ambas, sugerindo que os ratos, como as pessoas, têm sonhos visuais. Os padrões de atividade no hipocampo assemelhavam-se àqueles no córtex visual.[37]

Seria maravilhoso se tudo de que precisássemos para ter uma memória melhor fosse uma boa noite de sono unida ao replay da memória. Embora tal possibilidade seja remota, evidência crescente mostra que a consolidação da memória e a plasticidade sináptica se beneficiam com o sono. Experimentos em seres humanos que examinam os efeitos de diferentes estágios de sono sobre a consolidação agora se focam nos vínculos entre tipos específicos de desempenho de memória — declarativa e não declarativa — e o tipo e duração do sono. Esse conhecimento aumenta nossa compreensão da memória, permitindo-nos ir além dos experimentos de comportamento, ao procurar, dentro do cérebro, os processos neurais que sustentam a consolidação. Ao examinar as muitas mudanças fisiológicas que acompanham o sono e as desordens do sono, os pesquisadores podem ser capazes de formular novos remédios contra a insônia e contra os danos à memória.

O déficit de Henry estava em consolidar, armazenar e mais tarde recuperar novos fatos e eventos. Ainda assim, sua amnésia não podia ser culpada necessariamente por um déficit na *evocação*: ele ainda podia recordar fatos que havia consolidado e armazenado antes de sua operação. Ele adorava falar à nossa equipe do CRC sobre suas experiências e sobre sua vida familiar antes da cirurgia. Por exemplo, quando falava sobre sua coleção de armas, não podia atualizar sua narrativa contando o que tinha acontecido com ela. Henry havia consolidado informação antes da operação, mas não podia reconsolidá-la depois, de modo que seus traços de memória da infância continuaram gravados em seu cérebro, sem alterações.

Pensem na *reconsolidação* como um processo de atualização da memória. Se você desfizer uma mala e depois arrumá-la outra vez, as roupas ficarão acomodadas de forma levemente diferente do que estavam antes, e você pode tirar alguns itens e acrescentar outros. A evocação e a reconsolidação de velhas memórias subitamente as tornam instáveis, um estado em que, outra vez, são vulneráveis à distorção e à interferência. Nesse momento, as memórias podem ser modificadas por informação nova.

Se eu lhe perguntar qual foi a última vez que você comeu comida chinesa, você inicia uma busca mental baseada em pensamentos internos de comida, jantares, restos, palitos chineses e assim por diante. Você pode estar guiando o carro por uma rua do Bairro Chinês e esse ambiente também pode ajudá-lo a reviver suas lembranças. Quando você se lembra da refeição sobre a qual lhe perguntei, o processo de recuperação ativa mecanismos de consolidação similares àqueles que ocorreram no momento da refeição original, mesmo que tenha sido anos atrás. A memória será alterada por seus pensamentos atuais. Por exemplo, o fato de descobrir, um ano depois de ter feito aquela refeição chinesa, que você é alérgico ao glutamato de sódio modifica a lembrança da experiência original ao incorporar a causa da terrível dor de cabeça daquela noite. Do mesmo modo, ter uma refeição similar, como celebrar seu último aniversário em um restaurante coreano, pode interferir com a sua memória. Qualquer coisa que você pense ao mesmo tempo em que revisita mentalmente a comida chinesa ajuda a modelar a nova memória. Mas, apesar de você poder expor à distorção sua lembrança do evento a cada vez que a recupera, você também torna mais provável que a versão editada permaneça em sua mente. Reativar uma velha lembrança previamente consolidada cria novos traços de memória, e essa multiplicação de traços faz com que as memórias mais antigas sejam mais resistentes à interferência de outras atividades cerebrais. Se você reativar a memória daquela refeição a cada mês pelos próximos seis meses, a lembrança nova será mais robusta e terá mais possibilidade de sobreviver ao longo do tempo, embora sua semelhança com o episódio inicial tenha diminuído.

A evocação é um processo reconstrutivo — uma operação mais complexa que simplesmente ativar os traços de memória apropriados. As memórias mudam cada vez que você as evoca. Não há duas memórias iguais, porque o processo de evocá-las e usá-las muda o conteúdo da memória que você recoloca no armazenamento. Cada vez que você se lembra do seu último aniversário, os detalhes são levemente diferentes — alguns são deletados e outros somados. A consolidação ocorre outra vez. O entendimento entre os cientistas de que a consolidação ocorre de novo, durante e após a evocação, foi chamado de *hipótese de reconsolidação*. A ideia básica é que as memórias são tiradas do armazenamento — recuperadas — e depois postas ali outra vez — reconsolidadas. Lembrar-se é uma mistura da informação previamente armazenada na memória de longo prazo com a informação presente.[38]

Sempre que uma lembrança — boa ou má — é evocada, a nova informação no ambiente de evocação deve ser integrada na rede existente e bem-estabelecida subjacente àquela memória específica. Quando uma memória é reconsolidada, novo conteúdo é entrelaçado com o conteúdo existente, deixando a memória reconsolidada melhorada e alterada. *Memórias falsas* são um exemplo impressionante. Neurocientistas da Universidade da Califórnia em San Diego perguntaram a estudantes secundários como tinham ouvido falar sobre o veredicto do julgamento de O.J. Simpson três dias depois de a notícia ter sido divulgada: se tinha sido pelo rádio, pela televisão ou por um amigo. Alguns dos estudantes foram testados outra vez quinze meses mais tarde e deram respostas relativamente exatas; outros foram testados outra vez 32 meses depois e foram menos exatos, apesar de terem sido mais confiantes em suas respostas. Em ambos os períodos de tempo, os estudantes se lembraram mal de como tinha ouvido a informação, apoiando a visão de que as memórias consolidadas são instáveis e podem ser editadas.[39]

Em 1997, dois neurocientistas da Universidade Pierre et Marie Curie, de Paris, encontraram evidência fisiológica de que a memória pode ser mudada. Eles treinaram ratos em um labirinto que possuía oito braços que irradiavam a partir de uma pequena plataforma central. No final de três desses braços, colocaram cereais doces para seduzir os ratos a escolher aqueles três braços, e não os outros cinco, que não tinham iscas. Uma vez por dia, os pesquisadores colocavam cada rato no centro do labirinto e permitiam que ele visitasse os braços como quisesse. O teste terminava quando o rato visitava os três braços com doces. Após alguns dias, os ratos aprenderam o truque de forma perfeita, entravam imediatamente nos três braços com doces e não se preocupavam com os cinco braços vazios.[40]

Para testar a força das memórias recém-consolidadas dos ratos, os pesquisadores reativaram a memória ao permitir que os animais fizessem um único teste sem erros. Depois eles injetavam imediatamente os ratos com dizocilpina, uma droga que degradava a memória e que bloqueava a atividade essencial para que consolidassem a experiência deles no único teste sem erros. Vinte e quatro horas após, os ratos não lembravam quais eram os braços que continham doces.

Os pesquisadores demonstraram a reconsolidação utilizando uma astuta estratégia experimental. Eles deram aos ratos uma sessão de teste adicional, e aquilo foi toda a prática de que necessitavam para recobrar sua destreza pré-droga no labirinto. A memória deles para o labirinto tinha sido interrompida, mas não totalmente perdida. A sessão de testes extra deu aos ratos informação que eles reconsolidaram com a memória estabelecida, capacitando-os a voltarem ao desempenho em seu nível pré-droga.[41]

Aquele experimento estabeleceu que, quando uma memória é reconsolidada, pelo menos alguns dos eventos celulares que ocorreram durante a consolidação inicial são reencenados. A evidência de que as memórias de longo prazo são transformadas a cada vez que são recuperadas reforça a visão de que a memória é um processo dinâmico em andamento, dirigido pelos eventos da vida. Confirmação biológica posterior apoia a hipótese de que a recapitulação de uma memória de longo prazo a torna mais forte e mais estável.

A reconsolidação ocorre constantemente em nossa vida cotidiana. Digamos que, após uma ausência de dez anos, você visite a comunidade onde cresceu. Você ficará impressionado com o fato de que o que você vê não se ajusta exatamente ao que você lembra; a vizinhança pode parecer, soar e até mesmo cheirar diferente. À medida que você evoca traços de memória de longo prazo de seus próprios redutos antigos, você os atualiza ao incorporar novas características da paisagem e ao avaliar suas raízes a partir de uma perspectiva de adulto. Ao fazer isso, você está obtendo vantagem da instabilidade dos traços antigos para estabelecer traços de memória mais atuais e mais fortes. Esse processo de atualização acontece porque uma diferença ocorreu entre sua velha memória consolidada e a nova informação. Você pode ajustar sua opinião sobre as pessoas da mesma forma: uma colega que causou uma primeira impressão ruim pode vir a ser uma companheira respeitada e valiosa.

O conceito de reconsolidação foi proposto pela primeira vez no final dos anos 1990 e tem o potencial de trazer importantes inovações, por exemplo, no tratamento do distúrbio de estresse pós-traumático (DEPT). Muitos veteranos da Guerra do Iraque foram incapacitados pelo DEPT até o ponto em que não podiam reassumir suas vidas de antes da guerra. Eles persistentemente reviviam eventos traumáticos, com sintomas que incluíam insônia, irritabilidade, raiva, má concentração e constante antecipação do perigo. Uma equipe de pesquisadores vem testando um método para reduzir o sofrimento do DEPT sem apagar completamente a lembrança do incidente causador da angústia. Seu enfoque é oferecer propranolol aos pacientes, droga que amortece a atividade do sistema nervoso simpático, ferramenta que o corpo utiliza para expressar fisicamente as emoções. Essa droga bloqueia de forma seletiva o processo de reconsolidação do conteúdo emocional do evento, mas não os próprios fatos. Depois de um tratamento até mesmo breve com propranolol, os pacientes podem se sentir melhor; ainda podem se lembrar dos detalhes dos eventos traumáticos, mas sem angústia mental extrema. Esse estudo sugere que, durante a recuperação e a reconsolidação de uma lembrança traumática, o propranolol reduz a atividade nas áreas relacionadas com a emoção, mas não interfere com a função no hipocampo, onde os fatos básicos são reconsolidados.[42]

Em nossa vida cotidiana, a memória de eventos e episódios únicos também se beneficia da reconsolidação. Reativar um elemento de uma lembrança episódica complexa também reativa muitas outras lembranças vinculadas àquele evento. Por exemplo, lembro que, no meu primeiro dia no MIT, o funcionário administrativo me ensinou a usar a fotocopiadora. Ele me disse para colocar minha mão sobre o vidro, apertar um botão e depois de alguns segundos, saiu da máquina uma folha de papel com a imagem da minha mão. Fiquei impressionada e me afastei daquela máquina maravilhosa com minha primeira fotocópia. Quando evoco minha memória ligada à fotocopiadora de 1964, desencadeio um bombardeio de lembranças relacionadas com aquele dia no MIT. Se você recuperar com frequência os detalhes de um evento específico de sua vida, como seu primeiro dia no emprego, sua lembrança desse evento será mais confiável do que se você tivesse deixado passar o tempo sem nunca evocar o episódio.

Estudar como Henry esquecia deu-nos uma melhor compreensão de como nos lembramos das coisas. Há mais de cem anos, Müller e Pilzecker propuseram pela primeira vez que as lembranças se consolidam com o passar do tempo e que os traços de memória parcialmente consolidados são vulneráveis. Em 2004, um psicólogo da Universidade da Califórnia, em San Diego, levou adiante essa observação e propôs uma teoria coerente do *esquecimento* baseada em evidências convergentes de três disciplinas — psicologia, psicofarmacologia e neurociência. O esquecimento ocorre porque estamos constantemente formando novas memórias que interferem com outras memórias que ainda estão passando pela consolidação. Durante esse período probatório, as lembranças podem ser degradadas por esforços mentais de qualquer tipo, sejam relacionados ou não com as memórias consolidadas de forma incompleta.[43]

Imaginem um profissional de 45 anos de idade que vai passar uma semana de férias em um resort de tênis. Na longa viagem de carro desde sua casa, ele se lembra da reunião que teve com sua supervisora na tarde anterior, na qual ela lhe pediu que coordenasse um novo projeto em sua área de especialização. Lembrando-se das especificações dela, ele começa a planejar seu enfoque sobre o novo projeto, fazendo um esquema mental de sua proposta e então, enquanto os quilômetros voam, pondera meios de colocar em prática cada estágio do empreendimento. Finalmente, ele chega ao hotel e seu trabalho mental se interrompe. É recepcionado por seus anfitriões e imediatamente tomado pela diversão. Vê rostos não familiares, escuta novos nomes e tenta absorver instruções sobre o que fará, quando, onde e com quem. Alegremente ele leva sua mala com rodinhas e sua bolsa de tênis para seu quarto, desfaz a mala com rapidez e se dirige à piscina. Ele se estabelece em um mundo diferente e deixa sua vida cotidiana se desvanecer. Pelos próximos sete dias, ele se concentra nos seus saques, voleios e jogo de rede. Durante todo esse tempo, sem que ele saiba, seu hipocampo esteve gravando ativamente os novos sons, as conversas, os lugares e criando um mapa mental do hotel. Uma semana depois, quando ele entrar no carro para voltar para casa, provavelmente terá esquecido muitos detalhes de sua reunião com sua supervisora e seus brilhantes planos para o novo empreendimento. A avalanche de informações sobre suas férias interrompeu a consolidação da informação que ele tinha codificado na semana anterior. Memórias recém-adquiridas são facilmente alteradas, e a interferência de eventos subsequentes pode apagá-las de forma parcial ou completa.

É normal esquecer com o passar do tempo; lembrar um evento que aconteceu há dez anos é mais difícil que se lembrar de outro que ocorreu na semana passada. Esquecemos o passado porque atividades e pensamentos mais novos afastam aquelas lembranças antigas. A perda de memórias com o passar do tempo também pode ocorrer quando o episódio inicial foi codificado de maneira deficiente. Ter Henry como participante de pesquisa disposto deu ao meu laboratório uma oportunidade única de analisar esses tópicos e determinar se os danos às estruturas do lobo temporal medial exacerbam o esquecimento.

Em 1986, projetamos uma série de experimentos com Henry, então com 58 anos de idade, para esclarecer as circunstâncias sob as quais ocorre o esquecimento. A sabedoria convencional sustenta que pacientes amnésicos esquecem informação mais rapidamente que indivíduos saudáveis. Para testar essa teoria mostramos aos participantes da pesquisa — Henry e o grupo-controle — 120 slides, cada um com um desenho de revista colorido, diferente e complexo, retratando animais, edifícios, interiores, pessoas, natureza e objetos individuais. Henry via cada desenho por vinte segundos e, como fora instruído, tentava lembrar-se deles. Em testes subsequentes, pedimos a ele que observasse dois desenhos lado a lado, um já estudado anteriormente e outro novo, e perguntamos qual ele pensava que já havia visto antes. Chamamos esse tipo de recuperação de lembranças de *memória de reconhecimento* — escolher conscientemente entre duas respostas possíveis, uma das quais é certa.[44]

Testamos a memória de Henry para esses 120 desenhos em quatro sessões. Os testes ocorreram em diferentes intervalos depois de sua exposição inicial a todos os desenhos. Ele viu trinta desenhos dez minutos após a exposição, outros trinta depois de um dia, outros trinta após três dias e os trinta desenhos restantes passada uma semana. Para que pudéssemos comparar a taxa de esquecimento de Henry com a dos participantes do grupo-controle, sua pontuação depois de dez minutos teria que ser idêntica à deles. Nós atingimos essa paridade crítica, permitindo que Henry visse os desenhos, na fase inicial de aprendizado, por vinte segundos, ao passo que os participantes do grupo-controle tiveram apenas um segundo para codificá-los, compensando Henry, assim, com dezenove segundos extras para codificar cada desenho.

Para surpresa de todos, a informação que Henry codificou em vinte segundos permitiu-lhe reconhecer os desenhos tão bem como os controles, se não melhor, depois de um dia, três dias e uma semana. Mais surpreendente ainda foi a descoberta de que a memória de reconhecimento de Henry era normal seis meses depois de sua exposição inicial aos desenhos. Quando comparado com adultos saudáveis de sua idade e nível de educação, ele não apresentou um esquecimento mais rápido de desenhos coloridos complexos.[45]

Como Henry podia adquirir pontuações normais de reconhecimento de desenhos quando a maior parte dos outros índices de sua memória de longo prazo apontava para o fracasso? Ele não se lembrava praticamente de nada de sua vida cotidiana e falhava em todos os outros testes de memória declarativa nova. Eu não sabia como explicar teoricamente o resultado de reconhecimento de desenhos. Ao descrever o experimento para colegas, especulei que Henry tinha apenas um vago sentimento na boca do estômago que o ajudava a decidir por um dos dois desenhos. Em cada tentativa, ele tinha que escolher entre dois desenhos — um que estava na lista do experimento e outro novo. Assim, ele baseava sua resposta ao aceitar um dos desenhos como familiar, ou ao rejeitar um dos desenhos como familiar e escolher o outro. Esse processo ocorria automaticamente e estava baseado na força da lembrança de um desenho em comparação com outro. Não podíamos pedir a Henry que descrevesse o que estava pensando porque interrupções constantes teriam comprometido o experimento. Mas é provável que ele estivesse automaticamente empenhando áreas corticais da parte de trás de seu cérebro que são conhecidas por terem uma maciça capacidade de armazenamento de material visual.

Na época em que estávamos fazendo esses testes, pesquisadores em psicologia matemática tiraram proveito da teoria de processamento da informação para moldar uma sólida estrutura teórica para a memória de reconhecimento. Essa estrutura estava enraizada em um modelo que Richard Atkinson e James Juola propuseram em 1974. Suas tarefas de memória de longo prazo requeriam que os participantes memorizassem até sessenta palavras. No teste que se seguia, os participantes viam uma palavra de cada vez e tinham que decidir se a palavra era uma das que haviam memorizado. Se os participantes respondessem rápido, com base apenas em uma sensação de familiaridade, eles tinham alta probabilidade de estar errados. Se tomassem tempo adicional, no entanto, tinham a oportunidade de se lembrar explicitamente de que a palavra estava na lista do estudo, com alta probabilidade de estarem certos. Baseados nos seus resultados, os pesquisadores descreveram o processo de reconhecimento, em indivíduos normais, que consistia em dois processos de recuperação independentes. Essas ideias sobre memória de reconhecimento foram formalizadas em

1980, quando o psicólogo cognitivo George Mandler introduziu o agora conhecido modelo de processamento dual de reconhecimento. Ele definiu o conceito de dois tipos de memória de reconhecimento — *familiaridade* e *recordação*. Estudos subsequentes feitos por outro psicólogo cognitivo elucidaram uma distinção fundamental entre aqueles dois usos da memória, consistente com o modelo de 1974 — a familiaridade se apoia em processos rápidos, automáticos, enquanto a recordação é um uso intencional e mais lento da memória que demanda a atenção da pessoa.[46]

Todos já tivemos a experiência de ver alguém na rua cujo nome não sabemos, mas que nos desperta uma vaga sensação de já o ter encontrado antes. Esse tipo de reconhecimento é baseado na *familiaridade*. Não demanda atenção e ocorre de forma automática. Henry usava esse processo quando identificava os complexos desenhos de revistas que havia visto, tarefa com demanda cognitiva relativamente pequena. Ao contrário, quando nos encontramos com um velho amigo na rua, facilmente recordamos com grandes detalhes os bons momentos que compartilhamos. Esse tipo de reconhecimento é baseado na *recordação*, processo que exige esforço e atenção para vasculhar nossos depósitos de memória. Como esse processo depende de hipocampos intatos, Henry era incapaz de utilizá-lo na vida cotidiana e na maior parte dos testes formais sobre sua memória.

Os resultados inesperados dos testes de Henry nos anos 1980 revelaram um fato fundamental sobre a divisão de trabalho no cérebro — a familiaridade e a recordação são administradas por processos independentes em circuitos cerebrais separados: um deles preservado no cérebro de Henry e o outro destruído. Essa observação mais tarde foi esclarecida pela evidência comportamental de centenas de fontes que vinculavam a recordação com processos no hipocampo e a familiaridade com processos no córtex perirrinal. Embora o hipocampo e o córtex perirrinal sejam vizinhos próximos, interconectados, cada um deles faz contribuições únicas à recuperação da memória.[47]

Essa diferença nos ajuda a entender a capacidade de Henry de reconhecer desenhos complexos até seis meses depois de tê-los codificado. Sua operação removeu parte de seu córtex perirrinal, mas não todo, de modo que Henry possivelmente reconheceu os desenhos em nossos experimentos ao empregar seu córtex perirrinal parcialmente poupado em colaboração com outras áreas normais de seu córtex. Ainda assim, essa parceria não foi suficiente para sustentar memória de longo prazo na vida cotidiana. Nossa descoberta de reconhecimento de desenhos foi uma notável exceção, em nítido contraste com seu desempenho em outros testes de memória declarativa, nos quais sua memória de reconhecimento era consistentemente deficiente.[48]

Estudos subsequentes de ressonância magnética funcional confirmaram nosso palpite sobre o senso de familiaridade de Henry com os desenhos complexos que lhe havíamos mostrado. Em 2003, uma equipe de neurocientistas cognitivos na Califórnia mostrou que familiaridade e recordação dependem de áreas anatômicas diferentes dentro dos lobos temporais mediais. Dentro do escâner de ressonância magnética, os participantes da pesquisa codificaram palavras como NÍQUEL, exibida com letras vermelhas, e outras palavras, tais como CORÇA, exibidas com letras verdes. Após o escaneamento, os participantes passaram por um teste de reconhecimento de memória no qual observavam uma mistura aleatória de palavras estudadas ou não, e davam duas respostas. Primeiro indicavam o quão confiantes estavam de que tivessem visto, ou não, cada palavra daquelas em uma situação anterior. Depois decidiam se as letras de cada palavra eram vermelhas ou verdes quando as viram pela primeira vez no escâner, uma forma de medir sua *memória de origem*. A capacidade de lembrar-se da cor das letras, a fidelidade aos dados de origem, avaliava a recordação: associar conscientemente cada palavra com sua cor. Julgamentos de memória de origem não poderiam ser baseados na familiaridade porque a lista do estudo continha palavras vermelhas misturadas com palavras verdes, tornando-as igualmente familiares ou não familiares no momento do teste.[49]

CODIFICAR, ARMAZENAR, RECUPERAR

Os pesquisadores analisaram as imagens de ressonância magnética funcional de cada participante individualmente. Eles distinguiram circuitos cerebrais que mostravam ativação aumentada quando os participantes codificavam palavras mais tarde reconhecidas baseados na *recordação*, versus circuitos cerebrais que mostravam ativação aumentada quando os participantes codificavam palavras que, mais tarde, reconheciam baseados na *familiaridade*. A contribuição da familiaridade aumentava gradualmente à medida que aumentava a confiança no reconhecimento. Quanto mais confiantes estavam os participantes de que haviam visto uma palavra específica antes, maior o efeito da familiaridade.[50]

Em consistência com a teoria de que o córtex perirrinal e o hipocampo desempenham papéis diferentes na memória de reconhecimento, as análises de ressonância magnética funcional revelaram dois circuitos distintos, um para cada tipo de memória de reconhecimento. Os pesquisadores encontraram um circuito dedicado ao sentimento de familiaridade em duas áreas contíguas, os córtices entorrinal e perirrinal. Ali, a atividade cerebral aumentava à medida que a familiaridade crescia. Duas outras áreas mostraram atividade aumentada quando os participantes se lembravam corretamente da cor das letras, indicando memória com fidelidade à fonte de informação — a cor — um indicador de recordação. Essa zona estava localizada na parte de trás do hipocampo e no córtex próximo a ele, o córtex para-hipocampal.[51]

Essas descobertas indicam que o hipocampo e o córtex para-hipocampal se especializam na recordação, enquanto os córtices perirrinal e entorrinal se especializam na familiaridade. As imagens anatômicas do cérebro de Henry realizadas por ressonância magnética mostraram que ele possuía algum tecido perirrinal remanescente em ambos os lados do cérebro. Pensamos que suas áreas perirrinais residuais entraram em ação quando lhe pedimos que se lembrasse de desenhos complexos de revistas, capacitando-o mais tarde a selecionar os que havia visto antes, baseado em que lhe pareciam familiares.

O caso de Henry provou que as lesões no hipocampo causam dificuldade profunda na recordação, e uma pergunta paralela surgiu com respeito ao córtex perirrinal e à familiaridade. Uma pessoa com lesão restrita ao córtex perirrinal apresentaria déficit em familiaridade? A resposta veio em 2007, com uma paciente que tinha a familiaridade comprometida e que preservou a recordação depois de ter sofrido danos ao córtex perirrinal, mas não ao hipocampo. Um grupo de pesquisadores canadenses examinou a memória de reconhecimento nessa paciente, N.B., que havia passado por uma lobectomia temporal anterior esquerda para aliviar sua epilepsia intratável. Sua operação foi atípica porque, diferentemente das operações de F.C., de P.B. e de Henry, o hipocampo dela foi poupado, ao passo que retiraram uma grande parte de seu córtex perirrinal. O desempenho de N.B. nos testes de memória de reconhecimento era oposto ao de Henry — a recordação era normal, enquanto a familiaridade era prejudicada. Esse impressionante relatório de caso fortalece a teoria de que circuitos separados na região do lobo temporal medial sustentam a recordação e a familiaridade. Ainda assim, pesquisadores continuam a debater a localização precisa dos processos de recordação e de familiaridade e julgam ser este um tópico que merece ser mais estudado.[52]

A memória declarativa de Henry estava destruída, e ele foi deixado apenas com vagas sensações de familiaridade. Não podia avaliar se aquelas impressões mentais eram dignas de confiança, mas talvez isso não importasse, porque elas davam substância à sua vida. A sua capacidade preservada para a familiaridade ajudou-o durante os 28 anos que passou em Bickford. Ele se sentia confortável na atmosfera aconchegante e um membro da equipe descreveu-o como o "centro do salão". Ele era muito popular entre os pacientes e alguns deles o chamavam pelo nome. Seu coração gentil e suas maneiras educadas o ajudaram a ser tolerante com as pessoas dementes que o rodeavam. Como suas cordiais interações com eles mostravam claramente, Henry não considerava seus colegas como pacientes e a equipe de Bickford como estranhos.

CODIFICAR, ARMAZENAR, RECUPERAR

Uma vantagem que tive em meu intercâmbio com Henry foi que meu rosto lhe era familiar. Ele acreditava que tínhamos frequentado juntos o colégio, de modo que eu não era uma intrusa. Ele fez a mesma associação com algumas mulheres da equipe de Bickford com quem ele interagia regularmente, e essa repetida exposição ao longo do tempo fortaleceu o sentimento de que ele conhecia algumas daquelas pessoas. Mesmo que os rostos, os objetos e a tecnologia em seu ambiente variassem enormemente década a década, Henry aceitava essas mudanças sem perguntas, incorporando-as ao seu universo. Antes de sua operação, ele via programas de televisão em preto e branco; depois da operação, quando a televisão em cores tornou-se disponível, ele não comentou sobre a dramática diferença. Da mesma forma, em nosso laboratório, ele ficava tão confortável sentado frente ao computador para fazer os testes que parecia que aquilo sempre fizera parte de sua vida. O sentido de familiaridade que permeava o mundo de Henry ajudou-o a lidar com sua amnésia incapacitante ao enraizá-lo e dar a ele o sentimento que estava em família no Bickford e no MIT.

8.

Memória sem lembrança I:

Aprendizado motor

O dano cerebral de Henry estava restrito às estruturas de seu lobo temporal medial, e as áreas restantes, com exceção do cerebelo, ainda operavam normalmente. Essas outras regiões sustentaram vários tipos de aprendizado inconsciente. Na vida cotidiana, ele podia adquirir novas habilidades e lembrar-se de como desempenhá-las.

Uma das habilidades que Henry teve que aprender, já como homem mais velho, foi como usar um andador, do qual veio a depender devido aos efeitos colaterais de sua medicação anticonvulsiva. Embora sua operação tivesse o resultado desejado de reduzir notavelmente o número de ataques *grand mal* que ele sofria, Henry ainda precisava tomar drogas contra a epilepsia. Ele vinha tomando altas doses de Dilantina antes de sua operação e continuou a tomar doses terapêuticas até 1984, quando um neurologista recomendou que ele mudasse para uma droga anticonvulsiva diferente. Naquela época, a Dilantina já havia causado vários efeitos colaterais prejudiciais, inclusive osteoporose, que levou a várias fraturas de ossos. Esse medicamento também resultou em um significativo definhamento de seu cerebelo, a grande estrutura na parte de trás do cérebro responsável pelo equilíbrio e pela coordenação. Como consequência desse encolhimento do cerebelo, Henry tinha instabilidade para caminhar e se movia lentamente. O Fenobarbital, outro de seus remédios antiepilépticos, é um sedativo e provavelmente contribuiu para sua lentidão geral.

A osteoporose de Henry avançou até o ponto em que andar sozinho ficou perigoso. Em 1985, ele fraturou o tornozelo direito e, em 1986, teve o quadril esquerdo substituído por uma prótese. Durante sua recuperação, o médico lhe prescreveu um andador para mantê-lo fisicamente ativo e a salvo enquanto andava. Quando recebeu sua nova ferramenta, Henry teve que aprender vários novos procedimentos para usá-la adequadamente. Com a prática, adquiriu a técnica de caminhar, a de transferir seu corpo de uma cadeira para o andador e de retornar para a cadeira. Quando lhe perguntei por que usava o andador, ele respondeu: "Para não cair no chão." Ele não tinha nenhum conhecimento declarativo consciente de que desenvolvera a osteoporose como resultado de tomar Dilantina; nem se lembrava de que sofrera várias fraturas que requereram hospitalização e reabilitação. Mas Henry reteve as novas habilidades motoras dia a dia e mês a mês, um notável exemplo de sua capacidade para obter e agarrar-se ao conhecimento de procedimentos.

No laboratório, demonstrações formais de sua capacidade de aprendizado motor refletiam esses feitos de todos os dias. Henry recrutava áreas de seu cérebro que foram poupadas e podia aprender e lembrar sem saber que estava fazendo isso. O uso da palavra *memória* nessa situação sublinha o fato de que possuímos mais de um tipo de memória. Empenhamos nossos processos de memória *declarativa*, consciente, quando nos lembramos do que precisamos comprar no armazém, enquanto nos apoiamos em nossa memória *não declarativa* inconsciente quando ainda podemos andar de bicicleta depois de dez anos sem fazê-lo.

Reconhecer que o aprendizado pode ocorrer sem consciência foi um dos mais significativos avanços na pesquisa da memória humana. No século XX, grande parte da pesquisa científica sobre a amnésia focou-se no aprendizado e memória declarativos. No entanto, uma história paralela se desdobrou, revelando um tipo diferente de memória, o aprendizado não declarativo, pelo qual os pacientes amnésicos podiam desempenhar novas tarefas apesar da incapacidade de descrever explicitamente sua experiência de aprendizado. O aprendizado não declarativo às vezes é chamado de aprendizado *procedimental* ou *implícito*. Uma ampla gama de capacidades de aprendizado preservadas está coberta pelo guarda-chuva não declarativo: aprendizado de habilidades motoras, condicionamento clássico, aprendizado perceptual e precondicionamento por repetição. Esses procedimentos diferem de várias maneiras, inclusive no número de tentativas necessário para a aquisição, no substrato crítico do cérebro e na durabilidade do conhecimento.[1]

O primeiro relato que sugeriu que o aprendizado poderia ocorrer em um paciente amnésico apareceu em 1911. Édouard Claparède, psicólogo da Universidade de Genebra, narrou uma notável anedota clínica sobre uma mulher de 47 anos cuja memória estava prejudicada devido à Síndrome de Korsakoff, amnésia atribuída à deficiência de tiamina. Como Henry, ela retinha o conhecimento geral do mundo que havia adquirido antes do surgimento de sua doença; por exemplo, podia citar todas as capitais da Europa e resolver aritmética simples de cabeça. No entanto, não podia lembrar uma lista de palavras ou história lidas para ela nem reconhecia os médicos que cuidavam dela.

Para explorar sua capacidade de aprendizado, Claparède deu a mão à sua paciente com um alfinete escondido em sua palma. Ela sentiu a pontada e retirou a mão. Quando ele se aproximou dela no dia seguinte com a mão estendida, ela não quis apertar a mão dele, mas não sabia por quê. Claramente, ela recebeu informação na hora do aperto de mãos, mas no dia seguinte não podia trazer à mente sua memória inconsciente da experiência dolorosa que guiou sua resposta. Não podia explicar seu medo, o que demonstrava que sua memória declarativa estava prejudicada. Mas, ao mesmo tempo, ela retirava a mão, o que indicava que sua memória não declarativa ainda funcionava.[2]

PRESENTE PERMANENTE

Quatro décadas depois, Brenda Milner forneceu a primeira demonstração experimental formal de aprendizado preservado na amnésia. Em 1955, quando avaliou Henry pela primeira vez no consultório de Scoville em Hartford, ela tentou encontrar qualquer evidência de novo aprendizado usando vários tipos diferentes de tarefas de comportamento. Seus testes não eram orientados por nenhuma hipótese específica, mas os resultados foram tremendos: em uma das tarefas, o desempenho de Henry melhorou de forma mensurável durante três dias de prática. Essa excitante descoberta acidental sugeria que as estruturas removidas dos lobos temporais mediais de Henry não eram necessárias para aquele tipo de aprendizado. O experimento de Milner sugeria que o cérebro hospeda dois tipos diferentes de memória de longo prazo, um no qual Henry falhava e outro no qual tinha sucesso. As décadas seguintes testemunharam a publicação de milhares de investigações sobre memória não declarativa inspiradas pela descoberta de Milner.

Entre os testes que Milner escolheu estava uma tarefa de aprendizado de habilidades motoras, desenhar pelo espelho, que ela administrou em três dias consecutivos, durante uma visita ao laboratório. Diariamente, a Dra. Milner pediu a Henry que desenhasse o contorno de uma estrela de cinco pontas, mantendo seu lápis dentro do perímetro da estrela. Essa tarefa era desafiadora porque a estrela, impressa em papel, estava montada sobre uma tábua de madeira horizontal escondida da vista de Henry por uma barreira metálica quase vertical que bloqueava a visão direta da estrela, de sua mão e do lápis. Se ele se inclinasse sobre o lado direito da barreira, poderia ver a estrela, sua mão direita e o lápis em um espelho colocado no lado mais afastado da tábua de madeira. A imagem inteira estava invertida, de modo que, se ele quisesse que o lápis delineasse a estrela para longe de seu corpo, teria que mover o lápis na direção do corpo. As pistas visuais normais que usamos para guiar nossos movimentos estavam de cabeça para baixo. A tarefa requeria dominar uma nova habilidade motora — permitir que essa imagem visual invertida ditasse os movimentos de sua mão. Cada vez que Henry se desviava para fora das linhas e tinha que regressar era contabilizada como um erro. A maior parte das pessoas acha a tarefa difícil e frustrante no começo, mas melhora com o passar do tempo e, com a prática, gradualmente desenham o contorno da estrela mais rápido e com menos erros.[3]

À medida que Henry desempenhava a tarefa de novo, algo notável aconteceu. No primeiro dia, seus erros diminuíram gradualmente a cada tentativa e, imprevistamente, ele reteve durante a noite o que aprendera. No segundo dia, sua pontuação de erros inicial era quase tão boa como se estivesse no final do treinamento do primeiro dia, e ele continuou a desenhar o contorno da estrela com cada vez menos erros. No terceiro dia, seu desempenho foi quase perfeito — desenhou uma estrela limpa e quase não cruzou as linhas.

Henry tinha aprendido uma nova habilidade. Esse novo aprendizado, no entanto, havia ocorrido sem seu conhecimento consciente. Nos dias dois e três, ele não se lembrava de ter realizado a tarefa antes. Milner relembra vividamente o último dia de testes. Depois de desenhar com habilidade o contorno da estrela vista no espelho, Henry sentou-se e observou com orgulho: "Bem, isso é estranho. Achei que isso seria difícil, mas parece que o fiz bastante bem."

Milner especulou que as habilidades motoras, como a que Henry tinha dominado, podiam ser aprendidas ao recrutar-se um circuito de memória diferente, fora das estruturas do hipocampo que ele não possuía. Essa descoberta imprevista abriu as portas de um tesouro escondido de processos de aprendizado que não dependem dos circuitos do lobo temporal medial que foram prejudicados durante a operação de Henry, mas que são mediados pelas áreas cerebrais que foram poupadas.[4]

Em 1962, esmiucei a impressionante descoberta de Milner enquanto trabalhava no laboratório dela no Montreal Neurological Institute, como doutoranda da Universidade McGill. Henry e sua mãe estavam em Montreal para uma semana de testes. Naquela época, os cientistas já haviam examinado e verificado seu dano na memória declarativa com testes que requeriam que ele se lembrasse de informação apresentada através da visão e da audição. No entanto, ninguém havia feito testes para verificar se seu déficit de memória se estendia ao seu sentido do tato, ao seu sistema somatossensorial. Assumindo esse projeto, dei a Henry a tarefa de aprender a sequência correta de mudanças de direção em um labirinto guiado pelo tato, que ele traçava com um bastão. No capítulo 5, descrevi seu fracasso em aprender a rota correta do início ao final do labirinto. Mas, mesmo que sua pontuação de erros não tivesse diminuído depois de mais de oitenta tentativas, Henry *havia* aprendido algo novo. Além de registrar quantos erros ele cometia em cada tentativa, anotei quantos segundos se passavam desde que saía do ponto de partida até que chegasse ao final. Depois que ele e sua mãe regressaram a East Hartford, fiz uma plotagem desses dados em um gráfico, e descobri, para minha surpresa, que, apesar do número de erros não variar, o tempo decorrido diminuía firmemente ao longo das mesmas oitenta tentativas. De um dia para o outro, ele se movia mais rapidamente ao longo dos corredores do labirinto, mesmo que não pudesse se lembrar da rota. Essa diminuição no tempo que Henry levava para atravessar o labirinto mostrava que ele havia aprendido alguma coisa — o procedimento, o *como* fazer. Ele não se lembrava da rota, mas tornou-se cada vez mais à vontade com a tarefa. Esse experimento fortaleceu a ideia que Milner havia proposto: o aprendizado motor depende de um circuito de memória diferente do circuito da área do lobo temporal medial que constitui a base da consolidação e do armazenamento de fatos e experiências.

As contrastantes pontuações de erro e de tempo de Henry quando ele percorria meu labirinto tátil reforçou a visão de que a evocação espontânea — *memória declarativa* — depende da região hipocampal, que ele não possuía, enquanto o aprendizado motor— *memória de procedimento* — emprega diferentes redes que não foram prejudicadas pela operação. Até onde sei, esse resultado de 1962 foi a primeira demonstração quantitativa, dentro de um único experimento, de aprendizado declarativo prejudicado (fracasso em aprender a rota correta) com aprendizado de procedimento, não declarativo, preservado (melhora da habilidade motora). Pesquisas posteriores em pacientes e em indivíduos saudáveis avançaram na caracterização de importantes distinções entre esses dois tipos de memória de longo prazo.[5] Para aprender uma nova habilidade motora, a tarefa deve ser executada repetidamente. Uma vez adquiridas, habilidades motoras são duradouras — daí o adágio sobre "nunca se esquece como andar de bicicleta". Mas, como qualquer jogador de tênis pode confirmar, as habilidades motoras não são aperfeiçoadas em uma única sessão de prática. Em vez disso, elas evoluem com a experiência, e o desempenho progride da execução hesitante de várias ações até a integração dessas ações em um movimento suave executado de forma automática. Considere, por exemplo, os muitos passos necessários para executar o *backhand* com as duas mãos. Comece de frente para a rede, com os dedos do pé apontando adiante, e a raquete e o corpo na posição de prontidão. Quando a bola se aproximar do seu lado esquerdo (se você for destro), deslize suas mãos para a posição sobre o punho da raquete com duas mãos, depois mova os braços para longe da rede, girando os ombros e o corpo na mesma direção. Tente manter a cabeça da raquete abaixo de suas mãos, para que, quando você golpear a bola, as cordas da raquete empurrem o lado de trás da bola para cima, dando-lhe efeito. Em seguida, dê um grande passo, movendo seu corpo para diante e os braços para cima. Enquanto executa o golpe, transfira o peso para a perna que está adiantada e acompanhe o movimento da raquete terminando-o acima do ombro. Do começo ao fim, mantenha o olho na bola e flexione os joelhos.

Isso é um *monte* de informação para lidar! Para fazer isso, é preciso empenhar seus processos de controle cognitivo — regulados por seu córtex pré-frontal — para manter na mente os passos individuais e para executá-los na ordem adequada. Como principiantes, monitoramos conscientemente nosso desempenho, segundo a segundo; essa habilidade não é fácil de dominar e é preciso praticar até que todos os passos críticos se unam. Durante o processo de aprendizado, o cérebro irá juntar as muitas partes individuais de nosso *backhand* em um golpe único e fluido. Quando evocados, os elementos combinados de seu *backhand* atuam como um grupo integrado e coerente. Semanas, meses e até anos mais tarde, você executará o *backhand* automaticamente, sem pensar, e então poderá dirigir sua atenção e seus processos de controle cognitivo para as estratégias necessárias para ganhar o *game*, o *set* e o jogo.[6]

Felizmente, o processo de aprendizado de habilidades motoras é fácil de estudar em laboratório, e assim Henry se tornou uma rica fonte. As evidências intrigantes conseguidas através do estudo de desenho pelo espelho aplicado por Milner em 1955 e do meu próprio estudo de 1964 me inspiraram a verificar se Henry poderia aprender outras habilidades motoras. Em 1966, quando ele tinha 40 anos de idade, tive a oportunidade de examinar essa questão de maneira mais minuciosa. Seus pais consentiram que ele se internasse no MIT Clinical Research Center (CRC) para duas semanas de testes — a primeira de cinquenta visitas que Henry fez ao CRC ao longo de mais de 35 anos. Naquela viagem, o objetivo de nossos testes era verificar a observação de que, apesar da sua profunda amnésia, Henry ainda podia aprender novas habilidades motoras. Com a perspectiva de testar Henry por 14 dias consecutivos, gravei seu progresso diário em três aspectos do aprendizado de habilidades motoras: acompanhamento rotativo, coordenação bimanual e batidas coordenadas.[7]

O aparelho utilizado na primeira tarefa, de *acompanhamento rotativo*, parecia-se a uma antiga vitrola de mesa, com um alvo de metal do tamanho de uma moeda de 25 centavos, a cerca de cinco centímetros da borda. Henry segurava um bastão entre o polegar direito e o dedo indicador, e eu lhe pedi que apoiasse a ponta do bastão no alvo. Depois de alguns segundos, o disco começou a girar e, por vinte segundos, ele tentou manter o bastão em contato com o alvo enquanto este girava; gravei o número de vezes que o bastão permanecia no alvo e o número de vezes em que saía dele. Testei Henry e participantes do grupo-controle duas vezes por dia durante os primeiros dois dias e uma vez por dia durante os próximos cinco dias. Então, testei-os uma vez mais, uma semana mais tarde, para ver quão bem se lembravam da tarefa sem tê-la praticado.[8]

Ao longo dos sete dias de testes, a pontuação de Henry melhorou, embora não tanto como a dos participantes do grupo-controle. Um olhar mais atento revelava que o número de vezes que ele fazia contato com o alvo aumentava com a prática; ele tornou-se mais competente em retornar para o alvo quando perdia contato com este. De um modo geral, os participantes do grupo-controle permaneciam mais tempo conectados com o alvo metálico. Embora as melhorias de Henry não fossem tão dramáticas como a dos outros, ele reteve a nova habilidade motora por uma semana sem treinamento adicional. Quando o testei no 14º dia, ele se saiu tão bem quanto o fizera no 7º dia.[9]

Na semana seguinte, treinei Henry em uma *tarefa de coordenação bimanual*. O aparelho utilizado era um tambor de alumínio com duas pistas estreitas e assimétricas pintadas nele. Henry segurava um bastão em cada mão e colocava cada um deles em cada pista. Sua meta era manter contato com as pistas enquanto o tambor girava por vinte segundos. Essa tarefa era especialmente difícil de uma perspectiva de controle motor porque o cérebro de Henry tinha que coordenar os movimentos de suas mãos, a esquerda e a direita, e de seus olhos, que iam de uma pista para a outra, em um movimento de vaivém. Os dois lados de seu cérebro tinham que interagir de forma contínua. Repeti o teste três vezes com velocidades de rotação cada vez maiores, registrando quantos segundos Henry e os participantes do grupo-controle permaneciam em cada pista e quantas vezes eles perdiam o contato. Como antes, as pontuações de Henry eram inferiores às dos participantes do grupo-controle, e ele era menos consistente, mas outra vez demonstrou uma clara melhoria, de tentativa em tentativa, em suas habilidades motoras.[10]

O desempenho abaixo do normal de Henry no acompanhamento rotacional e na coordenação bimanual não era devido a seu problema de memória; essas duas tarefas dependem de tempos de reação rápidos.

Quando Henry tinha mais tempo para responder a um estímulo, seu desempenho era bastante bom. Mas, em geral, ele tendia a fazer tudo devagar. Seu ritmo lento provavelmente era devido em parte ao Fenobarbital, sedativo prescrito para insônia assim como para epilepsia. Outros pacientes com lesões similares — o paciente D.C., de Scoville, e os pacientes P.B. e F.C., de Penfield e Milner — também tomavam medicamentos anticonvulsivos e se moviam vagarosamente. Mas, apesar de sua lentidão, Henry claramente podia aprender novas habilidades motoras e reter esse conhecimento por longos períodos de tempo. Não sabemos como ele teria se desempenhado se lhe tirassem seus medicamentos, o que não era uma opção, porque fazê-lo teria posto em risco sua saúde e sua segurança.[11]

Outra tarefa de aprendizado motora, *toques coordenados*, mediu a capacidade de Henry de tocar quatro alvos, um de cada vez, com um bastão, primeiro com cada mão sozinha e depois com as duas mãos juntas. O objetivo desse estudo é ver se, com a prática, ele aumentaria a velocidade e o número de vezes em que tocaria nos alvos nos trinta segundos concedidos para isso. O aparelho consistia em um painel de madeira preto com dois círculos de metal, lado a lado, divididos em quadrantes. Cada quadrante estava numerado de 1 a 4, mas os números estavam dispostos de forma diferente nos dois círculos. Primeiro, Henry segurava o bastão com a mão direita e tocava no círculo da direita na ordem 1-2-3-4. Depois segurava um bastão com a mão esquerda e tocava no círculo esquerdo na ordem 1-2-3-4. Em seguida, eu lhe pedia que tocasse os dois alvos ao mesmo tempo, o que era especialmente difícil, porque Henry deveria tocar os dois 1 simultaneamente, depois os dois 2, e assim por diante. Ele tinha que coordenar os movimentos de ambas as mãos, e, como a localização dos números era diferente nos dois círculos, cada mão tinha uma trajetória diferente para recorrer. Henry e os participantes do grupo-controle executaram a tarefa duas vezes, com um intervalo de quarenta minutos entre as sessões.[12]

Nesse teste, Henry pontuou tão bem como os participantes do grupo-controle e, quando o testei novamente, depois do intervalo, ele foi mais rápido do que tinha sido no começo. Ele consolidou a memória motora da habilidade de tocar, permitindo-lhe demonstrar seu aprendizado desse comportamento motor quarenta minutos mais tarde. Por que a aprendizagem de Henry foi comparável àquela do grupo-controle na tarefa de tocar, mas não no acompanhamento rotacional e no acompanhamento bimanual? Uma diferença importante era que o tocar tinha um ritmo autorregulado; Henry avançava na sua própria velocidade. Nas outras duas tarefas, no entanto, a velocidade dos aparelhos ditava os movimentos dele. O aparelho de acompanhamento rotacional girava em três velocidades diferentes, e o tambor do teste de coordenação bimanual aumentava a velocidade automaticamente aos poucos. Nessas duas tarefas, ele também tinha que prever rapidamente para onde o alvo estava indo, e essa necessidade de antecipar o futuro pode ter requerido informações da memória declarativa.[13]

Esses estudos iniciais com Henry iluminaram a distinção entre aprendizado declarativo e não declarativo. O conhecimento declarativo utiliza as estruturas do lobo temporal medial para sua expressão, enquanto o conhecimento não declarativo, procedimental, é independente daquela rede. Aprender novas habilidades, novos procedimentos, ocorre sem uma percepção consciente. Quando andamos de bicicleta, jogamos tênis ou esquiamos, demonstramos nossa perícia, ou falta dela, por meio do desempenho. Se tentarmos analisar o que estamos fazendo milissegundo a milissegundo, podemos cair, perder uma jogada ou bater em um canto. De modo similar, os músicos sabem que seu desempenho desaba se tentam pensar em alguma partitura difícil nota a nota; em vez disso, eles executam uma complexa sequência motora sem pensar nela. Quando o pianista concertista Peter Serkin toca um concerto de Mozart com a Orquestra Sinfônica de Boston, sua interpretação é guiada pelo vasto conhecimento procedimental adquirido ao longo de anos de prática rigorosa daquela peça; ele integrou os toques individuais das teclas em um todo fluido e toca sem uma referência consciente aos movimentos individuais dos dedos.

Antes que os neurocientistas investigassem as distinções entre diferentes tipos de aprendizado, outros pensadores na filosofia, na ciência da computação e na psicologia teorizaram de forma mais abstrata ao longo desse raciocínio. O filósofo inglês Gilbert Ryle escreveu sobre uma divisão específica em seu livro de 1949 *The Concept of Mind* [O conceito de mente]. Repreendeu os teóricos da mente por colocarem demasiada ênfase no conhecimento como fundamento da inteligência e por falharem em considerar o que significa, para um indivíduo, compreender como executar tarefas. Ryle chamou essa diferença de saber *o que* versus saber *como*. Quando aprendemos uma habilidade, tal como um novo passo de dança, podemos ser incapazes de articular a sequência de comandos que o cérebro envia aos nossos músculos e a resultante retroalimentação — saber *o que* — mas podemos exibir-nos com o novo passo para nossos amigos cheios de admiração — sabendo *como*.[14]

A capacidade de Henry de aprender novas habilidades motoras demonstrou convincentemente que as áreas que foram retiradas na sua operação — o hipocampo e estruturas adjacentes — não eram necessárias para aprender novas habilidades motoras. De modo que, obviamente, a próxima pergunta a que queríamos responder era "quais circuitos cerebrais críticos sustentam a aprendizagem motora?". Para pesquisar essa questão, detivemo-nos em pacientes não amnésicos cujo cérebro havia sido danificado de maneiras diferentes.

Desde a alvorada do século XX, os cientistas sabiam que duas estruturas, o *estriado* e o *cerebelo*, desempenham papéis importantes no controle motor. O estriado inclui o *núcleo caudado* e o *putâmen*, dois grupos de neurônios debaixo do córtex. Eles recebem sinais de cima e de baixo — de neurônios no córtex e de neurônios mais abaixo no cérebro. O estriado recebe mensagens de áreas corticais específicas e envia sinais de volta para as mesmas áreas através do tálamo, uma área no centro do cérebro que integra atividades motoras e sensoriais. Como resultado, o estriado está bem informado sobre o que está acontecendo no corpo e no mundo, e assim está bem qualificado para aprender habilidades motoras difíceis.

O cerebelo, *cérebro pequeno* em latim, é uma grande e complexa estrutura na parte de trás do cérebro, debaixo do córtex visual. O cerebelo de Henry foi muito reduzido em tamanho, mas não pudemos dizer, por seus exames de ressonância magnética, exatamente onde estava o dano. Essa estrutura está diretamente conectada ao estriado e a várias áreas no córtex por meio de circuitos fechados. Como o cerebelo recebe informação de muitas partes do cérebro e da medula espinhal, ele está na linha de frente do controle motor.

Anormalidades no estriado são responsáveis por mais de vinte distúrbios, inclusive por duas doenças cerebrais progressivas, o mal de Parkinson e a doença de Huntington. No estriado, o putâmen é mais afetado no mal de Parkinson, e o núcleo caudado na doença de Huntington.

O mal de Parkinson é uma doença comum de causa desconhecida que ataca tipicamente pessoas de aproximadamente 50 anos de idade, mais aos homens que às mulheres. Alguém com essa doença frequentemente tem um rosto inexpressivo, movimentos lentos, tremor nas mãos, postura encurvada e passos arrastados. No cérebro, o mal de Parkinson começa com uma perda de neurônios na substância negra, um núcleo de massa cinzenta debaixo do córtex cerebral, que normalmente envia fibras que portam o neurotransmissor dopamina até o estriado. Mas quando células na substância negra morrem, como ocorre no mal de Parkinson, o suprimento de dopamina transmitido ao putâmen é diminuído, o que causa anormalidades motoras.[15]

A doença de Huntington é uma doença hereditária rara, causada pela perda de neurônios no núcleo caudado, acompanhada pela morte de células no córtex. A causa é um defeito no gene HTT do cromossomo 4. Um segmento específico do DNA nesse gene é repetido até 120 vezes em pessoas que portam a doença, mas apenas de dez a 35 vezes em pessoas não afetadas. A marca registrada do mal de Parkinson é muito pouco movimento, enquanto a do mal de Huntington é movimento demais. O mais impressionante sintoma de Huntington é o movimento involuntário e irregular do rosto, das mãos e dos quadris, o que faz parecer que a pessoa afetada esteja dançando.[16]

Estudar as doenças de Parkinson e Huntington lado a lado é instrutivo porque o dano inicial ocorre em diferentes partes do estriado — o putâmen no caso de Parkinson, e o caudado no caso de Huntington — o que fornece evidência complementar sobre a localização de habilidades diferentes no cérebro.

No começo dos anos 1990, para explorar o papel do putâmen no aprendizado de habilidades motoras, meu laboratório estudou o desenho pelo espelho em pacientes nos estágios iniciais de Parkinson. Pedimos aos participantes da pesquisa que fizessem um teste similar ao que Milner havia realizado com Henry. A tarefa era desenhar o contorno de uma estrela de seis pontas tão rápido quanto possível sem desviar o traço. Como os pacientes com Parkinson tinham um distúrbio motor, eles levavam mais tempo para fazer o contorno da estrela, desenhavam mais lentamente e paravam com mais frequência que os participantes do grupo-controle. Esses déficits, que já havíamos antecipado, eram medidas de desempenho motor, não de aprendizado motor. Para ver se o Parkinson afetava o aprendizado de habilidades motoras pelos pacientes, documentamos seu avanço ao longo de três dias consecutivos de treinamento e depois comparamos sua taxa de mudança com a dos participantes do grupo-controle. Uma placa de digitalização colocada debaixo da estrela nos dizia com precisão onde o bastão estava do início ao fim de cada tentativa, milissegundo a milissegundo. Esses dados nos permitiram calcular vários índices diferentes de aprendizado de habilidades motoras. Essas medições não estavam contaminadas por déficits no desempenho motor porque se focavam estritamente na taxa de progresso de cada indivíduo, sem levar em conta o nível de desempenho no qual ele ou ela havia começado.

Embora os pacientes com Parkinson melhorassem em todas essas medições ao longo dos três dias de treinamento, seu progresso era mais lento que o dos participantes do grupo-controle. Em várias medidas de aprendizado — quanto tempo levavam para desenhar a estrela, quanto tempo demoravam para voltar ao caminho certo quando se desviavam e quanto tempo gastavam indo ao contrário —, os pacientes com Parkinson mostraram menos melhoria ao longo dos três dias que os participantes do grupo-controle. A dificuldade que os pacientes experimentavam nessa tarefa de desenho forneceu evidência direta de que o estriado participa no aprendizado de habilidades motoras complexas, dando credibilidade à ideia de que Henry utilizava seu estriado para aprender a habilidade motora.[17]

A descoberta de que nossos pacientes com Parkinson tinham problemas com o desenho pelo espelho não significava necessariamente que teriam um desempenho ruim em todas as tarefas de aprendizado motor. Muitas áreas do cérebro sustentam comportamentos motores, e não faria sentido que todas essas áreas fossem dedicadas a uma única função geral de aprendizado motora. O cérebro é uma máquina eficiente que não dá às suas partes componentes tarefas redundantes. Portanto, nós lançamos a hipótese de que diferentes habilidades motoras utilizam processos cognitivos e neurais separados. Era possível que o circuito específico do cérebro dentro do estriado utilizado para o desenho pelo espelho não fosse necessário para desempenhar uma tarefa diferente de aprendizado motor, tal qual aprender uma sequência específica de respostas.

Para explorar mais o escopo do déficit de aprendizado de habilidades motoras na doença de Parkinson, meu laboratório adaptou um procedimento de aprendizado sequencial no começo dos anos 1990, que Mary Jo Nissen e Peter Bullemer haviam utilizado pela primeira vez em 1987. Nossos pacientes com mal de Parkinson sentavam-se diante de um terminal de computação e viam quatro pequenos pontos brancos distribuídos horizontalmente na parte de baixo da tela. Um teclado projetado especialmente para esse experimento possuía quatro botões de resposta, correspondentes aos quatro pontos. Os participantes descansavam o dedo esquerdo médio e o indicador nos dois botões da esquerda, e o dedo direito médio e o indicador nos dois da direita. Em cada tentativa, um pequeno quadrado branco aparecia embaixo de um dos quatro pontos, e a tarefa consistia em pressionar, o mais rápido possível, o botão correspondente à localização do quadrado. Sem o conhecimento dos participantes, os quadrados apareciam em uma sequência de dez itens que se repetia dez vezes em cada tentativa, perfazendo um total de cem pressionamentos de botão. Sabíamos que, se os participantes estivessem aprendendo a sequência, seus tempos de resposta se tornariam progressivamente mais rápidos em tentativas que contivessem a sequência repetida, mas não se acelerariam em outras tentativas em que as sequências fossem aleatórias.[18]

Os pacientes com Parkinson e os participantes do grupo-controle realizaram a tarefa de aprendizado sequencial em dois dias consecutivos. Os tempos para completar a tarefa dos dois grupos não diferiram; os pacientes com Parkinson tiveram desempenho normal. Os tempos de resposta para as sequências repetidas decresceram durante o primeiro dia, e os participantes retiveram esse aprendizado durante a noite, tendo o mesmo desempenho tanto no começo do segundo dia como no final do primeiro. A redução dos tempos de resposta para sequências repetidas nos pacientes com Parkinson indicava que eles haviam adquirido um conhecimento procedimental de forma normal.

Uma comparação do desempenho de pacientes com Parkinson nas tarefas de desenho pelo espelho e de aprendizado sequencial, perturbado na primeira e preservado na segunda, indica que o aprendizado motor não é um conceito homogêneo e que diferentes tipos de aprendizado motor têm diferentes bases neurais. A rede de memória no estriado que normalmente sustenta a aquisição da habilidade de desenho pelo espelho era disfuncional em nosso grupo com Parkinson, mas um circuito neural que foi poupado nos mesmos pacientes mediava o aprendizado específico de sequências normal. Então nos perguntamos o que é esse circuito, e se ele estará prejudicado em outras doenças?

A pesquisa sobre a doença de Huntington forneceu uma pista sobre o substrato para o aprendizado específica de sequências, informando-nos sobre o efeito do dano ao núcleo caudado nessa tarefa. Quando Nissen aplicou a tarefa de aprendizado sequencial a um grupo de pacientes com Huntington, estes apresentaram aprendizado perturbado. Embora sua função motora fosse suficiente para terem desempenho satisfatório no teste, eles eram mais lentos e menos exatos que os 28 participantes do grupo-controle. Seu déficit não estava relacionado com uma disfunção cognitiva. Esse resultado nos diz que o núcleo caudado desempenha um papel crítico no aprendizado específico de sequências.[19]

Os experimentos com as doenças de Parkinson e de Huntington, examinados lado a lado, ilustram como diferentes patologias dentro do estriado podem produzir efeitos diferentes no aprendizado de sequências: os pacientes com Parkinson são normais, enquanto os pacientes com Huntington são deficientes. Essa dissociação sugere que o núcleo caudado, afetado precocemente na doença de Huntington, é um substrato crítico para o aprendizado de sequências motoras, e que o putâmen, afetado precocemente no mal de Parkinson, não o é.

Áreas do cérebro além do estriado também estão engajadas no aprendizado motor. Desde o final dos anos 1960, neurocientistas ganharam outra perspectiva sobre a localização no cérebro da aquisição de habilidades motoras ao estudarem animais e pacientes humanos com anormalidades no cerebelo. Seus sintomas incluem pouca coordenação, movimentos lentos, tremores e fala arrastada. Pessoas com altos níveis de intoxicação apresentam esses sintomas, como Henry, menos os tremores. Pacientes com degeneração cerebelar têm déficit de aprendizado de sequências motoras, mas vários estudos mostram que seu déficit de base pode diferir daquele dos pacientes com Parkinson, e pode ser mais severo. Pacientes com degeneração cerebelar também eram mais lentos e menos precisos que os participantes do grupo-controle quando acompanhavam um simples padrão geométrico que viam em uma imagem invertida de espelho, similar às condições sob as quais Henry desenhava com sucesso o contorno da estrela. Em 1962, aprendemos com Henry que as estruturas do lobo temporal medial não são necessárias para o aprendizado da habilidade de desenho pelo espelho, e trinta anos depois aprendemos que o cerebelo é necessário para esse tipo de aprendizado.[20]

O déficit em desenho pelo espelho na doença cerebelar refletia a incapacidade dos pacientes de utilizar a informação que eles receberam durante o teste para guiar seus movimentos. Embora eles pudessem ver a imagem e sentir as mudanças na posição de seus braços e mãos, eles não podiam converter essa informação em novos comandos que ativassem seus músculos. Não podiam vencer suas respostas enraizadas. Essa dificuldade não é específica a uma tarefa só; essencialmente é uma falha geral em integrar informações dos sentidos com os comandos dos músculos. Pense em escrever em um teclado, por exemplo. Quando executamos essa habilidade, recebemos informações de diversas fontes — a sensação das teclas sob as pontas de nossos dedos, a posição e o movimento de nossos dedos e mãos, e a imagem visual de nossas mãos e do documento na tela do computador. Quando digitamos, o cérebro automaticamente combina todas essas informações, diz aos dedos como devem se mover para atingir as teclas certas na ordem certa e com força suficiente para fazer as letras desejadas aparecerem na tela. Pessoas saudáveis não têm dificuldade em adquirir essa habilidade motora complexa, se praticarem.

Um exemplo impressionante de como coordenar circuitos motores e sensoriais é a adaptação a um prisma. Para realizar essa tarefa, os participantes usam óculos com prismas que curvam a luz alguns graus à direita ou à esquerda, fazendo com que os objetos pareçam estar deslocados para a direita ou para a esquerda de suas verdadeiras localizações. Antes de receberem os óculos, os participantes praticam apontando para alvos com a visão normal. Uma vez que estejam treinados, o pesquisador pede que ponham os óculos com prismas, mudando dessa forma o ambiente visual no qual o alvo se apresenta. Se os óculos com prismas deslocam o alvo levemente para a esquerda, os participantes no começo apontam para a esquerda do alvo. Mas, depois de praticar por alguns minutos, eles atualizam seus movimentos e terminam atingindo o alvo. Quando removem os prismas e apontam outra vez, eles apresentam um pós-efeito da adaptação — apontam para a direção oposta, o que indica que eles se adaptaram à informação visual alterada.

A pesquisa no final dos anos 1990 ajudou a descobrir os circuitos cerebrais requeridos para o processo adaptativo. Para assinalar a área crítica específica que acomoda mudanças no ambiente visual, os neurocientistas administraram uma tarefa de adaptação a prismas nos pacientes com distúrbios no cerebelo. Em um experimento em 1996, os participantes atiravam bolas contra um alvo sob três condições: antes de receberem os óculos com prismas, enquanto os usavam e imediatamente depois de tirá-los. Os pesquisadores avaliavam o aprendizado durante a terceira condição. Como os prismas faziam o alvo parecer à esquerda de onde realmente estava, os participantes a princípio jogavam as bolas para a esquerda do alvo. Com a prática, eles gradualmente jogavam mais e mais à direita, e os pontos de impacto voltavam a estar na direção do centro do alvo. Depois de remover os prismas, os participantes do grupo-controle continuaram a jogar as bolas para o lado direito do alvo, como se ainda estivessem usando os óculos, indicando que haviam se adaptado à mudança visual. Esse *pós--efeito negativo* é a medida do aprendizado. Os pacientes com distúrbios cerebelares não apresentavam um pós-efeito negativo, prova convincente de que seus cérebros não haviam retido o mapa alterado criado pelos prismas. Esse experimento mostra que o cerebelo integra dois tipos de informação, perceptual e motora, para acomodar vicissitudes no mundo visual.[21]

Notavelmente, quando o testamos na metade dos anos 1990, Henry mostrou uma adaptação normal aos prismas, apesar de ter uma acentuada atrofia cerebelar. A tarefa de adaptação aos prismas foi ideal para testar os efeitos desse dano cerebelar sobre um tipo de aprendizado não declarativo que depende de interações entre circuitos cerebrais especializados na percepção visual e no movimento. Nosso experimento testou se o sistema motor de Henry poderia adaptar-se a uma situação na qual os prismas deslocassem tudo na sua área de trabalho 11 graus para a esquerda. Para realizar essa mudança visual, nós pedimos a ele que usasse prismas de vidro instalados em um par de óculos de proteção. Sua tarefa era apontar rapidamente com seu dedo indicador direito para uma linha vertical, a uma distância de um braço, em três situações: uma condição básica sem prismas, uma condição de exposição com prismas e uma condição de pós--exposição sem prismas. Em cada condição, Henry apontava para nove alvos diferentes, um bem em frente e quatro de cada lado. Nós apresentamos cada alvo quatro vezes em ordem aleatória. Para cada tentativa, registramos a posição do dedo de Henry e depois determinamos a que distância estava do alvo. Como em outros experimentos de adaptação a prismas, a medida do aprendizado foi a extensão do pós-efeito negativo na condição de pós-exposição — o quanto o ponto que ele tocava se desviava do alvo.

Henry teve desempenho semelhante ao dos dez participantes do grupo--controle. Na condição de exposição, ele podia ver claramente que estava apontando muito à esquerda do alvo e gradualmente virou sua pontaria para a direita, até atingir em cheio o alvo. Quando os prismas foram removidos, ele continuou a apontar para a direita de cada alvo, como se os prismas ainda estivessem colocados — clara evidência de um pós-efeito normal. Durante o experimento, os circuitos motores e sensoriais no cérebro de Henry interagiram com sucesso para realizar esse aprendizado não declarativo.

Embora ainda não saibamos que função cerebelar residual sustentou o bom desempenho de Henry, esperamos compreender esses resultados de forma mais completa à medida que examinarmos seu cérebro *post mortem* e identificarmos os circuitos cerebelares específicos que foram deixados intatos. De interesse específico são as estruturas que transmitem informação para o cerebelo — os núcleos cerebelares profundos — que, se poupados, podem ter fornecido os mecanismos necessários para a adaptação a prismas. Descobrir o substrato anatômico para a adaptação a prismas será um feito digno de nota.

Nossas investigações sobre aprendizado de habilidades motoras comparou o desempenho de Henry com o de outros pacientes que tinham danos em áreas fora dos lobos temporais mediais. Observamos que o aprendizado de habilidades motoras e a memória não declarativa estão relacionados com diferentes compartimentos do cérebro. A região hipocampal contém os circuitos críticos para lembrar e reconhecer fatos e eventos, mas não para aprender novas habilidades motoras. Ao contrário, os circuitos do núcleo caudado, do putâmen e do cerebelo são necessários para o aprendizado de habilidades motoras, mas não para evocar fatos e eventos.

Embora Henry pudesse adquirir novas habilidades no laboratório, essa capacidade não trazia muito benefício para sua vida cotidiana, exceto para dominar o uso do andador. Os sintomas causados pelo dano ao seu cerebelo, além de sua epilepsia, não o ajudavam a dançar ou aprender novos esportes. Ele jogava críquete, mas não sabemos se seu jogo melhorou com a prática.

Além de estudar pacientes com danos ao cérebro para desconstruir a arquitetura neural das habilidades motoras, os cientistas propuseram modelos teóricos para explicar como o cérebro aprende e depois realiza essas tarefas. Em 1994, os neurocientistas Reza Shadmehr e Ferdinando Mussa-Ivaldi, do MIT, conseguiram um importante avanço na compreensão da memória motora, ao introduzir a ideia de que quando o corpo faz movimentos de alcançar, o sistema de controle motor se adapta a mudanças não esperadas no ambiente. O cérebro consegue realizar essa proeza ao construir um *modelo interno* que, com a experiência, estima as forças no ambiente — os puxões e empurrões. O conceito de um modelo interno tornou-se uma explicação comum de como o cérebro representa e modifica habilidades aprendidas.[22]

Para compreender modelos internos, imagine que você esteja com sede: você coloca água em um copo, segura o copo, leva-o até os lábios e bebe. Essa ação simples, que você levou adiante muitas vezes em muitos lugares diferentes, não é tão simples como parece. Antes de você mover seu braço, seu cérebro recebe e processa informação básica sobre o copo: sua forma, seu peso provável, onde ele está e onde está sua mão. O problema para seu cérebro é transformar a localização do copo sobre a mesa e seu objetivo, segurar o copo, no padrão de atividade muscular necessária para trazer o copo aos seus lábios. Nós executamos esse tipo de comando motor constantemente enquanto avançamos pelo nosso dia — ao escovar os dentes, ao usar garfo e faca, ao dirigir o carro, ao navegar pela Internet. No transcorrer de nossas vidas, nós interagimos com inumeráveis objetos diferentes em um vasto conjunto de ambientes, e a cada vez nosso cérebro precisa transformar a informação de nossos sentidos em movimento, e com sorte pode se adaptar rapidamente às mudanças de uma situação para outra.

Os modelos internos representam circuitos no cérebro que processam a relação entre o movimento da mão e os comandos motores. Por exemplo, um *modelo inverso* corporifica a relação entre o movimento *desejado* da mão e os resultados motores requeridos para conseguir esse movimento. Esse tipo de modelo interno é um importante componente de um sistema que pode guiar sua mão para segurar um copo. Outro tipo de modelo interno, um *modelo anterógrado*, permite ao cérebro prever os prováveis resultados de um comando motor e escolher aqueles necessários para desempenhar com sucesso tarefas motoras específicas — em nosso exemplo, beber um pouco de água. Em 1998, um neurocientista computacional no Japão, em colaboração com um colega de Londres, adotou a ideia de modelos internos e propôs que adquirir uma nova habilidade motora depende de estabelecer tais modelos internos para o desempenho de tarefas motoras. O aprendizado motor é um processo de tradução das características espaciais do alvo ou do objetivo do movimento em um padrão apropriado de ativações musculares.[23]

Os neurocientistas computacionais propuseram que os dois tipos de modelos internos trabalham cooperativamente para acompanhar o que realmente estamos fazendo e para criar uma imagem mental do movimento que queremos realizar. Um modelo registra o vínculo entre os resultados motores — alcançar e segurar um copo — e os sentidos sensoriais resultantes — o copo e a posição e velocidade do seu braço. Esse modelo faz previsões passo a passo sobre a próxima posição e velocidade do seu braço, dado o presente estado dele e o comando de alcançar (vá até o copo). O outro modelo fornece o comando motor real necessário para pegar o copo.[24] Quando esses dois modelos internos interagem, o cérebro compara o estado real do braço com o estado desejado do braço; a discrepância fornece informação crítica sobre erros no desempenho. Mensagens de erro facilitam o aprendizado ao indicar como adaptar o movimento para reduzir erros e para atingir o objetivo desejado. O cérebro pode mudar de um modelo interno para outro, baseado em informação contextual — nova localização do copo — ou em informação de erro — retroalimentação sensório-motora sobre precisão. Esse mecanismo de troca garante adaptação flexível às constantes e rápidas mudanças ambientais.[25]

Quando Henry estava aprendendo a desenhar o contorno de uma estrela enquanto somente via a imagem, o bastão e sua mão invertidos no espelho, ele estava construindo novos modelos internos em seu cérebro, que descreviam a relação entre o que ele via e como movia seu lápis. Esses modelos internos novos tinham circuitos dedicados em seu cérebro, de modo que não interferiam com todas os outros comportamentos motores que havia aprendido anteriormente. Na vida de todos os dias, nós acumulamos muitos desses modelos internos para construir um enorme repertório de comportamentos motores complexos.

Baseados em evidência de modelagem computacional, ciência cognitiva e neurofisiologia, pesquisadores de Kyoto, no Japão, previram que os modelos internos são predominantemente criados e armazenados no cerebelo. Essa grande e complicada estrutura está qualificada para essa missão porque tem a capacidade fisiológica de comparar o movimento desejado com o movimento real, e então utilizar essa diferença — um sinal de erro — para guiar o próximo movimento.

Em 2007, quando os pesquisadores japoneses testaram essa hipótese com ressonância magnética funcional, obtiveram a primeira evidência fisiológica de que os modelos internos são formados no cerebelo. Esses cientistas conduziram uma série de experimentos nos quais os participantes executavam uma tarefa de acompanhamento, movimentando um mouse de computador para manter o cursor sobre um alvo que se movia aleatoriamente na tela. Na condição básica, o mouse estava com orientação normal, mas, na condição de teste, era rotado em 120 graus, mudando a relação entre o mouse e o cursor, forçando os participantes a aprender como controlar o mouse de uma maneira nova. O treinamento ocorria ao longo de onze sessões, com baterias de ressonância magnética funcional nas sessões ímpares para capturar a atividade neural associada com o processo de aprendizado do começo ao fim.

Durante os testes, os pesquisadores descobriram duas regiões separadas de atividade no cerebelo. A primeira era uma região relacionada ao erro, na qual a atividade neural decrescia à medida que o aprendizado avançava e o acompanhamento tornava-se mais exato. A segunda não estava relacionada aos erros no acompanhamento do alvo. Em vez disso, era uma região ligada aos modelos internos na qual a atividade continuava a aparecer ao longo do treinamento, e parecia ser o lugar onde era armazenado um duradouro modelo interno da nova habilidade de acompanhamento. A ativação neural nessa tarefa de aprendizado motor ocorria em muitas áreas em ambos os lados do cerebelo, algumas das quais recebem informação útil dos córtices frontal e parietal sobre planejamento, estratégia e movimentos de alcance.[26]

Considerando a evidência sobre o papel crítico do cerebelo no aprendizado de habilidades motoras, era surpreendente para mim que Henry, cujo cerebelo fora seriamente prejudicado pela sua medicação, se desse tão bem no desenho pelo espelho, no acompanhamento rotativo e na coordenação bimanual. Meus estudos iniciais tinham sido limitados, porque forneciam apenas medições cruas do desempenho de Henry — quantos erros ele cometia e quanto tempo levava para concluir uma tarefa. Eu procurava uma compreensão mais profunda de como o cérebro de Henry controlava seus movimentos ao longo do processo de aprendizado de habilidades. Em 1998, uma interessante e frutífera colaboração com Shadmehr, pesquisador da Universidade Johns Hopkins, permitiu que nós examinássemos os processos de memória motora de Henry mais detalhadamente durante o curso do aprendizado. Shadmehr tinha sido pós-doutorando no meu departamento, e eu estava impressionada por sua pesquisa e por seu conhecimento no campo do controle motor. Por esse motivo, convidei-o e a dois de seus alunos para virem ao MIT e conduzirem um experimento de aprendizado de habilidades motoras.

A motivação do nosso experimento foi um estudo de 1996 que demonstrava que a *consolidação* da experiência de aprendizado motor continua após o aprendizado, uma visão que veio do exame da consolidação da memória motora em jovens adultos saudáveis. Quando os participantes desempenhavam uma habilidade motora já praticada em uma sessão anterior, imediatamente se saíam melhor do que no final do último treino, o que indicava que a memória havia melhorado ao longo do tempo decorrido desde então. Esse ganho, no entanto, era interrompido quando os participantes eram instruídos a aprender uma segunda tarefa motora logo depois da primeira. Sua consolidação da primeira tarefa era perturbada pela interferência da segunda tarefa. Ao contrário, não ocorria nenhuma interrupção se deixassem passar quatro horas entre o aprendizado das duas habilidades motoras. O estudo sugere que a consolidação na memória motora ocorre rapidamente — ao longo de um período de apenas quatro horas depois da prática, a memória de uma nova habilidade é transformada, de um estado inicialmente frágil, para um estado mais sólido. Esse tempo rápido contrasta com a consolidação de memórias declarativas, que podem requerer anos.[27]

Essa descoberta feita no laboratório com frequência se faz evidente em experiências pessoais. Uma das minhas editoras diz a seus instrutores de esqui que só pode aprender uma nova habilidade por lição. Se eles tentam lhe ensinar duas ou mais, ela não aprende nada porque a consolidação de uma nova habilidade é interrompida ao mudar para outra.

O experimento de 1996 de Shadmehr em jovens adultos saudáveis levantou importantes questões sobre o aprendizado motor: a consolidação de memórias motoras requer que os participantes se lembrem de informação declarativa sobre a tarefa? O lobo temporal medial precisa estar funcionando normalmente para que ocorra o efeito de interferência? Como a memória declarativa estava operacional nos jovens adultos que estudamos, as respostas deveriam vir de um participante com a memória prejudicada. Estudar Henry, cuja memória declarativa tinha sido dizimada, podia dizer-nos definitivamente se essa fonte de conhecimento tinha importância. Nosso estudo foi o primeiro a examinar o processo de interferência associado a memórias motoras em pacientes amnésicos. Se a memória declarativa não desempenha papel algum na interferência de memórias motoras depois da prática, então as consequências de aprender múltiplas habilidades motoras deveriam ter sido as mesmas para Henry e para os participantes do grupo de controle.[28]

Durante um experimento de dois dias, estudamos a capacidade de Henry para aprender uma nova habilidade motora. A tarefa não era um videogame, mas parecia-se com o jogo de Wii "Link's Crossbow Training", no qual os jogadores atiram com arco e flecha em alvos circulares à medida que eles surgem na tela. Inicialmente os alvos são estacionários, e, quando o jogador atinge um deles, este explode; quando o jogo avança, os alvos se movem, tornando a tarefa mais difícil. Em nosso experimento com Henry, os alvos sempre eram estacionários. Depois que ele se tornou capaz de atirar diretamente nos alvos, introduzimos uma mudança inesperada ao aplicar força enquanto ele se movia, tirando-o do curso. Queríamos saber se, com o treinamento, seus movimentos na direção do alvo se tornariam diretos outra vez.

O aparelho utilizado nessa tarefa foi um braço mecânico com um monitor de vídeo localizado logo acima dele. Quando os pesquisadores sentaram Henry em frente ao braço mecânico pela primeira vez, ele, como todos os voluntários inexperientes, sentou-se quietamente sem tocar a máquina.

MEMÓRIA SEM LEMBRANÇA I

Eles lhe pediram que agarrasse o joystick do braço mecânico e o movesse um pouco para acostumar-se. No início, Henry mantinha o olhar na sua mão enquanto movia o joystick, mas então lhe disseram que olhasse para o monitor, onde havia um cursor. Depois que Henry moveu o cursor por cerca de um minuto, os pesquisadores acenderam um alvo no centro da tela e pediram que ele movesse o cursor para aquela localização. Então mostraram a ele outros alvos individuais e lhe pediram que movesse o cursor para aquelas localizações o mais rápido possível. Sua meta era atingir cada alvo em menos de um segundo. A cada vez que o fazia, o alvo explodia.

Para Henry, a explosão do alvo disparava memórias da infância, de ir caçar pequenos animais. Enquanto desempenhava sua tarefa e conseguia numerosas explosões, ele descrevia essas memórias queridas em detalhe — o tipo de armas que usava, a varanda nos fundos da casa onde passou a infância, o terreno de bosques no pátio dos fundos e os tipos de pássaros que caçava. Sorridente e animado, ele repetia esses fatos muitas vezes durante o experimento de dois dias. Foi uma experiência emocionalmente feliz para ele.[29]

Depois que Henry passou alguns minutos movendo o cursor sobre os alvos, mudamos o procedimento sem aviso: o braço mecânico passou a exercer uma pressão sobre sua mão, desviando seus movimentos para um lado. Assim, em vez de mover-se para o alvo em uma linha reta, sua mão guinava para um lado no caminho ao alvo. Com a prática, no entanto, Henry alterou seus comandos motores para compensar a pressão, e outra vez foi capaz de mover sua mão rapidamente em uma linha reta até os alvos, atingindo o objetivo de tempo de 1,2 segundo ou menos de forma consistente. Seu cérebro construiu um modelo interno da habilidade que lhe permitia estimar a força do braço mecânico e contrabalançar seus efeitos. Que ele aprendeu a compensar a força era evidente: quando os pesquisadores subitamente removeram a pressão, seus movimentos tinham grandes erros, iguais aos que fizera no treinamento, mas inversos. No final da sessão, os pesquisadores polidamente agradeceram a Henry por seu tempo, e ele saiu para almoçar.[30]

Quatro horas mais tarde, quando Henry regressou à sala de testes, ele havia esquecido tudo sobre o aparelho e o experimento. Os pesquisadores afastaram o braço mecânico para um lado e pediram a Henry que se sentasse. Ele o fez, e então algo interessante e inesperado ocorreu. Ao contrário do que acontecera na primeira vez em que viu o equipamento, desta vez ele voluntariamente estendeu a mão e agarrou o joystick, puxou-a para si e olhou para o monitor esperando ver um alvo. Claramente, apesar de não ter percepção de ter realizado a tarefa anteriormente, alguma parte do cérebro de Henry compreendeu que a geringonça era uma ferramenta que o capacitava a mover o cursor no monitor. Quando um alvo foi apresentado, Henry mostrou fortes pós-efeitos do treinamento prévio. Como seu cérebro esperava que o braço mecânico perturbasse seus movimentos como tinha feito antes, ele gerou comandos motores para compensar aquelas forças, e ele moveu a alavanca na direção do alvo como se a pressão ainda estivesse sendo feita. A memória motora era muito mais que saber como manipular uma ferramenta: ela incluía informação sobre a natureza recompensadora do objetivo da ferramenta. Em essência, "quando eu movo o joystick rápido, algo divertido acontece". A visão e o toque do braço mecânico eram suficientes para encorajar um ato motor que Henry esperava que fosse recompensador. Se, na primeira sessão, o uso do braço mecânico tivesse sido vinculado a um choque ou a algum outro estímulo nocivo, Henry provavelmente teria sido relutante em usar o aparelho outra vez.[31]

O desempenho de Henry na tarefa de alcance demonstrou que seu cérebro havia feito três importantes descobertas, todas sem conhecimento consciente e sem utilização dos lobos temporais mediais. Primeira, durante a sessão inicial de treinamento, ele aprendeu a usar uma ferramenta nova para alcançar um objetivo especificado, tanto sem a influência da força perturbadora como com ela. Segunda, quando testado horas depois, a visão da ferramenta foi suficiente para produzir o uso voluntário, sugerindo que Henry havia aprendido e armazenado as recompensas potenciais associadas ao uso da ferramenta — o desafio de conseguir a explosão. Terceira, ver e segurar a ferramenta foi suficiente para capacitá-lo a se lembrar, inconscientemente, do objetivo dela e dos comandos motores necessários para alcançar aquele objetivo — apesar de que a mesma informação visual e tátil fosse *insuficiente* para evocar uma memória consciente de que ele havia treinado a tarefa antes.[32]

Diferentemente dos experimentos anteriores de aprendizado motor, que utilizavam acompanhamento rotacional, acompanhamento bimanual e toques coordenados, o experimento do braço mecânico permitiu-nos examinar duas propriedades de controle motor em forma separada: a *cinemática* e a *dinâmica*. A cinemática se refere à velocidade do movimento, às mudanças de velocidade e à direção do movimento, enquanto a dinâmica se refere aos efeitos das forças sobre o movimento. Embora Henry tivesse considerável dificuldade para aprender a cinemática da tarefa, finalmente aprendeu que tinha que mover o braço para longe de si para fazer o cursor subir pela tela, e movê-lo para perto de si para fazer o cursor descer. Também era capaz de compensar a força imposta (dinâmica) e mover sua mão em linha reta na direção dos alvos. O objetivo do nosso experimento era verificar se a memória declarativa prejudicada de Henry teria qualquer efeito na aquisição daquelas complexas memórias motoras; notavelmente, não teve. Da mesma forma que os participantes do grupo-controle, seu cérebro pôde construir novos modelos internos para sustentar o aprendizado dessa habilidade motora.

A descoberta pioneira da Dra. Milner, em 1962, de que Henry podia aprender uma nova habilidade motora foi um tremendo avanço, propiciando um novo modo de compreender como adquirimos e retemos memórias não declarativas. Desde então, pesquisadores projetaram milhares de experimentos para lançar luz sobre os processos cognitivos e neurais que sustentam esse tipo de memória. Atualmente, os experimentos estão centrados nos mecanismos celulares e moleculares de neuroplasticidade nos circuitos cerebrais subjacentes ao aprendizado de habilidades motoras.

Conhecimentos acumulados a partir dessas descobertas podem assinalar o caminho na direção de tratamentos para doenças tais como Huntington e Parkinson.

Como o movimento é um requerimento fundamental para interagir com o mundo, o desempenho de habilidades motoras é crítico para nossa independência. Um mistério relativo a tais habilidades é como somos capazes de executá-las tão rapidamente e com tão pouco pensamento dirigido a elas. Quando estamos aprendendo uma nova habilidade, precisamos de muita concentração e esforço, na forma de controle executivo. Com o passar do tempo, as habilidades que adquirimos se tornam cada vez mais automáticas; requerem muito menos esforço mental. Pesquisadores estudaram como as novas habilidades motoras se tornam automáticas, e, pelo uso de técnicas de imagem do cérebro, podemos ver como a atividade cerebral muda à medida que as pessoas dominam as habilidades.

No entanto, persiste uma grande lacuna no conhecimento científico. Como os mecanismos motores em diferentes partes do cérebro — o córtex motor primário, o estriado e o cerebelo — coordenam suas contribuições individuais para adquirir o complexo empreendimento de aprendizado motor necessário em nosso mundo que muda constantemente? A ressonância magnética funcional traz em si grandes promessas: dissecar os processos individuais que governam diferentes tipos de aprendizado de habilidades e documentar quando e como as várias redes do cérebro trabalham juntas. Esses estudos indicam que muitas áreas corticais são recrutadas durante o aprendizado motor, sugerindo que uma ampla rede de áreas motoras e não motoras sustenta a aquisição de habilidades.

Qualquer habilidade atlética — driblar com uma bola de futebol, "enterrar" uma bola de basquete, fazer um saque indefensável no tênis — requer treinamento intenso. O desempenho cada vez melhor está ligado a mudanças no cérebro. Em 1998, uma equipe de neurocientistas do National Institute of Mental Health pôs-se a examinar as mudanças neurais que ocorrem com a prática continuada, para descobrir quanta prática é necessária para produzir mudanças detectáveis durante a aquisição de habilidades. Eles escolheram como área de interesse o córtex motor primário, uma faixa na parte de trás do lobo frontal que envia códigos neurais para movimentos, porque ele controla o movimento voluntário e também sustenta o aprendizado motor. Os pesquisadores pediram a adultos saudáveis que praticassem fazendo sequências de movimentos com os dedos por várias semanas. Os participantes tocavam seu polegar nos outros quatro dedos, um de cada vez, em uma ordem específica: mindinho, indicador, anular, médio e mindinho. Eles praticaram essa sequência por dez a vinte minutos todos os dias por cinco semanas e, à medida que passavam as semanas, eles completavam mais sequências e faziam menos erros em cada teste de trinta segundos.[33]

Para capturar o que estava acontecendo no cérebro dos participantes, os pesquisadores conduziram um estudo de ressonância magnética funcional uma vez por semana, no qual os participantes faziam a sequência dentro de um escâner de ressonância magnética. As imagens resultantes mostraram ativação na área ligada à mão de seus córtices motores primários, que se expandiam à medida que as habilidades dos participantes melhoravam, e a mudança durava vários meses. Essa descoberta forneceu evidência de que praticar uma habilidade motora incentiva neurônios motores adicionais a ficarem ativos e os incorpora em um circuito cerebral focal que representa a sequência motora treinada. Essa indiscutível evidência da plasticidade neural em cérebros adultos pode representar o tipo de modificação responsável pelo aprendizado de habilidades motoras. A função principal do córtex motor primário é dizer aos nossos músculos o que fazer, mas, além disso, o disparo neuronal nessa área durante o aprendizado motor pode mudar a força sináptica — a capacidade de uma célula de excitar suas células parceiras de sinapse — promovendo assim a consolidação da memória. Os circuitos neurais dentro do córtex motor primário são adaptáveis momento a momento durante a aquisição, a consolidação e a evocação de habilidades motoras.[34]

Demonstramos no laboratório que Henry podia adquirir várias habilidades motoras, tais como desenho pelo espelho, acompanhamento rotacional e coordenação bimanual. Seu córtex motor primário normal provavelmente desempenhou um papel tanto na sua capacidade de adquirir aquelas novas habilidades motoras como na de usar seu andador com destreza na vida diária. Mas também é provável que mudanças úteis tenham ocorrido em outras áreas do cérebro de Henry — algumas dedicadas à função motora e outras a processos cognitivos.

O aprendizado motor normalmente ocorre de modo lento ao longo de muitas sessões de prática, e os complexos mecanismos que sustentam a aquisição de habilidades mudam à medida que o aprendizado avança. A plasticidade induzida pelo treino pode ser vista em expansões tanto da massa cinzenta, os corpos celulares dos neurônios, como da substância branca, as extensões de fibra que conectam diferentes grupos de células. Inicialmente, o córtex motor primário e as áreas motoras adjacentes são acionados em tempo real, com atividade aumentada nos córtices pré-frontal e parietal e também no cerebelo. Mais tarde, quando os movimentos treinados se tornam mais automáticos, o aprendizado ainda engaja o córtex motor primário e, além disso, o estriado e o cerebelo. As representações de movimentos se expandem no córtex motor e em outras áreas corticais que são especializadas no planejamento, na percepção de movimentos, no controle dos movimentos dos olhos e no cálculo de relações espaciais. Essas áreas trabalham juntas para alcançar a formação da memória motora. Múltiplos circuitos ao longo do cérebro estão engajados no aprendizado de habilidades motoras, mas, como Henry nos mostrou, aqueles nos lobos temporais mediais não são necessários.[35]

As modernas ferramentas de imagens do cérebro nos capacitaram a observar, em indivíduos saudáveis, o que os circuitos críticos estão fazendo no desenrolar da prática. Pesquisadores queriam saber que áreas estão ativas enquanto as pessoas evoluem de principiantes a peritos em uma tarefa específica. Em 2005, neurocientistas usaram ressonância magnética funcional para mostrar que, quando os participantes recebiam treinamento intenso em uma tarefa de aprendizado sequencial (a tarefa de Nissen e Bullemer, descrita anteriormente), sua atividade cerebral no estágio de principiante difere daquela do estágio automático, mais adiante. Inicialmente, áreas no córtex pré-frontal e uma profunda área motora, o núcleo caudado, estão altamente ativas, mas essa atividade decresce quando o desempenho se torna automático com a prática, sugerindo menos dependência dos processos de controle cognitivo. A descoberta de que o estriado (caudado e putâmen) desempenha um papel-chave na aquisição do conhecimento motor sequencial é consistente com a descoberta de déficits de aprendizado motor no mal de Parkinson e na doença de Huntington, ambas as quais prejudicam o estriado.[36]

Começando com a ideia de que o aprendizado ocorre gradualmente de uma sessão de treinamento para outra, dois neurocientistas da Universidade Concordia, de Montreal, conduziram um ambicioso estudo, em 2010, para documentar mudanças na atividade cerebral ao longo de cinco dias consecutivos de aquisição de habilidades. Escanear os participantes a cada sessão de treinamento era desnecessário, de modo que eles executaram a mesma tarefa de aprendizado motor dentro do escâner nos dias um, dois e cinco, e fora do escâner nos dias três e quatro. Os pesquisadores descobriram que, à medida que o desempenho melhorava, várias áreas motoras que inicialmente estiveram ativas tornaram-se menos ativas. Essas diminuições podem ter ocorrido porque o cérebro estava prestando menos atenção a estímulos repetidos e não precisava mais corrigir erros enquanto o aprendizado progredia. Ao mesmo tempo, pequenas áreas dentro do córtex motor primário e do cerebelo mostraram aumento de atividade com a melhora.[37]

Esses bolsões de atividade aumentada, dentro de uma rede em declínio geral de atividade, poderiam representar as áreas onde as memórias motoras são armazenadas em última instância. Os pesquisadores especularam que populações separadas de neurônios dentro do córtex motor primário codificam e expressam diferentes facetas do aprendizado motor sequencial. Uma população de neurônios, ativada por erros de desempenho, é dedicada ao *aprendizado rápido*; ela fala a uma rede de memória declarativa. A outra população, que mostra resistência ao esquecimento, é especializada no *aprendizado gradual*; esses neurônios falam a uma rede dedicada a procedimentos de aprendizado — o *como* fazer. Essas duas populações de neurônios trabalham em forma cooperativa.

Agora temos evidência convincente de que a evolução de uma habilidade complexa, de principiante a perito, não é um processo único. Diferentes escalas de tempo operam na memória motora, e suas contribuições mudam ao longo do tempo. A capacidade de separar processos distintos nos ajudou a compreender o desempenho de Henry na tarefa de alcance, quando tinha que compensar a força adicional imposta pelo braço mecânico. Embora ele pudesse reter a habilidade, sua taxa de aprendizado ficou atrás daquelas dos participantes do grupo-controle. Os resultados do experimento de ressonância magnética funcional de 2010 levaram-me a especular que o progresso lento de Henry poderia ser atribuído ao seu cerebelo danificado, órgão que, em cérebros saudáveis, faz uma importante contribuição aos primeiros estágios de aprendizado.

Para a maior parte de nós, os processos de memória declarativa e não declarativa estão interligados. Você pode não ser capaz de descrever o que está fazendo quando anda de bicicleta, mas pode lembrar-se dos dias em que usava rodinhas, ou de quando seu pai ou sua mãe soltou a bicicleta pela primeira vez e você andou sozinho. Habilidades, experiências e conhecimento estão todos interligados. O que permanece fascinante sobre o caso de Henry é que ele mostrou como uma habilidade podia florescer no cérebro, mesmo que a experiência por trás dela estivesse irremediavelmente perdida.

9.

Memória sem lembrança II:

Condicionamento clássico, aprendizado perceptual e precondicionamento

De meados dos anos 1980 até o final dos anos 1990, membros do meu laboratório e eu expandimos nosso pensamento e nossos esforços para investigar a natureza do comportamento aprendido. Em um amplo contexto teórico, projetamos novos experimentos para revelar os diferentes mecanismos cognitivos e neurais que explicam a memória não declarativa. Como vimos, Henry era capaz de adquirir inconscientemente novas habilidades motoras. Também descobrimos que ele podia desempenhar com sucesso outras tarefas de memória não declarativa. Em nossos estudos de *condicionamento clássico, aprendizado perceptual e precondicionamento por repetição*, Henry demonstrou o que havia aprendido pelo seu desempenho nas tarefas e não pela memória declarativa consciente. Sua habilidade indicou que aquelas formas de aprendizado inconsciente, como o aprendizado motor, ocorrem em circuitos cerebrais fora dos lobos temporais mediais. Henry desempenhou um papel muito importante no desenvolvimento do entendimento sobre cada um desses tipos de conhecimento não declarativo.

Durante aquele tempo, meus colegas e eu entendemos o valor ilimitado de Henry como participante de pesquisa. Continuamos a ficar surpreendidos pela maneira como muitas descobertas científicas contemporâneas diferentes podiam ser relacionadas ou fortalecidas quando o examinávamos mais, e nossa pesquisa com ele era certamente um benefício para a reputação do meu laboratório. Embora nossas publicações que descreviam seus resultados somassem apenas 22% do total das publicações do laboratório, aqueles artigos eram e continuam a ser material de alta visibilidade amplamente citado.

Condicionamento clássico é um comportamento aprendido que tira proveito de um reflexo tal como a salivação, o movimento do joelho ou o piscar de olhos. Essa forma de aprendizagem não declarativa tem sido, por muitas décadas, uma ferramenta valiosa para a pesquisa em animais e em seres humanos. Em experimentos que utilizam o condicionamento clássico, um item neutro, tal como o som de um sino, é apresentado repetidamente junto com outro item, tal como comida, que invariavelmente produz um reflexo, tal como a salivação. Eventualmente, o próprio som do sino produz a resposta reflexa. Quando o sujeito saliva em resposta ao sino, sabemos que, durante as múltiplas apresentações do sino com a comida, o animal aprendeu a associar as duas.

O fisiologista russo Ivan Pavlov descobriu o condicionamento clássico no começo dos anos 1900, quando estudava a digestão em cães. Sua técnica para produzir esse fenômeno tirava proveito de um reflexo simples: quando um animal tem comida na boca, ele saliva. Pavlov engenhosamente observou que um reflexo similar poderia ser ativado pelo cheiro da comida, pela visão da pessoa que a trazia ou até mesmo pelo som dos passos dessa pessoa. Os cães aprendiam que aquelas pistas sensoriais significavam que a comida estava a caminho. Nos experimentos de Pavlov, seu assistente tocava uma campainha justo antes que os cães recebessem a comida. Depois de serem expostos repetidamente àqueles estímulos pareados — a campainha e o aparecimento da comida — os cães salivavam quando ouviam a campainha, indicando que haviam aprendido a associar o som com a comida.[1] Estabelecer vínculos entre itens e emoções é uma estratégia comum da indústria da propaganda. Imaginem um cartaz para um complexo turístico no Caribe dominado por casais bonitos e sorridentes passeando pela praia ao entardecer, nadando com peixes tropicais e desfrutando de massagens. Se nos decidirmos a tirar umas férias tropicais, provavelmente escolheremos o complexo turístico que, graças ao condicionamento, aprendemos a associar com diversão e romance.

Meus colegas e eu sabíamos, a partir de experimentos prévios, que tanto o cerebelo como o hipocampo desempenham um papel na formação de respostas condicionadas, mas queríamos testar quão importante era cada área dessas para esse tipo de aprendizagem. Raciocinamos que, se Henry apresentasse respostas condicionadas a estímulos sem um hipocampo funcional, então seu cerebelo residual provavelmente mediaria o aprendizado. Se Henry não apresentasse respostas condicionadas, não poderíamos interpretar o resultado: não saberíamos se o dano ao hipocampo, ao cerebelo ou a ambos era o responsável pelo déficit. Todos os antigos exames neurológicos de Henry, até 1962, revelavam sinais de disfunção cerebelar, e seus exames de ressonância magnética mostravam uma marcada atrofia cerebelar, que indicava morte de células. Mas, apesar de seu extenso dano cerebelar e hipocampal, Henry apresentou respostas condicionadas em nossos experimentos. Embora seu aprendizado fosse muito mais lento do que o de um homem saudável de sua idade, ele demonstrou notável retenção ao mostrar respostas condicionadas em estudos levados a cabo dois anos depois das sessões iniciais de aprendizado.

Estudamos a capacidade de Henry para condicionamento clássico pela primeira vez em 1990, utilizando um experimento de condicionamento de piscar de olhos, que testava se ele apresentava uma reação condicionada de piscar em resposta a um sinal sonoro que precedia um sopro de ar em seu olho. Para o teste, Henry se sentava em uma cadeira confortável em uma sala tranquila no MIT Clinical Research Center. Ele usava uma fita em volta da cabeça que segurava um lançador de jatos de ar e uma câmera para gravar as piscadas. O pesquisador deu a Henry as seguintes instruções: "Por favor, fique à vontade e relaxe. De vez em quando, você ouvirá alguns tons e sentirá um leve sopro de ar no olho. Se você achar que deve piscar, por favor, faça isso. Deixe que suas reações naturais ocorram".[2]

Durante um período de oito semanas, administramos dois tipos de tarefas de condicionamento: condicionamento retardado e condicionamento de traço. Durante o *condicionamento retardado*, um sinal sonoro aparecia primeiro, seguido imediatamente por um sopro de ar, e os dois paravam juntos. Cada sessão de treinamento durava mais ou menos 45 minutos e incluía noventa tentativas. Em oitenta dessas tentativas, Henry experimentava tanto o sinal sonoro como o sopro de ar, dando-lhe a oportunidade de associar inconscientemente os dois. Se um piscar de olhos ocorria no intervalo muito curto — menos de um segundo — entre o sinal sonoro e o sopro de ar, nós o contávamos como uma resposta condicionada. Essa piscada indicava que Henry havia aprendido a associar o som com o sopro de ar que chegaria ao seu olho e inconscientemente piscava em antecipação ao sopro de ar. Nas últimas dez tentativas, Henry só ouvia o sinal sonoro, e, se piscasse imediatamente, contávamos aquela piscada como resposta condicionada. Calcular os resultados era simples: contávamos quantas vezes ele apresentava uma resposta condicionada na condição de sinal sonoro mais sopro de ar e na condição de sinal sonoro exclusivamente. Durante o *condicionamento de traço*, um intervalo silencioso ocorria entre o sinal sonoro e o sopro de vento, significando que o cérebro de Henry devia manter o sinal sonoro ativo por meio segundo para associá-lo a um sopro de ar que vinha depois. Como antes, Henry ganhava crédito por uma resposta condicionada se piscasse logo depois do sinal sonoro.[3]

Do começo ao fim das sessões de condicionamento, projetamos filmes para que Henry mantivesse sua atenção focada em algo prazeroso. Um de seus favoritos era *A corrida do ouro*, comédia de Charlie Chaplin, e ele gostava de um documentário sobre a Feira Mundial de Nova York de 1939, à qual havia ido com sua mãe. Embora desligássemos o som do filme para que Henry pudesse ouvir o sinal sonoro, ele não se queixava e desfrutava da experiência do teste. Durante todo o tempo, Henry não tinha conhecimento de que participava em um experimento de memória, o que confirmava que aquela tarefa realmente tocava seus processos de memória não declarativa. Comparamos suas pontuações durante o condicionamento com aquelas de um homem saudável de 63 anos de idade para ver se Henry estava prejudicado e em que extensão isso acontecia.[4]

Henry apresentou respostas condicionadas tanto nos procedimentos retardados como nos de traço, uma façanha ligada a modificações em seu cérebro durante a experiência de treinamento não declarativa. Mas, de um modo geral, seu desempenho era inferior ao do participante do grupo-controle. Ele precisava de mais tentativas que o participante-controle para alcançar o *critério de aprendizado* — piscar em oito de cada nove tentativas consecutivas quando o sinal sonoro era apresentado sozinho. Para o condicionamento retardado, o participante-controle atingiu o objetivo — oito tentativas corretas em cada nove — em 315 tentativas, enquanto Henry precisou de 473. Cinco semanas depois do experimento de condicionamento retardado, introduzimos o procedimento de condicionamento de traço. Nesse caso, o participante-controle atingiu o critério de aprendizado na primeira tentativa, enquanto Henry precisou de 91. Parecia que ele estava prejudicado, tanto no condicionamento retardado como no condicionamento de traço.[5]

Conseguimos obter alguma compreensão do desempenho de Henry durante os condicionamentos retardado e de traço ao examinar tentativas que incluíam o sinal sonoro, mas não o sopro de ar. Em algumas daquelas tentativas, embora ele produzisse uma piscada após o sinal sonoro, esta chegava tarde demais — segundo nossa definição para respostas condicionadas, 400 milissegundos. Consequentemente, aquelas piscadas não contavam como respostas condicionadas. Sua lentidão para responder explica, pelo menos em parte, por que requeria mais de cem tentativas extras para alcançar o critério de aprendizado para o condicionamento retardado. Porém uma segunda medida de aprendizado, o quanto Henry lembrava depois de uma pausa de cinco semanas, mostrou que parte do aprendizado no procedimento retardado era levada adiante. Dessa vez, Henry necessitou de 276 tentativas para apresentar o condicionamento — 197 menos que antes — enquanto o participante-controle levou 91 tentativas, 24 menos que antes. Embora a porcentagem de ganho de Henry de 42% fosse menos impressionante que a de 79%, lograda pelo participante-controle, ele teve claramente um progresso substancial na aquisição da resposta condicionada. Esse experimento nos diz que o hipocampo não é essencial para que o condicionamento clássico ocorra tanto no procedimento retardado como no de traço. A capacidade de aprender de Henry, embora reduzida, força-nos a especular sobre que partes de seu cerebelo remanescente poderiam ter sustentado esse aprendizado.[6]

Dois anos depois do experimento inicial de condicionamento, examinamos a durabilidade daquele aprendizado. Nos novos experimentos, Henry nos deu uma impressionante demonstração de aprendizado não declarativo. Em apenas nove tentativas, ele alcançou o critério de aprendizado para o condicionamento de traço, mostrando que, ao longo do período de dois anos, as respostas condicionadas aprendidas foram consolidadas e armazenadas com segurança no seu cérebro. Esse resultado inequívoco indicava que o hipocampo não é essencial para armazenar um traço do sinal sonoro por meio segundo para associá-lo com o sopro de ar. Para que ocorresse o condicionamento, Henry deve ter engajado seu cerebelo e áreas corticais remanescentes para reter por dois anos as respostas aprendidas. Ele apresentou aprendizado não declarativo inconsciente, apesar de não ter memória declarativa da experiência: ele não reconheceu nenhum dos pesquisadores, dos aparelhos, das instruções e procedimentos, e não tinha conhecimento do que havia aprendido.[7]

Para entender melhor as diferenças entre condicionamento retardado e de traço, recorremos ao trabalho de três pesquisadores da memória da

MEMÓRIA SEM LEMBRANÇA II

Universidade da Califórnia, em San Diego. Em 2002, eles reuniram evidências de experimentos com animais e seres humanos — inclusive pacientes com amnésia — para ressaltar que a percepção consciente é necessária ao condicionamento de traço, mas não ao condicionamento retardado. Percepção consciente nessa tarefa de aprendizado é o conhecimento declarativo da relação entre o sinal sonoro e o sopro de ar — o sinal sonoro indica a chegada iminente do sopro de ar. Nosso participante-controle deve ter tido esse conhecimento declarativo — essa percepção consciente — porque adquiriu o condicionamento de traço em uma única tentativa. Durante o desenrolar do experimento, participantes saudáveis vieram a entender, em um nível consciente, que o sinal sonoro anunciava a ocorrência do sopro de ar, e passavam a esperá-lo.[8]

Embora a Henry faltasse esse conhecimento declarativo (percepção consciente), ele eventualmente apresentou o condicionamento de traço, precisando para isso executar 91 tentativas. Assim, o mecanismo que sustentou o aprendizado de Henry deve ter sido diferente. Os pesquisadores de memória da Califórnia sugeriram que o cerebelo, embora necessário para o condicionamento retardado ou de traço, não poderia sustentar uma representação do sinal sonoro ao longo do intervalo de meio segundo. No caso de Henry, então, essa contribuição deve ter vindo de uma representação do sinal sonoro em seu córtex auditivo intato, que lhe permitia adquirir as respostas condicionadas — seu conhecimento não declarativo.[9]

Nossos experimentos de condicionamento clássico relacionados ao piscar de olhos demonstraram a plasticidade no cérebro de Henry. Por meio desses procedimentos, ele podia adquirir aprendizado associativo, ligando um sinal sonoro com um sopro de ar em seu olho. Esse aprendizado não declarativo era involuntário, confinado a circuitos que operavam fora do reino de sua percepção consciente. Ao contrário, se tentasse explicitamente associar o sinal sonoro e o sopro de ar, ele falharia, assim como seria incapaz de associar o nome de seu médico com o rosto dele. Henry não possuía circuitos de memória declarativa, relacional, em que se sustentar para essa tarefa, mas ainda mantinha redes que lhe possibilitavam adquirir, sem uma lembrança consciente, dois tipos de respostas condicionadas — de traço e retardadas.

Como o condicionamento clássico, o aprendizado perceptual também é expresso por meio do desempenho em uma tarefa. A *percepção* no sistema visual é a capacidade da mente de detectar movimento e de identificar, pela visão, os objetos, os rostos, as formas, as texturas, a orientação de linhas e as cores. Do mesmo modo, o sentido do toque permite que a mente aprecie a aspereza, a temperatura, a forma, a textura e a elasticidade.

O *aprendizado perceptual* é diferente da percepção. Ele ocorre por cima do processamento básico dos estímulos. Esse aprendizado é a capacidade de identificar algo com mais exatidão e sem esforço depois de um treinamento, e ocorre incidentalmente, sem nenhuma percepção consciente da aprendizado. A sintonia fina da percepção por intermédio da experiência é aparente em quase qualquer área da vida, desde o modelista amador que conhece todos os tipos e modelos de carros antigos, passando pelo gerente de controle de qualidade de uma linha de montagem que pode detectar defeitos instantaneamente, até o radiologista que pode identificar um tumor cancerígeno nas sombras de uma imagem de ressonância magnética.[10]

Meus colegas e eu tínhamos curiosidade de ver se as lesões do lobo temporal medial de Henry lhe permitiriam adquirir nova informação perceptual sem que ele tivesse consciência de estar fazendo isso. Enfrentamos essa questão em 1968, quando a Dra. Milner apresentou a Henry um teste de aprendizado perceptual, o Teste de Desenhos Incompletos de Gollin. Esse teste não era direcionado à percepção visual de Henry, mas sim à sua capacidade de identificar uma versão menos completa de um desenho da segunda vez que ele a visse, comparada com a primeira. A tarefa implicava observar desenhos de linhas simples de vinte objetos e animais comuns, tais como um avião e um pato. Henry via cada objeto em cinco graus de fragmentação. O teste começava com uma representação muito esboçada que continha algumas partes de cada objeto, quase impossível de interpretar, e terminava com um desenho completo e reconhecível. Henry viu primeiro o conjunto mais fragmentado, um desenho de cada vez, cada um deles por cerca de um segundo, e disse o que pensava que cada desenho podia representar. Depois via de forma progressiva conjuntos completos de desenhos até que pudesse reconhecer todos os vinte objetos.[11]

Milner conduziu o teste Gollin com Henry por dois dias consecutivos, com essas instruções: "Vou mostrar-lhe alguns desenhos que estão incompletos. Quero que você me diga qual seria a figura se eles estivessem completos. Adivinhe, se não estiver seguro." Após um curto teste de prática, ela mostrou a Henry os primeiros vinte cartões, os mais difíceis, e anotou seus erros. Então, apresentou uma versão menos fragmentada dos desenhos, em uma ordem diferente, de modo que ele não pudesse antecipar que desenho apareceria em seguida, e disse-lhe que desta vez eles seriam um pouco mais fáceis de serem identificados. Esse procedimento continuou, com os desenhos mais completos a cada tentativa, até que Henry identificou os vinte desenhos. Ele completou o teste sem erros depois de quatro tentativas, e, notavelmente, sua exatidão foi um pouco melhor que a dos dez participantes do grupo-controle: Henry deu nome errado a 21 desenhos, ao passo que os participantes do grupo-controle, em média, erraram 26.[12]

Sabíamos, de outros testes, que a percepção visual de Henry era excelente, mas esse primeiro encontro com os desenhos iria beneficiar seu desempenho da próxima vez que os visse? Apresentaria aprendizado perceptual? Uma hora mais tarde, e sem aviso, a Dra. Milner mostrou a Henry o mesmo conjunto de desenhos. Ele não se lembrou de ter feito o teste antes; mesmo assim, identificou os fragmentos em menos tentativas.[13]

Ainda assim, Henry não mostrou tanta melhoria como o grupo-controle. Por que não? Os participantes do grupo-controle tinham uma vantagem sobre Henry: eles retinham os nomes dos desenhos em sua memória de longo prazo, de modo que tinham um cardápio dos nomes corretos do qual escolher quando viam os desenhos fragmentados pela segunda vez. Eles sabiam, por exemplo, que um dos desenhos era um pato, de forma que, quando viam alguns fragmentos que sugeriam um bico ou uma cauda, eles adivinhavam *pato*. Mas Henry melhorou de teste em teste, e, assombrosamente, quando lhe apliquei o mesmo teste treze anos mais tarde, sua identificação foi ainda mais exata. Embora ainda não tivesse memória consciente de jamais ter visto os desenhos, havia aprendido uma habilidade perceptual sem conhecimento explícito, e ela permaneceu — solidamente armazenada nas áreas corticais preservadas de seu cérebro.[14]

Agora entendemos muito mais sobre como certas partes do cérebro detectam e classificam a informação. No começo dos anos 1990, estudos revelaram, por exemplo, que uma área do cérebro é dedicada ao processamento e reconhecimento de rostos. Utilizando uma técnica de imagem funcional chamada tomografia de emissão positrônica (PET), um neurocientista cognitivo do Montreal Neurological Institute pediu a participantes que identificassem rostos e descobriu aumentos regionais no fluxo sanguíneo cerebral — que indicava atividade neural aumentada — nas áreas dentro do córtex temporal dedicadas ao processamento de informação visual. Cinco anos mais tarde, uma neurocientista cognitiva do MIT utilizou um método de imagens cerebrais que fazia mapas mais precisos do cérebro que o PET. Ela desenvolveu protocolos de ressonância magnética funcional para definir os limites dessa área de seleção de rostos no lobo temporal e estabeleceu sua função, batizando-a de *área fusiforme facial*. Essa área não estava danificada no cérebro de Henry, de modo que ele ainda podia reconhecer seus pais, seus parentes, seus amigos e celebridades depois de sua operação. Ele havia armazenado aquelas imagens em sua memória de longo prazo antes da operação. Se tivéssemos lhe mostrado uma série de rostos não familiares dentro de um escâner de ressonância magnética, sua área fusiforme facial teria ficado ativa enquanto ele estivesse olhando os rostos. Mas, depois de sair do escâner, ele não se lembraria deles, porque não possuía as áreas necessárias em seu lobo temporal medial para formar aquelas novas memórias.[15]

A descoberta principal dos pesquisadores do MIT inspirou uma equipe de cientistas da Universidade Vanderbilt a conduzir estudos adicionais de ressonância magnética funcional, que mostravam como o cérebro mapeia outros tipos de habilidades. Descobriram que o conhecimento detalhado de pássaros ou de carros também utilizava a área de seleção de rostos do cérebro. No escâner de ressonância magnética, todos os participantes viram pares de carros e pares de pássaros e julgaram se os carros eram do mesmo modelo, mas de anos diferentes, e se os pássaros pertenciam à mesma espécie. Quando os pesquisadores compararam a atividade cerebral associada a carros e a pássaros nos dois grupos, encontraram ativação maior por carros do que por pássaros nos fãs de carros e ativação maior por pássaros do que carros entre os especialistas em pássaros. O efeito da especialização em carros e pássaros ocorria na mesma área cortical que a do reconhecimento facial, o que sugeria que a atividade dentro dessa pequena área está focada de forma diferente para sustentar várias especializações — reconhecimento facial e reconhecimento especializado de objetos.[16]

Esses experimentos ilustraram a plasticidade dentro dos cérebros humanos individuais — a dedicação de neurônios em uma área precisamente definida que resulta de aprendizado perceptual de longo prazo com objetos específicos, tais como rostos, carros e pássaros. Essa capacidade é fundamental para interações bem-sucedidas com outras pessoas e com nosso ambiente. Depois de sua operação, Henry ainda podia perceber rostos, carros e pássaros e podia apresentar aprendizado perceptual normal com os desenhos de Gollin — capacidades que se baseavam no seu córtex visual intato. Mas aqueles processos, por si sós, eram insuficientes para que ele se lembrasse, no sentido cotidiano da palavra, de novos rostos e objetos.

Continuamos a aprender mais sobre como nosso cérebro aprende e classifica informação. Em 2009, neurocientistas identificaram vias de matéria branca conectando as áreas visuais que sustentam o processamento de rostos e objetos com a amígdala e o hipocampo. Nós iremos examinar o cérebro autopsiado de Henry para confirmar a integridade daquelas conexões. Presumimos, no entanto, que essas vias para as estruturas do lobo temporal medial estavam intatas, de modo que a informação sobre rostos e objetos teria alcançado suas estruturas do lobo temporal medial se estas não tivessem sido removidas. Henry não tinha a maquinaria para receber, codificar e consolidar informação sobre rostos como uma memória.[17]

Nem todo tipo de aprendizado não declarativo requer exposições repetidas a um estímulo ou procedimento. O *precondicionamento por repetição* pode ocorrer após uma única tentativa de treinamento. No laboratório, quando Henry olhava para uma série de palavras, desenhos ou padrões e os encontrava uma segunda vez em um teste subsequente, sua percepção deles ou sua resposta era com frequência facilitada devido à sua exposição anterior. Esse processamento aprimorado é conhecido como precondicionamento por repetição — seu cérebro foi "preparado" para responder de certa forma a um estímulo porque ele o havia visto previamente. Mesmo quando ele não estava intencionalmente tentando relembrar o passado, sua experiência inconscientemente influenciava sua memória.[18]

O precondicionamento por repetição ocorre frequentemente em nossa vida diária, mas quase sempre passa despercebido. Podemos escutar uma canção no rádio de manhã cedo e depois encontrar-nos cantarolando-a durante o dia sem saber por quê. O precondicionamento é uma ferramenta preferida da indústria da propaganda. Exposição frequente a nomes específicos de marcas na televisão ou em revistas pode preparar-nos para processá-los mais e assim selecioná-los preferencialmente a outros nomes de marcas, mesmo que não nos lembremos conscientemente de tê-los visto em anúncios. Campanhas políticas também se aproveitam do precondicionamento: candidatos pouco conhecidos podem ficar populares da noite para o dia se os eleitores virem e ouvirem seus nomes repetidamente. Quando lemos aqueles nomes em nossa cédula eleitoral, podemos pensar erroneamente que os candidatos são políticos veteranos com um currículo formidável, simplesmente porque processamos seus nomes com maior facilidade. Em meados dos anos 1980, ficamos interessados em examinar em detalhe a capacidade de Henry de precondicionamento porque queríamos saber se essa forma de memória era resistente à amnésia e se diferentes tipos de precondicionamento eram igualmente robustos na amnésia. Outro foco de nossa pesquisa era demonstrar se o efeito de precondicionamento era comparável quando os itens de teste eram familiares a Henry, perante aqueles que eram novos.

Exploramos esses tópicos em uma série de experimentos levados a cabo no final dos anos 1980 e ao longo dos anos 1990, utilizando várias tarefas de precondicionamento. Em cada caso, o teste era composto de duas partes: uma *fase de estudo*, na qual Henry era exposto a palavras ou desenhos, seguida de uma *fase de teste*, na qual ele desempenhava a tarefa com palavras e desenhos já estudados e novos. Por exemplo, em uma fase de estudo, mostramos a ele uma lista de palavras em uma tela de computador, uma de cada vez, e pedimos a ele que dissesse "Sim" se a palavra tivesse a letra *A* e "Não" se não a tivesse. Essa instrução levou Henry a acreditar que estávamos simplesmente testando sua capacidade de detectar *As*, de modo que não pensou que esse era um teste de memória.

        EPISÓDIO
        FACULDADE
        RAIO
        FORNO
        CÁLCIO
        DURO
        ARGILA
        CARTA
        GELO

Depois, na fase de teste, mostramos a Henry as três primeiras letras daquelas palavras, entremeadas com as três primeiras letras de palavras comparáveis que não estavam na lista de estudo.

ARG
SER
CAL
DUR
MED
TRO
EPI
FAC
DOC
RAI
BRE
REC

Dissemos a Henry que cada grupo de três letras era o começo de uma palavra e lhe pedimos que transformasse cada grupo em uma palavra. Nós o encorajamos a escrever a primeira palavra que surgisse em sua mente, e não mencionamos a lista de estudo. Henry permaneceu sem saber que sua memória estava sendo testada.

As palavras estudadas não eram as mais comuns finalizações dos grupos de três letras, pois não estavam entre as três respostas mais populares dadas em um estudo piloto no qual pedimos a participantes saudáveis que simplesmente completassem as três primeiras letras com a palavra que lhes viesse à cabeça. Terminações comuns dos grupos ARG, CAL e EPI incluíam ARGENTINA, CALOR e EPIDEMIA. ARGILA, CÁLCIO e EPISÓDIO eram escolhas menos corriqueiras. Notavelmente, após uma única exposição à lista de estudo, Henry utilizou as terminações menos comuns, o que indicava um efeito de precondicionamento. Sua pontuação de precondicionamento levou em conta o número de itens que ele acertaria por pura sorte. Foi o número de vezes que ele completou as letras com palavras estudadas, menos o número de vezes que completou outros inícios de palavras com palavras não estudadas — palavras similares às palavras estudadas em número de letras e em frequência de ocorrência no idioma. Durante o teste, o precondicionamento ocorreu como resultado da ativação no cérebro de Henry da representação da palavra que ele havia recém-encontrado na lista de estudo.[19]

Comparamos o desempenho de Henry nessa tarefa de memória não declarativa com suas pontuações em duas medições de memória declarativa, nas quais sua tarefa foi lembrar-se conscientemente de palavras estudadas de formato similar. Ele observou a lista de estudo em uma tela de computador como antes, e, depois de uma pequena demora, pedimos a ele que se lembrasse oralmente das palavras que recentemente havia visto. Depois, aplicamos a ele um teste de memória de reconhecimento, no qual três palavras apareciam na tela do computador, todas elas começando com as mesmas três letras, por exemplo, CALO, CALOR e CÁLCIO. A tarefa de Henry era selecionar a palavra estudada entre as três apresentadas. Ele tinha dificuldades em ambas as medições — recordação e reconhecimento.[20]

A diferença crítica entre essas tarefas declarativas e a tarefa de precondicionamento não declarativo estava nas instruções. Para os testes de recordação e reconhecimento, pedimos a Henry que recuperasse intencionalmente palavras da lista de estudos — um teste de memória no sentido tradicional. Aqueles resultados mostraram que ele ativava redes neurais separadas para o aprendizado declarativo e não declarativo. Ele fracassou nos testes de recordação e reconhecimento, mostrando que seus circuitos declarativos estavam danificados, mas teve desempenho normal no teste de precondicionamento de completar palavras, provando que seus circuitos não declarativos estavam preservados.[21]

Que mecanismo cerebral permite que pessoas com amnésia apresentem precondicionamento normal? As primeiras pistas para uma explicação vieram em 1984, quando psicólogos da Universidade da Pensilvânia fizeram uma observação astuta durante conversas casuais com pacientes amnésicos. Os pesquisadores notaram que pacientes densamente amnésicos, após uma longa exposição a uma palavra ou conceito específicos — por exemplo, cães ou tipos de cães — seguidos de 15 segundos desempenhando outra tarefa, afirmavam não se lembrar de nenhuma conversa específica, e não ter ideia de qual poderia ter sido o assunto de conversação. Mas se os pesquisadores então pedissem aos pacientes que iniciassem uma conversa sobre qualquer assunto que quisessem, eles provavelmente escolheriam um tópico ou mencionariam uma palavra da discussão prévia — *cães* ou *terrier*, por exemplo — mesmo que não reconhecessem o vínculo entre o novo discurso e a conversa anterior.[22]

Os pesquisadores especularam que o desempenho normal de pacientes amnésicos nos testes de precondicionamento resultava da *ativação do traço*, a excitação de representações mentais intatas — códigos simbólicos de informação. Eles propuseram que, quando os participantes leem palavras em voz alta, como VELA, AGRADÁVEL e BOTÃO, eles ativam uma imagem mental daquela palavra. Essa ativação se estende por minutos ou horas — assim como seu secador de cabelo permanece quente por um tempo depois que você o desliga — e ocorre de forma similar entre participantes normais e amnésicos. Em um teste subsequente, quando os participantes tiveram que completar VEL, AGR e BOT com a primeira palavra que lhes viesse à cabeça, as palavras VELA, AGRADÁVEL e BOTÃO foram muito ativadas e, portanto, tinham mais probabilidade de serem selecionadas que outras possíveis terminações.[23]

Em meados dos anos 1980, quando meus colegas e eu começamos a estudar o efeito de precondicionamento por repetição, tínhamos várias metas. Uma era examinar o precondicionamento não verbal ao usar padrões não familiares como estímulos de testes. A maior parte das demonstrações de precondicionamento intato na amnésia havia utilizado tarefas verbais, tais como ler, soletrar ou completar palavras, mas uma teoria mais ampla da natureza do precondicionamento na amnésia teria que envolver outras informações além das palavras. Quando os pacientes amnésicos veem palavras, eles podem recorrer ao conhecimento sobre essas palavras que adquiriram antes de tornarem-se amnésicos: os estímulos já estão armazenados em seu dicionário mental e podem ser ativados e assim precondicionados. Mas e a informação que estão vendo pela primeira vez? É possível que os pacientes amnésicos apresentassem precondicionamento intato apenas quando tivessem conhecimento da resposta precondicionada — quando já possuíssem uma representação normal do estímulo. Os pesquisadores poderiam facilmente identificar o conhecimento de palavras como a base do precondicionamento verbal, mas ficava menos claro o que constituía uma base de conhecimento para o precondicionamento não verbal.

Em 1990, membros de meu laboratório se lançaram a descobrir se Henry iria apresentar precondicionamento normal quando os estímulos fossem padrões desenhados sobre papel. Criamos seis figuras-alvo ao conectar cinco pontos entre nove possíveis em uma matriz quadrada de três por três. Depois pedimos a Henry e a um grupo-controle de participantes que desenhassem qualquer figura que quisessem, usando linhas retas para conectar os cinco pontos em cada um dos padrões de seis pontos. Essas figuras constituíam as figuras básicas dos participantes e indicavam que figuras eles escolheriam para desenhar espontaneamente por si sós. O teste de precondicionamento veio seis horas depois. Na *fase de estudo*, os participantes receberam uma folha de papel com as seis figuras-alvo e lhes foi dito que copiassem essas figuras em padrões de pontos correspondentes na mesma página. Então removemos essa folha de papel, e os participantes desempenharam uma tarefa de distração por três minutos — escrevendo quantos nomes de artistas famosos do século XX conseguissem.[24]

Na *fase de teste*, demos a Henry e aos participantes do grupo-controle uma nova folha de papel com os seis padrões de pontos e pedimos a eles que fizessem qualquer desenho que quisessem, desde que conectassem os cinco pontos em cada padrão com linhas retas. Queríamos ver se os participantes iriam desenhar as figuras-alvo que haviam copiado antes; se o fizessem, seria prova de que haviam sido precondicionados. O número de figuras-alvo que Henry e os controles desenharam na condição de precondicionamento (após a cópia) excedeu em muito o número de figuras-alvo que haviam feito por acaso na condição básica inicial. Resumindo: depois que os participantes copiavam uma figura-alvo em um padrão de pontos, eles tinham mais probabilidade de desenhar aquela figura quando lhes pediam que desenhassem o que quisessem. Henry apresentou uma magnitude normal de precondicionamento em três diferentes formas de testes, administrados em três ocasiões distintas.[25]

Essa demonstração de precondicionamento com estímulos novos sugeria que o aprendizado estava atado, não às representações de memória estabelecidas antes da operação de Henry, mas, em vez disso, às representações recentemente adquiridas das figuras-alvo específicas. Essa descoberta foi o primeiro relato de precondicionamento não verbal intato em um indivíduo com memória prejudicada, fornecendo forte evidência de que o precondicionamento poupado na amnésia não está limitado a estímulos baseados na linguagem.[26]

Como explicamos o precondicionamento de padrões? Parecia improvável que os participantes normais ou Henry tivessem representações preexistentes de memória das figuras-alvo; sendo assim, é difícil descrever o precondicionamento de padrões como a ativação de representações de memória de longo prazo. Qual é, então, a explicação alternativa? Durante a cópia das figuras-alvo nos padrões de pontos, Henry e os participantes do grupo-controle formaram novas associações entre eles. As novas associações influenciaram o processamento perceptual que atribuía uma estrutura específica ao padrão de pontos e guiava os desenhos precondicionados. A severa amnésia de Henry eliminava a possibilidade de que seu precondicionamento de padrões intato refletisse a operação dos mecanismos de recordação e de reconhecimento, sublinhando a conclusão de que novas associações que sustentem o precondicionamento perceptual podem ser estabelecidas de maneira não declarativa, apesar de severos déficits na memória episódica.[27]

MEMÓRIA SEM LEMBRANÇA II

Notavelmente, em uma tarefa de reconhecimento de padrões, quando a memória declarativa *era* requerida, o desempenho de Henry foi significativamente mais fraco que o dos participantes do grupo-controle. Administramos outro teste no qual Henry e o grupo-controle receberam instrução de copiarem um novo conjunto de figuras-alvo em padrões de pontos, e, depois de uma pausa de três minutos, de selecionarem entre quatro figuras aquela que haviam recém-copiado. Henry, consistente com sua memória declarativa ruim, teve problemas para reconhecer as figuras--alvo havia acabado de copiar, enquanto os participantes do grupo-controle não os tiveram.[28]

A capacidade de Henry para o precondicionamento de padrões demonstrou que esse tipo de memória não se apoiava nas estruturas do lobo temporal medial que sustentavam a memória de recordação e de reconhecimento. Em vez disso, as associações perceptuais que mediavam o precondicionamento de padrões provavelmente são estabelecidas nos estágios iniciais do processamento visual, localizado na parte de trás do córtex. Essas associações são relativamente inacessíveis para a percepção consciente. Essa observação deu lugar a mais experimentos — uma ampla busca pelos circuitos corticais específicos que sustentam os vários tipos de precondicionamento. Conduzimos uma série de estudos que revelaram a arquitetura funcional do precondicionamento por repetição. Henry desempenhou um papel importante nessa pesquisa, mas também necessitávamos pacientes cujos cérebros tivessem danos em outras áreas. Assim sendo, recrutamos de pacientes com doença de Alzheimer e outros com lesões em áreas cerebrais delimitadas. Além disso, testamos um grupo-controle de adultos saudáveis comparáveis com cada grupo de pacientes em termos de idade, sexo e educação.

Nossa primeira conquista veio em 1991, quando demonstramos que o precondicionamento é um conceito de múltiplas partes: o precondicionamento representa uma família de processos de aprendizado. Ao estudar pacientes com doença de Alzheimer, pudemos mostrar que circuitos separados no córtex medeiam dois tipos diferentes de precondicionamento. Como Henry, os pacientes com Alzheimer têm danos nas estruturas do lobo temporal medial e estão prejudicados em medições de memória declarativa, tais como recordação e reconhecimento. Também têm perda de células em certas áreas corticais, mas não em outras. Nosso experimento revelou que os pacientes com Alzheimer tinham precondicionamento normal quando lhes pedíamos, na fase de teste, que identificassem palavras visualmente — precondicionamento *de identificação perceptual* — mas não quando lhes pedíamos que gerassem palavras baseadas em seu significado — precondicionamento *conceitual*. Essa descoberta indicava uma clara distinção entre esses dois tipos de precondicionamento, sugerindo que o precondicionamento baseado na simples memória visual depende de uma rede cerebral diferente do precondicionamento baseado em pensamentos mais complexos. Henry apresentou precondicionamento normal em ambas as medições porque elas não requeriam a participação de circuitos do lobo temporal medial.[29]

As tarefas de precondicionamento perceptual e conceitual consistiam em uma condição de estudo e uma condição de teste. A condição de estudo era a mesma para ambas as medições — pacientes e participantes do grupo-controle viam uma série de palavras, uma de cada vez, na tela de um computador e liam cada palavra em voz alta. As condições do teste diferiam. Para o precondicionamento *de identificação perceptual*, a examinadora dizia aos participantes que iriam executar outra tarefa não relacionada com aquela recém-completada. Ela então apresentava uma série de palavras brevemente na tela e instruía os participantes para que lessem cada palavra. Metade das palavras havia estado na lista do estudo, e metade era de palavras novas. O precondicionamento estava presente se o tempo — medido em milissegundos — necessário para identificar as palavras estudadas fosse menor do que o tempo necessário para identificar as palavras novas. Descobrimos que o efeito de precondicionamento no grupo com Alzheimer não diferia daquele do grupo-controle, de modo que a demência leve a grave não interferia com o precondicionamento na identificação perceptual. Essa descoberta indicou que os circuitos nos cérebros com Alzheimer que sustentavam esse tipo de precondicionamento estavam ilesos.[30]

No teste de precondicionamento *conceitual*, os participantes viam grupos de três letras na tela do computador e completavam cada um deles com a primeira palavra que lhes viesse à cabeça. Metade eram palavras que haviam visto antes na lista de estudo, e metade eram palavras novas. Dessa vez, quando o grupo com Alzheimer tinha que transformar cada grupo de três letras em uma palavra, não completava mais palavras do que o faria por sorte. Sua magnitude de precondicionamento conceitual estava significantemente reduzida.[31]

A partir de autópsias realizadas em pacientes com Alzheimer, sabemos que a doença não danifica o córtex de maneira uniforme. As áreas corticais que recebem informação básica por meio da visão, da audição e do tato, assim como as áreas corticais que enviam comandos motores são relativamente poupadas, mas as áreas de mais ordem nos lobos frontal, temporal e parietal que sustentam os processos cognitivos complexos são comprometidas. Nosso estudo de precondicionamento dava a entender que uma rede de memória dentro das áreas visuais no córtex occipital — intato na doença de Alzheimer — sustentava efeitos de precondicionamento perceptual, enquanto uma rede diferente nos córtices temporal e parietal — danificados na doença de Alzheimer — sustentava efeitos de precondicionamento conceitual. Todas essas áreas estavam intatas no cérebro de Henry, e esta é a razão pela qual ele não tinha problema com ambos os tipos de precondicionamento.[32]

Em 1995, nossa investigação de um paciente com danos nas áreas visuais do cérebro reforçou o argumento de que os processos de precondicionamento perceptual e conceitual são separados. As imagens de ressonância magnética desse homem mostravam áreas múltiplas de anormalidade, particularmente nas áreas visuais, e ele apresentava acentuados déficits nos testes de percepção visual. No entanto, ele não tinha amnésia, e as estruturas de seu lobo temporal medial foram poupadas. Conduzimos com ele os mesmos testes aplicados a pacientes com Alzheimer, e os resultados indicaram o padrão inverso. Ele não tinha capacidade de precondicionamento perceptual, de identificar brevemente palavras e pseudopalavras, mas mostrava precondicionamento conceitual normal, completava palavras baseado no significado e podia reconhecer explicitamente palavras que havia visto antes. O contraste dramático entre o desempenho normal desse homem na tarefa de precondicionamento conceitual e sua falta de precondicionamento em tarefas de precondicionamento perceptual foi um reforço vital ao nosso pensamento. Quando considerados lado a lado com a característica oposta observada nos pacientes com Alzheimer, os resultados forneceram prova convincente da existência de dois processos de precondicionamento que dependem de circuitos neurais separados.[33]

Nossos estudos de precondicionamento por repetição com Henry e com outros pacientes revelam com detalhes cada vez mais acurados como nossas experiências nos influenciam sem nosso conhecimento explícito. Como incluímos medições de memória declarativa em nossos experimentos de precondicionamento, os resultados ressaltaram a distinção entre precondicionamento — memória não declarativa — e evocação explícita — memória declarativa. Essa dissociação que desmembramos tão meticulosamente no laboratório também é flagrante na vida diária. Quando nos esquecemos de compromissos ou dos aniversários de amigos, nossa memória nos falha; mas se perdemos um jogo de tênis, não culpamos nossa memória nem dizemos: "Não pude recuperar a sequência motora correta para meu saque." Ao usar o termo *memória* no primeiro caso, mas não no segundo, reconhecemos que as memórias declarativa e processual são diferentes.

Mas histórias da vida diária não provam que tal distinção existe na organização funcional do cérebro. Precisávamos de Henry e de outros pacientes para provar essa dissociação de maneira científica. Henry já havia nos mostrado que o hipocampo e o tecido vizinho eram críticos para a memória declarativa — a capacidade de lembrar intencionalmente experiências e informação. Seu desempenho normal em nossos experimentos de precondicionamento sustenta a visão de que os precondicionamentos conceitual e perceptual estão localizados em circuitos de memória embutidos no córtex de associação de alta ordem nos lobos frontal, temporal e parietal — áreas conhecidas por sustentar funções cognitivas complexas. Esses circuitos trabalham independentemente dos circuitos de memória do lobo temporal medial.

Henry foi importante para nossa compreensão dos vários tipos de memória que operam fora de nossa percepção consciente. Nossos estudos de condicionamento clássico relacionado ao piscar de olhos, de aprendizado perceptual e de precondicionamento por repetição revelaram ainda mais sua capacidade de adquirir novos conhecimentos não declarativos. Apesar do dano maciço ao seu hipocampo e estruturas circundantes em ambos os lados do cérebro, que resultaram em amnésia profunda, ele podia aprender, sem utilizar processos de evocação explícitos e sem lembrar-se conscientemente dos episódios de aprendizado. Henry adquiriu respostas condicionadas durante o condicionamento de traço e retardado e reteve essas respostas até meses mais tarde; ele completava mentalmente fragmentos de desenhos, mostrando o benefício de exposição anterior a esses desenhos; e exibia precondicionamento tanto com itens de teste verbais como pictóricos. Esses feitos testemunham as capacidades cognitivas residuais de Henry e os circuitos neurais que as sustentavam.

Os membros do meu laboratório e eu comunicamos os resultados de nossos experimentos com aprendizado e memória não declarativos às comunidades médica e científica na forma de artigos em revistas científicas e capítulos de livros. O reconhecimento às contribuições de Henry fica evidente nas centenas de citações de nosso trabalho por outros pesquisadores.

10.

O universo de Henry

A mãe de Henry continuou a tomar conta dele por vários anos depois da morte do pai, mas ao longo do tempo a responsabilidade tornou-se demasiado pesada para ela. Em 1974, quando Henry tinha 48 anos, ele e a mãe foram morar com Lilian Herrick, cujo primeiro marido era parente de Henry pelo lado materno da família. A Sra. Herrick era uma enfermeira registrada que, antes de aposentar-se, havia trabalhado no Institute of Living, uma clínica cara de tratamento psiquiátrico em Hartford, Connecticut. Aos 60 anos, ela às vezes hospedava pessoas mais velhas que necessitavam de cuidados em suas vidas diárias.

A Sra. Herrick e seu marido viviam em um bairro residencial na avenida New Britain, em Hartford, perto do Trinity College. A casa deles era grande, três andares de madeira branca, com uma varanda na frente e rodeada de altas árvores. O filho da Sra. Herrick, o Sr M., descreveu-a como "empertigada, respeitável e muito inglesa". Ela possuía um bom senso de humor e ria muito. Em casa, ela usava vestidos antiquados, mas também gostava de arrumar-se para sair. Seu filho nunca a viu usando calças.

Mesmo depois da morte de seu primeiro marido, a Sra. Herrick manteve sua conexão com a família Molaison, compadecendo-se de Henry, e mantendo contato com ele e sua mãe por anos. Esse vínculo foi benéfico para a Sra. Molaison, que estava envelhecendo e ficando frágil. Durante uma visita, a Sra. Herrick ficou chocada ao descobrir que a Sra. Molaison tinha uma ferida muito inflamada na perna direita. A Sra. Herrick imediatamente a levou para a emergência do Hartford Hospital, e por dois dias ela esteve a ponto de perder a perna. Felizmente, a perna sarou e, depois daquele incidente, a Sra. Herrick passava para ver Henry e sua mãe a cada duas ou três semanas.

Em dezembro de 1974, a Sra. Herrick recebeu uma chamada telefônica de amigos da família Molaison, que viviam na vizinhança, relatando que, quando levaram um presente de Natal para a casa deles, a Sra. Molaison não os reconheceu. Naquele dia a Sra. Herrick devia trabalhar no Institute of Living, mas ligou para dizer que não poderia comparecer e, em vez disso, dirigiu até a casa dos Molaison. Ela disse que a Sra. Molaison "estava deitada no chão e completamente fora de si". Não ficou claro o que lhe aconteceu, mas Henry parecia não ter consciência de que alguma coisa estava errada: ele pensou que a mãe estava apenas descansando ou dormindo. Uma ambulância transportou a Sra. Molaison para a emergência do hospital, em estado grave. Os médicos quiseram enviá-la diretamente para uma casa de repouso, mas, em janeiro de 1975, a bondosa Sra. Herrick recebeu Henry e sua mãe na própria casa.

A Sra. Herrick notou imediatamente que a higiene pessoal deles era deplorável, incluindo roupa de baixo manchada e excessivo mau cheiro. Ela melhorou o cuidado pessoal deles e, em suas palavras, levou a Sra. Molaison "de volta para onde ela ficara muito bem por muito tempo". Na casa da Sra. Herrick, a relação de Henry com sua mãe, no começo, foi tempestuosa. Podia ter havido conflitos no passado, mas ninguém tivera a chance de observá-los de perto. De acordo com a Sra. Herrick, a Sra. Molaison importunava seu filho constantemente, e ele se tornava "muito zangado" com ela, chutando-a na canela ou batendo na testa dela com seus óculos. A Sra. Herrick logo interveio e relegou a Sra. Molaison à parte de cima de sua casa, e Henry à parte de baixo. Se estivessem juntos, a Sra. Herrick ficava no quarto com eles para manter a paz. Essa estratégia funcionou, e Henry ficou consideravelmente mais calmo.

A Sra. Herrick introduziu uma rotina na vida de Henry. Todas as manhãs, ele tomava o desjejum, os remédios, fazia a barba e ia ao banheiro. Ela lhe fazia lembrar-se de pegar roupa de baixo e meias limpas em sua gaveta e de vestir-se. Nos dias úteis, às 8h45, o Sr. ou a Sra. Herrick o levava de carro para uma "escola" para pessoas com incapacidades intelectuais — a HARC (Hartford Association for Retarded Citizens). Henry e alguns outros se sentavam em volta de uma mesa fazendo trabalhos por empreitada, fornecidos pelas lojas de Hartford, tais como colocar chaveiros em exibidores de papelão. Em troca disso, eles recebiam um modesto pagamento a cada duas semanas.

Em junho de 1977, o relatório de progresso vocacional de Henry dizia que ele "havia se adaptado bem à oficina". Seu instrutor escreveu essa descrição das "habilidades profissionais" de Henry:

> Henry não retém bem as instruções. Periodicamente, deve ser instruído outra vez. Quer adaptar-se a mudanças de trabalho, mas fica confuso. É perseverante em sua tarefa. Seu trabalho deve ser verificado ocasionalmente. O trabalho de Henry não melhora com a repetição. A qualidade de seu trabalho diminui à medida que o número de passos da tarefa aumenta. Tem dificuldade com tarefas de múltiplos passos. Pode entender instruções verbais.

O instrutor observou especificamente que Henry não conseguia lidar com um projeto que exigisse mais que três passos.

Após as pausas no trabalho, Henry muitas vezes ia até o escritório perguntar o que deveria fazer, mas, assim que lhe indicavam sua mesa, ele sabia exatamente qual era sua tarefa. O contexto o ajudava a lembrar-se dos procedimentos que compunham seu trabalho, habilidades que ele havia armazenado em seus circuitos de memória não declarativa, os quais podiam ser ativados em resposta aos indícios do ambiente.

PRESENTE PERMANENTE

De volta à casa da Sra. Herrick depois da escola, a rotina de Henry incluía lavar as mãos e fazer um lanche. Ele gostava de ficar sentado no pátio com suas revistas de rifles e de palavras cruzadas, e, se outras pessoas estivessem do lado de fora, conversava com elas. Ele era muito mais sociável naquele ambiente do que fora quando vivia sozinho com sua mãe. Henry queria ser útil em casa; ele levava as latas de lixo para a calçada e ajudava o Sr. Herrick nos trabalhos de jardinagem. De noite, ele se sentava em uma poltrona muito estofada, via televisão ou fazia palavras cruzadas. A Sra. Herrick colocou um aviso no aparelho de televisão que dizia que deveria ser desligada às 21h30, e Henry sempre obedecia. Ele ia para a cama de bom grado às 21h30 ou às 22h. Tendo sido criado como católico romano, Henry assistia a uma ou mais missas pela TV no domingo de manhã, e depois a Sra. Herrick quase sempre o levava para um passeio ou comer fora. Ele adorava sair para jantar. Aquelas saídas à tarde duravam várias horas. Henry não fazia questão sobre o destino, adorava ir a qualquer lugar que ela o levasse. "Ele vai até onde o carro chega", disse ela.

Henry não se perdia na casa da Sra. Herrick. Sabia onde ficava o seu quarto e apagava as luzes no horário estabelecido. Era consciente das noções de segurança. Em certa ocasião, a Sra. Herrick tinha alguma coisa cozinhando no fogão e Henry, pensando que ela tivesse saído e esquecido o fogo aceso, desligou o gás. Certa noite, ela subiu para o quarto para pentear-se e disse a Henry para deixar a luz da cozinha acesa porque ela iria descer mais tarde. Depois que ela saiu, no entanto, Henry teve problemas para lembrar-se com certeza de quais tinham sido as instruções dela e, em vez de ir dormir, ficou esperando por 45 minutos até que a Sra. Herrick voltasse.

Minhas conversas e minha correspondência com a Sra. Herrick me asseguraram de que ela tomava excelente cuidado de Henry e que criava um ambiente caloroso, mas disciplinado para ele. Quando ele se mudou para a casa dela, era um fumante empedernido e consumia um maço e meio por dia. A Sra. Herrick gradualmente diminuiu essa quantidade para dez cigarros diários e depois para cinco. Em algum momento durante os seis anos que Henry viveu com a Sra. Herrick, seu exame de raios-X do pulmão mostrou enfisema, e ela cortou-lhe os cigarros por completo. Depois que parou de fumar, suas queixas de dores de estômago diminuíram, mas suspeito que a ânsia de fumar permaneceu. Naquela época, enquanto eu lhe aplicava testes, ele automaticamente levava a mão ao bolso interno do paletó. Quando eu lhe perguntava o que ele estava procurando, respondia: "Meus cigarros." Seu velho hábito era tenaz. A memória não declarativa de Henry estava intata — ele podia lembrar-se do gesto de pegar os cigarros, que havia aprendido antes de sua operação. Sua memória declarativa, porém, havia desaparecido — ele não podia lembrar-se da causa de seu bolso estar vazio.

Para assegurar uma higiene apropriada, a Sra. Herrick deixava bilhetes por toda a casa lembrando a Henry para fazer coisas tais como lavar as mãos e levantar a tampa da privada. Ele parecia estar melhor de saúde, mais alerta, e comia uma dieta mais variada do que quando vivia sozinho com sua mãe. Henry se agarrava à sua rotina: só faltava à escola quando sofria uma convulsão grave e ficava letárgico depois. Esses ataques *grand mal* eram infrequentes, mas ele ainda tinha muitos episódios *petit mal* — ausências temporárias. De acordo com a Sra. Herrick, ele podia estar vendo televisão e, de repente, "ficar em branco", retornando ao normal em segundos. Ela procurou por ajuda médica e coordenou as visitas dele ao nosso laboratório, levando-o de carro para o MIT para testes sempre que queríamos vê-lo.

A Sra. Molaison também se beneficiou da atenção da Sra. Herrick. Em fevereiro de 1977, no entanto, ela teve o que a Sra. Herrick chamou de "outro surto" e foi hospitalizada com pressão alta. Saiu do hospital uma semana depois, mas, aos 89 anos, ela claramente requeria mais cuidados do que a Sra. Herrick podia dar. A Sra. Molaison foi morar em um asilo de idosos, onde passou o resto de sua vida, demente e delirante. Sem a capacidade de lembrar-se onde sua mãe estava e nem por quê, Henry teve dificuldades para ajustar-se à ausência dela. Ele com frequência perguntava quando sua mãe e seu pai iriam visitá-lo. Naquele ano, um dos funcionários do nosso laboratório notou que Henry havia escrito dois bilhetes para si mesmo, que guardava na sua carteira. Um deles dizia "Papai se foi"; e o outro: "Mamãe está no asilo de idosos — está bem de saúde." Não sabemos se a Sra. Herrick o fez escrever esses bilhetes ou se o fez por iniciativa própria quando ela lhe passou essa informação, mas de qualquer modo os bilhetes o protegiam da ansiedade de não saber onde seus pais estavam.

A Sra. Herrick ocasionalmente levava Henry para visitar a mãe. Ele ficava sempre feliz de vê-la e quase tão feliz ao deixá-la, seguro de que ela estava bem. Ela morreu em dezembro de 1981, aos 96 anos. De acordo com um dos acompanhantes de Henry, ele não reagiu demasiado mal à notícia da morte dela e não ficou vencido pelo luto. Apenas falava sobre a boa mulher que ela era e descrevia como sua mãe tinha tomado conta dele toda a sua vida.

Henry continuou a viver com a Sra. Herrick até 1980, quando ela foi diagnosticada com câncer terminal. Henry, então com 50 e tantos anos, mudou-se para a localidade próxima de Windsor Locks, no estado de Connecticut, para o Bickford Health Care Center, uma casa de cuidados fundada pelo irmão da Sra. Herrick, Ken Bickford, e sua esposa Rose. O Bickford Health Care era um ambiente amigável onde Henry recebeu assistência 24 horas de uma grande equipe de acompanhantes especializados e dedicados pelos 28 anos que lhe restaram de vida. Sua ficha hospitalar inicialmente me listava como "única parente, amiga ou contato interessado". Eu estive lá no dia de sua admissão para ver se seria bem tratado e protegido. A Medicare, a Medicaid e a Previdência Social cobriram os custos da permanência de Henry em Bickford, assim como suas visitas a hospitais locais.

Sem a Sra. Herrick, tornei-me a única guardiã de Henry, no sentido de que me considerava responsável pelo seu bem-estar. Eu tomava conta dele. Quando nos visitava no MIT Clinical Research Center, sempre lhe fazíamos um exame físico e outro neurológico, que nos ajudavam a localizar com precisão quaisquer novos sintomas e encontrar os meios de aliviá-los. Por sorte, podíamos contar com os recursos do Departamento Médico do MIT e com a equipe da casa de idosos para levar a cabo as ordens dos médicos. Fiquei em contato frequente com os enfermeiros de Henry na Bickford, que sempre me chamavam quando uma nova preocupação surgia, como nas ocasiões em que ele teve um ataques *grand mal*, quebrou o tornozelo ou mostrou conduta rebelde. Também tentei melhorar sua qualidade de vida enviando-lhe roupas, cartões-postais, fotografias e filmes e o equipamento em que projetá-los.

Agora eu era a pessoa que mais conhecia Henry. A Sra. Herrick se havia tornado a guardiã das lembranças dos Molaison, colecionadas em férias e a partir de eventos familiares, e ela os passou para mim. Em 1991, o Tribunal de Sucessões de Windson Locks, de Connecticut, indicou seu filho, o Sr. M., para ser curador de Henry, o que significava que ele era responsável pela proteção dos interesses de Henry e pela supervisão de suas questões pessoais. Ele era minha melhor fonte de informações sobre o passado de Henry, dando-me detalhes sobre a história da família Molaison e um baú do tesouro de lembranças, que em várias ocasiões tive o prazer de compartilhar com o público em geral. Todas essas histórias e recordações me ajudaram a reconstruir o passado da família.

Poderíamos pensar nas cinco décadas da vida de Henry com amnésia — primeiro com seus pais, depois com a Sra. Herrick e finalmente em Bickford — como extremamente estéreis. Embora sempre tivesse sido cuidado, pudesse se divertir sozinho e raramente aparentasse sofrer, que tipo de vida poderia ter vivido sem lembranças? Estando para sempre preso a um momento único, poderia ser um indivíduo completamente realizado? Alguns filósofos, psicólogos e neurocientistas defendiam que, sem memória, não temos identidade. Teria Henry uma noção de quem era?

Não tenho dúvidas de que Henry tinha uma noção de si mesmo, ainda que fragmentada. Ao longo de anos trabalhando com ele, chegamos a conhecer sua personalidade e os traços e as peculiaridades que fizeram dele quem ele era. As crenças, valores e desejos de Henry estiveram sempre presentes. Ele mostrava um espírito geral de altruísmo e com frequência articulava sua esperança de que o que aprendíamos sobre ele ajudaria outros. Essa possibilidade era uma fonte de satisfação para ele.

Henry sabia que havia passado por uma operação e estava consciente de que tinha problemas para lembrar-se das coisas, mas não tinha ideia de quão atrás no tempo se estendia sua perda de memória. Assim falou sobre sua operação em uma conversa que tive com ele em 1992:

SC: Conte-me sobre aquilo [a operação].
Henry: Eu lembro que — eu não lembro exatamente onde foi feita...
SC: Lembra do nome do médico?
Henry: Não, não lembro.
SC: O nome Dr. Scoville lhe soa familiar?
Henry: Sim.
SC: Fale-me sobre o Dr. Scoville.
Henry: Bem, ele foi — ele fez muitas viagens. Ele fez — bem, fez pesquisa médica com pessoas, com todo tipo de pessoas, mesmo na Europa, na realeza, e com as estrelas de cinema também.
SC: Você se encontrou com ele alguma vez?
Henry: Sim, penso que sim. Várias vezes.
SC: Sabe onde se encontrou com ele?
Henry: Acho que foi no consultório dele.
SC: E onde era?
Henry: Bem, o primeiro lugar que me vem à cabeça é Hartford.
SC: Onde em Hartford?
Henry: Pra dizer a verdade, não sei o endereço nem nada disso, mas sei que era na região principal de Hartford — mas fora do centro.
SC: Era em um hospital?
Henry: Não. A primeira vez que o encontrei foi no consultório dele. Antes de ir para um hospital. E ali — bem, ali, o que ele aprendeu sobre mim ajudou a outros também, e fico feliz com isso.

O UNIVERSO DE HENRY

As lembranças de Henry eram bastante corretas. Embora nunca tenha expressado nenhum ressentimento contra Scoville ou sobre o resultado da operação, ele parece ter processado, em algum nível, que algo muito ruim acontecera como resultado de sua cirurgia. Henry mencionou várias vezes que havia sonhado em ser neurocirurgião, mas que desistira da ideia porque usava óculos e ficava preocupado com cometer algum erro e ferir um paciente. Não era incomum que ele repetisse versões dessa pequena história três ou quatro vezes por dia. Em uma variante, uma enfermeira que limpava o suor de sua testa deslocou seus óculos; em outra, um esguicho de sangue em seus óculos obstruiu-lhe a visão; e, em uma terceira variante, pequenas manchas de sujeira em seus óculos lhe impediam de ver bem. Em todas as versões, Henry expressava a preocupação de que poderia fazer um movimento errado, que resultasse em perda sensorial, paralisia ou morte do paciente. É notável a semelhança entre essas narrativas recorrentes e a descrição de Henry de sua própria experiência. Em 1985, Henry compartilhou esses pensamentos com uma colega de pós-doutorado do meu laboratório, Jenni Ogden, neuropsicóloga da Nova Zelândia:[1]

> Ogden: Você lembra quando foi sua operação?
> Henry: Não, não lembro.
> Ogden: O que você acha que ocorreu naquela ocasião?
> Henry: Bem, acho que foi — estou tendo uma discussão comigo mesmo nesse instante. Sou a terceira ou quarta pessoa que passou por aquilo, e penso que eles, bem, possivelmente não fizeram a coisa certa na hora certa, eles, naquela época. Mas aprenderam alguma coisa.

A gentileza de Henry era aparente de muitas maneiras rotineiras. Socialmente, ele era cortês, amigável e cavalheiresco. Quando caminhávamos juntos, de um edifício do MIT para outro, ele segurava meu cotovelo com sua mão para escolter-me pela calçada. Também tinha senso de humor e gostava de piadas, mesmo que à própria custa. Em 1975, durante uma conversa com um de meus colegas, Henry usou sua frase habitual "Estou tendo uma discussão comigo mesmo" em resposta a uma pergunta sobre uma data. Meu colega brincou: "Quem está ganhando a discussão? Você ou você?" Henry riu, repetindo "Você ou você?". Henry só se exaltou comigo uma única vez em 46 anos: eu estava tentando ajudá-lo a aprender um procedimento complexo, e ele ficou frustrado. "Agora você me deixou todo enrolado!", reclamou ele.

Muitas variáveis provavelmente estavam em jogo na modelagem do Henry que conhecemos: sua natureza inerente, sua situação de vida protegida e sua operação. Seu comportamento estava influenciado em parte pela remoção de suas amígdalas direita e esquerda. Componente do sistema límbico, essa estrutura em forma de amêndoa é crítica para processar a emoção, a motivação, a sexualidade e respostas à dor, especificamente sentimentos de agressão e medo. Esse homem dócil e afável teria sido pacificado pela operação que sofreu? Pelo que sabemos de Henry, ele sempre foi uma pessoa agradável, passiva — de comportamento similar ao de seu pai — e seus pais não fizeram menção a nenhuma mudança de personalidade depois da operação. Na verdade, Henry não tinha perdido sua capacidade de emoção. Podia até ser agressivo — como quando atacou um membro da equipe do Hartford Regional Center ou quando brigava com sua mãe. Também era capaz de sentir tristeza pela perda de seres queridos. Como vimos durante a estada de Henry no MIT em 1970, era capaz de sentir falta de sua mãe e de mostrar ternura por ela quando a via após uma ausência prolongada. As emoções de Henry podem ter sido embotadas pela operação, mas ele era capaz de sentir a maior parte dos sentimentos que todos nós experimentamos.

Ainda assim, Henry não tinha autoconsciência de várias maneiras básicas. Ele era incapaz muitas vezes de avaliar seu próprio estado físico — se estava doente ou bem, animado ou cansado, com fome ou com sede. As queixas de dores físicas eram infrequentes. Algumas vezes ele relatava mal-estares como dor de estômago ou de dente, mas outras condições, como crises de hemorroidas, passavam sem serem mencionadas. Quando quebrou o tornozelo, considerou o machucado tão trivial a ponto de não merecer uma radiografia. Também notamos que Henry raramente falava de estar com fome ou com sede, mas, quando lhe perguntavam se tinha fome, ele dizia: "Sempre posso comer alguma coisa." Em 1968, a Sra. Molaison relatou que, pela primeira vez, Henry concordou quando ela lhe disse que devia estar com fome. Ele disse: "Sim, acho que estou com fome." Ele nunca pedia comida para si mesmo; ela era simplesmente dada a ele por seus cuidadores.

Quanto da aparente incapacidade de Henry para registrar seus estados internos era resultado de sua amnésia, e quanto era devido à ausência de suas amígdalas? Para documentar de forma sistemática nossas observações de que Henry raramente comentava sobre os estados internos tais como dor, fome e sede, conduzimos dois experimentos no começo dos anos 1980. Em um desses experimentos, testamos sua capacidade de sentir dor e, no outro, pedimos a ele que avaliasse seus sentimentos de fome e sede antes e depois das refeições. Participantes de um grupo-controle também realizaram as duas tarefas. Como a capacidade de memória limitada poderia ter influenciado o relato de Henry sobre seus estados internos, comparamos seu desempenho com aqueles de cinco outros pacientes amnésicos cujas amígdalas haviam sido poupadas.[2]

Os neurocientistas vêm estudando a amígdala desde o começo do século XIX, com uma evoluída compreensão de que essa unidade estrutural e funcionalmente diversa desempenha um papel em uma série de condutas, inclusive a dor, a fome e a sede. Como Henry teve removido quase o total de suas amígdalas direita e esquerda, era importante documentar os efeitos dessas lesões em suas funções conhecidas. Cada amígdala é parte de um circuito de processamento de dor que incorpora duas outras áreas — uma no mesencéfalo, a substância cinzenta periaquedutal, e a outra logo debaixo dos lobos frontais, o córtex cingulado anterior. Essa rede evoluiu para proteger os animais e os seres humanos da adversidade e para aumentar suas chances de sobrevivência. A amígdala, em conjunto com várias outras regiões do cérebro, inclusive o hipotálamo, também contribui para a apreciação da fome e da sede.[3]

Em 1984, meu laboratório começou a examinar em que extensão Henry podia processar sinais relacionados à dor, à fome e à sede testando em primeiro lugar a percepção que Henry tinha da dor, utilizando um artefato parecido a um secador de cabelo que projetava um círculo de calor em sua pele. Nós o instruímos a aplicar calor em diferentes níveis de intensidade em seis lugares de seu antebraço. O calor nunca era suficiente para queimar sua pele. Durante três sessões de testes, ele avaliou a intensidade de cada estímulo de calor em uma escala de 11 pontos: *absolutamente nada, talvez alguma coisa, levemente morno, morno, quente, muito quente, dor muito suave, dor suave, dor, muito doloroso* e *retirada (intolerável)*. Avaliamos a percepção da dor de Henry em três ocasiões. Nossa análise de suas respostas apresentou duas medições de percepção à dor — quanto ele podia discriminar entre dois estímulos de diferentes intensidades e sua propensão a chamar um estímulo de doloroso. Quando comparamos o desempenho de Henry ao do grupo de controle saudável, ele mostrou dificuldades em ambas as medições. Não somente tinha mais dificuldade do que os participantes normais para discriminar entre níveis de calor, significando que ele tendia a confundir os estímulos, mas também não marcou nenhum estímulo como doloroso, sem importar quão intensos fossem. Notavelmente, ele nunca retirou o calor antes de terminar o intervalo de três segundos. O desempenho dos outros pacientes amnésicos era similar ao dos participantes do grupo-controle, o que indicava que o déficit de Henry para sentir dor não era um componente obrigatório da amnésia. Em vez disso, suas lesões da amígdala é que causavam esse déficit na percepção da dor.[4]

Em outro experimento, comparamos a capacidade de Henry para perceber a intensidade da fome àquela dos participantes saudáveis, assim como dos pacientes amnésicos. Na hora da comida, a maioria de nós pode olhar mentalmente para dentro de si e avaliar nossa fome — queremos comer ou não? Então, depois de terminar uma refeição, temos consciência de plenitude em nosso estômago, uma sensação que nos diz se devemos pular a sobremesa. Quando investigamos se Henry podia experimentar essas duas medições de apetite, descobrimos que seu apetite subjetivo (*Quanta fome tenho?*) e seu sentido de plenitude (*Estou satisfeito?*) eram ambos deficientes.[5]

Em 1981, pedimos a Henry que avaliasse sua fome em uma escala de zero (faminto) a cem (demasiado cheio para comer outro pedaço), ambos antes e depois de suas refeições. Ele consistentemente avaliou-se em cinquenta, sem importar se estava a ponto de comer ou se havia terminado recentemente. Certa noite, após comer um jantar completo e ter sua bandeja retirada, uma funcionária da cozinha a substituiu por outra, que continha uma refeição idêntica à que ele havia terminado de comer. Henry comeu o segundo jantar no seu ritmo, lento, mas firme, até que restasse apenas a salada. Quando lhe perguntamos por que não havia comido a salada, ele simplesmente disse que havia "terminado", não que estava completamente cheio por haver comido tanto. Vinte minutos mais tarde, pedimos a ele que avaliasse outra vez a sua fome. Ele deu uma pontuação de 75, o que significava que ele estava consciente de estar, de alguma maneira, cheio. Somente ao termos duplamente certeza de que estava cheio é que conseguimos uma avaliação acima de cinquenta, mas ele ainda ficou bem aquém de relatar que estava saciado.[6]

O teste de percepção de dor indicou que a capacidade de Henry para detectar a dor estava desproporcionalmente comprometida, comparada com sua capacidade de detectar suaves toques em sua pele, que era normal. Embora ele pudesse discriminar entre diferentes níveis de intensidade de dor, suas pontuações eram inferiores àquelas de outros pacientes amnésicos e às dos participantes do grupo-controle. Seus relatórios de dor não aumentavam à medida que crescia a intensidade do calor.

Como a percepção anormal de dor não foi observada nos pacientes amnésicos cujo dano deixou a amígdala intata, raciocinamos que a tolerância anormal à dor apresentada por Henry era causada pela remoção de ambas as amígdalas. As descobertas relacionadas de que Henry não mostrava diferença em suas avaliações sobre fome e sede antes e depois de uma refeição, e que era incapaz de expressar um sentimento de saciedade, apoiaram nossa conclusão de que lhe faltava informação sobre os estados internos atuais, ou de que ela era menos acessível para Henry que para os outros pacientes amnésicos. Atribuímos essa dificuldade de rotular e expressar seus estados internos — dor, fome e sede — não ao seu déficit de memória, mas às suas lesões na amígdala.

Nossos experimentos confirmaram o que tínhamos visto na vida diária de Henry: falha na apreciação da dor e monitoramento deficiente de seu apetite. Concluímos que a resseção bilateral de sua amígdala era responsável por sua pobre apreciação dos estados internos. Sem suas amígdalas, Henry não sentia quando tinha fome ou sede, e não podia utilizar os circuitos cerebrais que lhe diriam que já havia comido ou bebido o suficiente. Felizmente, sua apreciação geral sobre a comida não diminuiu. Ele nos dizia que preferia bolo à salada, que gostava muito de rabanadas e que não gostava de fígado.

A amígdala também desempenha um papel na expressão do impulso sexual, e lesões nela podem aumentar ou diminuir a libido do paciente. Até onde sabemos, Henry não mostrava nenhum interesse ou comportamento sexual após sua operação. Em 1968, 15 anos depois da cirurgia, Scoville escreveu que Henry "não havia tido nenhuma atividade sexual, nem parecia precisar dela". A ausência de libido de Henry pode ter sido consequência de sua operação. Ele havia mencionado contatos com moças em sua juventude, e cartas que recebia de dois amigos sugeriam que havia estado interessado em mulheres antes de sua cirurgia, embora aparentemente não tivesse nenhum romance sério. No álbum familiar de Henry, a fotografia de uma jovem atraente fazendo pose de artista leva a inscrição "Para Henry com amor, Maude. Tirada em 1º de maio de 1946." É claro que sua falta de relacionamentos íntimos pode ser resultado de sua severa epilepsia e dos remédios anticonvulsivos que tomava. Saber que podia sofrer um ataque a qualquer momento deve tê-lo tornado extremamente constrangido em situações sociais. O potencial embaraço de ter uma convulsão durante um encontro ou de ficar adormecido por causa de uma medicação pode ter sido suficiente para desencorajá-lo de ter encontros.

Um dos maiores desafios para compreender como Henry era, e como ele percebia seu mundo, era o fato de que sua lembrança de sua vida antes da operação era muito imperfeita. Ele certamente sofria de *amnésia anterógrada* — não podia lembrar-se de fatos e eventos que ocorreram depois que seu cérebro foi danificado. Mas também tinha *amnésia retrógrada* — não podia recuperar eventos únicos que haviam sucedido antes de sofrer o dano cerebral.

Estudar a amnésia retrógrada coloca maiores desafios do que estudar a amnésia anterógrada. Para testar a amnésia anterógrada, tudo que o pesquisador tem que fazer é dar ao paciente alguns itens para lembrar — uma fotografia, uma frase, uma história, um desenho complexo — e testar mais tarde para ver se ele reteve a informação. Por outro lado, estudar a amnésia retrógrada é mais difícil porque é desafiador imaginar que informação a pessoa armazenou no passado. Por essa razão, os pesquisadores com frequência personalizam os testes utilizando eventos e fatos específicos que sejam únicos na vida e no conhecimento do paciente.

Em 1986, dois pesquisadores da memória na Universidade de Boston descreveram um caso único que lançou luz sobre a amnésia retrógrada, área de pesquisa que a maior parte dos estudos prévios em pacientes com memória prejudicada havia negligenciado. O estudo perguntava se a amnésia retrógrada é igualmente afetada em todos os períodos de tempo, ou se a informação armazenada décadas antes do aparecimento da amnésia é mais resiliente do que aquela armazenada mais perto do surgimento da doença. Os experimentos cuidadosamente organizados pelos pesquisadores ressaltaram a importância de ter informação sobre o conhecimento passado do paciente. Utilizando testes criados expressamente para o paciente deles, P.Z., eles descobriram a relativa escassez de *lembranças remotas* unida à perda extensiva de lembranças mais próximas ao aparecimento de sua amnésia.[7]

O eminente cientista e professor universitário P.Z. foi diagnosticado com a síndrome alcoólica de Korsakov em 1981, aos 65 anos de idade. Ele tinha amnésia profunda, tanto anterógrada como retrógrada. Como P.Z. tinha sido um escritor prolífico, os pesquisadores de memória que o estudaram puderam ter uma excelente noção do que ele havia conhecido antes de se tornar amnésico. Ele havia escrito uma autobiografia antes do aparecimento do dano ao seu cérebro, e, quando os pesquisadores testaram sua capacidade para se lembrar de eventos que havia descrito em seu livro, ele de modo geral teve um desempenho ruim. De maneira intrigante, sua performance era desigual: ele tinha mais probabilidade de dar respostas corretas a eventos que tivessem ocorrido há muito tempo. Lembrava-se bem dos primórdios de sua infância, mas não podia responder quase nada sobre eventos ocorridos poucos anos antes do advento de sua amnésia. Como esse e outros estudos mostraram, a memória de longo prazo distante é menos vulnerável que a memória de longo prazo recente.

Para estudar esse fenômeno com maior detalhe, os pesquisadores fizeram uma lista de cientistas famosos — setenta e cinco pesquisadores a quem P.Z. havia conhecido pessoalmente e, em muitos casos, havia citado em sua própria obra. Esses cientistas tinham adquirido proeminência ao longo de diferentes períodos de tempo. Em um experimento, os pesquisadores mostraram a P.Z. os nomes dos cientistas, um de cada vez, e lhe pediram que identificasse o campo principal de estudo e as contribuições científicas específicas de cada um deles. As piores pontuações de P.Z. foram para os colegas cujas carreiras avançaram depois de 1965, o que demonstrava que sua amnésia retrógrada havia engolido os quinze anos anteriores ao surgimento de sua doença em 1981. Suas melhores pontuações foram para o período antes de 1965. Ainda não sabemos por que pacientes como P.Z. experimentam esse padrão de perda de memória.

Henry também sofreu amnésia retrógrada, embora nos tenha levado décadas para entender a verdadeira natureza do que ele havia esquecido. Os resultados de nossos experimentos o colocaram no centro de um debate científico sobre o papel do hipocampo na *memória autobiográfica*. Ao estudar a amnésia de Henry com maior detalhe, especificamente sua amnésia retrógrada, aprendemos muito sobre como a mente armazena e recupera diferentes tipos de lembranças. O cérebro usa processos separados para recuperar *conhecimentos episódicos pessoais*, tais como a manhã que seu professor o promoveu para o grupo de leitura avançado, e *conhecimentos semânticos pessoais*, tais como o nome de sua escola primária. Nossos estudos de Henry ao longo de meio século foram essenciais para essa descoberta.

A princípio, Scoville e Milner acreditavam que a amnésia de Henry era bastante comum: ele não podia se lembrar de nenhuma informação nova depois da cirurgia, e havia perdido lembranças significantes do período imediatamente anterior à operação, mas tinha lembranças claras de coisas que haviam acontecido mais cedo em sua vida. Em 1957, eles relataram que Henry tivera "uma amnésia retrógrada parcial, já que não se lembrava da morte de um tio favorito, ocorrida três anos atrás, nem de nada sobre o período passado no hospital, mas podia se lembrar de alguns eventos triviais ocorridos logo antes de sua internação. Suas memórias mais antigas estavam aparentemente vívidas e intatas". De modo similar, em junho de 1965, um neurologista observou que Henry tinha um déficit parcial em seu conhecimento de eventos que haviam acontecido durante o ano anterior à sua operação. Por exemplo, ele confundia de forma consistente as férias que tivera um mês e meio antes da cirurgia com outras, ocorridas dois meses antes da operação. O neurologista ainda documentou lembranças que Henry reteve — eventos que tiveram lugar dois ou mais anos antes da cirurgia, parentes e amigos que ele conhecera antes da operação e habilidades que possuíra anteriormente. Em 1968, com base em informações do consultório de Scoville e em entrevistas não estruturadas com Henry e sua mãe, relatamos que não havia mudança na capacidade dele de lembrar-se de eventos remotos anteriores à sua operação, tais como incidentes de seus primeiros anos de escola, uma namorada da escola secundária ou empregos no final da adolescência. Sua memória parecia vaga para os dois anos anteriores à cirurgia, realizada quando ele tinha 27 anos de idade.[8]

À medida que os testes de memória remota ficaram mais padronizados e sofisticados, compreendemos que nossas primeiras impressões estavam incorretas. De 1982 a 1989, meus colegas e eu introduzimos testes objetivos para sondar a memória de Henry em relação a diferentes tipos de informação, prévios e posteriores à sua cirurgia. O primeiro tipo foi conhecimento público — melodias famosas (tais como "Cruising down the River" e "Yellow Submarine"), informação sobre fatos históricos amplamente conhecidos (*Que agência governamental controlava o racionamento e os preços durante a Segunda Guerra Mundial? Em que país latino-americano o presidente Johnson interveio enviando tropas?*) e cenas famosas (Os *marines* levantando a bandeira dos Estados Unidos em Iwo Jima; Neil Armstrong na Lua). Esses testes misturavam itens que Henry encontrou antes de sua operação com outros que ocorreram depois. Descobrimos que, para eventos públicos que ocorreram dos anos 1940 aos anos 1970 — isto é, tanto antes como depois de sua cirurgia —, ele era surpreendentemente exato ao escolher entre quatro opções. Por exemplo, quando lhe perguntaram "Quando Franklin Roosevelt concorreu para o terceiro período, seu oponente era?...", Henry corretamente reconheceu Wendell Willkie. Quando lhe perguntaram "Com que líderes mundiais o presidente Carter se reuniu em Camp David?", ele identificou Begin e Sadat.[9]

Os resultados de nossos testes revelaram que Henry, apesar de sua amnésia, podia reconhecer algumas figuras de grande exposição e eventos históricos ocorridos depois de sua operação. Como explicar essa óbvia indicação de memória declarativa em um homem que, para quaisquer fins práticos, não se lembrava de nada? Procuramos respostas em seu estilo de vida. Ele passava tempo considerável vendo televisão e lendo revistas, criando muitas oportunidades de codificar informação sobre eventos comuns e celebridades. Essa repetição estabeleceu representações — códigos simbólicos de informação — em seu córtex suficientes para permitir-lhe dizer, quando submetido a testes, se havia encontrado aquela pessoa ou evento antes. No teste de reconhecimento de cenas famosas por múltipla escolha, tinha que selecionar uma resposta entre três — uma correta e duas incorretas. Por exemplo, quando lhe mostraram a imagem dos *marines* levantando a bandeira dos Estados Unidos em Iwo Jima, ele teve que escolher entre três eventos da vida real: Iwo Jima, Pacífico Sul; Hanói, Vietnã; e Seul, Coreia. Também lhe pediram que escolhesse uma de três datas: 1945 (39 anos atrás), 1951 (33 anos atrás) e 1965 (19 anos atrás). Quando testado dessa maneira, com cenas ocorridas depois de sua operação, Henry com frequência escolhia de forma correta. Os traços de memória, construídos gradualmente por meio da exposição diária à mídia, disparavam um sentido de familiaridade suficiente para apoiar a memória de reconhecimento de Henry. Ele teve muito menos sucesso, no entanto, quando o examinador deu-lhe uma tarefa mais difícil — recordar o sujeito e a data das cenas famosas sem nenhuma pista. Um teste de memória como esse é mais desafiador para todos nós que um teste de reconhecimento porque nós mesmos temos que trazer à tona as respostas. O problema de Henry era desproporcionalmente maior em relação aos anos depois da operação que a dificuldade experimentada pelos participantes saudáveis. Embora ele tivesse pontuação normal para eventos dos anos 1940, estava prejudicado para aqueles eventos dos anos 1950 aos anos 1980.[10]

Também testamos a memória autobiográfica de Henry. Pedimos a ele que relatasse eventos vividos pessoalmente por ele a partir de pistas dadas por dez palavras comuns, tais como *árvore*, *pássaro* e *estrela*. Ele podia escolher uma lembrança de qualquer período de sua vida. Pontuamos suas respostas em uma escala que variava de zero a três, dependendo de quão específicas eram com respeito ao tempo e lugar do evento recordado.

Os participantes recebiam uma pontuação de *três* por uma memória que contivesse um evento autobiográfico específico que incorporasse a pista estimuladora (*pássaro*), fosse específica em tempo e lugar, e fosse rica em detalhes. Por exemplo, um participante poderia ter dito: "No meu aniversário de 21 anos, fui a Las Vegas e estive em um hotel que tinha araras verdes e vermelhas no saguão." Recebiam uma pontuação de *dois* por uma memória que contivesse um evento autobiográfico específico que incorporasse a pista estimuladora, mas que não tivesse especificidade de tempo e lugar e mostrasse pobreza de detalhes: "Eu costumava observar pássaros em um lago perto da casa dos meus pais." Ganhavam *um* ponto por uma memória com conteúdo autobiográfico, mas sem a pista estimuladora e a especificidade: "Eu gostava de observar pássaros." Demos nota *zero* aos participantes por não responder ou por uma afirmação sem referência autobiográfica, como "Pássaros voam".[11]

Os resultados foram impressionantes. Henry buscou todas as suas lembranças de eventos pessoais no período de mais de 41 anos antes dos testes — quando tinha 16 anos de idade, onze anos antes de sua operação. Sua cirurgia erradicou as lembranças pré-operação mais recentes, mas poupou as mais distantes. Aqueles resultados de meados dos anos 1980 mostraram que a amnésia retrógrada de Henry era limitada no tempo, mas a duração do déficit era muito mais extensa do que havia sido relatado nos anos 1950 e 1960. Pessoas com amnésia anterógrada, inclusive os indivíduos com demência, com frequência têm amnésia retrógrada prolongada e podem se lembrar de eventos de sua juventude com mais clareza do que os eventos que aconteceram logo antes do surgimento de sua dificuldade de memória. O apelido desse fenômeno é "último a entrar, primeiro a sair".[12]

Avanços subsequentes na formulação de experimentos de memória remota nos deram duas novas ferramentas. A primeira, uma entrevista mais sensível sobre memória autobiográfica, avaliava a capacidade de nossos participantes de reexperimentar eventos únicos de tempos e lugares específicos, inclusive a lembrança de detalhes textuais. A segunda, uma entrevista associada a eventos públicos, perguntava sobre o contexto dos eventos que ocorriam em lugares e tempos específicos. Levamos a cabo novos estudos em 2002 para avaliar a memória de Henry para eventos em seu passado distante, assim como em seu passado recente. Começamos esses experimentos com a noção, obtida na minha entrevista de 1992, que Henry não possuía nenhuma memória autobiográfica episódica.[13]

Naquela entrevista, eu lhe perguntei:

— Qual é sua lembrança favorita de sua mãe?

— Bem, eu... que ela é minha mãe — disse ele.

— Mas você consegue se lembrar de algum evento específico que tenha sido especial — como um feriado, o Natal, algum aniversário, a Páscoa?

— Eu tenho uma discussão comigo mesmo sobre a época de Natal — disse ele.

— O que houve no Natal?

— Bem, porque meu pai era do sul, e eles não celebram lá como fazem aqui no norte. Eles não têm árvores, nem nada disso. E ele veio para o norte, mesmo que tivesse nascido na Louisiana. E eu sei o nome da cidade onde ele nasceu.

A narrativa de Henry começava com o Natal, mas, à medida que ele continuava a se distrair, esquecia a pergunta e terminava em um tópico diferente. Ao longo de anos de entrevistas, Henry não pôde fornecer uma única lembrança de um evento que tivesse ocorrido com sua mãe ou com seu pai. Suas respostas sempre eram vagas e invariáveis. Se perguntados sobre algum feriado importante, a maioria de nós pode relembrar momentos vívidos, repletos de detalhes senscriais que tornam as lembranças indeléveis. Em vez disso, Henry se concentrava em enumerar fatos, utilizando seu conhecimento geral sobre sua família e sua criação para tentar construir uma resposta.

Grande avanço em nossa avaliação da memória de Henry, esse estudo mostrou que suas lembranças do tempo anterior à sua operação eram mais rudimentares do que acreditávamos inicialmente. Ele podia conjurar lembranças baseadas no conhecimento geral — por exemplo, que seu pai era do sul — mas não podia se lembrar de nada que dependesse da experiência pessoal, tal como um presente de Natal específico que seu pai lhe tivesse dado. Ele retinha apenas a essência dos eventos que experimentara pessoalmente, os simples fatos, mas não se lembrava de episódios específicos.[14]

Em outubro de 1982, tivemos uma excelente oportunidade para explorar em um ambiente natural as lembranças de Henry sobre sua vida antes da operação. Eu soube que sua turma do colégio secundário faria sua 35ª reunião no restaurante Marco Polo, em East Hartford. Eu e Neal Cohen, um doutorando em meu laboratório, obtivemos permissão da equipe de Bickford para levar Henry para uma noitada na cidade. Fomos de carro até Windsor Locks para acompanhá-lo até a festa e, ao chegarmos, Henry estava todo arrumado e ansioso para sair.

O restaurante estava cheio, com quase cem pessoas, colegas de classe e seus cônjugues, presentes à reunião. Vários dos colegas de Henry se lembravam dele e o saudaram calorosamente. Uma mulher até mesmo lhe deu um beijo, o que pareceu lhe agradar. Tanto quanto pudemos determinar, no entanto, Henry não reconheceu ninguém, pelo rosto ou pelo nome. Mas ele não era o único. Uma colega nos confidenciou que não tinha reconhecido ninguém no evento. Diferente de muitos convidados, ela se mudara de Hartford e não se encontrara com nenhum de seus colegas por muitos anos.

Nem Henry, é claro — de modo que não pudemos dizer quanto de sua incapacidade para reconhecer seus colegas era resultado de não ter contato com eles por 35 anos, e quanto era devido à amnésia. Ainda assim, mesmo que os rostos das pessoas não parecessem familiares, ele deveria ter tido vislumbres de reconhecimento ao ver seus nomes nos crachás. Ele poderia ter dito "Danny McCarthy — lembro-me de você na sala de aula!" ou "Helen Barker — eu sentava ao seu lado na aula de Inglês, e você me ajudava com meu dever de casa". Mas não o fez, o que sugeria que um pedaço significativo de suas lembranças da escola secundária tinha sido apagado.

À medida que estudamos Henry ao longo dos anos, aprendemos que seu déficit era específico de sua memória autobiográfica — embora ele fosse incapaz de recuperar experiências de vida únicas, permaneceu capaz de se lembrar de eventos públicos com considerável clareza. Assim, por exemplo, ele podia falar sobre a quebra da bolsa de valores em 1929 (quando tinha 3 anos de idade) e sobre Teddy Roosevelt liderando o ataque na batalha da colina de San Juan. Podia falar sobre Franklin Delano Roosevelt e sobre a Segunda Guerra Mundial. Quando se tratava de informação pessoal, no entanto, seu déficit era extremo. Por exemplo, ele podia relatar uma visão geral sobre passeios com seus pais ao longo da trilha Mohawk, em Massachusetts, mas não podia fornecer detalhes sobre um evento peculiar ocorrido em uma viagem específica. Ele se lembrava de fatos, mas não de experiências.

Endel Tulving, gigante do mundo da ciência cognitiva proporcionou o avanço teórico que nos ajudou a entender a distinção entre os tipos de informação que Henry podia e não podia evocar. Em 1972, Tulving propôs duas categorias principais de memória de longo prazo: *memória semântica*, nosso armazenamento de fatos, crenças e conceitos sobre o mundo, e *memória episódica*, os eventos únicos de nossas vidas pessoais. A memória semântica não está vinculada a uma experiência de aprendizado específica — por exemplo, eu não sei quando e onde aprendi que Paris é a capital da França. Diferentemente da memória semântica, a memória episódica grava o fluxo de eventos ao longo do tempo e nos permite refletir sobre nossas representações mentais em termos de o que determinado evento foi, quando e onde ocorreu, e se precedeu ou sucedeu outros eventos. Podemos lembrar vividamente os detalhes da chamada telefônica que recebemos e que dizia que fomos aceitos no emprego, e hoje em dia podemos reexperimentar esse evento exclusivo por nossa capacidade de viajar mentalmente para trás no tempo. Henry não era capaz de fazer essa viagem.[15]

E sobre seu conhecimento semântico pessoal — sua memória fatual das pessoas e lugares que permearam o começo de sua vida? As antigas fotos de família de Henry, que a Sra. Herrick me deu, capturaram tempos felizes — um casamento, pescar um peixe grande, jantares comemorativos de família. Ali havia evidência física de sua história pessoal. Em 1982, selecionei 36 dessas fotos para testar as lembranças de infância de Henry, misturando-as com um número idêntico de velhas fotos de minha própria família. Eu não estava em nenhuma dessas fotos. Fiz slides das fotos, projetei-os em uma tela no laboratório, um de cada vez, e perguntei a Henry se ele reconhecia as pessoas em cada fotografia, e quando e onde ela tinha sido tirada. Em uma foto, Henry e seu pai estavam posando em frente à estátua de um americano nativo na trilha Mohawk. Henry, com 12 anos, estava de óculos, vestia calção, uma camisa social branca e uma gravata, e olhava para a câmera com as mãos nas costas. Seu pai, alto e magro, também vestia uma camisa social e gravata, mas estava de calças compridas. Ele estava em uma postura confiante, olhando para longe com as mãos nas cadeiras e uma perna adiantada.

— Você reconhece essas pessoas? — perguntei a Henry.

— Bem, sim, um deles sou eu.

Quando perguntei qual deles, ele respondeu:

— O menor deles. E o outro parece meu pai, e foi tirada — penso logo na trilha Mohawk. Então tenho uma discussão comigo mesmo: aquilo é uma estátua? Bem, sei que aquilo no fundo é uma estátua — de um índio. Mas não estou seguro da montanha ao fundo, bem atrás.

Quando lhe perguntei quando a foto foi tirada, ele disse "por volta de 1938, 39... 38. Eu estava certo na primeira vez". Embora eu não saiba a data exata do retrato, a Sra. Herrick e eu estimamos que Henry tinha 12 anos, datando a foto em 1938, de modo que sua resposta provavelmente estava correta.

Henry reconheceu as pessoas em 33 das 36 fotos de sua família. De forma igualmente significativa, ele não reconheceu ninguém nas fotografias da minha família. Somente três das fotos da família de Henry não evocaram lembranças nele. Uma era de parentes distantes sentados à mesa de jantar, e Henry não estava na foto. Ele disse que o menino pequeno parecia familiar, mas não sabia seu nome, onde a foto tinha sido tirada, nem quando. É possível que ele não tenha passado muito tempo com aquela família. Em uma foto da Sra. Molaison e Henry que celebravam seu quinquagésimo aniversário, ele reconheceu sua mãe, mas não a si mesmo, visto de perfil. Aqui, o erro de Henry é difícil de explicar porque ele se reconheceu em outras fotos. A terceira foto em que errou, tirada depois de um furacão, mostra o exterior da casa de sua tia, sem o teto. A casa era na Flórida, de modo que Henry pode nunca ter estado lá, nem visto a foto. Em todos os outros casos, ele tinha conhecimento específico sobre quem e o que estava retratado em suas fotos de família. Fiquei impressionada quando ele reconheceu um lugar em uma das minhas fotos familiares (minha mãe segurando minha irmã no Parque Elizabeth, em Gartford, com sete patos aos seus pés e um lago e árvores ao fundo). Ele identificou corretamente o parque, que provavelmente visitou quando crescia em Hartford, e foi capaz de distinguir, naquela foto, o que sabia do que não sabia.

O desempenho de Henry refletiu seu conhecimento semântico pessoal — de onde veio, sua história familiar e seu próprio passado. Tinha um sentido geral de identidade, mas seu conhecimento autobiográfico deficiente — episódios pessoais, únicos — expressava que sua autoconsciência era significativamente limitada.

Os pesquisadores da memória há muito se perguntam por que a amnésia retrógrada com frequência parece desenrolar para trás no tempo a partir do momento em que surge a amnésia anterógrada, de modo que o passado distante é mais vívido e anos recentes se desvanecem. Uma teoria, o Modelo Padrão de Consolidação da Memória, propõe que as memórias são consolidadas — tornam-se fixas — depois de um longo período que pode durar meses ou décadas. Os psicólogos da Universidade de Göttingen Georg Elias Müller e Alfons Pilzecker propuseram pela primeira vez essa teoria em 1900. Em meados de 1990, o neurocientista Larry Squire e seus colegas da Universidade da Califórnia, em San Diego, adotaram o Modelo Padrão como núcleo de seu pensamento sobre amnésia retrógrada. De acordo com essa teoria, o cérebro precisa do sistema hipocampal durante os primeiros estágios da consolidação para armazenar e recuperar lembranças, mas com o passar do tempo esse sistema se torna desnecessário à medida que áreas nos lobos frontais, temporais, parietais e occipitais assumem a responsabilidade de manter todas as lembranças a longo prazo. Uma vez que as lembranças estão solidamente armazenadas, elas não dependem mais do sistema hipocampal para serem acessadas outra vez. Em resumo, a rede hipocampal desempenha apenas um papel temporário em todas as formas de memória. De acordo com esse modelo, as lembranças mais recentes são perdidas nos casos de amnésia e demência porque essas lembranças mais novas não foram totalmente consolidadas e ainda dependem do sistema hipocampal.[16]

A falha do Modelo Padrão é que ele presume que todas as memórias são processadas da mesma forma, quer consistam em conhecimento geral do mundo (semântico) ou em experiências pessoais (episódicas). As lembranças de Henry assinalavam uma importante distinção entre dois tipos de memória: ele podia se lembrar de fatos que havia aprendido antes de sua operação, mas, quando lhe pediam que relatasse o que aconteceu em sua vida pessoal em certos momentos específicos, ele relutava. Nem todas as memórias declarativas são processadas da mesma maneira. Ao estudar Henry, aprendemos que a capacidade de armazenar e evocar memórias autobiográficas detalhadas e vívidas sempre depende do sistema hipocampal, enquanto lembrar-se de fatos e de informação geral não depende dele.[17]

Um modelo melhor para entender a amnésia retrógrada de Henry surgiu no final dos anos 1990, quando os neurocientistas Lynn Nadel e Morris Moscovitch introduziram a Teoria dos Múltiplos Traços de Consolidação da Memória. Embora o caso de Henry não tenha contribuído para o pensamento original deles, nossas descobertas com Henry forneceram forte sustentação às suas ideias. Essa teoria surge da proposta de Tulving de que processamos fatos diferentemente a partir de experiências únicas. Como o Modelo Padrão de Consolidação, a Teoria dos Múltiplos Traços reconhece que as memórias semânticas — conhecimento do mundo — podem eventualmente tornar-se independentes do sistema hipocampal porque não requerem que nos lembremos do contexto no qual as aprendemos nem que conectemos ou relacionemos pedaços de informação armazenada. Por exemplo, não nos lembramos de que aprendemos o ano da primeira viagem de Colombo para as Américas enquanto estávamos sentados na fila de trás da sala de aula do segundo ano. Só nos lembramos de *1492*. Lembrar como celebramos nosso 21º aniversário, no entanto, requer acessar informações específicas de quando, onde e o que aconteceu. De acordo com a Teoria dos Múltiplos Traços, é possível recuperar fatos — como *1492* — sem o sistema hipocampal, mas não é possível recuperar qualquer experiência única — como a comemoração do aniversário — a não ser que os circuitos hipocampais possam se comunicar com os circuitos corticais. Evidências do caso de Henry favorecem a Teoria dos Múltiplos Traços sobre o Modelo Padrão de Consolidação porque elas indicam que os traços de eventos autobiográficos dependem para sempre do sistema hipocampal para sua retenção e recuperação.[18]

A Teoria dos Múltiplos Traços oferece uma explicação alternativa para o fato de as pessoas com amnésia terem mais probabilidade de se lembrar de experiências precoces do que das mais tardias. De acordo com essa teoria, os processos neurais no hipocampo fornecem marcadores, ou indexadores, para todos os sítios distantes do córtex onde as memórias de nossas experiências são armazenadas. Pensem nesse processo em termos de uma visita à biblioteca local, onde procuramos um assunto tal como "pássaros do Caribe" no arquivo de fichas e depois vasculhamos as estantes para achar os livros. Cada vez que ativamos um traço de memória, ao fazer reminiscência sobre ele ou agregando a ele um novo pedaço de informação, criamos um novo índice, uma nova entrada no arquivo de fichas, para aquela memória. Assim, nossa lembrança de um telefonema emocionante que recebemos com uma oferta de trabalho pode ser vinculada a múltiplos marcadores dentro do nosso sistema hipocampal, por meio de uma rede de associações das vezes que revivemos aquele momento ou que falamos dele a outras pessoas. Nesse modelo, as memórias mais antigas tiveram a chance de se integrarem mais firmemente no cérebro ao acumular esses indicadores ao longo do tempo. A amnésia retrógrada ataca com mais força as memórias novas porque elas estão ligadas a um número menor dessas âncoras e, portanto, são mais vulneráveis a serem eliminadas.

A controvérsia entre o Modelo Padrão de Consolidação e a Teoria dos Múltiplos Traços se concentra na memória autobiográfica. Diferentemente da memória semântica ou geral, a memória autobiográfica é episódica, rica em detalhes e inclui especificamente o que os pesquisadores chamam de *detalhes próximos à experiência* — os sons, as visões, os gostos, os cheiros, as emoções e os pensamentos específicos que acompanham um evento único. O Modelo Padrão presume que as memórias autobiográficas dependem de um hipocampo funcional apenas por um tempo limitado; depois disso, elas se tornam independentes do hipocampo e são armazenadas no córtex. Essa teoria, portanto, diria que a memória autobiográfica de Henry sobre seus anos anteriores à operação estaria intata.

Ao contrário, a Teoria dos Múltiplos Traços diz que a recuperação de episódios autobiográficos sempre requer a utilização do hipocampo. De acordo com essa visão, o hipocampo é um indicador da memória para as áreas corticais que armazenam as qualidades sensoriais e emocionais que criam os eventos episódicos. Se a Teoria dos Múltiplos Traços estiver certa, então a capacidade de Henry para recuperar eventos autobiográficos do início de sua vida estaria prejudicada.

Os relatos de Henry de episódios autobiográficos anteriores à sua operação são esparsos; eu só conheço dois. Ele narrou o primeiro para Brenda Milner, nos anos 1950, quando descreveu um evento significativo ocorrido quando tinha 10 anos de idade. "Posso lembrar-me do primeiro cigarro que fumei na vida. Foi um Chesterfield. Eu o peguei do maço do meu pai. Dei uma tragada, e como tossi! Você devia ter me ouvido." Por décadas, essa foi a única memória autobiográfica que Henry nos contou.[19]

Só em 2002 soubemos da segunda experiência autobiográfica do passado de Henry. Naquela época, estávamos examinando sistematicamente sua memória autobiográfica utilizando uma entrevista estruturada desenvolvida recentemente, planejada para extrair detalhes pessoais. Uma colega de meu laboratório, Sarah Steinvorth, dedicou várias sessões às entrevistas com Henry, durante as quais ela lhe pedia que descrevesse um evento de cada um de cinco períodos da vida: infância, anos de adolescência, início da idade adulta, meia-idade e o ano anterior ao teste. Depois ela lhe pediu que desse tantos detalhes quanto possível sobre cada evento. Se ele tivesse algum problema para pensar sobre um evento, ela o ajudaria ao sugerir eventos típicos da vida, como um casamento ou a mudança para uma casa nova. A chave desse estudo era paciência e persistência. Steinvorth podia passar meia hora sugerindo eventos possíveis para extrair uma memória antes de partir para outro período de tempo. Ela também desencorajava Henry se este escolhia um evento que já relatara repetidamente no passado. (Todos temos histórias como essas — eventos que já contamos tantas vezes que eventualmente os narramos secamente, sem reviver vividamente a riqueza das experiências sensoriais.) Enquanto fazia perguntas a Henry, Steinvorth o convenceu a visitar diferentes períodos de tempo de sua vida, e ele lutava para produzir os detalhes. Quando ela perguntou a ele sobre um evento de sua infância, por exemplo, ele mencionou apaixonar-se por uma menina cujo pai era um delegado de polícia, mas foi incapaz de descrever um episódio específico — algo que ocorrera em um determinado tempo e lugar — associado àquela experiência.[20]

Então, certo dia, Henry deleitou Steinvorth com uma narrativa surpreendente.

— Você pode pensar em algum evento específico, algo que durou muitas horas, do começo de sua infância até os 11 anos de idade? — insistiu ela. — Você pode pensar em algo assim?

— Não, não posso — disse Henry.

— Você gostaria de ir para outro período e ver se pode achar qualquer coisa desse período?

— Seria melhor, de certo modo — concordou ele.

— Muito bem. Vamos tentar isso. Talvez você consiga pensar em alguma coisa — pode pensar em algum evento específico em que você esteve pessoalmente envolvido que aconteceu quando você tinha entre 11 e 18 anos?

Ele ficou em silêncio por um tempo, de modo que ela repetiu a pergunta, mas mesmo assim ele não respondeu.

— Henry, você está cansado? Quer fazer uma pausa? Ou você está apenas...

— Estou tentando pensar.

— Está bem, desculpe. Não queria interromper você.

— Pensei no primeiro voo de avião.

— Diga isso de novo.

— O primeiro voo de avião.

— Seu primeiro voo de avião?

— Sim.

— Fale sobre isso.

Henry começou a descrever, com muitos detalhes, a experiência de meia hora de "passeio pelo céu" em um aeroplano monomotor quando ele tinha 13 anos. Ele descreveu com exatidão o aeroplano Ryan, seu painel de instrumentos, sua coluna de comando e a hélice que girava. Ele e o piloto se sentaram lado a lado, e em certo instante o piloto deixou que ele assumisse os controles; ele se lembrou de ter que esticar as pernas para alcançar os pedais. À medida que Steinvorth perguntava, ele lembrou-se de que era um dia nublado em junho e que, enquanto voavam sobre Hartford, ele pôde ver os edifícios da Main Street. Quando se aproximaram do aeroporto para pousar, passaram por uma enseada onde havia barcos ancorados. Pela segunda vez desde sua operação, uma lembrança do passado estava repleta de experiência — detalhes próximos, a excitação de um evento específico, completa com pontos de referência, cores e sons.

Fiquei maravilhada quando li a transcrição da entrevista de Steinvorth; eu não me lembrava de ter escutado essa história antes, mas resultou que eu estava enganada. Ao escrever esse livro, reli uma entrevista que tive com Henry em 1977, enquanto colocávamos eletrodos em seu escalpo para um estudo de sono durante uma noite completa. Ele estava conversando casualmente com o pesquisador quando fez uma narrativa similar:

"E Brainard Field. Bem, eu conheço isso também. Tanto antes que tivessem transportes ali, e quando só havia aviões particulares ali. Lembro porque em 1939, eu subi. Eu voei. Sim. Em um avião. E sempre fico feliz por ter pilotado também. Aquilo foi legal. Porque eu sei que minha mãe e meu pai tinham medo de avião. E, quando subi, foi logo antes de eu me formar. Foi porque eu *ia* me formar que pude subir no avião — quase dois dólares e meio. Porque o cara que me levou era de — um piloto particular de Rockville — e ele trabalhava para [ininteligível]. Eu ganhei um pequeno passeio extra."

Quando redescobri esse pedaço de evidência adicional, obtido 25 anos antes, fiquei convencida de que a memória de Henry do passeio de avião era genuinamente autobiográfica, e não uma confabulação.

Durante a entrevista de 2002, Steinvorth perguntou a Henry se ele podia se lembrar de qualquer outro evento específico de seu passado. Embora ele tenha feito algumas tentativas promissoras, nenhuma se aproximou da vivacidade do passeio de avião. Ele falou de uma viagem de trem com sua mãe, quando tinha 7 anos, mas apenas recitou fatos, não episódios únicos. Eles pegaram o trem em Hartford, trocaram de trens em Nova York e viajaram com o segundo trem até a Flórida. Ele se lembrou de ter dormido no leito superior e sua mãe no inferior, e de realizar refeições no trem. Também se lembrou de ter visitado o Canadá com seus pais, quando ainda estava na escola primária. Falou de ordenhar uma vaca durante aquela visita, e, quando Steinvorth lhe perguntou sobre detalhes, ele conseguiu oferecer alguma informação — sentar-se em um banquinho, estar dentro de um estábulo com outras vinte vacas, ter que puxar uma teta e depois a outra. Mas novamente, apesar da ajuda dela, Henry não pode narrar a cena de uma maneira que a distinguisse como um genuíno reviver da experiência, em vez de uma mera descrição geral de como ordenhar uma vaca. Não se qualificava como uma memória autobiográfica.

As intensas lembranças de Henry do seu primeiro cigarro e do passeio de avião permaneceram em marcado contraste com suas memórias indistintas do resto de sua vida no período prévio à operação. Sua capacidade de se lembrar vividamente desses dois episódios extraordinários está baseada nas poderosas emoções que ele sentiu durante ambas as experiências autobiográficas. Steinvorth pediu a Henry que avaliasse seu passeio de avião de um a seis, em termos de quanto seu estado emocional mudara durante o voo, de quão pessoalmente importante fora, para ele, na época do voo, e de quão importante era para ele no momento do teste. Henry avaliou seu estado emocional durante o voo como seis — uma "tremenda mudança emocional". Avaliou a importância pessoal da experiência na época do voo, em retrospectiva, como cinco, e no momento do teste como seis. Os traços de memória dessa experiência única ficaram no cérebro de Henry porque sua projeção e significado emocional ativaram fortemente áreas do cérebro que sustentam a vívida codificação e o armazenamento de informação emocional — seu hipocampo, seu córtex pré-frontal e sua amígdala. Essa ativação teria ocorrido não só no momento do próprio passeio, mas também a cada vez que ele, depois disso, falou a seus amigos sobre o evento. Com o passar do tempo, a lembrança eletrizante tornou-se mais e mais robusta, uma rica representação disponível para ser recuperada décadas depois.[21]

Ao contrário da sua dificuldade em voltar a contar episódios específicos de seu passado, Henry desempenhou-se consistentemente muito melhor nos testes sobre sua memória semântica remota, fatos gerais sobre o mundo. Em um desses testes, Steinvorth lhe pediu que se concentrasse no próprio evento público, em vez de sua experiência pessoal quando soube sobre o evento — em outras palavras, o conhecimento semântico, não o episódico. Ela deu-lhe uma lista de pistas e pediu-lhe que se lembrasse de um evento público específico, tal como um crime importante ou o casamento de uma celebridade, durante diferentes períodos de sua vida. Henry conseguiu se lembrar de eventos públicos de cada um dos períodos de tempo pré-amnésicos. Por exemplo, ele escolheu falar sobre "um grande acidente" e pôs-se a descrever o desastre do *Hindenburg* em 1937 com algum detalhe. Sua capacidade para recordar esse tipo de informação geral propiciou mais evidência à ideia de que a memória semântica e a autobiográfica são armazenadas e recuperadas de forma diferente. Suas lembranças intatas de eventos públicos forneceram sustentação convincente para a conclusão de que seu déficit de memória autobiográfica *não* podia ser atribuído a uma falha geral ao evocar, lembrar ou descrever uma estrutura de narrativa detalhada.[22]

Os cientistas continuam a debater os méritos do Modelo Padrão de Consolidação e da Teoria de Traços Múltiplos. Nossos próprios resultados com Henry são consistentes com a Teoria de Traços Múltiplos: a capacidade de lembrar-se de informação semântica do começo de sua vida, antes da operação, permaneceu forte, mas seu hipocampo danificado o impedia de lembrar-se de quase todos os eventos autobiográficos. As duas lembranças que ele foi capaz de recordar — o primeiro cigarro e o passeio de avião — foram surpreendentes exceções que revelaram dois momentos marcantes de sua vida.

Em uma tentativa de explicar a natureza da amnésia de Henry usando o Modelo Padrão, Squire levantou duas questões. Primeiro, sugeriu que a incapacidade de Henry para recuperar lembranças autobiográficas de antes da operação podia ser resultado de uma doença relacionada à idade, baseando sua sugestão em anomalias nos exames cerebrais dele em 2002-2004. Podemos descartar essa explicação, no entanto, porque temos evidência desse vácuo de memória autobiográfica na minha entrevista com Henry de 1992, na qual ele não pôde recuperar uma memória episódica relacionada à sua mãe ou ao seu pai. Naquela época, seu cérebro não mostrou nenhuma anomalia relacionada à idade.[23]

A segunda explicação de Squire para a falta de memória autobiográfica no período anterior à operação de Henry foi que ele pode ter produzido memórias autobiográficas logo depois da cirurgia, mas esses traços de memória desapareceram com o passar do tempo. Se esse raciocínio fosse correto, então a mesma lógica deveria aplicar-se às suas lembranças de eventos públicos. Elas também deveriam ter se dissipado com o correr dos anos, mas isso não ocorreu. O desempenho normal de Henry na Entrevista sobre Eventos Públicos mostrou que ele podia se lembrar vividamente de eventos públicos dos mesmos anos em que suas lembranças autobiográficas estavam faltando. Seu desempenho de memória semântica foi poupado, mas sua memória autobiográfica, episódica, foi prejudicada. Baseada em nossos experimentos, mantenho a posição, de acordo com a Teoria de Traços Múltiplos, de que necessitamos de um hipocampo que funcione para reviver momentos únicos de nosso passado, sem importar há quanto tempo eles foram adquiridos. Um crescente número de estudos também sustenta essa teoria.[24]

Uma questão importante, ao sopesarmos o Modelo Padrão de Consolidação em oposição à Teoria de Traços Múltiplos, é se a amnésia afeta de forma diferente a memória autobiográfica, episódica, e a memória semântica. As duas teorias fazem predições claras, e o caso de Henry expôs a diferença entre elas. Seus resultados de testes, consistentes com a Teoria de Traços Múltiplos, ensinaram-nos que a rede de áreas cerebrais que sustentam a evocação de informação autobiográfica remota é distinta da rede que ampara a evocação de informação semântica remota. A primeira é prejudicada pela amnésia, e a última não. Estruturas do lobo temporal medial estão engajadas na codificação, armazenamento e evocação iniciais de ambos os tipos de memórias. Então, durante o processo de consolidação, as memórias semânticas ficam permanentemente estabelecidas no córtex, enquanto os traços de memória autobiográfica, episódica, continuam a depender das estruturas do lobo temporal medial indefinidamente. Assim, até onde sabemos, a remoção desse tecido do cérebro de Henry deixou-o com apenas duas memórias autobiográficas.

No final dos anos 1970, não sabíamos o quanto o sono é importante para a consolidação da memória, e não entendíamos seu papel central na plasticidade neural. Naquela época, sabíamos pouco sobre a base neural dos sonhos e não existiam estudos da neurociência cognitiva dos sonhos. O que sabíamos era que existe uma relação entre o movimento dos olhos e os diferentes estágios do sono, e entre diferentes estágios do sono e do sonho. Armados com esse conhecimento básico, partimos para examinar o efeito do dano maciço do lobo temporal medial de Henry sobre seus sonhos. Estávamos empolgados com a possibilidade freudiana de que os relatos de seus sonhos exporiam segredos armazenados que havíamos sido incapazes de extrair por meio de suas recordações conscientes. Poderíamos ter um vislumbre de seus desejos inconscientes?

Sabendo que Henry podia relatar a substância de suas experiências de vida antes da cirurgia, nós nos perguntamos se essas lembranças forneceriam o conteúdo principal de seus sonhos pós-operação. Sonhos são o produto de nossa imaginação, parecidos às imagens mentais de quando estamos despertos. Eles são tipicamente desarticulados, estranhos e fugazes — e não narrativas que fazem sentido. Experimentos feitos com ratos mostraram que os sonhos têm conexões significativas com nossas vidas em vigília. Ficamos curiosos sobre o conteúdo do sonho de Henry, dado que ele não podia se lembrar do que havia feito no dia anterior.[25]

Em 1970, pedi às enfermeiras do CRC que sondassem Henry sobre seus sonhos quando o acordavam de manhã. Suas respostas tendiam a ser similares de um dia para o outro, mesmo que a enfermeira que o acordava mudasse a cada dia. A mesma enfermeira poderia causar a aparição de um mesmo relatório de sonho em dias sucessivos. No dia 20 de maio, ele disse que estava correndo ou sendo carregado através de colinas; no dia 22 de maio, contou que estava dirigindo um caminhão através das colinas, acompanhado de fazendeiros, em perseguição a ladrões de gado; no dia 23 de maio, estava nas colinas, mas não havia árvores; no dia 26 de maio, disse que estava no campo perto do oceano, em um lugar montanhoso, como "a Louisiana com um penhasco abrupto"; no dia 27 de maio, estava correndo sobre um campo acidentado com homens jovens, de aproximadamente 20 anos, para alcançar um lugar onde pudessem descansar e dormir; e, no dia 6 de junho, ele caminhava por um terreno de colinas verdes — sem árvores.

Para obter uma compreensão mais clara dos sonhos de Henry, criamos um experimento para documentar o que ele sonhava. Nossa meta nesse estudo de 1977 era estabelecer como seria sonhar sem um hipocampo e uma amígdala funcionais. Monitoramos seus padrões de sono durante a noite, utilizando a eletroencefalografia (EEG), uma ferramenta que grava a atividade elétrica produzida pelos neurônios disparando no cérebro. Essas gravações nos diziam em que estado do sono Henry estava. Dois estudantes ajudaram a capturar os sonhos de Henry, acordando-o durante o sono REM e não REM, perguntando-lhe se estava sonhando e, se assim fosse, sobre o que era o sonho. Como os participantes saudáveis, Henry relatou que sonhava durante os dois estados do sono.

Os relatos de Henry sobre seus sonhos eram genuínos ou meras anedotas que ele criava na hora para agradar a seus interlocutores? Suspeito de que fosse o último. É claro que, se os sonhos de Henry, como os da maioria das pessoas, fossem baseados em sua própria experiência, eles teriam que nascer de eventos pré-cirurgia, porque ele não tinha um tanque de lembranças recentes para alimentá-los. Os relatos de Henry sobre sonhos eram muito realistas e não tinham a qualidade desarticulada e irreal da maior parte dos sonhos. Suas respostas típicas se pareciam muito com seus relatos em vigília sobre eventos em sua juventude — assistir a filmes de faroeste, gostar da natureza e fazer viagens de carro na trilha Jacob's Ladder e na trilha Mohawk, no Oeste do estado de Massachusetts. Ele possuía um pequeno repertório de histórias factuais relacionadas com experiências pré-cirurgia. Em vez de descrever sonhos reais, Henry provavelmente estava dando o melhor de si para ser um participante cooperativo, e o que ele criava era a essência de lembranças de seu passado palidamente iluminado.

Aqui está um exemplo de uma noite em que um estudante despertou Henry às 4h45 da manhã, durante um período de sono REM:

Estudante: Henry? — Henry?
Henry: Sim?
Estudante: Você estava sonhando?
Henry: Eu não sei. Por quê?
Estudante: Você não se lembra de nada?
Henry: Bem, de certo modo sim.
Estudante: O que você lembra?
Henry: Bem, eu estava tentando descobrir — uma casa no campo, e não posso saber como ela era. E — acredite ou não — eu sonhava que era um cirurgião.
Estudante: Você era?
Henry: Sim, um neurocirurgião. E — porque isso é o que eu queria ser — mas eu disse que não porque usava óculos. E eu disse, bem, uma pequena mancha (de sujeira) ou outra coisa, e aquela pessoa poderia ir embora (morrer) se você estivesse fazendo uma operação.
Estudante: Hum, sei.
Henry: Isso é mais ou menos o que penso sobre ser médico, cirurgião, neurocirurgião. E isso é tudo — toda a questão — quando penso sobre aquele tipo específico de cirurgia.
Estudante: E você disse alguma coisa sobre estar no campo. Como é isso?
Henry: No campo, realizando operações ou só estando lá. Área nivelada — penso nisso — uma área nivelada e eu queria saber sobre aquilo. Duplamente, de certo modo, porque sei que papai foi educado lá no sul e era tudo plano por lá. E eu, é claro, fui criado em Connecticut, e ordenhei uma vaca no Canadá. E...

Estudante: Tudo isso aconteceu agora?
Henry: Não, isso era a realidade.
Estudante: Ah, mas então você não estava sonhando?
Henry: Eu estava sonhando com... — juntar tudo isso.

O relato imediato de Henry sobre "uma casa no campo" possivelmente foi um sonho mesmo, mas aqui nos encontramos com o problema de seu limitado alcance de memória. Para que seus relatos de sonhos fossem convincentes, eles teriam que ter ocorrido dentro do alcance de sua memória imediata, aproximadamente trinta segundos. Depois disso, o conteúdo do sonho teria evaporado, e a conversação desconexa que se seguia se ligaria a seu antigo conhecimento armazenado.

Não tenho evidência para sustentar a conclusão de que Henry não sonhava, mas, se o fazia, sua experiência de sonho devia ser diferente daquela das pessoas saudáveis. Algumas das áreas cerebrais normalmente utilizadas durante o sonho tinham sido substituídas no cérebro de Henry por espaços cheios de fluido. Por exemplo, a amígdala, nos participantes saudáveis, está muito ativa durante o sono REM, e a falta dessa ativação no cérebro de Henry provavelmente alterou seus padrões de sono e sua capacidade de sonhar. Além disso, ele algumas vezes tinha convulsões noturnas cujas consequências o deixavam fora de si no dia seguinte, mas, apesar de nossos melhores esforços, simplesmente não conhecemos as particularidades dos eventos noturnos de Henry. Em 1977, quando o acordávamos para perguntar-lhe se estava sonhando, ele algumas vezes disse "Sim" e outras vezes "Não". Esse padrão de respostas indica que ele compreendia e avaliava a pergunta, e que não aparecia com qualquer narrativa fajuta só para satisfazer a pesquisadora. Ainda assim, a natureza e a qualidade do conteúdo de seus sonhos permanecem um enigma.[26]

A dificuldade de Henry com a lembrança autobiográfica, tanto pré como pós-cirurgia, limitava sua autoconsciência. Ele gostava de nos contar histórias sobre seus parentes e sobre suas experiências da infância, mas os relatos não continham detalhes precisos. O desdobramento de sua autobiografia era deficiente naquela rica variedade de narrativas sensoriais e emocionais que formam a tapeçaria intricada de quem somos. Sem a capacidade de viajar conscientemente para trás no tempo, de um episódio para outro, ele estava preso no aqui e agora. Dadas essas limitações, é apropriado perguntar se Henry tinha uma noção de quem ele era. Sua autoconsciência estava embotada pela sua amnésia?

Quando as pessoas ouvem falar sobre o caso de Henry, frequentemente me perguntam "O que acontecia quando Henry se olhava no espelho?". Se não podia se lembrar de nada desde seus vinte e tantos anos de idade, como se adaptava ao ver-se como um cavalheiro de meia-idade e, eventualmente, um velho? Quando Henry se olhava no espelho, ele nunca expressava choque ou falta de reconhecimento; ele estava cômodo com a pessoa que via olhando para ele. Certa vez, uma enfermeira perguntou-lhe:

— O que você pensa da sua aparência?

Com seu humor característico, Henry respondeu:

— Não sou um menino.

No laboratório, certa vez mostramos a Henry retratos de cenas complexas, e ele os reconheceu semanas mais tarde, baseado em um sentido de familiaridade e sem lembrar explicitamente de tê-los visto antes. Talvez sua própria imagem não o surpreendesse pela mesma razão. Henry via seu rosto todos os dias por anos a fio. Sabemos que o cérebro contém uma região no giro fusiforme — uma seção do lobo temporal que havia sido preservada em Henry — especializada em processar rostos. Também sabemos que áreas do córtex pré-frontal tornam-se ativas quando as pessoas veem sua própria face. Essas redes intatas no cérebro de Henry podem ter permitido que ele percebesse seu próprio rosto como familiar, mesmo quando mudava, e atualizasse continuamente sua autoimagem mental.

Ao mesmo tempo, o conhecimento factual de Henry sobre sua aparência e seu estado físico era cheio de lacunas. Quando perguntávamos sua idade ou em que ano estávamos, ele com frequência se enganava por anos ou décadas. Henry acreditava que tinha cabelo castanho-escuro, mesmo depois que já estivesse parcialmente grisalho, e se descrevia como "magro, mas pesado", apesar de acumular quilos enquanto envelhecia. De certa forma, ele conciliava lembranças de si mesmo antes da cirurgia com sua aparência atual.

Durante as décadas posteriores à operação de Henry, seu universo mudou de inúmeras formas, mas ele nunca ficava chocado com essas transformações. Ele ficava familiarizado de modo inconsciente com novas informações em seu ambiente, como resultado de exposições repetidas dia após dia, o que deu origem a um aprendizado lento com o correr do tempo — diferente da forma como as pessoas saudáveis aprendem sobre seu mundo. Durante cada encontro com seu próprio rosto, com as pessoas que cuidavam dele e com seu ambiente, seu cérebro automaticamente registrava suas características e as integrava em representações internas armazenadas de objetos e pessoas. Caso contrário, seu cabelo cinza o teria surpreendido, e ele estaria constantemente se perguntando por que vivia onde vivia, por que a imagem da televisão era em cores e o que eram os computadores. De certa forma, ele aceitava essas adições e inovações quando apareciam em sua vida.

Sendo incapaz de estabelecer novas lembranças, Henry não podia construir uma autobiografia à medida que sua vida se desenrolava, e a narrativa de seu passado também era incompleta. Para muitos de nós, nossa história pessoal é a parte mais crítica de quem somos, e passamos tempo considerável pensando sobre nossas experiências passadas e imaginando como nossas histórias se desenrolarão no futuro. Nosso sentido de nós mesmos inclui a história de nosso passado e para onde pensamos que estamos indo — nossa "lista do que fazer". Podemos imaginar que avançaremos em nossas carreiras, que iniciaremos famílias, ou que nos aposentaremos em climas melhores. A curto prazo, temos um plano para o que fazer hoje, que amigos veremos essa semana e o que faremos nas nossas próximas férias. A operação de Henry, além de privá-lo de sua memória declarativa, impediu-o de viajar mentalmente para diante no tempo, a curto ou a longo prazo. Ele não tinha os elementos para fazer planos para o dia, o mês ou o ano seguinte, e não podia imaginar experiências futuras. Em 1992, quando lhe perguntei "O que você pensa que fará amanhã?" ele respondeu: "Qualquer coisa que seja proveitosa."

Neurocientistas cognitivos têm chamado a atenção para o vínculo entre a simulação de eventos futuros e a evocação episódica. Eles identificaram um circuito cerebral comum que é utilizado para lembrar o passado e imaginar o futuro. O processo de imaginar eventos futuros depende das estruturas do lobo temporal medial, do córtex pré-frontal e do córtex parietal posterior — as mesmas áreas fundamentais para a memória declarativa. Quando fantasiamos sobre nossas próximas férias, utilizamos a memória de longo prazo buscando detalhes de férias passadas e outros conhecimentos. Lembrar desses eventos passados e recombiná-los para criar cenários futuros requer a evocação de informação da memória de longo prazo, e não é surpresa que a amnésia interfira com esse processo. Construir o futuro, como ressuscitar o passado, requer estabelecer conexões funcionais entre o hipocampo e áreas dos córtices frontal, cingulado e parietal. Sem essa rede, Henry não tinha uma base de dados para consultar quando lhe perguntavam o que iria fazer no dia, semana ou nos anos por vir. Ele não podia imaginar o futuro, assim como não podia lembrar-se do passado.[27]

11.

Conhecendo os fatos

O agudo contraste entre a falta de memória episódica, autobiográfica, de Henry sobre os anos *anteriores* à sua operação e o que parecia ser uma memória semântica normal sobre aqueles mesmos anos levantou a questão: o conhecimento episódico e o semântico *após* sua operação também haviam sido igualmente afetados? Tínhamos uma abundância de evidências de que sua memória episódica pós-cirurgia estava profundamente prejudicada — a marca registrada da amnésia. Mas a capacidade de Henry para adquirir novas memórias semânticas era normal ou deficiente? Em que extensão ele podia aprender e reter informação semântica que encontrasse pela primeira vez depois da cirurgia? Também queríamos explorar como o antigo conhecimento semântico que ele adquirira antes da cirurgia tinha se saído durante os anos que se sucederam. Essas perguntas orientaram numerosas pesquisas em meu laboratório.

Após operação, Henry tinha um alcance normal de atenção e ainda podia falar, ler, escrever, soletrar e manter uma conversa, utilizando-se de conhecimentos que ele adquirira antes da cirurgia. Podia evocar a informação semântica que absorvera antes de sua operação em 1953 porque ela estava armazenada em seu córtex, e ele não necessita de seu hipocampo para acessá-la.

Estávamos especificamente interessados nas capacidades de linguagem de Henry porque queríamos saber se ele precisava de suas estruturas do lobo temporal medial para manter suas antigas memórias semânticas — conhecimento sobre o mundo que ele havia adquirido antes de 1953. Um componente-chave da memória semântica é a memória léxica — informação armazenada sobre palavras, inclusive seus significados e formas (singular *versus* plural). A questão em comum era se as memórias léxicas já adquiridas são preservadas na amnésia. Planejamos nossos experimentos para abordar três questões: as lesões do lobo temporal medial comprometem a capacidade de utilizar informação léxica já aprendida (pré-operatória)? Essas lesões afetam o processamento gramatical? À medida que o tempo passa, a memória léxica de longo prazo declina?[1]

Quando Henry conversava, o conteúdo da sua fala era contido e deliberado. Meus colegas e eu nos perguntávamos se as características de seu processamento da fala eram as mesmas das outras pessoas. Em 1970, um estudante de pós-graduação de nosso laboratório propôs um teste que desafiaria os mecanismos de processamento da fala de Henry com ambiguidades linguísticas, frases que tinham mais de um sentido. Geralmente há três tipos de ambiguidade linguística — léxica, de estrutura superficial e de estrutura profunda.

> Léxica: *When a strike was called it surprised everyone.* [Quando convocaram a greve (ou quando o árbitro indicou que a bola não foi rebatida*) todos ficaram surpresos.]
> De estrutura superficial: *A moving van out of control is dangerous.* [Um caminhão de mudanças (ou um caminhão se movendo) fora de controle é perigoso.]
> De estrutura profunda: *Visiting relatives can be a bore.* [Visitar parentes (ou receber a visita de parentes) pode ser uma chatice.]

---

* No jogo de beisebol, quando o rebatedor não consegue alcançar com o taco a bola enviada corretamente pelo lançador, o árbitro indica o fato ao gritar: "*strike*". Depois de três *strikes*, o rebatedor perde a jogada. (*N. do T.*)

O estudante criou 65 frases ambíguas, inclusive várias sentenças para cada tipo de ambiguidade, assim como 25 sentenças não ambíguas, com um único significado (por exemplo, *Jim bought a parka at the ski shop* [Jim comprou um casacão na loja de esportes]).[2]

No experimento, o estudante lia as frases em voz alta, e um cartão de apoio diante de Henry perguntava *A frase tem um significado ou dois?* Os participantes normais podiam reestruturar mentalmente e interpretar de forma correta as sentenças ambíguas. Embora Henry não detectasse a presença de dois significados tão frequentemente como nossos participantes do grupo-controle, quando o fazia, ele captava todos os três tipos de ambiguidade linguística, inclusive a ambiguidade de estrutura profunda — como em "Racing cars can be dangerous" ["Carros de corrida podem ser perigosos" ou "correr com carros pode ser perigoso"].

Esse estudo ilustrou a capacidade normal de Henry para reter, por vários segundos, os diversos elementos de uma sentença e suas relações uns com os outros. Ele detectava ambiguidades com menos frequência que os participantes do grupo-controle porque suas capacidades de processamento de curto prazo ficavam sobrecarregadas e sua memória de longo prazo falhava em sua ativação. A memória de curto prazo pode armazenar temporariamente uma pequena quantidade de informação, e, embora o cérebro de Henry pudesse fazer isso, sua capacidade limitada era insuficiente para entender a ambiguidade de algumas das frases.

Mais ou menos na mesma época, um psicólogo da Universidade da Califórnia, em Los Angeles, relatou um conjunto similar de experimentos. Trabalhando de forma independente quando era estudante de pós-graduação em nosso departamento do MIT, ele criou 32 sentenças ambíguas e as leu em voz alta para Henry, dando-lhe duas instruções: "Encontre os dois significados da frase o mais rápido possível", e "Diga 'sim' e dê os dois significados na ordem em que os vir". Esse pesquisador impôs um limite de tempo de noventa segundos, de modo que, se Henry não encontrasse os dois significados durante aquela janela, o exame era contabilizado como um erro. Henry detectava os dois significados em sentenças com ambiguidades léxicas e de superfície em mais de 80% dos casos, mas, quando lhe eram apresentadas frases com ambiguidades de estrutura profunda, sua pontuação era zero. Contradizendo nossos resultados prévios, o pesquisador da Califórnia sustentou que as estruturas removidas do cérebro de Henry — "o sistema hipocampal" — desempenhavam um papel principal na compreensão da linguagem.[3]

Essa conclusão parecia incorreta para a minha equipe. Sabíamos que Henry conversava e tinha fala improvisada com todos com quem se encontrava. Também compreendemos através de décadas de pesquisa que datavam dos meados dos anos 1800 que a expressão e a compreensão da linguagem não estavam localizadas no sistema hipocampal. Muitos pesquisadores, inclusive eu mesma, argumentamos que a linguagem é mediada por circuitos corticais múltiplos, primariamente no hemisfério esquerdo da maioria dos indivíduos, e não pelo hipocampo ou pelo giro hipocampal.

Decidi testar as descobertas do pesquisador da UCLA, apresentando eu mesma suas frases a Henry, com importantes mudanças de procedimento. Eu lhe pedia que lesse as frases em voz alta, mas também que relesse qualquer frase da qual ele tivesse omitido alguma palavra; eu chamava sua atenção para omissões ao colocar meu dedo abaixo das palavras que ele havia ignorado. Então, eu lhe pedia que dissesse "Sim" quando visse dois significados na frase e que os descrevesse na ordem em que os havia notado. Como Henry geralmente fazia tudo devagar, dei-lhe tempo ilimitado para interpretar as sentenças, em vez de interrompê-lo depois de noventa segundos, como o pesquisador da UCLA havia feito. Meus resultados mostraram que Henry realmente podia detectar ambiguidades de estrutura profunda, desde que ele lesse a frase inteira sem omissões e desde que o fizesse em seu ritmo próprio. Na verdade, o fato de que Henry podia conversar efetivamente — como ele fazia todos os dias com membros do laboratório e da equipe do CRC — atestava sua capacidade de compreender o significado subjacente nas frases.

Continuamos a estudar as capacidades linguísticas de Henry até quase o fim de sua vida. Não acreditamos, como o fez o pesquisador da UCLA, que suas lesões bilaterais do lobo temporal medial prejudicavam sua apreciação da ambiguidade linguística ou de qualquer outra capacidade de processamento da fala. Para apresentar nossas razões de forma definitiva, em 2001 um estudante de pós-graduação e um colega de meu laboratório deram a Henry uma série de tarefas para avaliar seu banco de conhecimento das palavras e sua capacidade para utilizar regras gramaticais. Após examinar seu desempenho em dezenove testes, concluímos que seu problema para detectar ambiguidades não resultava de um déficit fundamental de conhecimento das palavras ou de gramática.[4]

Henry podia nomear prontamente objetos representados em retratos em cores e em desenhos só com linhas. Por exemplo, ele podia dar as formas plurais de nomes e as formas passadas de verbos e podia transformar um adjetivo em nome ("O homem é estúpido. De fato, sua _____ é notável."). Henry teve as mesmas pontuações que os participantes do grupo-controle quando lhe pedimos que escutasse uma frase e determinasse se estava gramaticalmente errada.[5]

No entanto, Henry teve dificuldade em testes de fluência de linguagem. Em um desses testes, escolhemos uma categoria, como "frutas", e pedimos que nomeasse todos os exemplos dessa categoria que ele pudesse pensar em um minuto. Em outro, pedimos que nomeasse, em um minuto, todas as palavras que pudesse que começassem com a letra *F*, depois com *A* e depois com *S*. Essas letras eram uma amostragem de um leque de dificuldades. Baseadas no número de palavras disponíveis para escolher, as palavras com *F* eram as mais difíceis, as com *S* as mais fáceis, e as que começavam com a letra *A* ficavam entre as duas. Nesses dois testes de fluência, a pontuação de Henry era inferior à dos dezenove participantes do grupo-controle. Ainda assim, os resultados para todas as outras funções de linguagem mostraram um desempenho preservado da memória léxica (conhecimento das palavras).[6]

As pontuações de Henry em medições de fluência eram prejudicadas — disso não havia dúvida. A explicação mais direta para esse desempenho limitado era seu nível socioeconômico mais baixo. Antes de sua operação, ele não era, de nenhuma maneira, uma pessoa muito verbal. Sua capacidade pobre de nomear coisas após a cirurgia provavelmente refletia uma deficiência generalizada de capacidades verbais. Sua criação na classe trabalhadora pode ter limitado o desenvolvimento de seus processos de linguagem. Henry nunca chegou a frequentar o ensino secundário, e suas habilidades e interesses quando jovem tendiam para a tecnologia e para a ciência. A linguagem não era seu forte. As cartas que Henry recebia de amigos no exterior durante a Segunda Guerra Mundial, com seus frequentes erros de ortografia e de gramática, reforçaram nossa impressão de que as habilidades de linguagem não eram prioridade em seu grupo social. O conjunto de nossa pesquisa indicou, em última instância, que as habilidades de Henry com a linguagem eram, como um todo, consistentes com seu nível socioeconômico e, provavelmente, semelhantes a como eram antes de sua operação.

Os membros do laboratório e eu descobrimos que durante nossas interações informais ele podia apreciar trocadilhos e ambiguidades linguísticas, tais como palavras com duplo sentido. Henry raramente iniciava conversões, mas, quando o colocávamos em uma, sempre era um participante comunicativo, divertido e disposto. Certa vez, quando eu disse a ele "Você é o rei mundial dos enigmas", ele respondeu "Eu sou enigmático!"

A operação de Henry não afetou a maior parte de suas capacidades linguísticas porque muitas áreas cerebrais que sustentam a produção e o entendimento da linguagem estão fora da região do lobo temporal medial. Ao começarem, no final dos anos 1980, os experimentos com imagens funcionais do cérebro adicionaram uma dimensão diferente de informação à compreensão da linguagem. Duas novas ferramentas de exploração de imagens, a tomografia por emissão positrônica (PET) e a ressonância magnética funcional (IRM), permitiram aos pesquisadores observar a atividade cerebral enquanto uma pessoa saudável dentro do aparelho executava vários tipos de tarefas que usavam palavras. Tecnologias diferentes constituem a base da PET e da IRM funcional. Para os estudos de PET, o participante é injetado com um marcador radioativo absorvido por neurônios — principalmente aqueles mais ativos — e detectado por uma complexa máquina de raios-X. As ferramentas de análise permitem aos pesquisadores vincular discretas áreas de ativação aos processos cognitivos específicos utilizados pela pessoa no aparelho. A IRM funcional se apoia em uma tecnologia diferente para vincular o cérebro e o comportamento, que descobre áreas de ativação relacionadas com a tarefa utilizando medições de fluxo sanguíneo. A IRM funcional substituiu amplamente a PET nos estudos de neurociência cognitiva porque não expõe os participantes à radiação e dá uma imagem mais precisa da atividade cerebral.

Uma revisão feita em 2012 com 586 experimentos de geração de imagens sintetizou resultados sobre a localização de atividades relacionadas com a língua falada, a ouvida e a leitura. Essa revisão mostrou 31 áreas de ativação relacionadas com a linguagem no córtex do lado esquerdo do cérebro, assim como em estruturas sob o córtex — o núcleo caudado, o globo pálido e o tálamo — e em dois lugares no lado direito do cerebelo. Cada área sustenta um ou mais aspectos da linguagem, tais como processamento de sons da fala, compreensão da fala, produção da fala, processamento de palavras escritas e conversão de letras em som. Essas áreas corticais e subcorticais são altamente interconectadas por tratos de fibra de substância branca, permitindo-lhes que se comuniquem umas com as outras de forma eficiente. O hemisfério direito também participa nas funções da linguagem. Uma rede nos lobos temporal e frontal direitos processa a informação sobre ritmos, sotaques e passo da fala.[7]

A situação única de Henry possibilitou que nossa equipe fizesse mais um impacto na neurociência cognitiva — dessa vez na área da linguagem.

Nosso estudo de seu processamento gramatical e léxico foi a primeira análise sistemática dessas capacidades na amnésia. Seus dados revelaram uma surpreendente distinção na memória léxica entre a evocação de informação previamente adquirida (que foi preservada) e novo aprendizado (que não foi preservado). Os resultados dos testes de Henry mostraram claramente que as estruturas do lobo temporal medial não são essenciais para a retenção e o uso de informação léxica e gramatical aprendida antes da cirurgia. Ele podia soletrar palavras familiares, identificar objetos pelo nome, casar imagens com as palavras correspondentes e dizer onde estão localizados famosos marcos de referência. Essa capacidade para evocar informação léxica e usá-la de forma eficiente estava enraizada nas redes corticais intatas que sustentam a linguagem. Ao contrário, aprendemos com o caso de Henry que as estruturas do lobo temporal medial são necessárias para o aprendizado de *nova* informação léxica, como vimos em sua incapacidade para aprender palavras que não estavam em seu vocabulário pré-operatório.

Como o conhecimento semântico pré-operatório de Henry sobreviveu ao passar do tempo? Ele era capaz de reter aquelas lembranças tão bem como as pessoas sem danos cerebrais? Nas pessoas saudáveis, a memória semântica é menos vulnerável aos ataques do tempo do que a memória episódica. Na verdade, experimentos realizados nos anos 1960 indicavam que adultos mais velhos com frequência tinham pontuações maiores que adultos jovens nos testes sobre conhecimento geral do mundo. É claro, à medida que envelhecemos, temos mais oportunidades de construir bancos de palavras, conceitos e fatos históricos — assim como de reconsolidar informação que já havíamos aprendido. Por exemplo, cada vez que ouvimos ou lemos a palavra *espionagem*, automaticamente acessamos seu significado em nosso armazém semântico e o processamos. Desse modo, com o decorrer do tempo enriquecemos nosso traço de memória sobre "espionagem". Esses reforços contínuos de informação podem explicar por que algumas lembranças semânticas são indeléveis.[8]

Queríamos compreender se Henry havia mantido intato seu banco semântico pré-operatório do mesmo modo que adultos saudáveis, e se seu desempenho na evocação de informações sobre palavras era consistente de um ano para o outro. Uma das vantagens de estudá-lo por décadas foi que podíamos comparar seu desempenho nos mesmos testes de QI realizados repetidamente. Nenhum estudo havia examinado a estabilidade da memória para palavras ao longo do tempo em pacientes com amnésia, de modo que abrimos novos caminhos quando, em 2001, passamos em revista 48 anos de resultados de testes realizados com Henry.

Pesquisadores do meu laboratório analisaram as pontuações de Henry em vinte sessões de testes realizadas entre 24 de agosto de 1953 (um dia antes de sua operação, quando seu cérebro ainda estava intato) e o ano 2000. Essa análise avaliou seu desempenho em quatro subtestes de um teste padronizado de QI: *informação geral* (Quem escreveu *Hamlet*? Em que continente fica o Brasil? Quantas semanas existem em um ano?); *similaridades* (De que modo um olho e uma orelha são iguais?); *compreensão geral* (Por que é melhor construir uma casa de tijolos do que uma de madeira?); e *vocabulário* (O que significa *espionagem*?). Descobrimos que o desempenho de Henry nesses quatro testes foi consistente ao longo de 48 anos. Sua memória para fatos, conceitos e palavras permaneceu constante do dia anterior à sua operação até o ano 2000, o que indicava que as estruturas do lobo temporal medial não eram essenciais para reter e usar o conhecimento das palavras e os conceitos que ele havia consolidado antes da cirurgia. De forma importante, os resultados mostraram que o cérebro de Henry podia manter informação que já havia aprendido, sem prática explícita. Por causa de sua amnésia, ele não tinha o benefício do aprendizado episódico, mas ainda podia preservar o conhecimento das palavras ao utilizar circuitos cerebrais fora do hipocampo, em seus lobos frontais, temporais e parietais. Ele acreditava que fazer palavras cruzadas ajudava sua memória, e talvez estivesse certo.[9]

Esse tipo de estudo retrospectivo só foi possível porque havíamos recolhido informação detalhada sobre o conhecimento semântico de Henry por décadas. Um objetivo relacionado de nossa pesquisa era examinar sua memória semântica tão minuciosamente como havíamos feito com sua memória episódica. Queríamos ir além da avaliação rotineira propiciada pelos testes padronizados e estar seguros de que não havíamos deixado sem examinar nenhum canto escondido de sua memória.

 Em 1970, especialistas em memória na Inglaterra propuseram a ideia de que a dificuldade de memória experimentada pelos pacientes amnésicos se resumia a uma anomalia na evocação — eles podiam armazenar lembranças novas normalmente, mas eram incapazes de trazê-las de volta de forma consciente. Os pesquisadores argumentaram que a informação ostensivamente esquecida podia ser extraída de pacientes amnésicos se lhes fossem dadas pistas. Sendo isso verdadeiro, então dar a Henry pistas relacionadas a material pós-operatório deveria haver catapultado seu desempenho até o alcance normal. Um experimento de 1975 em nosso laboratório testou essa proposta. Um estudante de pós-graduação que trabalhava com Hans-Lukas Teuber projetou um teste de rostos famosos, utilizando fotografias publicadas na imprensa de figuras públicas que haviam sido eminentes em vários períodos de tempo dos anos 1920 aos anos 1960. Ele primeiro pediu a Henry que identificasse aquelas pessoas sem nenhuma pista. Se não tivesse sucesso, Henry recebia dois tipos de pistas para ajudá-lo — circunstanciais e fonéticas. Por exemplo, a pista circunstancial para Alfred London era "ele foi o candidato republicano à Presidência em 1936; concorreu contra Roosevelt e perdeu; também foi governador do estado de Kansas". Se Henry ainda não conseguia identificar a figura pública, ele recebia pistas fonéticas que forneciam um número crescente de letras do nome e do sobrenome das figuras públicas, começando pelas iniciais e chegando quase ao nome completo. Para Alfred Landon, as pistas fonéticas foram: "A.L., Alf. L., Alfred L., Alfred Lan., Alfred Land." Quando comparamos a memória semântica de Henry relativa aos períodos de tempo antes e depois do surgimento de sua amnésia, descobrimos que ele retinha sua memória de figuras públicas desde os anos anteriores à sua operação, mas sua memória para figuras públicas no período posterior à sua cirurgia era visivelmente inferior ao que foi obtido pelos participantes do grupo-controle. Para as figuras públicas pós-1950, as pistas eram de pouca ajuda. Henry não havia codificado, consolidado nem armazenado com sucesso essa informação semântica; claramente sua amnésia não podia ser considerada como um caso de evocação defeituosa.[10]

Durante as décadas seguintes, membros do laboratório atualizaram esse teste e o aplicaram a Henry em nove sessões de testes de 1974 até o ano 2000. Depois aproveitamos esse enorme conjunto de dados para determinar se seu desempenho era consistente ao longo dos anos de testes. Quando todos os dados foram combinados, descobrimos que ele era tão bom, ou melhor, que os participantes do grupo-controle quando as questões se referiam a pessoas famosas nos anos 1920 até os anos 1940, mas era visivelmente inferior aos participantes-controle para perguntas dos anos 1950 até os anos 1980. Por exemplo, sem precisar de pistas, ele identificava corretamente Charles Lindbergh e Warren C. Harding, dos anos 1920; Joe Lewis e J. Edgard Hoover, dos anos 1930; e John L. Lewis e Jackie Robinson, dos anos 1940. Depois dos anos 1940, ele ficava perdido. Não conseguia identificar Stan Musial e Joseph McCarthy dos anos 1950; John Glenn ou Joe Namath dos anos 1960; Jimmy Carter ou a princesa Anne dos anos 1970; nem Oliver North ou George H. W. Bush dos anos 1980.

Ainda assim, ficava claro que Henry estava armazenando alguma informação nova. Com ajuda, ele era capaz de reconhecer algumas figuras públicas cuja fama começara depois de 1953, mas o número de pistas que requeria era 50% maior que a média dos participantes do grupo-controle. Assim, mesmo com pistas generosas, as lembranças de Henry eram difíceis de serem acessadas. Claramente, há mais material pós-cirurgia armazenado do que pode ser recuperado sem ajuda extensiva. Mas, se uma falha geral na evocação era a base da amnésia de Henry, então seu déficit deveria ter comprometido a evocação de material *pré-cirúrgico* também. O fato de que não tenha sido assim reforça a visão de que a amnésia está enraizada na incapacidade de consolidar, armazenar e evocar de forma contínua as experiências de vida.

Mesmo que o caso de Henry tenha fornecido provas de que os lobos temporais mediais são necessários para formar ambos os tipos de memória declarativa — episódica e semântica —, a ideia não foi aceita sem controvérsia. Alguns pesquisadores duvidaram de que o aprendizado semântico novo dependesse das estruturas do lobo temporal medial da forma que a memória episódica depende. Em 1975, dois médicos de Toronto propuseram que os pacientes amnésicos tinham danos nas estruturas cerebrais que sustentam a aquisição e evocação de memórias episódicas, mas *não* nas estruturas que medeiam a aquisição e evocação de memórias semânticas. Em 1987, um deles afirmou que os pacientes amnésicos deveriam ser capazes de aprender fatos novos sempre que a evocação dos fatos não dependesse de ter lembrança explícita do evento específico durante o qual o paciente aprendera o tal fato. Esse cientista previu que pacientes como Henry poderiam adquirir conhecimento geral sem percepção consciente, por meio de circuitos de memória não declarativa.[11]

Em 1988, meus colegas e eu pusemos à prova esse enfoque ao tentar ensinar a Henry novas palavras do vocabulário. Queríamos ver se ele podia aprender as definições de oito palavras que estavam no dicionário, mas não eram de uso comum, como *hégira, anacoreta, cominatório, egressar, firmamento* e *néofito*. Suspeitávamos de que Henry não tivesse conhecimento dessas palavras antes da cirurgia. Ele via as palavras em um monitor de computador, uma de cada vez, com uma definição única. Ele lia cada palavra e sua definição em voz alta. Depois ele visualizava todas as oito definições com uma das palavras abaixo delas e tinha que selecionar a definição correta para aquela palavra. Se respondesse corretamente, a definição era removida da lista de escolha, e uma nova palavra aparecia na base da tela. Se respondesse de forma incorreta, pediam que ele selecionasse outra definição. Esse procedimento continuou, palavra por palavra, até que Henry tivesse selecionado a definição correta para cada uma das oito palavras. Os participantes do grupo-controle eram capazes, em média, de casar todas as palavras com as definições em menos de seis tentativas. Henry, no entanto, fracassou em aprender essas novas palavras do vocabulário em vinte tentativas.[12]

Persistimos e tentamos ensinar a Henry as mesmas palavras utilizando dois métodos adicionais — dar um sinônimo comum de uma única palavra a cada uma das oito palavras novas e preencher a lacuna em frases nas quais faltava uma das oito palavras novas. Henry aparentemente sabia o significado de neófito, e presumivelmente havia aprendido isso antes da cirurgia, porque ele selecionava a definição e o sinônimo corretos toda vez, e preenchia a lacuna de forma correta em 90% das tentativas. Mas nunca dominou o significado de nenhuma outra palavra, propiciando evidência inequívoca de que não podia aprender, em um cenário controlado de laboratório, o significado de qualquer palavra nova. Ao contrário, os participantes do grupo-controle continuavam a absorver as novas palavras em menos de seis tentativas.[13]

Mesmo assim, se poderia argumentar que esses experimentos não imitavam o modo natural em que as pessoas aprendem o significado de novas palavras em sua vida cotidiana. Talvez as instalações de nosso laboratório fossem demasiado artificiais e não provocassem a verdadeira capacidade de Henry para adquirir informação semântica. Diariamente, estamos expostos a palavras novas em uma variedade de contextos significativos e relevantes em numerosas situações. Com frequência vemos ou ouvimos essas palavras ao perseguir um objetivo, de modo que somos alunos motivados. Agarrando essa ideia, outra equipe propôs, em 1982, que o teste decisivo para definir se um paciente amnésico podia adquirir novas palavras seria levar a pessoa a um país onde não falasse nem entendesse o idioma. Os pesquisadores previram que o paciente iria aprender a nova língua lentamente, como uma criança o faria, e que depois se esqueceria até mesmo de haver estado lá. Esse seria um ambiente de aprendizado mais natural que um laboratório porque combinaria audição, fala, leitura e escrita da linguagem. Em vez de tentar aprender palavras como Henry fez no laboratório, uma pessoa amnésica em um país estrangeiro poderia aprender frases e sentenças em contextos significativos, tais como a padaria, a farmácia, o café ou o parque. De acordo com esse argumento, ela poderia, com essa exposição repetida, ser capaz de construir uma rica representação mental da linguagem, consistente de seus sons de fala, vocabulário, conceitos e gramática.[14]

Achamos que essa teoria estava errada, mas para prová-la precisávamos ver se Henry havia aprendido incidentalmente algum conhecimento de palavras que fossem novas para a língua inglesa desde sua operação em 1953 — palavras que ele podia ter encontrado na vida diária. Mesmo que ele não pudesse se lembrar da definição, seria possível, por exemplo, que soubesse que uma palavra nova era uma palavra real, sem saber seu significado. Essa intuição é comum nas pessoas saudáveis.

Partimos para avaliar o conhecimento que Henry tinha de novas palavras que tivessem sido agregadas ao dicionário Merriam-Webster depois de 1954, palavras que ele provavelmente encontrou depois do aparecimento de sua amnésia. Os estímulos do teste eram palavras como *charisma* (carisma), *psychedelic* (psicodélico), *granola* e *jacuzzi*. Estavam misturadas com palavras antigas (*butcher* [açougueiro], *gesture* [gesto], *shepherd* [pastor]) e palavras pronunciáveis inexistentes (*phleague, thweige, phlawse*). Queríamos saber se Henry considerava as palavras pós-1954 e as palavras pronunciáveis inexistentes como palavras legítimas. Cada sessão começava com a seguinte pergunta na tela do computador: "Esta palavra existe?" Henry lia a palavra e respondia "sim" ou "não". Ele estava certo se respondia "sim" para as palavras legítimas e "não" para as inexistentes. Ele disse "sim" corretamente a 93% das palavras de antes dos anos 1950 (o que era normal comparado ao resultado de 92% do grupo-controle). Acertou 50% das palavras originadas após os anos 1950 (o que era um resultado ruim, se comparado com os 77% do grupo-controle). Sua capacidade para categorizar palavras inexistentes como inexistentes estava na fronteira do normal — 88% versus a pontuação do grupo-controle de 94%. Esse experimento relativamente simples reforçou a distinção entre o conhecimento semântico de Henry antes da cirurgia, que estava intato, e seu conhecimento semântico pós-operatório, que estava severamente afetado.[15]

Para explorar outra dimensão do conhecimento semântico de Henry, projetamos um teste para medir o quanto ele sabia sobre figuras públicas. Uma mínima expressão de conhecimento dos nomes de pessoas famosas seria a capacidade de reconhecer um nome famoso como tal. Foi isso que pedimos que Henry fizesse em uma tarefa de categorização de nomes — "A seguinte pessoa é ou foi famosa?" Henry respondia "sim" ou "não". As celebridades incluíam artistas de cinema, atletas, políticos norte-americanos, líderes estrangeiros e escritores. Nessa tarefa, os nomes de pessoas que ficaram famosas antes ou depois da operação de Henry estavam misturados com nomes parecidos escolhidos do catálogo telefônico da área de Boston. Henry igualou os participantes do grupo-controle na rejeição de nomes desconhecidos como se fossem famosos, e foi levemente melhor que eles ao identificar personalidades famosas nos anos 1930 e 1940 (88% para Henry e 84% para os controles saudáveis). Em relação às pessoas que se tornaram famosas nos anos 1960, 1970 e 1980, e que quase certamente eram desconhecidas para Henry antes de sua cirurgia, sua pontuação de 53% estava bem abaixo dos 80% dos participantes do grupo-controle. Esse padrão de resultados — memória intata de figuras públicas no período pré-operatório e memória prejudicada para as pessoas no período pós-operatório — reforçou a conclusão de que Henry não podia armazenar e evocar com sucesso informação factual que chegara ao mundo depois do surgimento de sua amnésia.[16]

Mas, apesar desse desempenho pobre nos testes, o banco semântico de Henry pôde reter leves traços de suas experiências durante os anos após a cirurgia. Encontramos evidência de que sua amnésia não era absoluta. Sua memória de *reconhecimento* não tinha sido completamente apagada. Quando lhe pedíamos que selecionasse a melhor definição para palavras e frases entre quatro opções impressas em um livreto de testes, ele reconheceu 56% das definições referentes ao período anterior aos anos 1950, e 37% para o período posterior aos anos 1950. A última pontuação, embora prejudicada, era melhor que a pontuação por puro acaso (25%). Ao mesmo tempo, sua capacidade para *evocar* essas palavras e frases estava claramente comprometida. Ele se lembrou espontaneamente de 61% das palavras e frases de antes dos anos 1950, mas apenas de 14% para o período posterior aos anos 1950.[17]

Da mesma forma, o desempenho de Henry na tarefa palavra real *vs.* palavra inexistente ("Esta é uma palavra real?" *flaga*) e na tarefa de categorização de nome ("Esta pessoa é ou foi famosa?" *Lyndon Johnson*) também demonstrava algum conhecimento de palavras e nomes do período posterior aos anos 1950, embora pouco. Quando o examinador pedia a Henry que definisse palavras que haviam ingressado no dicionário depois que ele se tornara amnésico, ele normalmente não sabia a resposta. Mas, em vez de dizer apenas "Eu não sei", ele usava seu intelecto e dava um chute bem informado. Muitas de suas respostas construíam significados literais a partir de pedaços de palavras e frases. Ele definiu *angel dust* ("pó de anjo", a droga) como "poeira feita por anjos; nós a chamamos de chuva"; *closet queen* ("rainhas no armário", homossexuais não assumidos) como "traças"; *cut-offs* ("coletes sem manga") como "amputações"; e *fat farm* ("clínica de emagrecimento") como "leiteria". As áreas cerebrais no córtex de Henry que abrigavam seu banco semântico de palavras e nomes antigos não podiam aprender palavras e nomes novos porque faltavam as interações fundamentais entre essas áreas corticais chave e circuitos hipocampais intatos. Na maior parte das vezes, ele não podia consolidar novas memórias semânticas. Voltando à questão de saber se uma pessoa amnésica, colocada em um país estrangeiro, aprenderia a linguagem, mas se esqueceria de haver estado ali, nos pareceu, a partir do desempenho de Henry, que, mesmo em um ambiente natural de aprendizado no qual o indivíduo escutasse, falasse, lesse e escrevesse a língua em contextos significativos, ele seria incapaz de expandir seu conhecimento das palavras com novas entradas. Esse déficit era parte integrante da memória declarativa profundamente prejudicada de Henry.[18]

Estendendo essa linha de pensamento, conduzimos vários experimentos em meados dos anos 1990 sobre a deficiência de Henry no aprendizado semântico de novas palavras. A questão que nos intrigava era: esse déficit na aquisição de informação nova por meio da memória declarativa iria se estender à memória *não declarativa*, que sabíamos estar intata? Embora não pudesse recordar-se conscientemente de palavras novas, apresentaria ele *precondicionamento* por essas palavras? Seria ele capaz de processá-las normalmente por intermédio de circuitos preservados de memória não declarativa? Especificamente, perguntávamos se o desempenho de precondicionamento de Henry seria diferente com palavras que caíram no uso comum depois do surgimento de sua amnésia e que, portanto, eram novidade para ele — palavras posteriores a 1965 como *granola*, *crockpot* (panela elétrica), *hacker* e *preppy* (mauricinho) — comparadas com palavras antigas como *blizzard* (nevasca), *harpoon* (arpão), *pharmacy* (farmácia) e *thimble* (dedal).

Um estudante de pós-graduação do meu laboratório criou quatro tarefas de precondicionamento por repetição. Duas delas avaliavam o precondicionamento *de completamento de palavras* de Henry — uma que utilizava palavras que estavam no dicionário antes de sua cirurgia de 1953 e a outra usando palavras que entraram no dicionário depois de 1953. As duas outras tarefas mediam o precondicionamento *de identificação perceptual* — uma com palavras de antes de 1953 e a outra com palavras aparecidas após 1965. Todas as quatro tarefas empregavam os circuitos de memória não declarativa de Henry. Nesse experimento, cada tarefa de precondicionamento tinha uma condição de estudo e uma condição de teste.[19]

Na *condição de estudo* para o precondicionamento de completamento de palavras, Henry lia palavras em voz alta, à medida que eram apresentadas, uma de cada vez, em uma tela de computador. A *condição de teste* ocorria um minuto mais tarde, quando ele via grupos de três letras, um de cada vez, na tela do computador (GRA- para formar *granola*, DED- para formar *dedal*). Metade desses grupos de três letras correspondia a palavras da lista do estudo, e a outra metade a palavras não estudadas. O examinador pedia a Henry que completasse cada grupo com a primeira palavra que aparecesse em sua mente. Se ele completasse DED- como *dedal*, em vez de palavras mais comuns que começam com DED- (*dedo, dedicado, dedilhar*), então estaria mostrando o efeito de uma exposição anterior a *dedal*, a essência do precondicionamento do completamento de palavras. A pontuação do precondicionamento do completamento de palavras era o número de grupos de três letras completados com palavras estudadas, como *dedal*, menos a pontuação de referência de nomes completados por acaso para palavras similares não estudadas antes. Henry mostrava precondicionamento sempre que completava significativamente mais grupos de três letras com palavras estudadas do que com palavras não estudadas.[20]

O precondicionamento de identificação perceptual também incluía uma condição de estudo e uma condição de teste. Durante a *condição de estudo*, exibíamos rapidamente palavras em uma tela, uma de cada vez, por menos de meio segundo, e pedíamos a Henry que lesse cada palavra em voz alta. Na *condição de teste*, Henry via outra vez palavras apresentadas de forma muito breve na tela e outra vez as lia em voz alta. Ele havia visto metade das palavras do teste na sessão de estudo, e a outra metade era composta de palavras novas que ele não tinha estudado. Sua pontuação de precondicionamento de identificação perceptual era o número de palavras estudadas corretamente identificadas menos a pontuação de referência de palavras não estudadas corretamente identificadas. Henry novamente mostrou sinais de precondicionamento. Quando as palavras lampejavam brevemente na tela durante o teste, ele era capaz de ler maior quantidade de palavras estudadas do que de não estudadas. Durante a condição de estudo, cada vez que Henry lia uma palavra, a experiência deixava um traço de memória que reforçava a representação daquela palavra. Então, durante o teste, quando ele via palavras estudadas e não estudadas muito rapidamente, ele tinha mais probabilidade de ler as palavras estudadas por causa de sua representação mental aprimorada.[21]

Henry deu-nos resultados nítidos nesses quatro testes de precondicionamento. Para as palavras de antes de 1950 — *blizzard* (nevasca), *harpoon* (arpão), *pharmacy* (farmácia) e *thimble* (dedal) —, ele apresentou um desempenho normal nos dois tipos de precondicionamento. No precondicionamento de completamento de palavras, ele completou mais grupos de três letras de palavras estudadas do que de não estudadas. Encontramos resultados diferentes com as palavras surgidas depois de 1950 — *granola*, *crockpot* (panela elétrica), *hacker* e *preppy* (mauricinho). O precondicionamento de identificação perceptual de Henry ainda era normal, mas sua pontuação de precondicionamento de completamento de palavras era zero. Por quê? Henry não possuía as necessárias representações semânticas preexistentes das palavras novas em seu dicionário mental para que ocorresse o precondicionamento de completamento de palavras. Ele não precisava dessa representação para o precondicionamento de identificação perceptual porque a tarefa utilizava processos visuais de nível baixo, independentes da linguagem. Essa descoberta de precondicionamento comprometido do completamento de palavras com o uso de palavras novas, somada a um precondicionamento robusto de identificação perceptual com as mesmas palavras, revelou-nos que mecanismos diferentes sustentavam cada tipo de precondicionamento — um interrompido em Henry, e o outro ainda em funcionamento.[22]

Os resultados diferentes obtidos por Henry nessas duas tarefas de memória não declarativa — precondicionamento conceitual e precondicionamento perceptual — foram importantes porque ressaltaram o fato de que os dois procedimentos ativavam circuitos cerebrais em diferentes níveis de processamento da informação. O precondicionamento do completamento de palavras operava no nível do conhecimento das palavras armazenado nos lobos temporais e parietais. A palavra *granola* era desconhecida para

Henry e não estava representada em seu dicionário mental — seu banco semântico. Consequentemente, quando ele a lia na lista de estudo, não tinha uma representação disponível da qual aproveitar-se para o processamento extra, necessário para completar o grupo de letras GRA- para formar *granola* no teste. Ele não teve dificuldade, no entanto, para completar GRA- para formar *grandmother* (avó), porque essa palavra já fazia parte de seu conhecimento de palavras armazenado antes da cirurgia. Esse experimento confirmou nosso trabalho prévio, ao mostrar que Henry tinha precondicionamento normal de completamento de palavras quando o testávamos com palavras que lhe eram familiares.[23]

Ao contrário disso, o precondicionamento de identificação perceptual operava no nível mais elementar da percepção visual. Henry simplesmente lia *granola* em voz alta na lista de estudo, e o processamento relacionado em seu córtex visual era tudo de que necessitava no teste para dizer a palavra em voz alta quando ela aparecia na tela. Henry mostrou precondicionamento de identificação perceptual comparável para palavras pré e pós-1953 porque seu córtex visual, na parte de trás do seu cérebro, onde essas computações eram realizadas, processava sequências de letras com significado (*blizzard* [nevasca]) ou sem (*granola*) da mesma maneira.[24]

Pacientes amnésicos, inclusive Henry, caracteristicamente apresentam aprendizado em tarefas de memória não declarativa, tais como o precondicionamento. Nossa descoberta de que Henry teve comprometido o precondicionamento de completamento de palavras utilizando palavras desconhecidas foi uma exceção. Esse déficit resultou diretamente da incapacidade de Henry para consolidar e armazenar palavras aparecidas depois de 1953. Nessa tarefa de precondicionamento, ele leu palavras como *granola*, *crockpot* (panela elétrica), *hacker* e *preppy* (mauricinho) em uma tela de computador, mas não tinha nenhuma entrada no seu dicionário mental que pudesse ser ativada pela leitura. Ele não podia se beneficiar ao ler as palavras e, portanto, não era provável que respondesse *granola* ao ver o radical *GRA-*. Seu desempenho mostrou que os circuitos em seu cérebro que sustentavam esse tipo de precondicionamento eram distintos daqueles que sustentavam seu precondicionamento normal de identificação perceptual com as mesmas palavras. Essa divisão de trabalho também ocorre em nossos cérebros.[25]

Embora Henry tivesse demonstrado várias vezes que tinha perdido sua capacidade de criar novas memórias semânticas, de aprender novos fatos e retê-los, ele ocasionalmente nos surpreendia ao lembrar-se de coisas que nunca esperávamos que fizesse. Certo dia, em uma conversa casual, a pesquisadora associada Edith Sullivan perguntou a Henry o que ele pensava quando ouvia o nome Edith. Ela ficou boquiaberta quando ele disse: "Edith Bunker." Edith Bunker era um personagem fictício de um programa de televisão que começou em 1971, chamado *All in the Family* [Tudo em família]. No dia seguinte, ela trouxe à tona o assunto outra vez e lhe perguntou:

— Qual o nome da estrela do programa?
— Archie Bunker — respondeu ele.

Ela perguntou-lhe como Archie Bunker chamava seu genro, acrescentando "não é um nome muito agradável".

Depois de uma longa pausa, Henry disse:
— *Meathead* (Imbecil).

Essas surpreendentes e aparentemente aleatórias memórias novas apareciam de tempos em tempos, como pedaços de madeira flutuando em mar aberto, e pareciam pequenos milagres para aqueles de nós acostumados a ver Henry falhando ao tentar recordar. Nos primeiros anos, a mãe de Henry com frequência acreditava que ele estava melhorando, e nos dizia que "ele sabe coisas que não deveria saber". Em retrospectiva, fica claro que a amnésia de Henry era permanente, e que esses pedaços fragmentados de lembranças eram a exceção, e não a regra. Comparada com a de qualquer pessoa normal, a capacidade de Henry de recordar experiências de sua vida era sempre mínima. Em 1973, ele não era capaz de identificar nomes comuns dos noticiários da época como "Watergate",* "John Dean"** ou "San Clemente",*** apesar do fato de que ele os ouvisse em forma repetida na televisão todas as noites. Ele não sabia quem era o presidente, mas, quando lhe dissemos que o nome começava com "N", Henry disse "Nixon".

Em julho de 1973, perguntei a Henry o que me podia dizer sobre o Skylab. Ele respondeu:

— Creio que é uma estação de acoplamento no espaço.

Ele também afirmou corretamente que havia, na época, três pessoas vivendo lá, mas acrescentou de imediato:

— Estou tendo uma discussão comigo mesmo, serão três ou cinco?

Quando lhe perguntei:

— Como é mover-se lá em cima?

Henry respondeu:

— Bem, eles têm ausência de peso — penso em ímãs para que se agarrem nas partes metálicas e não saiam voando por aí, para mantê-los fixos até que possam girar em torno de si mesmos e ficar em um lugar, e que não se afastem desvoluntariamente [sic].

Henry aceitava sem pestanejar novas tecnologias, tais como testes computadorizados, mas não podia acompanhar a mudança dos tempos de outros modos — certa vez afirmou incorretamente que um hippie era um dançarino. O mundo mudava, mas, na maior parte das vezes, Henry era deixado para trás.

As pequenas ilhas de lembranças com que Henry nos presenteou ao longo dos anos foram um incentivo para que investigássemos sua memória semântica com mais intensidade. Decidimos examinar novamente seu conhecimento de celebridades, porque isso nos permitia aproveitar sua intensa exposição a revistas e à televisão, por meio das

---

* Escândalo do Edifício Watergate, no governo de Richard Nixon. (*N. do T.*)
** Conselheiro da Casa Branca no governo de Richard Nixon. (*N. do T.*)
*** Casa de luxo onde viveu Richard Nixon depois de renunciar. (*N. do T.*)

quais ele constantemente recebia informação sobre pessoas famosas e eventos dignos de nota. Um experimento de 2002, quando Henry tinha 72 anos de idade, caracterizou mais amplamente a profundidade de seu aprendizado semântico, ao buscar detalhes a respeito de indivíduos que só se tornaram famosos depois de sua cirurgia em 1953. Nossos estudos prévios não haviam explorado a profundidade do material que ele foi capaz de adquirir depois da operação. Os fragmentos de conhecimento que Henry havia demonstrado possuir em nossos experimentos anteriores eram suficientemente esparsos para que tanto o aprendizado declarativo como o não declarativo pudessem tê-los sustentado. (Dois outros grupos de pesquisadores da memória haviam mostrado que um paciente severamente amnésico, exposto a muitas semanas de treinamento, podia gradualmente aprender e reter novos fatos semânticos. Os pacientes demonstravam seu escasso conhecimento factual por intermédio do desempenho, mas não podiam se lembrar, de forma consciente, dos episódios de aprendizado. O aprendizado era não declarativo.)[26]

Em nossa pesquisa, dois estudantes de pós-graduação abordaram uma controvérsia em andamento na época. Alguns pesquisadores previram que regiões além do hipocampo poderiam sustentar algum tipo de aprendizado semântico acessível de forma consciente. Outro laboratório, porém, argumentou que os circuitos de memória episódica ou semântica de pacientes amnésicos estão igualmente prejudicados, de modo que o aprendizado semântico seria impossível em alguém como Henry, que não tinha memória episódica. Projetamos experimentos que revelassem a rota pela qual adquirimos conhecimento semântico. A nova questão teórica que motivou nossos experimentos era saber se toda nova informação penetra no cérebro em forma de episódios e depois se transforma em conhecimento geral. Por exemplo, a primeira vez que você comeu um sorvete de pêssego e descobriu que adorava aquilo foi na praia, quando você tinha 12 anos de idade. Com o passar dos anos, você esqueceu aquele episódio, mas continuou a considerar o sorvete de pêssego como seu favorito. Esse fato começou como uma memória episódica e mais tarde se transformou em memória semântica. A pergunta era: todas as memórias têm que começar assim, como episódios, ou podem contornar seus circuitos episódicos e entrar em seu cérebro como conhecimento semântico? Como o hipocampo é necessário para o aprendizado episódico, também poderíamos ter feito a pergunta dessa forma: O aprendizado semântico pode ocorrer sem um hipocampo funcional? Como o dano hipocampal de Henry era completo, e como ele não tinha virtualmente nenhuma memória episódica, era o caso perfeito para testar essa hipótese.[27]

Em nosso experimento inicial, Henry ouvia os primeiros nomes de pessoas famosas e lhe pedíamos que completasse rapidamente o nome com o sobrenome que lhe viesse à cabeça de forma imediata. Como essa tarefa *não* pedia um nome famoso — qualquer nome servia — a memória implícita (não declarativa) podia sustentar o desempenho automaticamente, sem consciência. Por exemplo, Henry completou *Ray* com *Charles*, não porque soubesse que Ray Charles era um indivíduo famoso, mas porque havia formado um vínculo associativo inconsciente entre Ray e Charles quando ouvira ou lera esses dois nomes juntos. *Charles* simplesmente surgiu na sua cabeça. Henry completou 51% dos prenomes com sobrenomes de indivíduos que eram famosos antes de sua operação, e surpreendentes 34% com sobrenomes de indivíduos que ficaram famosos após sua cirurgia. Ele completou *Sophia* com *Loren*, *Billie Jean* com *King* e *Martin Luther* com *King*. Embora a capacidade de Henry para adquirir esse tipo de informação estivesse claramente prejudicada em relação à capacidade dos participantes saudáveis, os resultados sugeriam que ele tinha pelo menos algum conhecimento de indivíduos que ficaram famosos depois de sua cirurgia, o suficiente para sustentar um vínculo entre seus nomes e sobrenomes.[28]

No dia seguinte, oferecemos pistas significativas de cada indivíduo — "Artista famoso, nascido na Espanha em 1881, formulou o cubismo, entre suas obras inclui-se *Guernica*." Depois dessa pista, Henry ouvia: "Quando eu digo Pablo, qual é a primeira palavra que lhe vem à mente?" Esse tipo de pistas igualou a oferta por Henry de sobrenomes de indivíduos que ficaram famosos antes e depois de sua cirurgia. O fato de que pistas semânticas o beneficiavam igualmente para sobrenomes famosos posteriores a 1953 quanto dos anteriores a esse ano sugeria que seu novo conhecimento, como seu conhecimento pré-operatório, estava incorporado a *esquemas*. Essas redes semânticas organizadas, grupamentos de informações relacionadas, são capazes de sustentar a evocação consciente. Essa descoberta adiciona--se ao corpo de evidência de que Henry era capaz de algum aprendizado declarativo semântico limitado.[29]

Em um experimento associado fundamental, examinamos o alcance do novo conhecimento semântico de Henry concentrando-nos na quantidade de detalhes que ele podia fornecer sobre celebridades. Primeiro, ele via dois nomes lado a lado. Um era famoso e o outro era um nome escolhido aleatoriamente do catálogo telefônico da área de Boston. Quando lhe perguntamos "Qual deles é o nome de uma pessoa famosa?", ele acertou 92% das vezes para nomes com que se havia deparado antes de sua cirurgia, e impressionantes 88% para aqueles que havia conhecido depois dela. Então, para cada indivíduo que Henry tivesse selecionado como famoso, fazíamos a pergunta-chave: "Por que essa pessoa é famosa?" Mesmo que a informação semântica fornecida por Henry para as celebridades pós-1953 fosse pobre, quando comparada com as respostas dos participantes do grupo-controle e com a informação que ele mesmo fornecia sobre indivíduos célebres antes de 1953, o resultado foi assombroso. Ele foi capaz de fornecer informação exata e relevante para doze pessoas que se tornaram famosas após 1953. Ele sabia que Julie Andrews era "famosa por cantar na Broadway", que Lee Harvey Oswald "assassinara o presidente" e que Mikhail Gorbachev era "famoso por fazer discursos, líder do parlamento russo".[30]

Essa investigação demonstrou que algum conhecimento semântico pode ser adquirido na ausência de qualquer função discernível do hipocampo. Henry, apesar do hipocampo lesionado, mostrou que era capaz de aprender informação sobre celebridades que chegaram à fama depois de sua operação, fornecendo prova robusta e inequívoca de que pelo menos algum aprendizado semântico pode ocorrer na ausência de aprendizado episódico.[31]

Embora seja interessante observar em que extensão o aprendizado semântico pode ocorrer sem função hipocampal, é igualmente interessante notar os caminhos pelos quais esse aprendizado era diferente daquele dos nossos participantes do grupo-controle. Henry era capaz de gerar conhecimento semântico sobre apenas uma fração dos indivíduos que eram bem conhecidos pelos participantes do grupo-controle. Além disso, a informação que ele gerava sobre pessoas que lhe eram familiares depois de sua cirurgia era relativamente esparsa quando comparada à dos participantes do grupo-controle e quando comparada com a quantidade de informação que era capaz de gerar sobre indivíduos famosos antes de sua operação. Henry, por exemplo, não podia fornecer nem o sexo de alguns dos nomes que selecionava como famosos. Por exemplo, ele disse que Yoko Ono era "um homem importante no Japão". Ademais, enquanto os participantes-controle eram melhores ao gerar conhecimento sobre indivíduos que se haviam tornado famosos recentemente, comparados com os que o fizeram há muito tempo, consistente com o padrão geral de esquecimento observado tipicamente nas pessoas saudáveis, Henry apresentava o padrão de desempenho inverso. Além disso, sua capacidade de produzir informação sobre indivíduos que se tornaram famosos depois de sua operação era esporádica. Por exemplo, em tentativas anteriores para avaliar seu aprendizado sobre indivíduos famosos, ele tinha identificado com sucesso Ronald Reagan como presidente e Margaret Thatcher como figura política inglesa, mas fora incapaz de lembrar-se de suas ocupações durante esse último estudo. E, durante os exames de 2002, ele indicou que John F. Kennedy havia sido assassinado, ao passo que em ocasiões anteriores ele tinha dito que Kennedy ainda estava vivo.[32]

A natureza limitada do conhecimento semântico que Henry demonstrava tornava pouco provável que ele empregasse para o aprendizado os mesmos mecanismos que adultos saudável utilizam para adquirir conhecimentos semânticos tão prolífica e espontaneamente. Especificamente, sua habilidade de demonstrar qualquer tipo de aprendizado semântico rápido foi eliminada, supostamente devido à lesão bilateral do hipocampo. Seu único mecanismo de aprendizado era lento, por meio de repetições intensas de informação.[33]

Ao interpretar os resultados desse estudo, foi importante considerar se a aquisição limitada de informação semântica por parte de Henry representava de fato aprendizado declarativo e não memória perceptual não declarativa — informação adquirida automaticamente por intermédio de exposição visual. O aprendizado de Henry diferia da memória não declarativa em muitos aspectos importantes. *Primeiro*, a marca registrada da memória declarativa é que ela é acessível à percepção consciente e pode ser trazida à mente de forma voluntária por palavras ou imagens. Ao contrário, o aprendizado não declarativo é acessível apenas ao encenar-se outra vez a tarefa na qual o conhecimento foi aprendido. Henry era capaz de se lembrar livremente de detalhes específicos sobre um número limitado de pessoas que ficaram famosas após sua operação — John Glenn como "o primeiro astronauta" — ou eventos — o assassinato de John F. Kennedy. *Segundo*, a expressão da memória não declarativa está rigidamente determinada pela maneira pela qual ela foi adquirida, enquanto o conhecimento semântico pode ser recapitulado com flexibilidade em resposta a uma variedade de estímulos relevantes. Henry repetidamente evocava informação sobre um pequeno número de celebridades sem que importasse a linguagem específica utilizada para apresentar a pergunta ou a modalidade dos estímulos (palavras versus desenhos). *Terceiro*, a capacidade de Henry para gerar sobrenomes familiares quando ouvia os prenomes poderia ter sido explicada como reação automática de resposta a estímulo sustentada pela memória não declarativa. Mas o fato de que ele se aproveitava tanto das pistas semânticas sobre nomes do período pós-cirurgia quanto sobre os nomes do período anterior a ela demonstrava que seu novo conhecimento, como seu conhecimento pré-operação, havia sido incorporado a uma rede semântica capaz de sustentar uma recordação consciente. Baseados nessa evidência, concluímos que Henry era capaz de ter um deficiente aprendizado declarativo semântico. Onde, no cérebro de Henry, ocorria esse aprendizado incomum? Os candidatos prováveis eram os pedaços remanescentes do córtex relacionado com a memória perto de sua lesão — o córtex perirrinal e o para-hipocampal — e as vastas redes corticais onde a informação era armazenada.[34]

Por que Henry mostrou nesse estudo ter aprendizado semântico sobre personalidades famosas, mas falhou ao tentar aprender um vocabulário novo em estudo anterior? Uma possibilidade é a diferença na quantidade e nos tipos de exposição aos estímulos. Celebridades oferecem uma gama maior de oportunidades para codificar informação, e Henry pode ter se deparado com os nomes John F. Kennedy e John Glenn em numerosas ocasiões e em contextos diferentes e ricos. Ele assistia aos noticiários todas as noites das 18 às 19 horas e com frequência folheava e lia revistas. Essa variedade de exposições em sua vida cotidiana pode ter dado origem a traços de memória mais ricos e mais flexíveis do que processar as palavras isoladas no laboratório — *minatory* (ameaçador), *egress* (egresso) e *welkin* (firmamento). Outra possibilidade é que os nomes mostrados a Henry podem ter permitido que ele levasse vantagem, pelo menos em algumas instâncias, pelo conhecimento relacionado a eles que tivesse aprendido antes da cirurgia. Por exemplo, sua capacidade para lembrar detalhes sobre John F. Kennedy pode ter origem no seu conhecimento da família Kennedy adquirido durante os anos 1930 e 1940. De modo similar, Liza Minnelli teve dois progenitores famosos: a cantora e atriz Judy Garland e o diretor de cinema Vincente Minnelli.[35]

O conhecimento anterior parece ter ajudado Henry em um tipo diferente de experimento, que utilizava palavras cruzadas — o passatempo favorito de Henry. Nossos experimentos levados a cabo de 1998 a 2000 buscavam respostas a três perguntas: Quão proficiente era Henry ao resolver palavras cruzadas, comparado aos participantes saudáveis? Ele podia resolver palavras do período pré-cirurgia vinculadas a eventos do período posterior à operação? Sua exatidão ou velocidade aumentaria depois de exposições repetidas aos mesmos quebra-cabeças? Utilizando materiais de teste projetados especificamente para Henry, reunimos evidência adicional de que ele podia vincular informação semântica nova a lembranças semânticas antigas. Criamos três tipos de palavras cruzadas de vinte pistas em cada, incorporando conhecimento semântico de diferentes períodos. Um usava figuras históricas e eventos conhecidos antes de 1953, com pistas tais como: *jogador de beisebol dos anos 1930 que obteve o recorde de home runs*. Chamamos isso de quebra-cabeça pré-pré e esperávamos que Henry fosse capaz de resolver essas pistas. Outro tipo tinha pistas baseadas em figuras históricas e eventos popularizados depois de 1953: *marido de Jackie Onassis, assassinado quando era presidente dos Estados Unidos*. Chamamos esse de quebra-cabeça pós-pós e esperávamos que Henry não resolvesse essas pistas. O terceiro tipo combinava os dois períodos de tempo anteriores ao dar pistas semânticas originadas após 1953 para respostas anteriores a 1953: *doença infantil tratada com sucesso pela vacina Salk* (conhecimento pós-1953); resposta: *poliomielite* (conhecimento pré-1953). Chamamos esse de quebra-cabeça pré-pós e pensamos que Henry tinha uma boa chance de pôr para trabalhar seu conhecimento antigo durante o processo de resolver as palavras cruzadas. As instruções de Henry eram que completasse cada quebra-cabeça do modo que quisesse, e que ele podia apagar respostas dadas se mudasse de ideia. Não impusemos um limite de tempo, mas pedimos a ele que nos avisasse quando terminasse cada um deles. Henry completou os mesmos três quebra-cabeças uma vez por dia durante seis dias consecutivos. Cada quebra-cabeça era apresentado apenas uma vez em um dia, e Henry tinha um pequeno intervalo antes de começar o próximo. Ao final de cada sessão de testes, o examinador mostrava a ele as respostas corretas.

Henry corrigia as palavras mal soletradas e colocava as respostas corretas onde havia deixado lacunas.[36]

Estávamos curiosos para ver se as exposições repetidas às palavras corretas no terceiro quebra-cabeça — que combinava pistas de antes de 1953 com respostas de depois de 1953 — utilizariam a rede semântica de Henry de conhecimento pré-1953 até o ponto em que ele eventualmente preenchesse as respostas corretas. Acreditávamos que essa era uma possibilidade real, porque nossa evidência prévia mostrava que ocasionalmente ele podia utilizar seus esquemas mentais existentes para adquirir fatos novos (JFK foi assassinado). No quebra-cabeça pré-1953, Henry respondia com grande exatidão e tinha desempenho consistentemente bom. Mas ele errava com regularidade as duas palavras mais difíceis, *Chaplin* e *Gershwin*, e sua pontuação geral não melhorou no decorrer dos seis dias de testes. No quebra-cabeça pós-1953, ele não causou surpresa ao ser muito inexato, e outra vez seu desempenho não melhorou ao longo dos seis dias. No entanto, em marcante contraste com a ausência de aprendizado nos quebra-cabeças pré-pré e pós-pós, Henry mostrou uma melhora ao longo dos cinco dias de testes com o quebra-cabeça pré-pós, porque ele podia vincular a informação nova a representações mentais estabelecidas antes de sua cirurgia. Ele aprendeu com sucesso a associar o conhecimento pós-operação com a informação pré-cirurgia em seis respostas: *poliomielite, Hiss,* E o vento levou, Ike,** St. Louis* e *Varsóvia*. Essa melhoria é consistente com a ideia geral de que, na amnésia, o aprendizado semântico novo é facilitado quando a informação é significativa para o paciente, algo com que a pessoa possa se relacionar.[37]

No experimento com palavras cruzadas, Henry demonstrou capacidade para aprender as soluções para as pistas do quebra-cabeça que lhe permitiam aproveitar seu conhecimento pré-cirurgia. Esse mesmo mecanismo

---

* Alger Hiss, político norte-americano. (*N. do T.*)
** Apelido de Eisenhower, presidente dos Estados Unidos. (*N. do T.*)

— vincular o conhecimento pré e pós-operação — estava em funcionamento quando Henry nos contou fatos sobre algumas das celebridades cujos nomes ele reconheceu como famosos. Ele era capaz de codificar, consolidar, armazenar e evocar uma pequena quantidade de informação sobre pessoas famosas — sabia que John F. Kennedy "tornou-se presidente, que alguém atirou nele e que não sobreviveu; que era católico".[38]

O conceito de *esquemas mentais* lança uma luz interessante sobre a inesperada capacidade de Henry de consolidar e evocar pedaços ocasionais de conhecimento semântico novo. Filósofo britânico que se tornou eminente psicólogo experimental, Sir Frederic Bartlett introduziu o conceito de *esquemas* em 1932. Baseado em seus estudos do desempenho da memória em participantes saudáveis de pesquisa, Bartlett escreveu: "Lembrar-se não é a reexcitação de inúmeros traços fragmentários, fixos e sem vida." Em vez disso, ele via o ato de recordar como um processo ativo — a capacidade de reconstruir criativamente nossas representações internas do mundo. Ele chamou esses conjuntos organizados que mudam constantemente de *esquemas*. Quando Henry tentava solucionar os quebra-cabeças de palavras cruzadas pré-pós, ele podia estar se apoiando em uma duradoura representação estruturada de conhecimento antigo — um *esquema* — para compreender, armazenar e recordar a nova informação.[39]

Quando observamos um debate político, vemos os candidatos apresentarem detalhes sobre suas políticas e como vão colocá-las em ação. À medida que surgem perguntas e respostas, alimentamos a nova informação em uma estrutura mental que nos permite entender, avaliar e consolidar as ideias de cada candidato. Algum tempo depois, antes do dia das eleições, podemos consultar nosso *esquema* mental atualizado e tomar uma decisão informada sobre em quem votar. Somos capazes de fazer nossas escolhas de maneira eficiente porque armazenamos a informação semântica relevante em um corpo de conhecimento organizado. Henry retinha os *esquemas* mentais estabelecidos durante os anos anteriores à sua cirurgia, e ocasionalmente ele era capaz de conectar-se com eles para fixar alguns fatos novos.

Em 2007, neurocientistas da Universidade de Edimburgo conduziram experimentos sobre aprendizagem de *esquemas* nos animais. Eles treinaram ratos normais para que associassem diferentes sabores de comida com locações específicas em uma pequena arena que lhes era familiar. Inicialmente, os ratos formaram seis associações entre sabor e lugar. Por tentativa e erro eles aprenderam, por exemplo, que pedacinhos de comida com sabor de rum ficavam em certo lugar, pedaços com sabor de banana em outro e com sabor de toucinho em lugar diferente. Havia seis cavidades cheias de areia que os ratos podiam escavar para obter sua recompensa. Durante o aprendizado, davam uma pista aos animais: uma comida específica em uma caixa inicial. A tarefa deles era encontrar a cavidade que contivesse a mesma comida (lembrança por pista). Se cavassem na cavidade correta, eram recompensados com mais quantidade de comida indicada. Depois de várias semanas de treinamento, os animais adquiriram *esquemas* associativos para essa tarefa — eles mapearam cada sabor em uma cavidade específica da arena.[40]

Os pesquisadores então se perguntaram se possuir esse *esquema* facilitaria a codificação e consolidação das novas associações sabor–lugar e sua rápida integração no *esquema* existente. Eles fecharam duas cavidades e introduziram duas novas, com dois novos sabores. Os ratos receberam apenas um teste com recompensa para cada um dos novos sabores e depois descansaram por 24 horas. Quando os pesquisadores testaram a memória deles para as duas novas associações de sabor e lugar, os ratos escolheram cavar nas cavidades corretas e não nas cavidades fechadas. Eles aprenderam as novas localizações em um único teste e se lembraram delas por 24 horas, o que indica que o aprendizado anterior do *esquema* associativo ajudou no processo. Depois de outras 24 horas, os pesquisadores causaram lesões hipocampais nos ratos. Quando se recuperaram da operação, os ratos ainda se recordavam da localização do original e, surpreendentemente, dos dois novos pares. As novas associações foram rapidamente consolidadas e armazenadas fora do hipocampo, talvez no córtex. Aparentemente os ratos haviam aprendido um *esquema* associativo que incorporava o mapeamento de sabores e lugares na arena, e esse *esquema* forneceu uma estrutura para ajudá-los a reter os dois novos pares associados.[41]

Durante os 27 anos antes de sua operação, Henry havia construído com sucesso numerosos *esquemas* e os tinha armazenado em seu córtex. Mesmo que sua lesão do lobo temporal medial o impedisse de aprender novas associações, ele podia, algumas vezes, recorrer a um reservatório de *esquemas* que havia consolidado antes da cirurgia e que tinha retido em sua memória de longo prazo. Por exemplo, quando estava resolvendo o quebra-cabeça pré-pós de palavras cruzadas, ele respondeu corretamente *poliomielite, Hiss, E o vento levou, Ike, St. Louis* e *Varsóvia*, e esse aprendizado pode ter se apoiado em seus *esquemas* adquiridos no período anterior à sua cirurgia. Esse tipo de informação armazenada de maneira organizada pode ter sido o que lhe permitiu consolidar alguns fatos novos depois de sua operação. O que ele viu e ouviu na televisão pode ter ativado e atualizado *esquemas* antigos relacionados a políticos, estrelas de cinema e tecnologia, possibilitando que ele se lembrasse de J.F.K., Julie Andrews, Lee Harvey Oswald, Mikhail Gorbachev e que definisse o Skylab como "uma estação de acoplamento no espaço".

Como a capacidade de Henry de aprender fragmentos de conhecimento geral afetava seu dia a dia? Meu palpite é que sua sensação de que conhecia algumas pessoas em Bickford, e sua capacidade para reconhecer um nome aqui e ali deram a ele o sentimento de que estava entre amigos. Em 1983, quando retornou para Bickford após sua estada no MIT, um membro da equipe notou que ele parecia feliz por estar de volta e parecia se lembrar de seus companheiros. Quando Henry via televisão, alguns dos âncoras dos noticiários ou atores dos programas humorísticos devem ter parecido e soado familiares, de modo que ele podia falar deles como de seus amigos da televisão. Henry adquiriu conhecimento factual sobre sua casa de repouso: a disposição do seu quarto, do vestíbulo, e da sala de jantar, o cachorro que ficava ao lado de sua cadeira de rodas, a mulher que flertou com ele, e os numerosos auxiliares que cuidaram dele. Embora suas interações com o mundo estivessem longe de ser normais, sua vida tinha ligações familiares que o ajudaram a sentir-se seguro. De um modo geral, apesar de sua tragédia, Henry ia levando a vida.

Temos numerosos exemplos que chamam a atenção sobre a capacidade de Henry para adquirir fragmentos de conhecimento semântico novo depois de sua operação. Ainda assim, sua consistente desvantagem, comparada com os participantes do grupo-controle, tornava claro que a remoção cirúrgica de suas estruturas do lobo temporal medial, em 1953, havia dizimado sua capacidade para adquirir uma quantidade *significativa* de informação semântica nova. A despeito dessa lacuna em seu conhecimento, no entanto, ele foi capaz de pensar sobre seu mundo pessoal e de comunicar-se com efetividade. Tinha excelente vocabulário e impressionante conhecimento de eventos e celebridades mundiais, mas esse conhecimento estava congelado no tempo, um arquivo de informação da primeira metade do século XX.

12.

Fama crescente e saúde em declínio

Depois da publicação do artigo de Scoville e Milner, "Perda da memória recente após lesões hipocampais bilaterais", em 1957, Henry gradualmente tornou-se famoso dentro da comunidade neurocientífica. Sua história começou a aparecer em manuais de psicologia e neurociência em 1970, e por volta dos anos 1990 era citado como estudo de caso em quase todo livro didático que se referisse à memória. Em artigos científicos, com frequência era destacado como inspiração para experimentos específicos. Todo jovem psicólogo ou neurocientista aprendia sobre H.M. na escola, e a descrição de sua amnésia era um meio de avaliar a severidade do comprometimento da memória em outros pacientes. Ao longo de nossa pesquisa continuada com ele, Henry tornou-se o paciente mais exaustivamente estudado pela neurociência.[1]

No final dos anos 1970, eu tinha me tornado o ponto de contato primário de Henry com qualquer um que quisesse acesso a ele para pesquisa. Hans-Lukas Teuber morreu em 1977 e Brenda Milner seguiu em frente com outros tópicos de pesquisa, apesar de ainda manter um forte interesse em Henry. Eu o havia herdado como paciente. Ele vivia apenas a duas horas do MIT, de modo que era logisticamente fácil para ele visitar meu laboratório ou, à medida que foi ficando mais velho, para que meus colegas e eu o visitássemos em Bickford.

Com o passar dos anos, muitos pesquisadores vieram ao MIT para examinar Henry para seus próprios estudos, mas eu achava que ele não devia ficar disponível para qualquer pessoa que quisesse conhecê-lo. Se eu tivesse aberto o portão, permitindo que todos os pesquisadores interessados o testassem e entrevistassem, o assédio resultante teria sido um dreno constante de seu tempo e de sua energia, e teria tirado uma vantagem injusta de seu comprometimento de memória e de sua vontade de ser útil. Muitas pessoas desejavam apenas falar com ele, mas eu não quis que ele se tornasse uma atração secundária — o homem sem memória. Portanto, eu requeria que qualquer investigador que quisesse estudar Henry me visitasse antes em meu laboratório e apresentasse o protocolo de pesquisa proposto em nossa reunião semanal. Eu queria estar segura de que os experimentos estavam bem planejados, de modo que os dados obtidos com Henry iriam gerar conclusões significativas. Meus requerimentos podem ter frustrado alguns pesquisadores, mas pouparam Henry de ficar sitiado por inquirições frívolas.

De 1966 em diante, 122 cientistas tiveram a oportunidade de trabalhar com Henry, como membros de meu laboratório ou como nossos colaboradores de outras instituições. Juntos, investigamos ampla gama de tópicos. Um pesquisador da memória da Universidade da Califórnia, em San Diego, veio estudar o conhecimento semântico de Henry. Um cientista da visão do Rowland Institute, de Cambridge, Massachusetts, examinou um aspecto da percepção visual em Henry e em um grupo de pacientes com Alzheimer para descobrir se o comprometimento da memória afetava o desempenho em uma tarefa de ilusões de ótica pós-efeito. Um neurocientista veio da Universidade da Califórnia, em Los Angeles, para conduzir gravações de eletroencefalogramas enquanto Henry detectava diferentes alvos em uma tela de computador.

Embora cada cientista visitante houvesse lido extensivamente sobre Henry e seu caso, alguns ainda assim achavam surpreendente a experiência de encontrar-se com ele em pessoa. Um colega, Richard Morris, lembra-se de ter encontrado Henry com um grupo de pesquisadores do hipocampo. Mais tarde, ele escreveu esta nota para mim, descrevendo o evento:

> Estávamos sentados em uma sala, ele apareceu e nos apresentamos a ele. Em muitos aspectos, ele era exatamente como você o havia descrito em artigos — muito cortês, muito educado. Inicialmente, a conversa foi tal que não havia razão para pensar que havia qualquer coisa estranha. Foi realmente como conhecer um velhinho cordial, muito gentil. Mas então uma ou duas coisas aconteceram, de forma gradual, várias repetições de coisas que começaram a revelar que existia algo errado.
>
> A oportunidade surgiu para que um de nós saísse da sala, e na verdade fui eu. Havíamos estado falando por meia hora, mais ou menos, e então eu me levantei e saí da sala, e deliberadamente fiquei fora dela por aproximadamente dez minutos, e depois voltei à conversa. Foi muito chocante, porque meus colegas me apresentaram a Henry outra vez e ele disse "Prazer em conhecê-lo", como se não soubesse que eu havia estado ali antes, e então apontou para uma cadeira vazia e disse: "Há uma cadeira livre ali, sente-se nela." E aquela, é claro, era a cadeira onde eu havia estado sentado antes de sair da sala. De modo que aquilo foi exatamente o que havíamos sido levados a esperar pela literatura publicada sobre ele, mas vê-lo com nossos próprios olhos foi interessante.

Henry teve uma vida privada e muito circunscrita. Membros do meu laboratório e outros colegas que interagiram com ele, assim como as equipes do CRC do MIT e de Bickford, foram todos extremamente cuidadosos para manter sua identidade real em segredo; até sua morte, ele foi conhecido pelo mundo exterior apenas como H.M. Ao longo de 25 anos, porém, Henry e sua história se tornaram cada vez mais famosos. Seu caso intrigava jornalistas, artistas e o público em geral, enquanto levantava questões éticas sobre intervenções médicas experimentais. As pessoas ficavam fascinadas pela história dessa amnésia tão profunda e em andamento.

Em Bickford sabiam que Henry tinha uma importância especial para o mundo, e eu instruí a equipe que cuidava dele para que não discutissem Henry ou seu caso fora da casa de repouso. Eu recebia muitos pedidos da mídia para entrevistar e filmar Henry, mas eu o protegi de demasiada exposição, e pedi a meus colegas do laboratório que não tirassem fotografias dele nem o filmassem. Que eu saiba, não existe nenhum vídeo de Henry. Permiti que Philip J. Hilts, escritor de temas ligados à ciência, se encontrasse com ele e passasse algum tempo no meu laboratório para que reunisse dados para seu livro *Memory's Ghost: The Strange Tale of Mr. M. and the Nature of Memory* [O fantasma da memória: a estranha história do Sr. M. e a natureza da memória], de 1995. Hilts conversou longamente com Henry e até mesmo manteve sua própria mesa em meu laboratório, enquanto esteve ali reunindo informação.

Passagens de minha entrevista de 1992 com Henry, que apareceram em programas de rádio, ajudaram o público, assim como os cientistas, a colocar uma voz humana à linguagem mais impessoal do estudo de caso de Henry. Aquela conversa também revelou seu déficit de memória inequivocamente — ele repetiu os mesmos pensamentos várias vezes e foi incapaz de dizer-me o mês e o ano em que estávamos, e o que havia comido no almoço.

Eu estava com Henry quando ele foi admitido na casa de repouso Bickford, em dezembro de 1980. A Sra. Herrick levou-o de carro, com seus poucos pertences, de seu lar em Hartford, distante 24 quilômetros. Deram-lhe um quarto no segundo andar do edifício, um pequeno espaço decorado com tons de verde-pastel, papel de parede florido e móveis de carvalho. Henry se adaptou bem à sua nova vida em Bickford, e a equipe o descreveu como bem-educado, cooperativo e compatível com os outros pacientes. Depois que a Sra. Herrick morreu no ano seguinte, a casa de repouso tornou-se o centro do universo de Henry; ele passou ali, como residente, os últimos 28 anos de sua vida.

FAMA CRESCENTE E SAÚDE EM DECLÍNIO

Em Bickford, Henry teve um novo estilo de vida, que lhe proporcionou cuidado constante por membros da equipe, juntamente com um ambiente comunitário mais social. Ao longo de quase três décadas, Henry viveu em diferentes quartos (com frequência com um companheiro de quarto), observou a instituição sofrer extensas reformas e interagiu com muitas enfermeiras, acompanhantes e auxiliares, alguns dos quais ficaram lá tanto tempo quanto ele. Durante esse tempo, Henry tornou-se uma parte querida da instituição, conhecido e apreciado por todos. Membros do meu laboratório mandavam para ele fotografias de si mesmos, para que seu quadro de avisos tivesse o mesmo toque humano que o dos pacientes dos outros quartos.

Para Henry, cada encontro era fugidio por causa de sua incapacidade de armazenar lembranças de eventos e fatos, mas, embora ele não pudesse lembrar-se de nomes e de detalhes, muitos membros da equipe acreditavam que ele tinha certa noção de quem eles eram. Henry era um paciente incomum naquele cenário. Aos 55 anos de idade, ele era, ao chegar ali, mais jovem que a maioria dos outros residentes. Além disso, era inteligente, alerta e tinha relativamente boa saúde. De alguns modos, no entanto, cuidar de Henry era similar a gerenciar os pacientes com demência. Eles também se esqueciam de eventos e de informação recentes, tais como os nomes das enfermeiras, embora ainda pudessem conversar sobre sua infância e a cidade onde haviam crescido. Como os pacientes dementes, Henry necessitava de orientações para realizar até mesmo as mais simples atividades diárias. Era um adulto mentalmente alerta que mesmo assim tinha que ser supervisionado e dirigido como uma criança.

Henry era sempre cortês com a equipe de Bickford. Ele saudava a todos com seu sorriso amplo, com covinhas, e se desculpava com frequência por precisar da ajuda deles. Para alguém com um problema de memória tão severo, Henry era surpreendentemente fácil de lidar. Era alegre e nunca parecia incomodado ou nervoso ao interagir com enfermeiras e auxiliares, comportando-se como se todos fossem velhos amigos.

Diferentemente da vida simples que ele passara em casa com seus pais e depois com a Sra. Herrick, a estada de Henry na casa de repouso oferecia várias oportunidades para participar de atividades e interagir com muitas pessoas. De maneira geral, ele era uma pessoa sociável nas relações a dois, mas um participante silencioso em situações de grupo. Tomava parte com vontade em todo tipo de atividades — coro, bingo, estudo da Bíblia, filmes, leituras de poesia, artes, trabalhos manuais e boliche. Passava tempo no saguão assistindo à televisão e gostava de sentar-se no pequeno pátio diante do edifício. Continuou a fazer palavras cruzadas e outros quebra-cabeças com palavras; meu laboratório deu-lhe uma assinatura mensal de uma revista de palavras cruzadas, de modo que Henry sempre tinha um suprimento fresco. Frequentava eventos especiais realizados na casa de repouso e até mesmo dançou hula-hula em uma festa havaiana. Era perfeccionista em seus projetos de trabalhos manuais, mostrando a mesma atenção com detalhes que tivera no trabalho quando jovem. Um dos meus bens mais preciosos é uma colher de madeira que Henry tinha pintado de azul e decorado com textura esponjosa e com pequenas flores de pétalas brancas e miolos vermelhos. A equipe de Bickford gentilmente me ofereceu essa colher na última vez que o visitei.

Henry amava os animais. Tenho uma tocante fotografia dele, quando adolescente, com dois gatinhos em seus braços. Por acaso, Bickford era o lar de vários animais. Por um tempo, houve um coelho que Henry gostava de segurar no colo. Luigi, uma calopsita, ficou na residência por mais de dez anos. Outros habitantes incluíam pombinhos, tentilhões e periquitos. Henry gostava de observar os pássaros. Uma cachorra preta e branca chamada Sadie chegou ali como filhote e ficou durante toda a permanência de Henry. Nos últimos anos da vida dele, ela com frequência se sentava ao lado de sua cadeira de rodas enquanto ele a acariciava, e Sadie foi ao enterro dele.

Embora Henry não pudesse formar relacionamentos no sentido comum, ele interagia com outros pacientes e tinha uma conexão fácil com a equipe de Bickford. Fazia suas refeições com colegas residentes em mesas redondas de madeira, na sala de jantar, e parecia preferir a companhia de homens. Alguns anos depois de chegar lá, fez amizade com outro paciente, Charlie, e com frequência viam televisão juntos. Em 1985, membros da equipe relataram que Henry gostava de jogar pôquer e de participar de grupos de trabalhos em madeira, criados apenas para homens. Ele dizia às enfermeiras que gostava de "se soltar" e ser um dos rapazes. Mais tarde, ficou amigo de uma paciente chamada Peggy, e os dois certa vez foram coroados rei e rainha do baile da casa de repouso.

No entanto, Henry nunca teve um interesse romântico pelas mulheres e sempre se comportava com decoro. Na verdade, certa vez teve problemas com uma atraente paciente que lhe fez insinuações em público, o que o embaraçou e confundiu. As enfermeiras me contaram que ele só passava algum tempo com essa senhora quando ela prometia evitar o uso de "sugestões e linguagem sexualmente inapropriadas". Nessas situações, Henry respondia: "Oh, não posso fazer isso. Meu médico disse que não posso fazer isso." Mas, se ela se comportava bem, "ele lhe dava a mão e eles falavam sobre tudo, e era realmente bonito".

Porém a vida na casa de repouso nem sempre era fácil para Henry. Seu humor algumas vezes era marcado pela confusão, pela frustração e pela raiva. De tempos em tempos, ele se agitava quando outro paciente ficava barulhento ou queria ver um programa diferente na televisão. Henry podia ficar irritado facilmente pelo barulho ou por outros desconfortos físicos, tais como dores abdominais ou nas juntas. Embora continuasse a ser um paciente bem-apessoado e bem-humorado, algumas vezes parecia ansioso e exibia um comportamento bizarro. Muito disso sem dúvida surgia de seu comprometimento de memória e de sua dificuldade de comunicação com a equipe sobre suas necessidades e seus desejos. Identificar e resolver a fonte de seus problemas era algo complicado. Henry podia ficar confuso e ser incapaz de comunicar a razão exata de sua irritação; em vez disso, ele agia. Quando tinha problemas ao lidar com a raiva, a dor, a tristeza ou a frustração, ele podia responder golpeando alguma coisa, lançando um objeto ou ameaçando se jogar pela janela do primeiro andar.

Certa noite em 1982, Henry saiu da cama e cambaleou para fora do quarto, gritando que outros pacientes estavam fazendo barulho e obrigando-o a ficar desperto. Ele atacou membros da equipe e golpeou sua mão contra a parede, quase acertando uma enfermeira. Dois policiais foram chamados. Henry recebeu medicação ansiolítica e começou a se acalmar. No dia seguinte, quando lhe perguntaram se recordava o que havia acontecido na noite anterior, respondeu: "Eu não lembro — esse é o meu problema." Quando o pressionaram para saber se se lembrava de dois policiais grandes, ele disse: "Às vezes é melhor não se lembrar."

Durante o outono de 1982, Henry ficou zangado com mais frequência que o habitual. Suas demonstrações de emoções fortes eram reminiscências de suas explosões em 1970, em casa com sua mãe, e no Centro Regional onde trabalhou. Henry nunca teve esse comportamento quando nos visitava no CRC do MIT, onde tinha seu próprio quarto e o ambiente era mais tranquilo. Ali, ele recebia tratamento VIP e tinha muitas interações sociais positivas. Suas visitas às pessoas do meu laboratório o mantinham de bom humor, fazendo aflorar o melhor lado de sua personalidade; ele apreciava a estimulação mental e social. Os episódios emocionais e a irritabilidade de Henry em Bickford obrigaram a equipe, em outubro de 1982, a considerar a ideia de mandá-lo para uma instituição de saúde mental próxima, em Newington, no Connecticut. Afortunadamente, e sem nenhuma razão aparente, seu comportamento voltou ao normal, de modo que a transferência não foi necessária. Depois daquele episódio, Henry algumas vezes passou por maus momentos, mas nunca foram mais graves do que aquilo que a equipe podia controlar.

Desde os anos 1980, Henry me identificava de maneira consistente como uma colega da escola secundária. A explicação mais provável para esse falso reconhecimento é que, durante suas inúmeras visitas ao MIT, que aconteceram de forma regular entre 1966 e 2002, ele construiu firmemente um *esquema* mental que incorporava e vinculava meu rosto, meu nome, minha profissão e o CRC. Ele deve ter sentido uma vaga sensação de familiaridade comigo. Quando eu lhe dava uma lista de sobrenomes, todos começando por C, e perguntava qual deles era o meu, ele escolhia *Corkin*. Em 1984 eu fiz a pergunta "Quem sou eu?" e Henry respondeu "Doutoreza... Corkin." (Ele usou esse típico henryismo, "Doutoreza", em várias ocasiões.) Quando perguntei de onde me conhecia, ele respondeu: "Da East Hartford High School." Tive a seguinte conversa com Henry em 1992:

SC: Já nos encontramos antes, você e eu?
HM: Sim, penso que sim.
SC: Onde?
HM: Ora, na escola secundária.
SC: Na secundária.
HM: Sim.
SC: Qual escola secundária?
HM: Em East Hartford.
SC: Em que ano?
HM: 1945.
SC: Já nos encontramos em algum outro lugar?
HM: Ou 1946. Eu me confundo, às vezes, porque lembro que pulei um ano na escola.
SC: Certo. Já nos encontramos em algum outro lugar além da escola secundária?
HM (pausa): Para dizer a verdade, eu não posso — não. Não acho que isso tenha acontecido.
SC: Por que estou aqui agora?
HM: Bem, você está fazendo uma entrevista comigo. É o que penso agora.

Durante a entrevista, me esqueci de perguntar qual era meu nome, de modo que fiz a pergunta no caminho de volta para o quarto dele. Primeiro ele disse "Eu não sei", mas depois falou: "Penso em Beverly." Eu insisti: "Não, meu nome é Suzanne. Então ele disse: "Suzanne Corkin." Em maio de 2005, uma enfermeira de Bickford contou a Henry: "Eu estava falando agora com uma amiga sua de Boston, Suzanne", e ele imediatamente disse: "Oh, Corkin." Embora tivesse formado uma associação entre meu nome e sobrenome, quando eu perguntei *explicitamente* quem eu era, Henry não sabia.

Um nome grudou em sua mente, Scoville, porque ele o havia aprendido antes da operação. Em Bickford, Henry com frequência se referia ao Dr. Scoville, e vinculava o nome ao sentido que tinha de sua própria importância na medicina. Ele até mesmo explorava a conexão para conseguir o que queria, dizendo às pessoas "o Dr. Scoville disse para você fazer isso" ou "o Dr. Scoville diz que é assim que deve ser feito". Certa vez, o companheiro de quarto de Henry ficou cansado daquilo e disse que não aguentava mais ouvir falar no "Dr. Covil". Henry rapidamente corrigiu a pronúncia de seu colega.

Além de seu comprometimento de memória, Henry começou a lidar com as degradações do envelhecimento, desenvolvendo um número crescente de problemas físicos e tendo dificuldades com simples tarefas diárias. Sofreu numerosas quedas, algumas seguidas por inconsciência ou ferimentos; em 1985 um tombo resultou na fratura do tornozelo direito e do quadril esquerdo. No ano seguinte, aos 60 anos, teve que substituir a articulação do quadril esquerdo. Depois de ambos os acidentes, passou por várias semanas de fisioterapia até poder usar um andador sozinho. Henry tinha uma história de dificuldades com a locomoção, e sempre teve uma marcha lenta e desajeitada. Mesmo assim, era capaz de dominar o andador — uma prova de sua capacidade para aprender novas habilidades motoras — mas ocasionalmente esquecia que precisava do andador e tentava sem sucesso andar por si mesmo. Em algumas poucas ocasiões, essas tentativas resultaram em mais quedas. O contraste entre a integridade de sua memória não declarativa e sua falta de memória declarativa era impressionante — e, nesse caso, perigoso.

Durante sua hospitalização para substituição da articulação do quadril, em julho de 1986, ele teve um ataque *grand mal* e uma febre passageira. Seu médico me escreveu contando que, depois da cirurgia, Henry estava "perturbado pela insônia, ansiedade noturna e medo de ficar sozinho". Queixava-se de dores de estômago e de um zumbido no ouvido direito, assim como de dor na área do quadril. Levou algum tempo para que se recuperasse totalmente da cirurgia. Em setembro de 1986, quando visitou o CRC do MIT, a equipe da enfermaria notou que Henry estava se comportando de modo estranho. Ele tocava a campainha com frequência, queixando-se, dormia inquieto, fazia comentários sem sentido e tinha uma "expressão de olhos arregalados". Uma enfermeira notou que Henry não estava sorrindo nem contava suas usuais histórias e piadas. Essa alteração temporária no seu comportamento foi provavelmente um efeito colateral da anestesia administrada durante a substituição do quadril. Os indivíduos mais velhos não processam os anestésicos tão bem como os adultos jovens, e as substâncias residuais podem ter interagido com medicamentos para dor dados a Henry depois da cirurgia. Os efeitos colaterais da anestesia podem durar três meses ou mais em adultos mais velhos, por causa do período maior necessário para que as drogas deixem seu corpo. Eventualmente, a conduta estranha parou e Henry voltou ao normal.

Henry ainda tinha convulsões ocasionais, porém convulsões graves eram infrequentes — apenas uma ou duas vezes por ano — e alguns anos passaram livres de ataques. Ele via um médico local a cada dois meses e ocasionalmente ia ao Saint Francis Hospital, em Hartford, para tratamento de emergência. Algumas vezes, durante visitas ao MIT, ele se consultava com médicos de Cambridge e participava de procedimentos realizados por eles. A perda de memória de Henry tornou impossível para ele fazer um relatório exato de suas queixas físicas, criando um desafio extra para os médicos que o examinavam e tratavam. Um neurologista do Mass

General que examinou Henry em 1984 notou que ele tendia a minimizar a importância de seus problemas médicos. Algumas vezes se preocupava em ser um incômodo para as pessoas, e sua atitude pode tê-lo levado a encobrir seus padecimentos físicos.

Um sintoma que perturbava Henry regularmente era o *tinnitus*, espécie de zumbido nos ouvidos, que é um efeito secundário comum da Dilantina. Ele contou ao neurologista a essência do seu zumbido, mas não conseguiu relatar detalhes específicos sobre quando ele ocorria ou quando ficava pior. Uma enfermeira de Bickford nos deu um relato mais completo, ao descrever os devastadores episódios recorrentes de que Henry havia padecido por três ou quatro meses em 1984. No início, eles ocorriam várias vezes por semana, e depois uma vez por dia. Começavam cedo pela manhã, quando Henry ainda estava deitado. As enfermeiras frequentemente o encontravam com um travesseiro sobre a cabeça, irritável e recusando-se a ser tocado ou ajudado. Em várias ocasiões, pediu uma arma para se matar e acabar com o sofrimento. Durante esses episódios, ele contava que ouvia um som estridente e bem alto, que persistia de duas a oito horas. Não eram ataques convulsivos, e um exame feito por um médico otorrinolaringologista não revelou nada em seu ouvido interno. O neurologista do Mass General instruiu Bickford a substituir a Dilantina pelo Tegretol para controlar os ataques de Henry, e os episódios torturantes diminuíram.

Embora dominado, o zumbido de Henry persistiu e contribuiu para suas crises de desconforto e agitação. Ele tinha uma sensibilidade específica ao barulho, queixando-se muito da conversa dos outros pacientes e do barulho do ar-condicionado do seu quarto. A equipe de Bickford o encontrou diversas vezes colocando chumaços de algodão nos ouvidos para aliviar o zumbido e, quando ficava particularmente ruim, Henry recusava as refeições — uma ocorrência digna de nota, dado o saudável apetite dele. Além do zumbido, queixava-se de sintomas vagos como dores de estômago ou desconforto no pescoço. A equipe descobriu que apenas pedir-lhe que identificasse o problema não era útil, porque ele já havia se esquecido da fonte. Em vez disso, eles tinham que fazer perguntas específicas com respostas sim-ou-não para encontrar um remédio. Algumas vezes Henry ficava na cama, e o desconforto se resolvia por si só.

Henry foi parte da minha vida por décadas e, embora eu tivesse que manter meu papel imparcial como pesquisadora, era impossível não gostar desse homem gentil e agradável. Em 1986, quando Henry celebrou seu sexagésimo aniversário no MIT, membros do meu laboratório e da equipe do CRC organizaram uma festa em sua homenagem; nossa interpretação de "Feliz Aniversário" trouxe um grande sorriso ao seu rosto — assim como o bolo e o sorvete. Sempre tentamos fazê-lo se sentir como um membro da nossa equipe, lembrando-nos do seu aniversário, enviando-lhe presentes de Natal e assegurando-nos de que ele tivesse sempre suas palavras cruzadas. No final de sua vida, eu fazia contato com a equipe da Bickford todas as semanas, para ver como ele estava.

Ao longo dos anos 1990, Henry teve dias bons e maus na casa de repouso. Nos bons, ele saudava os auxiliares com seu característico piscar de olhos e com seu sorriso. Nos ruins, se queixava de dor ou de desconforto. Seu ritmo usual tornou-se mais lento, ele falava e caminhava vagarosamente, precisava de ajuda nas tarefas diárias. Ficou com menos vontade de mover-se por conta própria e, algumas vezes, ia até a sala de jantar fazer as refeições numa cadeira de rodas. Em 1999, uma queda levou a outro tornozelo quebrado, o que dificultou ainda mais sua independência. Ainda assim, ele permaneceu relativamente bem até o final de 2001, quando começou a padecer de outras doenças. Desenvolveu osteoporose, sofreu de apneia do sono e tinha pressão alta intermitentemente. Após sua morte, soubemos pelo relatório da autópsia que, apesar dos cuidados médicos regulares, ele tinha sido afligido por várias doenças não diagnosticadas: aterosclerose, doença dos rins e câncer do cólon. Uma ou mais dessas condições pode ter sido a fonte de sua incontinência e da necessidade constante de usar o banheiro à medida que envelhecia. Aos 75 anos de idade, tornou-se totalmente dependente da cadeira de rodas para ir de um lugar a outro. No entanto, mesmo então, seu intelecto e seu senso de humor permaneceram intatos. Em março de 2002, durante uma visita ao MIT, um pesquisador perguntou a Henry se havia dormido bem. "Não fiquei acordado para descobrir", disse ele.

De 2002 a 2004, Henry ainda estava suficientemente saudável, mental e fisicamente, para participar de testes cognitivos formais. Por causa de suas dificuldades motoras, ficava incômodo para ele viajar até o MIT, de modo que íamos de carro até Bickford para realizar nossos experimentos comportamentais. Durante esse tempo, no entanto, Henry fez várias viagens ao Mass General Martinos Center for Biomedical Imaging para uma série de exames de ressonância magnética. Ia de ambulância, para assegurar que tivesse uma viagem confortável. Cada vez veio por um dia e contratamos dois acompanhantes para que cuidassem dele. Como resultado dos avanços de ponta no campo da IRM, aqueles estudos nos deram um retrato mais claro das lesões de Henry e novas percepções sobre seu cérebro que envelhecia. Pesquisadores usaram as imagens de IRM para criar um modelo computadorizado do seu cérebro que podia ser comparado àqueles de participantes masculinos saudáveis da mesma idade. A questão científica era saber se as mudanças no cérebro de Henry eram equivalentes ou excediam àquelas dos participantes do grupo-controle. Uma pergunta relacionada que surgiu à medida que Henry envelhecia era se seu cérebro iria mostrar alguma evidência de doença relacionada à idade, independentemente do dano causado por sua cirurgia de 1953. Ter essa informação nos daria um quadro completo de sua infraestrutura neural e nos ajudaria a compreender suas capacidades cognitivas no final da vida.[2]

Mesmo a olho nu, um cérebro normal de 80 anos parece dramaticamente diferente de um cérebro normal de 20 anos. O volume total é reduzido no cérebro mais velho, e consequentemente os espaços cheios de fluido no meio do cérebro — os ventrículos — ficam maiores. Por causa desse encolhimento do tecido, os vales — sulcos — ficam mais profundos e os picos — as circunvoluções —, mais finos, acentuando assim as dobras no córtex, a superfície externa do cérebro. No entanto, a perda de massa não é uniforme. Algumas áreas parecem bem menores na velhice, enquanto outras permanecem relativamente inalteradas. Com a moderna tecnologia de IRM, podemos localizar essas mudanças em participantes saudáveis em um período de tempo menor que um ano. A atrofia cerebral observada em adultos saudáveis mais velhos nos disse o que esperar no cérebro de Henry, simplesmente como consequência dos processos naturais de envelhecimento. A pesquisa em meu laboratório também alertou-nos para a importância da integridade da substância branca para o desempenho de tarefas complexas.[3]

Algumas questões científicas permaneciam em aberto: como aquelas mudanças físicas no cérebro se correspondiam com mudanças nas capacidades cognitivas específicas, e quais das alterações identificadas da velhice explicavam melhor a perda cognitiva? Mesmo quando as pessoas envelhecem com sucesso, mostram algum declínio cognitivo. As mais atingidas são a memória de trabalho — por exemplo, dividir mentalmente uma conta grande de jantar entre catorze pessoas para saber quanto cada uma deve — e a memória de longo prazo — lembrar os nomes e identidades de todas as pessoas que encontramos em um casamento. Todos os processos complexos do cérebro, tais como a memória e o controle cognitivo, dependem de interações entre regiões cerebrais específicas. Como os tratos de substância branca, as linhas de comunicação, devem ser mantidos abertos e trabalhando suavemente para uma função ótima, é razoável esperar que o dano à substância branca em uma região específica iria prejudicar as capacidades cognitivas que dependem daquela região.[4]

Como eu mantinha contato com Henry e tinha acesso aos arquivos de sua casa de repouso, estava consciente dos altos e baixos durante o último terço de sua vida. Por volta do ano 2000, seu declínio gradual havia continuado. Ele agora tinha alguma dificuldade, ou talvez falta de vontade, para se alimentar, mesmo que tivesse continuado a ganhar peso. Teve poucas convulsões, mas mostrou algum comprometimento cognitivo — por exemplo, concentração diminuída, capacidade menor de processar instruções e confusão aumentada. Uma perda adicional de coordenação e força transformou a locomoção pela casa de repouso em um desafio para Henry, e ele continuou a sofrer quedas. Sua vida social também veio morro abaixo: frequentemente ele decidia não participar de atividades em grupo e tinha problemas ao fazer amigos, apresentando muitas vezes períodos de irritabilidade, raiva e condutas obsessivas, tais como preocupação com ir ao banheiro. Tinha tendência a preocupar-se e a tornar-se impaciente. Como ele mesmo observou, "estou sempre no limite". Sua fala era arrastada, talvez por demasiada medicação, e dormia muito em sua cadeira geriátrica. De tempos em tempos, o nível de oxigênio de Henry ficava baixo, e a equipe o oxigenava através de tubos nas narinas. Geralmente ele arrancava os tubos, e certa vez os colocou em seu urinol.

Em 2005, Henry teve vários ataques *grand mal*, suas capacidades cognitivas e motoras declinaram ainda mais, e ele ficou completamente dependente de outras pessoas. Apesar dessas desvantagens, sua vida diária parecia haver melhorado; ele frequentava atividades três a cinco vezes por semana, e de acordo com sua ficha era "muito sociável com seus colegas". Ele ainda gostava de bingo, palavras cruzadas e jogos de palavras, e um relatório o descrevia como "uma pessoa agradável e interessante — é um prazer falar com ele". No entanto, podemos dizer que, nessa época, Henry estava demente, baseados na deterioração global de suas capacidades cognitivas.

Qual é a diferença entre amnésia e demência? Amnésia pura, tal como a que Henry experimentou depois de sua operação, consiste em um comprometimento da memória sem déficits cognitivos adicionais. Ao contrário, a demência é caracterizada por perda severa da memória agravada por efeitos em múltiplos domínios cognitivos — linguagem, resolução de problemas, matemática e capacidades espaciais. A demência vai muito além das mudanças que acompanham o envelhecimento saudável e, por volta de 2005, Henry havia saltado de amnésia mais envelhecimento saudável para amnésia mais demência. Encontramos seus fundamentos em suas imagens de ressonância magnética.

Os estudos de imagem que conduzimos de 2002 a 2004 nos deram um quadro mais completo do cérebro de Henry que envelhecia e complementaram nossos anos de ricas observações clínicas. Os efeitos de sua cirurgia eram agravados tanto pelas mudanças relacionadas com sua idade avançada como por novas anomalias do cérebro. As imagens de ressonância magnética mostravam pequenos infartos na matéria cinzenta e na substância branca, não vinculados com sua operação, mas que provinham de doenças relacionadas com o envelhecimento — provavelmente uma doença avançada da substância branca provocada pela hipertensão. Essas regiões localizadas de tecido cerebral morto, causadas por falta de sangue e oxigênio, estavam nas áreas esperadas em que se dá a doença cerebral trazida por alta pressão de sangue. Também vimos pequenos infartos nas estruturas de matéria cinzenta debaixo do córtex, tais como o tálamo, área que integra atividades motoras e sensoriais, e o putâmen, área motora debaixo dos lobos frontais. Uma acumulação de tais infartos foi causa provável da demência de Henry. Um correlato adicional de sua demência veio à luz quando comparamos a espessura do seu córtex com as espessuras dos córtices dos participantes do grupo-controle. Descobrimos que o afinamento tinha ocorrido em maior extensão do que o normalmente esperado para a sua idade e estava espalhado por todo o seu córtex, em vez de concentrado em certas áreas como vemos de modo típico no envelhecimento saudável.[5]

Não tínhamos visto a maior parte dessas alterações em seus exames de ressonância magnética de 1992 e 1993, sugerindo que se haviam originado recentemente. Sabíamos por meio de nossos estudos de ressonância magnética em adultos saudáveis mais velhos que suas capacidades cognitivas estão proximamente vinculadas à integridade dos tratos de substância branca em seus cérebros: participantes com substância branca mais intata tinham as melhores pontuações nos testes de memória. Sabendo disso, meu laboratório concentrou-se nas condições do sistema de comunicação da substância branca de Henry. Encontramos danos muito difusos à substância branca— mais extensos e severos que os normalmente esperados no envelhecimento saudável. Análise posterior, baseada em estudos de imagem por tensor de difusão, mostrou que as fibras de substância branca haviam perdido parte de sua integridade estrutural e presumivelmente funcional. Ele também teve danos à substância branca em consequência de sua operação.

Nós vamos continuar nosso exame da substância branca de Henry ao analisarmos as imagens de ressonância magnética de seu cérebro autopsiado. Uma nova ferramenta, a tractografia, permitirá que rastreemos feixes de fibras específicos para localizar danos à substância branca. Compararemos os resultados dessa análise com a anatomia derivada de estudar os tratos atuais de substância branca em seu cérebro autopsiado. Baseado nas características do dano ao feixe de fibras, Matthew Frosch, diretor de neuropatologia do Mass General, será capaz de distinguir os caminhos específicos de substância branca relacionados com a operação de Henry daqueles caminhos relacionados aos golpes. Saberemos definitivamente que tipo de demência Henry teve com os resultados do exame neuropatológico detalhado do seu tecido cerebral, realizado por Frosh. Muitas questões pendentes sobre o cérebro de Henry precisam esperar as próximas análises microscópicas.[6]

Durante os anos 1980, quando estudava a doença de Alzheimer, aprendi a importância da doação de cérebros: um diagnóstico definitivo da doença só pode ser feito na autópsia. Quando Henry começou a declinar, eu me concentrei em assegurar que nós seríamos capazes de estudar seu cérebro depois que ele morresse. Embora pudéssemos aprender muito por intermédio das imagens cerebrais por ressonância magnética, o único modo de aprender conclusivamente sobre a condição do tecido remanescente era examiná-lo com um microscópio. Saberíamos então com certeza quanta matéria cinzenta e quanta substância branca foram removidas durante sua operação e quanta foi poupada. Ademais, poderíamos documentar quaisquer anomalias relacionadas à idade avançada e a doenças relacionadas com o envelhecimento. Expliquei a Henry e a seu tutor indicado pelo tribunal, o Sr. M. (filho da Sra. Herrick), a importância de examinar o cérebro de Henry após sua morte, e perguntei se Henry doaria seu cérebro ao Mass General e ao MIT. Eles preencheram um formulário de autorização para autópsia cerebral em 1992.

Em 2002, reuni uma equipe de neurocientistas para o primeiro de muitos encontros que teríamos para planejar os detalhes do que faríamos passo a passo quando Henry morresse. Selecionei colegas que contribuíam com diferentes expertises para o projeto, na esperança de que poderíamos fazer algo extraordinário. Henry já havia contribuído muito para o conhecimento mundial da memória, e eu queria estender a pesquisa aplicando tecnologias de ponta para fazer imagens, preservar, analisar e disseminar informação sobre seu cérebro. A equipe incluía neurologistas, neuropatologistas, radiologistas e neurocientistas de sistemas do Mass General, da Universidade da Califórnia, de Los Angeles e do meu laboratório no MIT. Nossas discussões, levadas a cabo nos sete anos seguintes, identificaram várias tarefas-chave e a ordem na qual elas deveriam ser realizadas.

Sabíamos que seria fundamental colher o cérebro de Henry logo que possível após a sua morte, antes que o tecido se deteriorasse. Para atingir esse objetivo, estabelecemos uma série de planos em colaboração com a equipe de Bickford — fazer com que uma enfermeira ou um médico declarasse oficialmente a morte de Henry, anotasse a hora do óbito, envolvesse sua cabeça em gelo para preservar seu cérebro e providenciasse que uma empresa funerária transportasse seu corpo ao Martinos Center, no hospital Mass General, para um exame de ressonância magnética antes da autópsia. Criamos uma lista de telefones para notificar a todos os pesquisadores que o corpo de Henry estava a caminho. Uma vez ali, seria necessário transferi-lo da maca em que viajara para uma maca menor, não magnética, e dali para o escâner, em todo esse tempo aderindo às precauções de segurança requeridas para lidar com tecidos e fluidos humanos. Depois desse escaneamento *in situ* (imagens do cérebro dentro da cabeça), nós transportaríamos o corpo de Henry para o necrotério do hospital Mass General a fim de que Frosch pudesse remover o cérebro de Henry de seu crânio. O fotógrafo de neuropatologia estaria ali para tirar as primeiras fotografias do cérebro físico de Henry. Seu corpo então seria levado para outra área do departamento de patologia, onde seria realizada uma autópsia geral. Para preservar o cérebro, o neuropatologista teria que solicitar de antemão a solução adequada, de modo a estar preparado quando chegasse a hora. Após muito debate, decidimos que iríamos escanear o cérebro de Henry outra vez, depois de este ter sido preservado por dez semanas. Deliberamos sobre a utilização de um escâner de três teslas ou um de sete teslas, e em última instância decidimos usar ambos. Exames pilotos feitos em outros cérebros autopsiados haviam estabelecido que os procedimentos fossem seguros.

Também trabalhamos na logística de transportar um cérebro de Boston a San Diego, na Califórnia, onde ele seria congelado em gelatina e cortado em seções ultrafinas para análise microscópica. Estaríamos prestes a observar neurônios dentro do mais famoso cérebro do mundo. A grande recompensa viria quando especialistas em anatomia do lobo temporal medial e em neuropatologia corassem e examinassem secções selecionadas, fornecendo respostas a questões sobre o cérebro de Henry que haviam estado esperando nos bastidores por décadas.

Nosso objetivo durante os últimos anos de Henry era compreender as anomalias do seu cérebro que havíamos documentado em relação à sua condição clínica. Poderiam aquelas mudanças anatômicas ser responsáveis pelo seu estado mental declinante? Eu tinha administrado alguns testes cognitivos durante minhas visitas anteriores, e a cada vez levado comigo um colega do Departamento de Neurologia do hospital Mass General para atualizar a condição neurológica de Henry. Aquelas avaliações anuais revelaram um padrão claro de declínio cognitivo devido a anomalias em seu cérebro relacionadas com o envelhecimento — documentadas em seus exames de ressonância magnética —, juntamente com efeitos colaterais tóxicos de múltiplas medicações psicoativas. A desidratação também pode ter desempenhado um papel em seu estado mental comprometido. Não sei quanta água Henry bebia ou a extensão em que outros fatores, tais como os efeitos colaterais de medicamentos, contribuíram para a sua desidratação, mas, dado seu característico silêncio sobre fome e sede, ele provavelmente não pedia para beber água. Baseados em nossas observações clínicas durante a vida de Henry, não podíamos especificar com confiança a causa de sua demência. Pode ter sido doença de Alzheimer, demência vascular ou a combinação de anomalias.

Em junho de 2005, quando Henry tinha 75 anos, fui até lá vê-lo com um neurologista que o havia examinado muitas vezes no CRC do MIT e que o conhecia bem. Durante nossa visita, a pressão sanguínea de Henry estava alta, e ele pesava 109 quilos. O exame revelou que, embora a fala de Henry estivesse levemente arrastada e difícil de entender, ele mencionou quatro de cinco objetos comuns (ele errou *estetoscópio*), executou cinco gestos que lhe foram pedidos (tais como *saudar*) e pôde imitar gestos. Sua força muscular estava reduzida, especialmente nas pernas — o que não causava surpresa, considerando que ele havia passado os últimos anos na cama ou em uma cadeira de rodas.

Depois que o neurologista completou o exame, fiquei perto da cadeira de rodas de Henry e administrei alguns testes cognitivos. Encorajadoramente, seu alcance de dígitos — seu alcance de memória imediata — não havia mudado: ele ainda podia repetir cinco dígitos em resposta. Assim, quando eu dizia "sete, cinco, oito, três, seis", ele imediatamente respondia "sete, cinco, oito, três, seis". Seu desempenho indicava que, quando se sentia bem, Henry ainda podia prestar atenção, seguir instruções e responder de modo apropriado.

Amparada por esse sucesso, pedi-lhe que definisse uma lista de palavras. Algumas de suas definições eram concretas, característica geral de indivíduos com danos ao cérebro. Quando lhe perguntei o significado de "inverno", ele disse "frio" e para "café da manhã" disse "comer". Para outras palavras, no entanto, ele deu definições excelentes, dizendo-me que *consumir* significava "comer", que *terminar* significava "fim" e que *começo* significava "início".

Depois avaliei sua capacidade para nomear objetos comuns ao mostrar-lhe desenhos de traços e pedir a ele que me dissesse o que eram. Frequentemente utilizada para monitorar o avanço da doença em pacientes com Alzheimer, essa tarefa media seu conhecimento semântico, o significado das palavras. Dos 42 desenhos, ele nomeou mais da metade corretamente, mas essa pontuação estava bem abaixo daquelas dos participantes saudáveis do grupo-controle. Em alguns casos, sua resposta era marginal. Quando lhe mostrei uma raquete de tênis, ele disse "para jogar tênis" e, ante um desenho de um tobogã, disse "trenó". Ele sabia, obviamente, o que aqueles desenhos representavam, mas não podia acessar seus nomes corretos. Estou certa de que a fadiga teve um papel em seu desempenho pobre porque, em certo instante, notei que estava cabeceando. Mesmo assim, o cérebro de Henry claramente havia perdido algum conhecimento semântico.

A letargia de Henry seguramente era, em parte, fruto das medicações que tomava. Seu médico havia prescrito Vallium, Seroquel e Trazodona. De acordo com a receita do médico, Henry tomava essas medicações para combater a agitação, a ansiedade, a obsessão com os intestinos e com a bexiga, e a depressão. Esses sintomas psiquiátricos não faziam parte de sua amnésia. Em vez disso, estavam conectados à sua demência progressiva e ao câncer de cólon não diagnosticado. Nessa altura da sua vida, infelizmente, ele era uma farmácia em uma cadeira de rodas.

Em 2006, Henry estava declinando rapidamente. O neurologista encontrou numerosas mudanças em sua condição desde o ano anterior. Sua pressão sanguínea estava baixa, embora tivesse estado bem alta um ano antes. Estava sonolento, executava apenas três de cinco gestos e tinha limitação de movimentos no braço. A força de suas mãos e pernas havia diminuído ainda mais. Especulamos que o declínio em sua condição era devido a novos pequenos infartos, degeneração cerebral, doença cardíaca que afetava o suprimento de sangue ao cérebro, ou medicação sedativa — ou a combinação desses fatores. O neurologista recomendou que o médico de Henry em Bickford reavaliasse a necessidade de Vallium, Seroquel e Trazodona. Henry requeria cuidados intensivos, passando seus dias na cama ou em uma cadeira geriátrica, que reclinava, e era mais confortável e sustentava mais que uma cadeira de rodas comum. Ele podia se alimentar de vez em quando, mas na maior parte do tempo necessitava de ajuda da equipe. Algumas vezes participava em atividades em grupo, especialmente bingo e na hora do café, quando os residentes faziam exercícios físicos. Ele podia prestar atenção, mas se cansava facilmente.

Em 2007, a letargia e a confusão de Henry haviam aumentado. Durante nosso exame de três horas, seu nível de alerta diminuiu de completamente alerta e interativo a sonolento, com os olhos se fechando de tempos em tempos. Ele fazia bom contato visual e tinha um sorriso social excelente. Quando era levado para a sala de exames em sua cadeira, olhava com interesse para seus quatro visitantes e sorria para todo mundo. Quando lhe perguntamos como estava, disse que seu joelho direito doía. Sabendo como ele, no passado, tinha sido parco em seus relatos de dor, aquele novo sofrimento deve ter sido extremo para fazer com que ele se queixasse. O exame físico mostrou que seu joelho estava um pouco inchado e quente, de modo que o neurologista receitou ibuprofeno e recomendou que Henry aumentasse sua ingestão de líquidos para combater a desidratação. Podíamos ver que ele estava desidratado porque, quando o médico puxou delicadamente a pele nas costas da mão dele, ela não voltou para o lugar como faria em uma pessoa bem hidratada. Ainda estava demasiado sedado, de modo que o médico também recomendou diminuir a dosagem de vários medicamentos.

Nesse estágio, a linguagem de Henry era fluente, mas limitada. Ele usava frases curtas, simples, com poucas palavras. Podia ler e repetir frases simples e nomear objetos comuns. Quando lhe pediam que contasse até vinte, ele contava até onze e parava. Não podia contar para trás a partir de dez ou recitar o alfabeto. Henry não podia se lembrar do meu nome espontaneamente, mas, quando eu dizia "Meu nome é Suzanne, você conhece meu sobrenome?", ele dizia "Corkin". Quando eu perguntava "O que faço?", ele respondia "Doutoreza". Era comovente ver que Henry, mesmo nas garras da demência e de outras doenças, ainda mantinha seu senso de humor. Quando perguntavam "Você já não trabalha mais?", ele respondia "Não. Essa é uma coisa que estou seguro que não faço".

As notícias positivas em 2007 foram de que a epilepsia de Henry estava estabilizada; os membros da equipe de Bickford não observaram nenhum ataque *grand mal*. Ele continuava amigável, agradável e conversador, e era participante passivo nas atividades de grupo, mas adormecia se não fosse estimulado. Com frequência ouvia música no saguão e via televisão no quarto.

A última vez que vi Henry com vida foi no dia 16 de setembro de 2008, durante minha peregrinação anual a Bickford. Como antes, um neurologista me acompanhou para documentar o estado dele. Antes da nossa visita, o médico de Bickford notou que Henry havia declinado significativamente no ano anterior e que tinha um alto nível de atividade convulsiva. Henry agora tinha 82 anos e estava confinado à cama ou à cadeira geriátrica. Era incapaz de alimentar-se sozinho e tinha dificuldades para mastigar e engolir comida. A maior parte de sua comunicação era por gestos, não por palavras. Quando o vimos, estava sonolento, mas pôde ser acordado. Estava essencialmente mudo, mas tentou dizer uma ou duas palavras durante nossa visita. Os membros da equipe de Bickford eram muito ligados a Henry e estavam tristes ao ver seu declínio precipitado. Eu compartilhei a tristeza deles.

FAMA CRESCENTE E SAÚDE EM DECLÍNIO

Haviam passado 46 anos desde que eu e Henry nos encontramos pela primeira vez no Neuro. Ao longo desses anos, ele tinha sido uma presença regular na minha vida. Nós nos havíamos visto envelhecer com o passar das décadas, embora ele não soubesse disso. Eu tinha me acostumado ao seu sorriso e à sua maneira gentil, e tinha ouvido suas frases feitas e histórias tantas vezes que podia contá-las palavra por palavra. Muitas pessoas do meu laboratório também ficaram similarmente emocionadas com a experiência de conhecer Henry. Ele havia permeado nossa cultura, e muitas vezes éramos surpreendidos falando por meio de henryismos. Por exemplo, se eu perguntava a uma colega se ela pretendia participar de um seminário específico naquele dia, ela poderia responder: "Bem, estou tendo uma discussão comigo mesma sobre isso — devo ir ou devo ficar no laboratório?"

Uma grande dádiva com que a memória nos presenteia é a capacidade de conhecer-nos bem uns aos outros. É por experiências e conversas compartilhadas que formamos nossos relacionamentos mais profundos — e, sem a capacidade de lembrar, não podemos ver esses relacionamentos crescerem. Embora Henry tivesse adquirido muitos amigos durante sua vida, era incapaz de sentir a verdadeira profundidade daquelas conexões. Ele não podia conhecer bem os outros e, tragicamente, não pôde saber da impressão duradoura que deixou em todos nós que o conhecemos — e no mundo.

Na minha última visita, fiquei ao seu lado e disse: "Oi, Henry. Sou eu, Suzanne, sua velha amiga da escola secundária East Hartford." Ele olhou na minha direção e deu um tênue sorriso. Eu sorri de volta. Ele morreu dois meses e meio mais tarde.

13.

O legado de Henry

Pouco antes das cinco e meia da tarde do dia 2 de dezembro de 2008, recebi uma chamada telefônica do chefe de enfermagem da Bickford. Henry havia morrido poucos minutos antes. Eu tinha acabado de chegar em casa e ainda estava sentada no carro quando recebi a notícia. Henry, aquele homem sorridente e amigável que tinha sido parte da minha vida por tantos anos, não existia mais. Mas, naquele momento, eu não tinha tempo para lamentar-me. Henry estava morto, mas continuava sendo um precioso participante de pesquisa. Era hora de pôr em prática o plano de doação de cérebro que havíamos estado organizando nos últimos sete anos. Meus colegas e eu teríamos a oportunidade única de estudar e preservar o mais famoso cérebro do mundo. Nossa missão seria uma aventura desafiadora, que não deixava lugar para erros. Começaríamos escaneando e colhendo o cérebro de Henry. Eu sabia que tinha uma noite longa e intensa à minha frente.

Ao longo de sua vida, Henry serviu à ciência por sua disposição de passar por incontáveis testes e exames. A pesquisa *post mortem* sobre seu cérebro seria um grandioso fecho para suas duradouras contribuições. Henry nos deu a rara oportunidade de examinar na morte um paciente que havíamos estudado extensivamente em vida. As imagens de ressonância magnética são tremendamente úteis, porém imperfeitas; o único modo de compreender de verdade a natureza da amnésia de Henry seria olhar diretamente o seu cérebro e documentar o dano. Com imagens de ressonância magnética, pudemos estimar a lesão, mas nunca pudemos caracterizá-la com certeza; agora, finalmente podíamos entender os fundamentos anatômicos de sua amnésia.[1]

Antes de Henry, apenas um número limitado de cérebros "clássicos" — isto é, cérebros de pacientes cujos casos representassem visões históricas sobre a localização de funções — tinham sido estudados *post mortem*. Esses casos anteriores forneciam informação útil, porém limitada. Estudar o cérebro de Henry nos daria a oportunidade de fazer uma contribuição pioneira para a ciência da memória. O planejamento detalhado feito pela nossa dedicada equipe de pesquisadores nos permitiria unir cinco décadas de pesquisa comportamental bem documentada com as melhores tecnologias possíveis de imagens do cérebro, de preservação e de análise, produzindo a mais completa informação até então disponível sobre o cérebro de uma única pessoa.

Depois de receber a notícia da morte de Henry, enquanto ainda estava sentada no meu carro, liguei para Jacopo Annese, jovem pesquisador da Universidade da Califórnia, em San Diego. Ele seria o responsável por levar o cérebro de Henry para San Diego, para preservação e posterior estudo, em colaboração próxima com a equipe do Mass General e comigo. Tínhamos acertado que, quando Henry morresse, Jacopo viajaria para Boston para estar presente na autópsia. Assim que lhe contei o que acontecera, ele tomou as providências para voar naquela mesma noite.

Peguei minha bolsa, subi as escadas para meu apartamento e comecei a trabalhar. Meus colegas e eu tínhamos um organograma de quem precisava ser contatado e em que ordem, quando Henry morresse. Minha assistente tinha plastificado versões do organograma, do tamanho que coubesse em uma carteira, para que cada um de nós o levasse consigo, e eu coloquei cópias dele debaixo do telefone da cozinha, no meu carro, no meu escritório e na área de trabalho de cada um dos meus três computadores. Agarrei a cópia da cozinha junto com a declaração de consentimento plastificada para a autópsia de Henry e me instalei na mesa de jantar.

Primeiro liguei para o homem que iria remover o cérebro de Henry — Matthew Frosch. Naquela hora, ele estava entrevistando um candidato para a Harvard Medical School e seu telefone estava desligado. Eu lhe mandei uma mensagem e ele ligou de volta assim que a entrevista terminou, adivinhando o que havia acontecido. Ele concordou em preparar tudo o que fosse necessário para realizar a autópsia na manhã seguinte. Eu lhe assegurei que iria obter a permissão legal para a doação de cérebro.

Mesmo que Henry e seu tutor, o Sr. M., tivessem assinado um formulário de Autorização para Autópsia de Cérebro em 1992, eu queria obter do Sr. M. o consentimento para a autópsia e para a doação de cérebro após a morte de Henry. À procura de alguém para ser testemunha do processo de consentimento, corri para a casa da vizinha do lado e toquei a campainha várias vezes. Ela finalmente apareceu. "Preciso de uma testemunha!", disse abruptamente e expliquei brevemente o que estava acontecendo. Sem hesitar, ela me acompanhou de volta para minha casa e ficou ao meu lado, na mesa da sala de jantar, inclinando-se para perto do telefone. Com o coração pesado, liguei para o Sr. M. e lhe disse que Henry havia falecido naquela tarde. Eu o encontrei no celular da mulher dele, interrompendo o jantar que compartilhavam com sua neta adolescente. Enquanto minha vizinha escutava atentamente, eu li para o Sr. M. o formulário de consentimento, frase a frase, e ele as repetiu para mim. Ele nos deu permissão para uma autópsia sem restrições e para que o Mass General utilizasse "todos os tecidos e órgãos que fossem removidos" para pesquisa ou dispusesse deles de acordo com suas normas. Agradeci ao Sr. M. e lhe contei nossos planos de escanear o cérebro de Henry naquela noite antes de levar seu corpo para o necrotério pela manhã.

Depois, liguei para minha assistente, Bettiann McKay, que ficou chocada quando lhe disse que Henry havia falecido. Ela sabia que Henry estava doente, mas não tinha ideia de que seu fim era iminente; Henry sempre havia escapado a sustos prévios. Perguntei se ela poderia passar a noite na minha casa e tomasse conta de meus três animais de estimação que precisavam de cuidados enquanto eu estivesse controlando o processo de escaneamento e de coleta do cérebro de Henry. Quando Bettiann chegou, ela logo assumiu a responsabilidade pelos cachorros e pelo gato com sua usual postura pragmática, mas admitiu mais tarde que havia experimentado um forte sentimento de tristeza. Ela havia falado com as enfermeiras de Henry recentemente, sobre o que ele poderia querer de presente de Natal, e tinha encomendado, embrulhado e enviado um conjunto de arte para crianças, imaginando seu sorriso de surpresa quando abrisse o presente. Bettiann e outros membros do laboratório estavam planejando ir visitá-lo antes do Natal e levar uma pequena árvore para o quarto dele. Mesmo que ela não o conhecesse bem, e que Henry nunca se lembrasse dela, ela o considerava parte da família unida do nosso laboratório.

Enquanto as ligações continuavam através de nossa linha telefônica, nossa equipe planejou reunir-se no Martinos Center do hospital Mass General, localizado no edifício 149, que anteriormente havia sido um centro naval de suprimentos. Eu tive a sorte de ter esse centro de ressonância magnética, internacionalmente conhecido, a dois quarteirões da minha casa e de estar dentro da universidade. Essa instalação alberga nove poderosos escâneres de ressonância magnética assim como uma série de outras tecnologias usadas para captar imagens estruturais e atividade cerebrais. O centro também é líder no desenvolvimento de novos métodos de colher informação de cérebros vivos.

Por volta de 17h45, o engenheiro biomédico André van der Kouwe, que dirige a programação dos escâneres do Martinos Center, foi informado da morte de Henry. Logo depois, André viu Allison Stevens, jovem pesquisadora de imagens por ressonância magnética e parte da nossa equipe, colocando o casaco para sair.

— Você não vai ficar para toda a agitação? — perguntou ele.

Ela o olhou, confusa. Por alguma razão, a notícia ainda não havia chegado a ela.

— H.M. morreu — disse ele.

— Quê? — gritou ela. — E o que houve com a corrente telefônica?

Em pânico, ela começou a rastrear o restante da equipe. Parou para enviar uma simples mensagem de texto para o pesquisador de ressonância magnética que havia escaneado o cérebro de Henry no passado: "H.M. morreu." Ela ligou para um dos meus estudantes de pós-graduação de confiança, soube que o corpo de Henry estava a caminho, com estimativa de chegada por volta das 20h30, e que precisaríamos de uma lona que pudesse cobrir a cama do escâner, para o caso de que algum fluido corporal vazasse. Nenhum de nós havia escaneado um cadáver antes, e queríamos estar prontos para qualquer eventualidade.

Quando cheguei ao Martinos Center, quase às 20h, a equipe de ressonância magnética havia terminado o jantar e estava pronta para passar a noite inteira escaneando o cérebro de Henry. Seu corpo, ainda na estrada, vindo de Connecticut, iria chegar logo. Pedi ao motorista que me ligasse quando estivesse chegando, e, quando me dei conta de que não tinha sinal dentro do edifício, saí para esperar o carro fúnebre, encolhida no gélido clima de Boston com um casaco longo e luvas. Por volta de 20h30, vi através da escuridão um veículo dobrando a esquina, movendo-se com hesitação. Corri para ele, agitando os braços.

— Sou Suzanne Corkin! Acho que você está procurando por mim.

Orientei o motorista até a rampa do Edifício 149, onde um funcionário do Mass General estava esperando. Meus colegas saíram correndo do prédio para ajudar o motorista a empurrar a maca para dentro. Quando o corpo de Henry foi retirado do carro fúnebre, vi que tinha sido coberto por uma colcha de retalhos, com um capuz que lhe cobria a cabeça, e outro sobre os pés. De alguma maneira, senti-me reconfortada por esse toque de delicadeza.

Por sorte, o edifício estava deserto, de modo que ninguém ficou alarmado com a visão de um corpo sendo transportado pelo saguão. Mary Foley, a tecnóloga que mantinha o Martinos Center funcionando, já havia conseguido a permissão da segurança para transportar o corpo de Henry. Ela e Larry White faziam parte da equipe que havia escaneado Henry anos antes, e estavam aguardando em um aposento do edifício chamado Bay Four, que abriga um escâner com um poderoso magneto de três teslas. Esse aposento seria o cenário, durante toda a noite, de nossa maratona para obter muitos tipos diferentes de imagens de ressonância magnética do cérebro de Henry.

O escâner cilíndrico tinha um túnel com uma cama para o paciente. Fora da sala do escâner havia uma antessala, onde os tecnólogos e pesquisadores podiam observar o escâner através de uma janela enquanto o controlavam por meio de um computador. Antes que Henry entrasse na sala do escâner, tivemos que transferir seu corpo para uma maca não magnética; o poderoso ímã do escâner podia sugar até mesmo grandes objetos de metal. Preocupados com o grande tamanho de Henry, asseguramo-nos de que seis homens fortes estivessem disponíveis para levantá-lo até a cama do escâner.

Debaixo da colcha, o corpo de Henry estava colocado em um saco de plástico negro sobre outro saco claro. Nossa equipe abriu os sacos e os retirou até que sua cabeça e seu torso ficassem expostos. Depois removemos as bolsas de gelo que haviam sido colocadas em volta da sua cabeça em Bickford, para ajudar a preservar o tecido cerebral. Para alguns de meus colegas presentes na sala, esse encontro com o famoso H.M. era o primeiro. Para David Salat, que havia conhecido Henry quando vivo, a realidade daquele momento o atingiu com o primeiro vislumbre do rosto impassível de Henry. Por fora, estávamos calmos e compostos. Por dentro, estávamos nervosos, sabendo que aquele era um evento histórico nos anais da neurociência, e que só tínhamos uma oportunidade para fazê-lo bem.

Com uma sensação de carinho, nossa equipe delicadamente transladou o corpo de Henry para a maca. Sua doença havia causado perda de peso, de modo que levantá-lo foi mais fácil do que havíamos previsto. Nós o empurramos até a sala do escâner e o transferimos para a cama do equipamento. Mary apertou um botão e a cama deslizou para a abertura do magneto.

Mesmo que tivéssemos escaneado o cérebro de Henry muitas vezes durante sua vida, era importante recolher imagens de ressonância magnética após sua morte — primeiro *in situ* (com o cérebro ainda na cabeça) e depois *ex vivo* (com o cérebro autopsiado colocado em uma câmara feita sob medida). Escanear depois da morte tinha várias vantagens. As pessoas vivas que fazem exame de ressonância magnética são instruídas para permanecerem perfeitamente imóveis, porque qualquer movimento interfere com a qualidade do escaneamento, mas, mesmo com um participante que coopere, os pesquisadores de ressonância magnética devem fazer correções de movimentos naturais — respiração, pulsações do sangue e outros movimentos menores. Agora que Henry estava morto, não teríamos nenhuma interferência de movimento e seríamos capazes de obter imagens extremamente claras. Escanear pessoas vivas também é um processo muito limitado pela tolerância delas ao procedimento. Elas ficam confinadas dentro do magneto, que frequentemente faz as pessoas se sentirem claustrofóbicas e impacientes, e até mesmo os participantes mais tranquilos podem tolerar o escâner por apenas duas horas quando muito. Naquela noite, sem esses impedimentos, tínhamos a oportunidade de escanear Henry por nove horas, e pudemos reunir uma quantidade sem precedentes de dados.

O objetivo final dos processos de análise biomédica por imagem é dar aos médicos e pesquisadores retratos detalhados das estruturas específicas do corpo que são o foco de seus tratamentos e de suas pesquisas. O corpo humano não é um mapa com fronteiras claramente definidas e sinais de trânsito. Muitas vezes é difícil distinguir um tipo de tecido ou de célula de outro. Os exames de ressonância magnética, no entanto, possibilitam que façamos exatamente isso. Quando um participante entra em um escâner de ressonância magnética, é exposto a um forte campo magnético, que faz com que os *spins* dos núcleos de hidrogênio em seu corpo se alinhem com o ímã. O técnico introduz pulsos de radiofrequência no campo, tirando brevemente os *spins* de alinhamento com o ímã. Quando os *spins* se realinham com o campo magnético, eles transmitem um sinal que é detectado por uma bobina e usado para criar uma imagem do corpo. Pulsos adicionais de campo magnético manipulam ainda mais os *spins* para codificar informação espacial nas imagens (para detectar onde os tecidos estão localizados) e para variar o contraste nas imagens. A série de pulsos de radiofrequência e de campo magnético é chamada de sequência de ressonância magnética. Essas sequências têm sons diferentes, que o participante experimenta no ímã, e geram imagens com um contraste de tecido característico. As imagens do cérebro são feitas comumente com uma variedade de sequências de ressonância magnética projetadas para mostrar diferentes propriedades do tecido cerebral — matéria cinzenta, substância branca, fluido cerebroespinhal e os limites entre as estruturas cerebrais.

Uma pergunta que nos fazíamos era se a sequência de pulsos de radiofrequência e os gradientes magnéticos que usaríamos para gerar imagens do cérebro de Henry deveriam ser diferentes daqueles normalmente usados em um corpo vivo. Um mês antes, eu havia feito uma curta apresentação descrevendo o caso de Henry na reunião anual da Fundação Dana, que tinha dado um apoio financeiro parcial para esses estudos *post mortem*. No final da minha exposição, pedi que qualquer um que tivesse experiência com exames de ressonância magnética de cérebros mortos me indicasse que sequências utilizavam. Um colega sugeriu que eu contatasse Susan Resnick, que estivera escaneando cérebros de cadáveres como parte do Estudo Longitudinal de Baltimore sobre o Envelhecimento. Antes de começarmos a escanear, liguei para Susan e fiquei aliviada quando ela me disse que utilizava as mesmas sequências para os cérebros mortos que para os vivos. Pelo menos poderíamos obter dados úteis de escaneamentos clínicos de rotina antes de continuarmos com estudos mais experimentais.

O LEGADO DE HENRY

Nossa equipe de ressonância magnética começou com escaneamentos padronizados que seriam feitos em um paciente vivo em uma clínica. Depois avançamos para escaneamentos de resolução cada vez mais alta, que iriam expor os detalhes anatômicos do cérebro de Henry, primeiro no nível de um milímetro e finalmente até poucas centenas de micrômetros, mostrando grandes grupos de células cerebrais. À medida que as imagens começaram a aparecer, André ficou chocado pela sua beleza: as bordas das estruturas cerebrais eram extraordinariamente nítidas. Na resolução mais alta, até mesmo as paredes de pequenos vasos sanguíneos do cérebro — normalmente distorcidos pelo movimento do sangue — eram facilmente visíveis na imobilidade da morte. Ele também podia ver claramente os buracos abertos nos lados direito e esquerdo do cérebro de Henry, onde estavam as lesões.

Enquanto meus colegas reuniam dados a partir do estudo de ressonância magnética, voltei minha atenção para outros assuntos prementes. Uma casa funerária próxima, em Charlestown, havia concordado em transportar o corpo de Henry pela pequena distância entre o Edifício 149 e o necrotério do hospital Mass General, em Boston, onde seu cérebro seria removido. No entanto, a casa funerária voltou atrás no último minuto, dizendo que não moveria um corpo sem uma certidão de óbito assinada — a casa de repouso havia enviado o corpo para nós com pressa, antes de conseguir uma assinatura. Ficamos preocupados, pois, se a autópsia fosse atrasada, o cérebro poderia perder sua firmeza e tornar difícil sua extração e preservação. Em dado momento, meio que brincamos com a ideia de ter que colocar Henry em uma maca e empurrá-lo nós mesmos através da ponte até o campus principal do hospital. Depois, com o mesmo espírito, lembrei-me de haver passado por uma casa funerária no North End. Liguei para lá e, embora fosse tarde da noite, um homem atendeu. Na minha voz mais profissional, expliquei que precisava transportar um corpo desde o Charleston Navy Yard até o necrotério do hospital Mass General. Ele disse que consultaria seu chefe e me ligaria de novo. Alguns minutos depois, o chefe ligou e concordou em enviar um carro funerário de manhã bem cedo.

Ao amanhecer, meus colegas haviam gerado 11 gigabytes de imagens cerebrais. Para colocar em perspectiva essa quantidade de informação, um exame de ressonância magnética com um participante vivo gera algumas centenas de megabytes de dados, suficientes para caber confortavelmente em um CD. Precisaríamos de 16 CDs para gravar toda a informação que havíamos coletado do cérebro de Henry naquela noite. Tivemos sorte porque o escâner — máquina temperamental, com frequentes problemas mecânicos — aguentou toda a sessão de nove horas. Soubemos mais tarde que ele enguiçou poucas horas depois.

O corpo de Henry precisava estar fora do edifício antes das seis da manhã, quando centenas de pesquisadores começariam a chegar. O carro fúnebre chegou às cinco e meia; às seis, com o corpo de Henry afivelado a ela, empurramos a maca por uma porta dos fundos e descemos a rampa até o carro funerário. Quando este saiu na direção do necrotério do Mass General, pulei no meu carro, acompanhada por um ex-membro do laboratório, na época um estudante de medicina da Universidade Tufts. Corremos para o aeroporto Logan para pegar Jacopo, que estava chegando da Costa Oeste. Ele me contou mais tarde que, durante o voo, havia relido alguns dos artigos mais importantes sobre Henry e mentalmente ensaiou o procedimento de autópsia que lhe fora ensinado quando estudante de doutorado. Ele esboçou os detalhes de seu plano para criar, preservar e disseminar uma biblioteca anatômica de slides de vidro de grande formato que, juntos, representariam o cérebro inteiro de Henry.

No caminho de volta de Logan, paramos na Starbucks para fortificar--nos com xícaras de café expresso, e depois nos dirigimos para o consultório de Frosch no Mass General. A autópsia seria uma experiência de aprendizado indelével para todos nós. O corpo de Henry estava seguramente armazenado em um grande refrigerador no porão do Edifício Warren, no hospital. Demos a Matthew um CD com algumas das imagens maravilhosamente claras que André havia obtido na noite anterior. Aquelas imagens serviram de guia a Matthew para o processo de remoção. Ele estava preocupado com o lugar da cirurgia anterior de Henry: as cicatrizes poderiam ter feito o cérebro grudar na sua capa, a dura-máter, grossa camada entre o cérebro e o crânio. Seria difícil remover o cérebro sem deixar alguns fragmentos para trás. Perder o tecido do lugar da cirurgia iria prejudicar nossa capacidade de proporcionar evidência definitiva da extensão de tecido faltante no cérebro de Henry. Quando Matthew olhou para as imagens de ressonância magnética, ficou tranquilo ao ver que ainda havia uma boa quantidade de fluido entre o cérebro e a dura-máter naquela região. Ele imprimiu várias dessas imagens para usá-las como referência na sala de autópsia.

Embaixo, no porão do Edifício Warren, o técnico de patologia sênior levou Henry para a sala de autópsia. Matthew, Jacopo e o estudante de medicina se reuniram a ele, junto com um fotógrafo do Departamento de Patologia que iria documentar o procedimento. Para não ficar no caminho, fiquei numa antessala, atrás de uma janela de vidro grosso, através da qual pude observar o delicado procedimento. Subi em uma cadeira, ansiosa para ter a melhor vista possível.

Matthew primeiramente fez um corte raso no topo da cabeça de Henry, de uma orelha a outra. Depois ele puxou o couro cabeludo em ambas as direções para expor o crânio. Na frente deste, eles puderam ver os contornos suaves dos dois buracos que Scoville havia perfurado décadas atrás, logo acima das saliências das sobrancelhas de Henry. Esses buracos haviam se recuperado bem, de modo que Matthew pôde cortar em volta deles. A tarefa seguinte era remover o topo do crânio, a parte mais difícil, porque a dura-máter tende a agarrar-se à superfície do crânio, especialmente nas pessoas mais velhas. O técnico fez o primeiro movimento, utilizando uma serra elétrica para cortar em volta de toda a cabeça em um nível, avançando apenas parcialmente através do osso. Matthew, neuropatologista com muita experiência, completou o corte com habilidade, sem tocar no cérebro, e depois utilizou um cinzel para levantar o topo do crânio. Para nosso alívio, o osso saiu suavemente, sem arrancar junto o cérebro. Embora Matthew parecesse proceder com completa confiança, mais tarde admitiu que havia ficado de costas para a janela pela qual eu observava o procedimento para que eu não visse como ele estava suando.

Matthew retirou a dura-máter, começando pelos lobos frontais. Depois levantou os lobos frontais para soltá-los do crânio, cortou os nervos ópticos para desconectar o cérebro dos olhos e cortou as artérias carótidas para separar o cérebro do sistema circulatório. O cérebro agora estava suficientemente solto de suas amarras para que Matthew pudesse movê-lo de um lado para o outro a fim de observar o lugar da cirurgia nos dois lados. Ele notou áreas onde a dura-máter estava agarrada ao cérebro, especialmente no lado direito. Pegando um novo bisturi, ele soltou com cuidado a dura-máter dessas seções. Depois trabalhou para soltar a parte de trás do cérebro, trabalho que foi facilitado pelo encolhimento do cerebelo de Henry, causado pela Dilantina. Matthew agora podia retirar o cérebro intato do crânio e colocá-lo em uma grande bacia cirúrgica de metal.

Durante a autópsia, em certo momento eu saí para ligar para Brenda Milner que, aos 90 anos de idade, ainda trabalhava no McGill. Contei-lhe que Henry havia falecido. Não era uma notícia inesperada, e ela a aceitou com tranquilidade. Pedi-lhe que não falasse com ninguém, pois eu queria que a autópsia estivesse terminada antes de anunciar a morte de Henry para o mundo e começar a atender telefonemas e e-mails da imprensa e da comunidade científica. Quando o cérebro foi retirado intato, liguei para a Dra. Milner outra vez para relatar nosso sucesso. Ver o precioso cérebro de Henry na segurança da bacia cirúrgica foi um dos mais memoráveis e satisfatórios momentos da minha vida. Nosso planejamento para aquele dia tinha evoluído ao longo dos anos, e o executamos sem nenhuma dificuldade. Aqueles de nós que presenciamos tudo estávamos eufóricos e sorridentes. Eu levantei minhas mãos acima da cabeça e aplaudi Matthew.

Matthew transferiu o cérebro para a antessala (esterilizada), passando-o através de um refrigerador que tinha portas nas duas salas. A equipe inteira de neuropatologia se reuniu conosco na antessala, e todos demos uma boa olhada no cérebro enquanto o fotógrafo tirava fotos de todos os ângulos. Matthew então amarrou um fio em volta da artéria basilar e atou a outra ponta à alça de um balde cheio de formol, permitindo assim que o cérebro flutuasse na solução sem afundar e ficar distorcido. A solução iria mudar a consistência do cérebro, parecida com tofu, para algo mais firme, como argila. Poucas horas depois, Matthew transferiu o cérebro para uma solução especial de formaldeído. Ele havia comprado o paraformaldeído concentrado antecipadamente, armazenado em um refrigerador e feito um balde do fixador naquela manhã.

Após levar Matthew e Jacopo para almoçar, era hora de deixar o mundo saber da morte de Henry. Durante o escaneamento na noite anterior, fiquei sentada na antessala de controle e digitei seu obituário no meu laptop. Foi a primeira oportunidade que tive de parar e refletir sobre a morte de Henry, e foi também a ocasião de resumir brevemente suas enormes contribuições para a ciência da memória. Fui de carro até meu escritório no MIT e mandei o obituário por e-mail para os membros da faculdade do meu departamento, para ex-membros do meu laboratório que haviam trabalhado com Henry e para Larry Altman, veterano repórter especializado em medicina do *New York Times*. Ele passou a informação para o repórter Benedict J. Carey, que escreveu um elegante obituário que apareceu na primeira página do jornal dois dias depois, 5 de dezembro de 2008. O artigo chamou a atenção do amplo público para esse caso tão conhecido no mundo da neurociência. Pela primeira vez, o nome de Henry tornou-se público, e, com a permissão de seu tutor, anunciamos que o "paciente amnésico H.M." era Henry Gustave Molaison.[2]

Dez semanas mais tarde, em fevereiro de 2009, Jacopo regressou a Boston trazendo uma câmara de acrílico feita sob encomenda que iria manter o cérebro preservado durante uma nova rodada de exames de ressonância magnética fora do corpo, imagens *ex vivo*. A equipe de ressonância magnética do Martinos utilizou primeiramente os mesmos escâneres de três teslas que haviam usado na noite em que Henry morreu. Esse conjunto de imagens proporcionaria uma ponte entre a geometria do cérebro como era em vida e a forma final que ele assumiria depois de ser cortado em fatias ultrafinas. O tecido cerebral poderia depois ser esticado ou ter sua forma modificada ao ser fatiado e colocado sobre slides de vidro. Os dados de imagens de ressonância magnética permitiriam que nós medíssemos e corrigíssemos quaisquer deformidades nos slides do cérebro, de modo que eles pudessem ser mapeados até a arquitetura original do cérebro de Henry.

Além disso, tivemos a oportunidade de conseguir imagens do cérebro em um escâner com um magneto de sete teslas, um dos mais fortes magnetos atualmente em uso nos seres humanos. Ele proporcionaria um retrato mais exato e detalhado do cérebro humano do que a maior parte dos pesquisadores jamais havia visto. Não pusemos Henry nesse escâner, na noite em que ele morreu porque seu cérebro alojava dois ganchos de metal, utilizados para fechar vasos sanguíneos em sua operação anterior, e temíamos que se aquecessem com a poderosa ação desse escâner, causando mais dano ao cérebro. Matthew removeu os ganchos na autópsia, de modo que não eram mais uma preocupação em relação ao cérebro preservado. Jacopo se preocupara de que o calor gerado pelo magneto de sete teslas poderia danificar o cérebro de Henry, mesmo sem os ganchos. Para tranquilizá-lo, Allison havia feito tentativas com outros cérebros e avaliado que o tecido não esquentaria mais que três graus, o que era perfeitamente seguro.

O magneto de sete teslas tinha uma abertura menor destinada à cabeça dos pacientes que o de três teslas. O desafio técnico, portanto, era manufaturar uma câmara que fosse suficientemente pequena para caber na abertura do escâner, porém grande o bastante para que coubesse nela o cérebro de Henry envolto em algodão e empapado de formaldeído para sua proteção. A câmara que Jacopo trouxe de San Diego era do tamanho certo, mas o algodão que rodeava o cérebro de Henry juntava bolhas de ar. As bolhas presas nele resultaram ser um problema técnico nas imagens *ex vivo* porque apareciam maiores que seu tamanho físico real e obscureciam o tecido cerebral adjacente. Infelizmente, essas manchas artificiais ocorreram em algumas regiões interessantes do lobo temporal.

Após três sessões de escaneamento separadas ao longo de um cansativo fim de semana, a equipe de ressonância magnética havia finalmente coletado tudo o que podia do cérebro de Henry, e era hora de ele viajar para a Universidade da Califórnia, em San Diego, para ser cortado. No dia 16 de fevereiro, encontrei-me com Jacopo no Martinos Center, onde ele me esperava vigiando um isopor que continha o cérebro de Henry em sua câmara cercada de gelo. Uma equipe de filmagem da PBS se reuniu conosco para documentar nossa viagem do Mass General até a porta do avião. Subimos todos em uma caminhonete com a produtora na cadeira do carona, sua assistente dirigindo, e o câmera sentado no banco do meio, virado para trás, de modo a poder filmar a Jacopo e a mim no banco traseiro — o isopor preso firmemente entre nós dois por proteção.

Quando chegamos ao aeroporto Logan, havia um comitê de boas-vindas — representantes da Transportation Security Administration, da JetBlue Airways e o diretor de comunicações do aeroporto. Eu sabia que era crucial pavimentar o caminho para essa peça incomum de bagagem de mão. Um mês antes, em carta ao gerente do Suporte ao Cliente e Melhoria da Qualidade do Departamento de Segurança Interna do aeroporto, eu havia pedido auxílio para transportar um cérebro humano de Boston a San Diego. Expliquei como o cérebro seria embalado, que Jacopo o acompanharia durante o voo e que ao pousar ele o levaria para seu laboratório na universidade. O diretor do departamento de Jacopo também escreveu uma carta, confirmando que Jacopo era membro da faculdade que trabalhava em seu departamento e sublinhando a extrema importância da missão. Caminhando pelo aeroporto, nós nos sentimos como celebridades: a equipe de gravação seguia nosso caminho e as pessoas observavam, perguntando-se quem éramos e por que estávamos sendo filmados. No ponto de inspeção pela segurança, uma mulher de uniforme aproximou-se de nós e disse que ela carregaria o isopor até o outro lado, para não expor o cérebro à radiação dos aparelhos de segurança. Aliviados, passamos pela segurança de maneira normal e recuperamos o isopor mais adiante.

Quando chegou a hora de embarcar, Jacopo e eu encenamos uma troca formal para a câmera de filmagem. Eu carreguei o isopor até a porta de embarque e o coloquei no chão. Sorrimos um para o outro e nos abraçamos; ele então pegou o isopor e desceu a rampa, parando uma vez para virar-se e acenar. Ao que parecia, Jacopo era apenas um cientista carregando um isopor com um cérebro conservado em formaldeído. Mas o que ele estava carregando permanecia precioso para mim. Fiquei triste ao ver o cérebro de Henry indo embora — foi meu último adeus a ele.

Enquanto me afastava do portão de embarque com a equipe da PBS, olhei para o avião. A experiência mais memorável da infância de Henry foi aquele passeio de avião de meia hora sobre Hartford. Se ele soubesse que sua última viagem seria um voo de 4.100 quilômetros em um grande avião a jato, ficaria extasiado. Havia um sentido de finalidade naquele momento.

No dia 2 de dezembro de 2009, um ano após a morte de Henry, eu estava em um laboratório na Universidade da Califórnia, em San Diego, onde Jacopo estava se preparando para cortar o cérebro de Henry em fatias tão finas quanto fios de cabelo — setenta mícrons. Normalmente, os cérebros utilizados em pesquisa são cortados em secções ou blocos grandes e depois fatiados de forma suficientemente fina para que o tecido possa ser observado ao microscópio. O cérebro de Henry seria cortado inteiro, da frente para trás, com o objetivo de colher planos verticais inteiros de todo o cérebro, e não blocos isolados. O cérebro tinha sido imerso em uma solução de formaldeído e açúcar. O açúcar se entranha no tecido do cérebro e evita a formação de cristais de gelo quando o cérebro é congelado, como um dos preparativos para o corte. Antes de ser congelado, o cérebro foi colocado em um molde cheio de gelatina, que ajudaria o precioso órgão a manter sua forma. Era importante manter um delicado equilíbrio de temperatura ao longo de todo o processo de corte — mantendo o cérebro suficientemente frio para que a lâmina fatiasse o tecido de forma limpa, mas não tão frio a ponto de o tecido se quebrar.

Todos no laboratório estavam animados e ansiosos quando o processo começou. Durante o corte, que levou 53 horas, visitantes apareciam de tempos em tempos. Benedict Carey, do *New York Times*, voou até lá para capturar esse momento fundamental da pesquisa da memória. Jacopo também havia convidado vários expoentes da sua universidade para observar o evento, inclusive o famoso neurologista Vilayanur S. Ramachandran, os neurofilósofos Patrícia e Paul Churchland e o eminente neurocientista Larry Squire. Como o processo de corte seguia interminavelmente, a sala de conferências estava cheia de guloseimas para os membros do laboratório e para os visitantes — travessas de comida e um delicioso bolo italiano. Jacopo havia contratado uma equipe de vídeo para que filmasse todo o procedimento. Eles posicionaram câmeras na sala de corte para postar os eventos ao vivo na Internet e, ao longo de três dias, 400 mil pessoas visitaram o site para testemunhar esse acontecimento histórico.

Para o corte, o cérebro engastado em seu bloco de gelatina congelada foi preso a um aparelho eletrônico, um micrótomo, que atuava como um fatiador de frios extremamente exato. Para manter o cérebro frio, técnicos bombeavam etanol líquido através de um tubo nos espaços em volta dele. Jacopo, utilizando luvas negras, sentava-se em frente ao micrótomo. Cada passada da lâmina sobre o bloco de gelo gerava um delicado rolo de tecido cerebral e gelatina, que ele gentilmente limpava com um pincel grande e firme, e colocava em um contêiner dividido em partes, semelhante a uma bandeja de cubos de gelo, cheio de solução. A frente do cérebro de Henry estava virada para cima, e uma câmara de 16 megapixels montada acima do órgão capturava e numerava cada superfície antes de ser cortada. Cada fatia era colocada em uma parte separada do contêiner, com o número correspondente. O corte começou na frente do cérebro e avançou para a parte posterior, do polo frontal para o polo occipital. Embora o projeto em si fosse excitante, o trabalho de cortar e proteger milhares de fatias de cérebro era monótono. Mesmo assim, a falta de dramaticidade indicava que tudo ia de acordo com o plano.

Até dezembro de 2012, o cérebro intato de Henry foi examinado pelo neuropatologista do Mass General, escaneado por investigadores do Martinos Center do Mass General e cortado em fatias de setenta mícrons na Universidade da Califórnia, em San Diego. Meus colegas e eu continuamos a avançar na coordenação desses diferentes estudos — tanto para permitir um exame neuropatológico no Mass General que propicie um diagnóstico final como para responder às inúmeras perguntas referentes à pesquisa que estão à espera de ser respondidas.

Uma vez que esse trabalho comece, aprenderemos com certeza quais estruturas do lobo temporal medial foram preservadas no cérebro de Henry e em que extensão. Embora os restos do hipocampo e da amígdala fossem não funcionais, as porções remanescentes do córtex vizinho — perirrinal e para-hipocampal — podem haver estado trabalhando. Conhecer o status desse tecido de memória residual ajudará a explicar o inesperado conhecimento de Henry, tal como sua capacidade de desenhar a planta baixa da casa para a qual se mudou depois da operação. Também estamos ansiosos por conhecer os efeitos de sua lesão na estrutura e na organização de áreas que são conectadas com os lobos temporais mediais — a fórnix, os corpos mamilares e o neocórtex temporal lateral. Sabe-se que algumas áreas cerebrais além das estruturas do lobo temporal medial sustentam a memória declarativa nos indivíduos normais. Assim, outra questão se refere à estrutura e à organização daquelas áreas — o tálamo, o prosencéfalo basal, o córtex pré-frontal e o córtex retrosplenial — e das áreas preservadas de memória não declarativa — o córtex motor primário, o corpo estriado e o cerebelo. Os exames de ressonância magnética de Henry nos disseram que seu cerebelo estava severamente atrofiado, e agora podemos documentar as áreas específicas que foram afetadas.

As 2.401 fatias do cérebro de Henry foram congeladas e, por agora, estão armazenadas em uma solução protetora. Algumas serão colocadas em grandes slides de vidro, de aproximadamente 15 por 15 centímetros, e coradas com a utilização de vários métodos para revelar detalhes sobre as células ou as fronteiras anatômicas das estruturas do cérebro, como aquelas que rodeiam sua lesão. Algumas dessas seções serão coradas com corantes desenvolvidos por neuropatologistas no século XIX e no começo do século XX para mostrar a estrutura cerebral normal — identificando os neurônios, ressaltando sua organização e conexões e revelando os tratos de substância branca que conectam uma região cerebral a outra. Outras seções serão coradas utilizando métodos do final do século XX e princípios do século XXI, que empregam anticorpos — proteínas que detectam as proteínas anormais que indicam doenças como Alzheimer e Parkinson. Com essa combinação de enfoques, uma análise cuidadosa das anomalias no tecido cerebral de Henry revelará uma ampla gama de novas informações. Pesquisa futura nos dirá o tipo de demência que ele tinha quando morreu, as localizações exatas de seus pequenos infartos cerebrais, e as consequências de sua cirurgia — tanto para as regiões adjacentes ao local da operação como para áreas distantes que tinham sido anteriormente conectadas às estruturas removidas.

As imagens digitais capturadas durante o corte serão usadas para criar um modelo tridimensional do cérebro de Henry que, eventualmente, estará disponível na Internet para que qualquer um o estude. Esse cérebro será a peça central do projeto Biblioteca Digital do Cérebro, da UCSD, cujo objetivo é colher e arquivar os cérebros e perfis pessoais de mil indivíduos ao longo da próxima década. Mesmo após sua morte, Henry continuará a fazer contribuições revolucionárias à ciência.

O legado de Henry tem muitas camadas. Ao estudá-lo diretamente, reunimos a maior e mais detalhada coleção de informação sobre um único caso neurológico — a lendária pesquisa de Scoville e Milner, pilhas de resultados de testes coletados ao longo de décadas, nossas descrições de sua vida cotidiana, as imagens feitas de seu cérebro intato em vida e na morte e as preciosas fatias de seu cérebro físico. Esse assombrosamente grande conjunto de dados sobre um único cérebro poderia por si só assegurar o legado de Henry como contribuição vital para a história da neurociência, mas seu impacto vai além disso. Seu caso inspirou milhares de pesquisadores a investigar outros tipos de amnésia e de distúrbios relacionados com a perda da memória. Ademais, o que aprendemos sobre Henry motivou gerações de cientistas básicos para que estudassem mecanismos da memória, que criaram uma miríade de diferentes abordagens em primatas não humanos e outros animais. Esses enormes avanços permitiram aos pesquisadores explorar todo tipo de questões na ciência básica ou na clínica. O caso de Henry deu ensejo a um período extremamente fértil na pesquisa da memória, e o *momentum* continua a crescer.

Epílogo

Uma semana após a morte de Henry, o Sr. M. e sua mulher organizaram um funeral na igreja Saint Mary, em Windsor Locks, em Connecticut, perto de Bickford. O corpo de Henry havia sido cremado. Na parte da frente da igreja, uma urna que continha suas cinzas descansava sobre um pedestal branco rodeado de flores. O anverso da urna estava gravado com uma cruz e com essa mensagem: "Henry G. Molaison, 26 de janeiro de 1926 – 2 de dezembro de 2008, em memória." Ao lado, uma colagem de fotos emoldurada propiciava uma visão rápida de sua vida: Henry como garotinho, sentado em uma cadeira sobre uma perna, sorrindo; um digno retrato em sépia aos 20 anos; Henry como homem mais velho, com cabelo branco, sentado em sua cadeira de rodas, usando camisa branca e gravata; e imagens da família de Henry e seus dias de juventude.

A cerimônia foi simples, apenas com a presença daqueles mais próximos a Henry. Fui escolhida para fazer o panegírico de Henry, no qual relatei a história de sua operação e os estudos revolucionários que se seguiram. Também falei sobre as pessoas que tornaram possível que Henry fizesse suas contribuições à ciência, incluindo Lillian Herrick; seu filho Mr. M., que assumiu a responsabilidade de cuidar do bem-estar de Henry; e a equipe de Bickford. "Todas essas boas pessoas iluminaram a vida dele", disse eu. "E ele, por sua vez, iluminou a vida de outras pessoas." Falei sobre as qualidades pessoais de Henry — seu agudo senso de humor, sua inteligência e as frases de efeito que eram sua assinatura.

"Para muitos de nós, perdê-lo foi como perder um membro da família", concluí. "Meus colegas e eu estamos honrados por termos feito parte de seu círculo íntimo. Hoje dizemos adeus a ele com respeito e com gratidão pela forma como ele mudou o mundo e a nós. Sua tragédia tornou-se um presente para a humanidade. Ironicamente, ele nunca será esquecido."

Depois da missa, saímos ao saguão da igreja, onde havia uma recepção; um membro da equipe de Bickford e minha assistente haviam trazido sanduíches e doces. Entre as pessoas presentes ao funeral, estavam colegas do hospital Mass General que haviam tomado parte recentemente no esforço coletivo para fazer exames de imagem e para preservar o cérebro de Henry. Para eles, era uma oportunidade de prestar homenagem, beber um pouco de chá ou café e descansar após uma semana frenética e insone. Três ex-membros do laboratório que tenham trabalhado com Henry estavam ali, assim como membros da equipe de Bickford e colegas pacientes.

Após a recepção, fomos até um cemitério em East Hartford para o enterro, e caminhamos pelo extenso terreno gramado até uma grande lápide no lugar em que os pais de Henry estavam sepultados. Abaixo do nome deles estava o de Henry e a data de nascimento. Agora podíamos colocar a data da morte. O agente funerário havia preparado o túmulo, e a urna que continha as cinzas de Henry foi colocada em uma coluna grega, branca e baixa. Ficamos em um pequeno semicírculo em volta da urna enquanto o diácono da igreja proferia as palavras de praxe. Quando ele pediu que nos uníssemos a ele em oração, curvamos nossas cabeças e pensamos em Henry.

No dia seguinte à morte de Henry, enviei um breve e-mail compartilhando a notícia com outros pesquisadores da memória. Eles passaram adiante a mensagem para outros, e a notícia se espalhou rapidamente entre os cientistas dos Estados Unidos e da Europa. Durante as próximas semanas, recebi pensamentos alentadores de colegas de todo o mundo, oferecendo condolências e mensagens de elogio a Henry. Também respondi a pedidos da mídia para entrevistas e para textos sobre Henry.

Alguns colegas responderam com declarações sobre as contribuições de Henry à ciência. Um professor do Departamento de Psicologia da Universidade de Yale escreveu para Brenda Milner e para mim: "Aprender sobre seu trabalho com H.M. foi uma das principais influências na direção do meu próprio pensamento sobre cognição e memória, bem cedo na minha carreira." Vários membros de faculdades de outras universidades mencionaram que eles iriam incluir um tributo a Henry em suas aulas naquele dia, e ex-membros do laboratório compartilharam histórias sobre ele. Eu soube, por exemplo, que Sarah Steinvorth havia estado com ele em seu quarto, em Bickford, e assistido a um filme inteiro de John Wayne, e que Henry havia estado "aceso" o tempo inteiro, repetindo "eu conheço isso, eu conheço isso", e falando de sua própria coleção de armas. Ela disse que ele ficou animado ainda por algum tempo depois de o filme terminar.

Também soube que uma ex-assistente técnica certa vez pregou uma peça em um dos meus estudantes de pós-graduação aproveitando-se da capacidade de Henry de manter itens em sua memória por longos períodos de tempo se os repetisse. Ela escreveu:

> Você lembra, Henry sempre topava pregar uma boa peça. Eu disse a ele que a próxima pessoa que viria testá-lo se chamava John, e pedi a Henry que fingisse surpresa ao vê-lo entrar e lhe dissesse "Oh, olá, John", como se o tivesse reconhecido. Praticamos por alguns minutos, e depois corri como louca para trazer John para sua sessão com Henry. Henry fez tudo certo, e disse sua fala da forma mais natural possível. A cara de John era impagável! Henry e eu rimos muito com aquilo.

Eu tinha uma ligação de 46 anos com Henry. Embora não tenha falado dele de uma maneira sentimental, eu tinha passado a gostar dele. Um historiador do MIT capturou meus sentimentos em um e-mail que me enviou depois da morte de Henry: "Essa deve ser uma perda dolorosa para você. É um relacionamento tão incomum que é difícil articular seu significado, mas certamente é verdade que você fez uma enorme diferença na vida dele, assim como ele na sua." No entanto, meu interesse por Henry sempre foi primariamente intelectual. Como senão eu explicaria por que fiquei sentada em uma cadeira no porão do hospital Mass General, extática, para ver seu cérebro ser removido com maestria do seu crânio? Meu papel como cientista sempre foi perfeitamente claro para mim. Ainda assim, eu sentia compaixão por Henry e o respeitava, e à sua visão sobre a vida. Ele foi mais que um participante em uma pesquisa. Ele foi um colaborador — um valioso parceiro em nossa busca mais ampla por entender a memória.

Ao longo dos anos, Henry perdeu seu pai e sua mãe, e, à medida que envelhecia e sua saúde se tornava mais vulnerável, meus colegas e eu nos tornamos as pessoas que o conheciam e que cuidavam dele. O espírito de família que cultivávamos no laboratório estendeu-se a Henry. Nós lhe enviávamos cartões e presentes, celebrávamos seus aniversários e tínhamos suas comidas favoritas à mão quando ele nos visitava. Cuidei de seu atendimento médico e encontrei um tutor confiável e cuidadoso para ele. Embora Henry não pudesse se lembrar, fico reconfortada ao pensar que, nos dias que passou trabalhando com meus colegas e comigo, ele sabia que estávamos aprendendo com ele e que ele era especial. Esse conhecimento era gratificante para Henry e lhe dava um sentimento de orgulho.

O legado de Henry vai além da ciência até a esfera da arte e do teatro. Em 2009, logo depois de sua morte, Kerry Tribe, artista e cineasta de Los Angeles, criou uma instalação com o filme de 16 mm *H.M.* O filme explorava o caso de Henry utilizando atores, entrevistas comigo, imagens dos aparelhos usados em nossos experimentos e fotografias do mundo de Henry. Durante a projeção, um único carretel de filme passava por dois projetores adjacentes, mostrando a imagem idêntica em cada uma de duas telas, com um atraso de vinte segundos, que imitava a duração da memória de curto prazo de Henry. O inovador filme de Tribe participou da Bienal de 2010 do Whitney Museum, em Nova York, e Holland Carter, do *New York Times*, o chamou de "extraordinário". No mesmo ano, Marie-Laure Théodule criou uma história gráfica de sete páginas sobre H.M., que publicou na edição de verão de uma revista científica francesa, *La Recherche*. Ela descreveu minuciosamente a operação dele e a pesquisa subsequente, mas transformou Henry em um cavalheiro magro e elegante, de terno, camisa social, gravata e chapéu. Em 2010, a psicóloga e dramaturga Vanda, de Nova York, estreou a peça *Patient HM*, que dramatizava a intuição dela sobre o que era Henry como ser humano. No verão seguinte, o Festival de Edimburgo de 2011 encenou uma peça chamada *2.401 Objects*, que se referia às fatias de setenta mícrons do cérebro de Henry. Essa produção da companhia de teatro Analogue contou a tocante história da vida pré e pós-operação de Henry. A *Scientific American Mind* publicou uma história gráfica de uma página em julho de 2012 que transmitia com minúcias as mensagens científicas no caso de Henry.

A Internet é o lar de uma crescente comunidade fascinada por Henry e por sua história. Quando procuramos no Google *Henry Molaison*, aparecem mais de 60 mil resultados. Henry Molaison é o tópico de um Wikizine (revista interativa criada e editada por usuários). Um blog chamado *Kurzweil Accelerating Intelligence* abriga uma discussão sobre o caso H.M., e outros sites, tais como *Amusing Planet* e *Brain on Holiday*, devotam páginas a Henry. O assombroso crescimento do interesse por Henry é uma prova adequada de sua vida inesquecível.

Meu trabalho com Henry frequentemente se focou nos detalhes da medição de comportamentos e da interpretação de dados, mas é claro que seu caso levanta questões mais importantes para a sociedade. Como devemos ver a vida de Henry Gustave Molaison? Ele foi apenas a vítima trágica que perdeu parte importante de sua humanidade para a experimentação médica, ou foi um herói ao favorecer nossa compreensão do cérebro?

Quanto mais considero o caso de Henry, mais difícil parece responder a essas perguntas. Nenhum neurocirurgião hoje em dia realizaria a mesma operação que Scoville fez em Henry, e o próprio Scoville alertou outros para não tentarem o mesmo procedimento até que seus resultados se tornassem claros. Mas, de forma diferente às mais dúbias práticas de psicocirurgia, tais como a lobotomia pré-frontal e a amigdalectomia bilateral, a resseção bilateral que Henry sofreu do lobo temporal medial foi feita para aliviar uma doença específica debilitante, e conseguiu diminuir a frequência de seus ataques. Mais que isso, a operação de Henry estava aninhada em uma longa e frutífera tradição médica de procedimentos experimentais.[1]

Médicos e pacientes frequentemente enfrentam escolhas difíceis, mas os neurocirurgiões de todo o mundo concordam que um procedimento que tenha um efeito devastador conhecido, tal como eliminar a memória do paciente, não deve ser executado. Wilder Penfield tocou essa ideia em um artigo em que discutia dois casos de amnésia em pacientes próprios, F.C. e P.B. "Como cirurgião eu assumo essa responsabilidade de modo muito sério", disse ele. "Sei que o Dr. Scoville atua da mesma forma. Devemos sempre ponderar os perigos da incapacidade e da morte contra a esperança de ajudar nossos pacientes." Em 1973, vinte anos depois da operação de Henry, Scoville escreveu sobre psicocirurgia na *Journal of Neurosurgery*: "Se a cirurgia destrutiva beneficia a função geral, ela é justificada; se a função geral torna-se pior por causa da operação, ela não é justificada."[2]

Tornar-se amnésico foi um preço aceitável a pagar pelo controle dos ataques? A maioria concordará que a resposta é decididamente não. No entanto, não fica claro se Henry teria vivido até os 82 anos de idade se seus ataques tivessem continuado como eram antes de sua cirurgia. As próprias convulsões poderiam ter produzido consequências devastadoras; em caso extremo, Henry poderia ter morrido como resultado de um ferimento durante um ataque. Mais que isso, pacientes epilépticos refratários a drogas frequentemente apresentam anomalias no coração e nos vasos sanguíneos, que algumas vezes resultam em morte súbita. A evidência

EPÍLOGO

também sugere que a repetida atividade das convulsões causa danos aos neurônios. Além disso, os ataques de Henry poderiam ter comprometido sua respiração e outras funções vitais, possivelmente tendo como resultado a morte. Ou ele poderia ter sido um dos infortunados pacientes que entram em *status epilepticus* — trinta minutos ou mais de atividade continuada de convulsão. Essa ocorrência que ameaça a vida é considerada uma emergência médica e, apesar de tratamentos agressivos, os pacientes às vezes morrem durante o *status epilepticus* devido à insuficiência cardíaca ou a outras complicações médicas. Nesse sentido, a cirurgia de Henry teve benefícios significativos. Assim, embora sua qualidade de vida tenha sido severamente comprometida por sua amnésia, ele provavelmente viveu uma vida muito mais longa do que teria vivido se suas convulsões tivessem continuado com a frequência que tinham no período pré-operação. Scoville sem dúvida salvou a vida de Henry, mesmo que tenha tirado sua memória.[3]

Com o benefício da retrospectiva, ninguém faria a operação de Henry hoje em dia, mas Scoville estava justificado ao fazê-la em primeiro lugar, quando seu resultado era desconhecido? Em muitos casos, a medicina avança por meio da vontade de pacientes e médicos de assumir riscos. Essas apostas podem ser relativamente menores, como concordar em participar em um teste clínico de uma droga que já foi meticulosamente testada por segurança em animais e seres humanos. Outras vezes, a decisão do paciente requer um ato de fé muito mais dramático. Operações que agora consideramos rotina — transplantes de órgãos, implantes de corações artificiais, desvios coronários — todas dependeram, inicialmente, de voluntários que tomassem parte em procedimentos experimentais.

O risco é inerente a todo tipo de cirurgia, e os riscos se intensificam quando se trata de órgãos complexos e frágeis como o cérebro. Estritos códigos de ética médica, nossa sociedade cada vez mais litigiosa e o aparecimento da bioética como disciplina formal fizeram o público e a comunidade médica tomar consciência da necessidade de investigar a justificação para procedimentos ousados. Agora temos conhecimento muito melhor das estruturas do cérebro individual e seus papéis, e um sentido mais realista do que a cirurgia cerebral pode e não pode fazer em termos de aliviar distúrbios psiquiátricos e neurológicos. Ainda assim, procedimentos experimentais continuam a criar questões éticas. Embora as regras para novos tratamentos e aparelhos sejam bem mais rigorosas agora do que na época da operação de Henry, cirurgias altamente experimentais não são regulamentadas de maneira tão formal. Os cirurgiões algumas vezes tomam decisões por um paciente individual, sem o benefício de dados de grandes estudos clínicos ou de estudos feitos em animais.

Incontáveis pacientes, tais como Henry, passaram por procedimentos com o conhecimento de que o resultado seria incerto. Algumas vezes essas pessoas terminaram beneficiando a sociedade de várias maneiras que não poderiam ter sido antecipadas. A principal motivação de Henry para participar na pesquisa após sua operação era ajudar outras pessoas — e ele o fez. Por exemplo, depois de sua morte, recebi um bilhete de uma mulher que tinha epilepsia do lobo temporal e havia lido sobre H.M. Ela havia sopesado a possibilidade de ter seu hipocampo e sua amígdala esquerdos removidos, para aliviar seus ataques. Centenas de pacientes com epilepsia incurável se beneficiaram com a cirurgia na qual um lobo temporal era parcialmente removido. Henry nos mostrou que remover o hipocampo de ambos os lados do cérebro causaria perda irreparável das funções de memória. F.C. e P.B., os pacientes amnésicos cujos casos descrevi, tiveram um resultado similarmente devastador quando seus hipocampos esquerdos foram removidos cirurgicamente e seus hipocampos direitos já estavam danificados. Para impedir mais tragédias desse tipo, muitos candidatos à cirurgia contra a epilepsia agora passam por um teste que desabilita temporariamente um lado do seu cérebro, permitindo que os médicos examinem a integridade da memória e da linguagem separadamente em cada lado. Esse procedimento — antes conhecido como teste de Wada e agora chamado de teste eSAM ("teste de fala e memória com utilização de etomidato") — impede contratempos cirúrgicos. Por exemplo, se o paciente

EPÍLOGO

comete erros em um teste de memória com o lado esquerdo desativado, o cirurgião não removerá o hipocampo direito porque isso resultaria em uma lesão hipocampal bilateral.

"Quando estou sentada no meu escritório do décimo quarto andar", escreveu-me uma mulher em 2008, "com vista para o rio Connecticut e o Hospital Hartford, onde o Sr. Molaison foi operado no ano em que nasci, fico triste por sua morte e agradecida pelo conhecimento que ele nos proporcionou. Por sua causa, meus neurologistas sabiam que tinham que fazer o teste de Wada para assegurar-se de que o hipocampo no meu lobo temporal direito estivesse funcionando, antes de remover o outro". Ela passou por uma lobectomia temporal esquerda em 1983 e permanece livre de convulsões até hoje.

O caso de Henry não ajudou apenas outros pacientes; também inflamou a carreira de incontáveis neurocientistas. Entrevistei um renomado neurologista e geneticista no Boston Children's Hospital sobre a trajetória futura da pesquisa da memória. No fim da entrevista, ele estava ansioso por dizer-me o quanto Henry havia influenciado o trabalho de sua vida. "Como tantos outros neurologistas, uma grande razão para que eu fizesse neurociência foi H.M.", disse ele. "Fui de uma pequena escola liberal de artes, a Universidade Bucknell, e tive a enorme sorte de participar de um seminário com Brenda Milner quando era aluno de graduação. Eu estava cursando psicologia fisiológica na época. E ela veio e deu uma conferência em nossa aula de psicofisiologia. Nunca esqueci aquilo. Essa é uma importante razão pela qual estou interessado nas desordens da memória e cognitivas — tentando entender como podemos chegar aos mecanismos da memória."

Henry participou em um período de incríveis mudanças e de avanços na nossa compreensão do cérebro, embora fosse incapaz de lembrar-se de nada daquilo. Quando se tornou pela primeira vez sujeito da pesquisa científica, o exame de ressonância magnética era quase inexistente, e reuníamos dados à mão, com papel e lápis. Durante os anos 1980, nossos testes cognitivos tornaram-se amplamente computadorizados, e nos anos 1990 as imagens de ressonância magnética nos permitiram visualizar estruturas e funções no cérebro dele. Na época da morte de Henry, podíamos estudar seu cérebro com cada vez mais precisão. Quando nossa pesquisa com Henry começou, estávamos todos alojados em departamentos de psicologia, e a neurociência nem era uma ciência de pleno direito. Em novembro de 2010, a neurociência havia se transformado em uma disciplina formidável, e mais de 30 mil neurocientistas de todo o mundo compareceram ao quadragésimo encontro anual da Sociedade para a Neurociência em San Diego. Fui convidada para dar uma palestra sobre a contribuição de Henry para a ciência da memória — um modo adequado de celebrar sua vida.

A gama de tecnologias agora disponível para os neurocientistas é impressionante. Os pesquisadores podem sondar as interações moleculares dentro dos neurônios e entre eles, podem ver a atividade de redes em grande escala no cérebro vivo, podem escanear o genoma para descobrir a base genética da doença neurológica e podem construir complexos modelos de computação da estrutura e da função do cérebro. Com todas as ferramentas que temos agora para estudar as células e reunir grandes conjuntos de dados, devíamos nos lembrar de quanto pôde ser aprendido ao aplicarmos essas ferramentas a um único indivíduo. Ao examinar com cuidado um paciente ao longo do tempo, podemos preencher as lacunas em nosso conhecimento sobre como os cérebros individuais funcionam e mudam durante a vida, na saúde ou na doença. Nosso trabalho com Henry proporciona um exemplo disso.

O caso de Henry foi revolucionário porque contou ao mundo que a formação da memória podia estar contida em uma parte específica do cérebro. Antes de sua operação, médicos e cientistas reconheciam que o cérebro era a sede da memória consciente, mas não tinham prova conclusiva de que a memória declarativa estivesse localizada em uma área circunscrita. Henry nos proporcionou *prova causal* de que uma região discreta do cérebro, localizada nos lobos temporais, é absolutamente crítica para a

EPÍLOGO

conversão de memórias de curto prazo em memórias duradouras. A operação efetuada por Scoville fez com que Henry perdesse essa capacidade. Baseados em décadas de pesquisa com Henry, com numerosos pacientes que se ofereceram como voluntários em nosso laboratório e com muitos outros em todo o mundo, agora sabemos bem mais: a memória de curto prazo e a memória de longo prazo são processos separados que dependem de circuitos diferentes do cérebro; tanto a lembrança de eventos únicos (memória episódica) como a lembrança de fatos (memória semântica) ficam prejudicadas na amnésia anterógrada; o aprendizado consciente (memória declarativa) fica prejudicado na amnésia, ao passo que com o aprendizado sem percepção (memória não declarativa) tipicamente isso não acontece. Também entendemos que um hipocampo saudável é essencial para recontar vividamente os detalhes de um casamento (lembrança), mas que não é essencial para o simples reconhecimento de um rosto, sem identificá-lo nem colocá-lo em um contexto (familiaridade). Henry também nos mostrou que a capacidades de lembrar e reconhecer informação armazenada antes do aparecimento da amnésia difere, dependendo de a informação ser episódica ou semântica: a maior parte dos detalhes de eventos únicos é perdida (memória episódica, autobiográfica), mas o conhecimento geral do mundo é preservado (memória semântica). O caso de Henry também sublinhou o valor de doar o próprio cérebro para outros estudos depois da morte — um modo vital para os pesquisadores testarem suas hipóteses e especulações, baseados em pacientes vivos, sobre os substratos cerebrais que são responsáveis pelo aprendizado específico e pelos processos de memória.

Um impressionante progresso tecnológico desde 2005 tornou factível mapear os mecanismos cognitivos e neurais que subjazem à formação da memória ao nível de células cerebrais individuais. A disciplina da neurociência está experimentando uma série de eventos transformadores guiada por tecnologia avançada. Podemos observar agora com maior especificidade os acontecimentos misteriosos dentro do cérebro vivo. Técnicas sofisticadas fornecerão novos tipos de informação: tecnologia optogenética para controlar com precisão neurônios específicos utilizando genes, engenharia molecular para uma leitura fácil e direta da atividade neural e conectomia para r ipear os 100 trilhões de conexões que formam as redes neurais do cérebro. Em paralelo, os cientistas cognitivos continuam a aportar teorias sobre o fracionamento e a organização dos processos de memória, convidando pesquisadores a mapear computações precisamente definidas em circuitos cerebrais discretos.

Embora cada uma dessas tecnologias inovadoras seja fascinante por si só, o mais importante é o que todas elas podem realizar coletivamente. Depois de passar décadas mapeando a anatomia geral do cérebro e de acumular informação em vários níveis, do comportamental ao celular, os cientistas agora lutam por conectar toda essa informação em um retrato abrangente. No campo da pesquisa sobre a memória, queremos saber como algo tão intangível como um pensamento ou um fato pode alojar-se por décadas no tecido vivo do cérebro. O objetivo final da neurociência é compreender como os bilhões de neurônios no cérebro, cada um deles com cerca de 10 mil sinapses, interagem para criar os mecanismos da mente.

É claro que nunca alcançaremos totalmente esse objetivo. Mesmo enquanto digito essas palavras, eu me pergunto o que está acontecendo realmente no meu cérebro superlotado. Como minhas redes de neurônios unem as peças de informação técnica complexa que aprendi, sintetizam essas peças em pensamentos e perspectivas e colocam a soma total em palavras que meus dedos são levados a digitar? Que notável que o cérebro possa elaborar frases simples a partir desse caos. Nunca teremos uma fórmula para explicar totalmente como a ruidosa atividade de nosso cérebro dá origem a pensamentos, emoções e comportamentos. Mas a magnitude do objetivo torna sua busca mais excitante. Esse desafio atrai, para nosso campo, aventureiros brilhantes e pessoas audazes. E, mesmo se não conseguirmos compreender jamais a maneira como o cérebro funciona, qualquer pequena parte da verdade que sejamos capazes de aprender nos levará um passo mais perto de compreender quem somos.

Agradecimentos

Henry Gustave Molaison foi sujeito de um amplo escrutínio experimental por mais de cinco décadas. Essa pesquisa começou em 1955, no laboratório de Brenda Milner, do Montreal Neurological Institute, e passou a ser realizada no MIT em 1966. De 1966 até 2008, 122 médicos e cientistas tiveram a oportunidade de estudar Henry, seja como membros do meu laboratório ou como nossos colaboradores em outras instituições. Todos nós entendemos que raro privilégio foi ter trabalhado com ele, e somos profundamente gratos por sua dedicação à pesquisa. Ele nos ensinou muito sobre organização cognitiva e neural da memória. A pesquisa com Henry descrita neste livro é fruto dessas cinco décadas de investigação.

Durante as cinquenta visitas de Henry ao MIT Clinical Research Center, ele recebeu tratamento VIP de muitas enfermeiras e da equipe de nutrição dirigida por Rita Tsay; elas merecem elogios pelo cuidado maravilhoso que deram a ele. Pelos últimos 28 anos de sua vida, Henry viveu no Bickford Health Care Center, onde foi cuidado com afeição. Informação rica sobre as atividades de Henry veio de membros da equipe de Bickford, e seus relatos enriqueceram muito minha narração da história dele. Cada vez que eu tinha a menor dúvida sobre Henry, Eileen Shanahan proporcionava uma resposta, e lhe agradeço por isso. Meredith Brown fez um trabalho magnífico ao classificar 28 anos de detalhes nas fichas médicas de Henry em Bickford e ao resumir os pontos importantes.

PRESENTE PERMANENTE

Minha gratidão pelas cruciais sugestões e correções vai para Paymon Ashourian, Jean Augustinack, Carol Barnes, Sam Cooke, Damon Corkin, Leyla de Toledo-Morrell, Howard Eichenbaum, Guoping Feng, Matthew Frosch, Jackie Ganem, Isabel Gautier, Maggie Keane, Elizabeth Kensinger, Mark Mapstone, Bruce McNaughton, Chris Moore, Richard Morris, Peter Mortimer, Morris Moscovitch, Lynn Nadel, Ross Pastel, Russel Patterson, Brad Postle, Molly Potter, Nick Rosen, Peter Schiller, Reza Shadmehr, Brian Skotko, André van der Kouwe, Matt Wilson e David Ziegler. Suas mentes agudas me proporcionaram comentários brilhantes e francos que melhoraram muito o livro.

Fui beneficiada enormemente pelas estimulantes discussões com colegas neurocientistas que, graciosamente, concordaram em deixar-me gravar suas opiniões sobre a importância das contribuições de Henry e sobre o rumo futuro da pesquisa sobre a memória. Eu pretendia entrelaçar esse excitante material no capítulo 14, mas ele terminou no chão da sala de edição. Mesmo assim, sou grata a Carol Barnes, Mark Bear, Ed Boyden, Emery Brown, Martha Constantine-Paton, Bob Desimone, Michale Fee, Guoping Feng, Mickey Goldberg, Alan Jasanoff, Yingxi Lin, Troy Littleton, Carlos Lois, Earl Miller, Peter Milner, Mortimer Mishkin, Chris Moore, Richard Morris, Morris Moscovitch, Ken Moya, Elisabeth Murray, Elly Nedivi, Russel Patterson, Tommy Poggio, Terry Sejnowski, Sebastian Seung, Mike Shadlen, Carla Shatz, Edie Sullivan, Mriganka Sur, Locky Taylor, Li-Huei Tsai, Chris Walsh e Matt Wilson. Agradeço a Leya Booth por transcrever essas entrevistas com rapidez e precisão.

Informação histórica útil veio das conversas e das trocas de e-mails que tive com Brenda Milner, Bill Feindel e Sandra McPherson, do Montreal Neurological Institute. Marilyn Jonesgotman generosamente compartilhou sua entrevista de 1977 com Henry. Alan Baddeley, Jean Gotman, Jake Kennedy, Ronald Lesser, Yvette Wong Penn, Arthur Reber e Anthony Wagner contribuíram com suas visões sobre processos cognitivos e neurais relacionados à memória. Myriam Hyman cedeu seu avançado conhecimento de grego antigo, enquanto Emilio Bizzi me atualizou sobre cirurgia do cérebro e Larry Squire me aconselhou sobre terminologia. Edie Sullivan

AGRADECIMENTOS

ajudou-me a reconstruir os protocolos de testes que projetamos e levamos a cabo com Henry nos anos 1980. Mary Foley e Larry Wald me ajudaram a documentar as atividades daquela épica noite em que Henry morreu.

Por fornecer informação sobre pontos de referência de Hartford, agradeço a Brenda Miller, gerente do Hartford History Center e curadora da Hartford Collection na Hartford Public Library, e a Bill Faude, historiador da mesma instituição. Na Science Library do MIT, Peter Norman facilitou nossa pesquisa. Recebi, de Sandra Martin McDonough, piloto e instrutora de voo, uma útil análise do memorável passeio de avião de Henry. Helen Sak, Bob Sak e Gyorgy Buzsaki gentilmente me enviaram suas críticas sobre a peça *off-Broadway* sobre Henry.

Por sua ajuda com desenhos e fotos, sou grata ao curador de Henry, Mr. M., a Robert Ajemian, Jean Augustinack, Evelina Busa, Henry Hall, Sarah Holt, produtora da NOVA/PBS & Holt Productions, Bettiann McKay, Alex McWhinnie, Laura Pistorino, David Salat, André van der Kouwe, Victoria Vega e Diana Woodruff-Pak.

Várias pessoas estiveram comigo nessa longa jornada e merecem especial atenção. Bettiann McKay é minha assistente administrativa e, muito mais importante, minha amiga e tábua de salvação. Suas contribuições para o meu trabalho ocupariam outro livro do mesmo tamanho que este. É suficiente dizer que ela estava sempre ali para oferecer qualquer tipo de ajuda sempre que precisei, e sempre serei grata por sua generosidade. Meu colega por mais de três décadas, John Growdon ofereceu sábios conselhos, começando por minha incipiente proposta de livro e continuando até a sua forma final. Muitos créditos vão também para Kathleen Lynch, editora maravilhosa, que leu cada capítulo mais de uma vez e fez comentários perceptivos, assim como me aconselhou sobre todos os aspectos de edição.

Muitos amigos me incentivaram. Durante jantares memoráveis juntos, Lisa Scoville Dittrich ajudou-me a recapturar nossa infância privilegiada. Meus ex-alunos e pós-doutorandos deram seu apoio entusiástico, como muitos outros, inclusive Edna Baginsky, Carol Christ, Holiday Smith Houck, David Margolis, Kerry Tribe e Steve Pinker. Inspiração bem-vinda também veio de Susan Safford Andrews, Bobbi Topor Butler, Becky Crane Rafferty, Nancy Austin Reed e Pat McEnroe Reno, no estado de Connecticut; de Doris, Jean-Claude e Karine Welter, em Paris; e de meus fabulosos vizinhos do Pier 7, no Navy Yard. Os mais calorosos agradecimentos vão também para meus colegas do Smith College, que foram sempre uma impressionante base de apoio.

Tenho o prazer de saudar meus colegas membros da faculdade do Department of Brain and Cognitive Sciences, do MIT. Desfrutei enormemente das décadas de interações com eles e fui animada e inspirada por seu trabalho extraordinário. Também quero lembrar os maravilhosos estudantes de doutorado e pós-doutorandos do nosso departamento, que responderam com rapidez e disposição aos meus e-mails que solicitavam informação variada, que muitas vezes não tinha nada que ver com a ciência.

Um agradecimento afetuoso a meus filhos Zachary Corkin, Jocelyn Corkin Mortimer e Damon Corkin por seu amor, seus estímulos e seus elogios — e por manter-me humilde. Eles e suas famílias são uma fonte de energia e prazer. Uma das grandes alegrias que tive ao escrever esse livro foi a descoberta de que Jocelyn é uma editora maravilhosa. Ela leu meticulosamente muitos rascunhos e descobriu inúmeros erros que outros teriam deixado passar. Suas contribuições melhoraram em várias ordens de magnitude a forma de contar a história de Henry, e agradeço a ela com muita sinceridade. Também agradeço muito o infinito interesse e entusiasmo de outros membros da família — Jane Corkin, Donald Corkin, Patricia e Jake Kennedy e as famílias deles.

Tive a sorte de contar com a orientação da Wyley Agency para alcançar meu sonho de escrever este livro. Os membros de sua equipe, muito profissional e dotada, fizeram um trabalho impressionante ao levar a cabo suas várias responsabilidades. Quero agradecer especificamente a Andrew Wylie, Scott Moyers, Rebecca Nagel e Kristina Moore, pessoas excepcionais com quem trabalhar.

Na Perseus Books, recebi ajuda editorial e de produção que muito necessitava de Lara Heimert, Ben Reynolds, Chris Granville, Katy O'Donnell e Rachel King. Sou agradecida pela perspicácia e paciência deles, e por sua vontade de ficarem imersos na vida de Henry Molaison e na neurociência da memória.

Notas

Prólogo

1. A neurociência é uma tenda gigante que cobre diversas disciplinas, todas pretendendo aumentar o conhecimento sobre o cérebro e o sistema nervoso. A neurociência de sistemas é um ramo da neurociência cuja missão é descrever a especialização de distintos circuitos de neurônios interconectados que dão origem a tipos específicos de comportamento, tais como a memória declarativa e a memória não declarativa. Os sistemas incluem capacidades sensoriais tais como a visão, a audição e o tato, e processos de ordem mais elevada, como solução de problemas, comportamento dirigido a objetivos, habilidade espacial, controle motor e linguagem. Estudar Henry deu-nos a extraordinária oportunidade de levar adiante a ciência da memória humana ao examinarmos processos distribuídos em todo o cérebro; W.B. Scoville e B. Milner, "Loss of Recent Memory after Bilateral Hippocampal Lesions", *Journal of Neurology, Neurosurgery, and Psychiatry 20* (1957): 11-21.
2. Scoville e Milner, "Loss of Recent Memory after Bilateral Hippocampal Lesions."
3. Ibidem. Em testes de memória anteriores realizados com Henry, Milner havia utilizado estímulos apresentados através da visão e da audição.
4. Hilts, P.J. "A Brain Unit Seen as Index for Recalling Memories", *New York Times* (24 de setembro de 1991); Hilts, P.J. *Memory's Ghost: The Strange Tale of Mr. M. and the Nature of Memory* (Nova York: Simon & Schuster, 1995).

5. Cohen, N.J. e L. R. Squire "Preserved Learning and Retention of Pattern-Analyzing Skill in Amnesia: Dissociation of Knowing How and Knowing That", *Science* 210 (1980): 207-210.

1. Prelúdio à tragédia

1. Temkin, O. *The Falling Sickness: A History of Epilepsy from the Greeks to the Beginnings of Modern Neurology* (Baltimore, Maryland: Johns Hopkins Press, 1971).
2. Ibidem.
3. Ibidem.
4. W. Feindel et al. "Epilepsy Surgery: Historical Highlights 1909-2009", *Epilepsia* 50 (2009): 131-151.
5. Ibidem.
6. M.D. Niedermeyer et al. "Rett Syndrome and the Electroencephalogram", *American Journal of Medical Genetics* 25 (2005): 1096-8628; H. Berger, "Über Das Elektrenkephalogramm Des Menschen" *European Archives of Psychiatry and Clinical Neuroscience* 87 (1929): 527-570.
7. W. Feindel et al., "Epilepsy Surgery: Historical Highlights 1909-2009", *Epilepsia* 50 (2009): 131-151; W.B. Scoville et al., "Observations on Medial Temporal Lobotomy and Uncotomy in the Treatment of Psychotic States; Preliminary Review of 19 Operative Cases Compared with 60 Frontal Lobotomy and Undercutting Cases", *Proceedings for the Association for Research in Nervous and Mental Disorders* 31 (1953): 347-373; O. Temkin, *The Falling Sickness: A History of Epilepsy from the Greeks to the Beginnings of Modern Neurology* (Baltimore, Maryland: Johns Hopkins Press, 1971); B. V. White et al., *Stanley Cobb: A Builder of the Modern Neurosciences* (Charlottesville, Virginia: University Press of Virginia, 1984).
8. W. Feindel et al., "Epilepsy Surgery: Historical Highlights 1909-2009", *Epilepsia* 50 (2009): 131-151.
9. Jack Quinlan, 8 de outubro de 1945.
10. W.B. Scoville, "Innovations and Perspectives", *Surgical Neurology* 4 (1975): 528.
11. W.B. Scoville e B. Milner, "Loss of Recent Memory after Bilateral Hippocampal Lesions", *Journal of Neurology, Neurosurgery, and Psychiatry* 20 (1957): 11-21.

12. Liselotte K. Fischer, Relatório não publicado de testes psicológicos, Hartford Hospital, 24 de agosto de 1953.

2. "Uma operação francamente experimental"

1. J. El-Hai, *The Lobotomist: A Maverick Medical Genius and His Tragic Quest to Rid the World of Mental Illness* (Hoboken, Nova Jersey: J. Wiley, 2005); John F. Kennedy Memorial Library, "The Kennedy Family: Rosemary Kennedy"; disponível em www.jfklibrary.org/JFK/The-Kennedy-Family/Rosemary--Kennedy.aspx (acessado em novembro de 2012).
2. J.L. Stone, "Dr. Gottlieb Burckhardt — The Pioneer of Psychosurgery", *Journal of the History of the Neurosciences* 10 (2001): 79-92; El-Hai, *The Lobotomist*.
3. B. Ljunggren et al., "Ludvig Puusepp and the Birth of Neurosurgery in Russia", *Neurosurgery Quarterly* 8 (1998): 232-235.
4. C.F. Jacobsen et al., "An Experimental Analysis of the Functions of the Frontal Association Areas in Primates", *Journal of Nervous and Mental Disorders* 82 (1935): 1-14.
5. E. Moniz, Tentatives Opératoires dans le Traitement de Certaines Psychoses (Paris, France: Masson, 1936).
6. Ibidem.
7. Idem, "Prefrontal Leucotomy in the Treatment of Mental Disorders", *American Journal of Psychiatry* 93 (1937), 1379-1385; El-Hai, *The Lobotomist*.
8. W. Freeman e J. W. Watts, *Psychosurgery in the Treatment of Mental Disorders and Intractable Pain* (Springfield, Illinois: C.C. Thomas, 1950); J.D. Pressman, *Last Resort: Psychosurgery and the Limits of Medicine* (Cambridge Studies in the History of Medicine) (Nova York: Cambridge University Press, 1998); El-Hai, *The Lobotomist*.
9. D.G. Stewart e K. L. Davis, "The Lobotomist", *American Journal of Psychiatry* 165 (2008): 457-458; El-Hai, *The Lobotomist*.
10. J.E. Rodgers, *Psychosurgery: Damaging the Brain to Save the Mind* (Nova York: HarperCollins, 1992), El-Hai, *The Lobotomist*.
11. Pressman, *Last Resort*; El-Hai, *The Lobotomist*.
12. Pressman, *Last Resort*.

13. National Commission for the Protection of Human Subjects of Biomedical and Behavioral Research, *Psychosurgery: Report and Recommendations* (Washington, DC: DHEW Publicação Nº [OS] 77-0001,1977); disponível em videocast.nih.gov /pdf/ohrp_psychosurgery.pdf (acessado em novembro de 2012).
14. W.B. Scoville et al., "Observations on Medial Temporal Lobotomy and Uncotomy in the Treatment of Psychotic States: Preliminary Review of 19 Operative Cases Compared with 60 Frontal Lobotomy and Undercutting Cases", *Proceedings for the Association for Research in Nervous and Mental Disorders* 31 (1953): 347-373.
15. W. Penfield e M. Baldwin, "Temporal Lobe Seizures and the Technic of Subtotal Temporal Lobectomy", *Annals of Surgery* 136 (1952): 625-634, disponível em www.ncbi.nlm.nih.gov/pmc/articles/PMC1803045/pdf//ann-surg01421—0076.pdf (acessado em novembro de 2012); Scoville et al., "Observations on Medial Temporal Lobotomy and Uncotomy."
16. W.B. Scoville e B. Milner, "Loss of Recent Memory after Bilateral Hippocampal Lesions", *Journal of Neurology, Neurosurgery, and Psychiatry* 20 (1957): 11-21, disponível em jnnp.bmj.com/content/20/1/11.short (acessado em novembro de 2012).
17. Ibidem.
18. MacLean, "Some Psychiatric Implications"; Scoville e Milner, "Loss of Recent Memory."
19. Scoville e Milner, "Loss of Recent Memory"; S. Corkin et al., "H.M.'s Medial Temporal Lobe Lesion: Findings from MRI", *Journal of Neuroscience* 17 (1997): 3964-3979.
20. P. Andersen et al., Historical Perspective: Proposed Functions, Biological Characteristics, and Neurobiological Models of the Hippocampus (Nova York: Oxford University Press, 2007); J.W. Papez, "A Proposed Mechanism of Emotion. 1937", *Journal of Neuropsychiatry and Clinical Neurosciences* 7 (1995): 103-112; MacLean, "Some Psychiatric Implications."
21. Scoville e Milner, "Loss of Recent Memory."

3. Penfield e Milner

1. W. Penfield e B. Milner, "Memory Deficit Produced by Bilateral Lesions in the Hippocampal Zone", *AMA Arch Neurol Psychiatry* 79:5 (maio de 1958): 475-497; B. Milner "The Memory Defect in Bilateral Hippocampal Lesions". *Psychiatric Research Reports of the American Psychiatric Association* 11 (1959): 43-58.
2. W. Penfield, *No Man Alone: A Neurosurgeon's Life* (Boston, Massachusetts: Little, Brown, 1977).
3. W. Penfield, "Oligodendroglia and Its Relation to Classical Neuroglia", *Brain* 47 (1924): 430-452.
4. O. Foerster e W. Penfield, "The Structural Basis of Traumatic Epilepsy and Results of Radical Operation", *Brain* 53 (1930): 99-119.
5. W. Penfield e M. Baldwin, "Temporal Lobe Seizures and the Technic of Subtotal Temporal Lobectomy", *Annals of Surgery* 136 (1952): 625-634, disponível em www.ncbi.nlm.nih.gov/pmc/articles/PMC1803045/pdf//ann-surg01421-0076.pdf (acessado em novembro de 2012); P. Robb, *The Development of Neurology at McGill* (Montreal: Osler Library, McGill University, 1989); W. Feindel et al., "Epilepsy Surgery: Historical Highlights 1909-2009", *Epilepsia* 50 (2009): 131-151.
6. F.C. Bartlett, *Remembering: A Study in Experimental and Social Psychology.* (Nova York: Cambridge University Press, 1932); C.W.M. Whitty e O.L. Zangwill, *Amnesia* (Londres: Butterworths, 1966).
7. Penfield e Milner, "Memory Deficit Produced by Bilateral Lesions in the Hippocampal Zone"; Milner, "The Memory Deficit Bilateral Hippocampal Lesions."
8. Ibidem. W. Penfield e H. Jasper, *Epilepsy and the Functional Anatomy of the Human Brain* (Boston: Little, Brown, 1954).
9. W. Penfield e G. Mathieson, "Memory: Autopsy Findings and Comments on the Role of Hippocampus in Experiential Recall", *Archives of Neurology* 31 (1974): 145-154.
10. S. Demeter et al., "Interhemispheric Pathways of the Hippocampal Formation, Presubiculum, and Entorhinal and Posterior Parahippocampal Cortices in

the Rhesus Monkey: The Structure and Organization of the Hippocampal Commissures", *Journal of Comparative Neurology* 233 (1985): 30–47.
11. Penfield e Milner, "Memory Deficit Produced by Bilateral Lesions in the Hippocampal Zone"; Milner, "The Memory Deficit Bilateral Hippocampal Lesions."
12. B. Milner e W. Penfield, "The Effect of Hippocampal Lesions on Recent Memory", *Transactions of the American Neurological Association* (1955— 1956): 42—48; W.B. Scoville e B. Milner, "Loss of Recent Memory after Bilateral Hippocampal Lesions", *Journal of Neurology, Neurosurgery, and Psychiatry* 20 (1957): 11-21, disponível em jnnp.bmj.com/content/20/1/11.short (acessado em novembro de 2012).
13. Scoville e Milner, "Loss of Recent Memory."
14. W.B. Scoville "The Limbic Lobe in Man", *Journal of Neurosurgery* 11 (1954): 64-66; Scoville e Milner, 1957.
15. Scoville e Milner, "Loss of Recent Memory"; B. Milner, "Psychological Defects Produced by Temporal Lobe Excision", *Research Publications — Association for Research in Nervous and Mental Disease* 36 (1958): 244-257.
16. Scoville e Milner, "Loss of Recent Memory."
17. W.B. Scoville "Amnesia after Bilateral Medial Temporal-Lobe Excision: Introduction to Case H.M.", *Neuropsychologia* 6 (1968): 211-213; W.B. Scoville "Innovations and Perspectives", *Surgical Neurology* 4 (1975), 528-530; L. Dittrich, "The Brain that Changed Everything", *Esquire* 154 (novembro de 2010): 112-168.
18. B. Milner, "Intellectual Function of the Temporal Lobes", *Psychological Bulletin* 51 (1954): 42-62.
19. W. Penfield e E. Boldrey, "Somatic Motor and Sensory Representation in the Cerebral Cortex of Man as Studied by Electrical Stimulation", *Brain* 60 (1937): 389-443; W. Feindel e W. Penfield, "Localization of Discharge in Temporal Lobe Automatism", *Archives of Neurology & Psychiatry* 72 (1954): 605-630; W. Penfield e L. Roberts, *Speech and Brain-Mechanisms* (Princeton, Nova Jersey: Princeton University Press, 1959).
20. S. Corkin "Tactually-Guided Maze Learning in Man: Effects of Unilateral Cortical Excisions and Bilateral Hippocampal Lesions", *Neuropsychologia*

3 (1965): 339-351, disponível em web.mit.edu/bnl/pdf/Corkin_1965.pdf (acessado em novembro de 2012).

4. Trinta segundos

1. D.O. Hebb, *The Organization of Behavior: A Neuropsychological Theory* (Nova York: Wiley, 1949).
2. S.R. Cajal "La Fine Structure des Centres Nerveux", *Proceedings of the Royal Society of London* 55 (1894): 444-468.
3. C.J. Shatz, "The Developing Brain", *Scientific American* 267 (1992): 60-67; disponível em cognitrn.psych.indiana.edu/busey/q551/PDFs/MindBrainCh2.pdf (acessado em novembro de 2012).
4. E.R. Kandel, "The Molecular Biology of Memory Storage: A Dialogue between Genes and Synapses", *Science* 294 (2001): 1030-1038; Kandel, *In Search of Memory*.
5. Hebb, *The Organization of Behavior*; Kandel, *In Search of Memory*.
6. L. Prisko, *Short-Term Memory in Focal Cerebral Damage* (dissertação inédita, Montreal, McGill University, 1963).
7. E.K. Warrington et al., "The Anatomical Localization of Selective Impairment of Auditory Verbal Short-Term Memory", *Neuropsychologia* 9 (1971): 377-387.
8. Ibidem.
9. Kanwisher, N., "Functional Specificity in the Human Brain: A Window into the Functional Architecture of the Mind", *Proceedings of the National Academy of Sciences of the United States of America* 107 (2010): 11163-11170.
10. E.K. Miller e J.D. Cohen, "An Integrative Theory of Prefrontal Cortex Function", *Annual Review of Neuroscience* 24 (2001): 167-202; disponível em web.mit.edu/ekmiller/Public/www/miller/Publications/Miller_Cohen_2001.pdf (acessado em novembro de 2012).
11. B. Milner, "Reflecting on the Field of Brain and Memory", Conferência de 18 de novembro de 2008 (Washington, DC: Society for Neuroscience).
12. J. Brown, "Some Tests of the Decay Theory of Immediate Memory", *Quarterly Journal of Experimental Psychology* 10 (1958): 12-21.

13. L.R. Peterson e M.J. Peterson, "Short-Term Retention of Individual Verbal Items", *Journal of Experimental Psychology* 58 (1959): 193–198; disponível em hs-psychology.ism-online.org/files/2012/08/Peterson-Peterson-1959--duration-of-STM.pdf (acessado em novembro de 2012).
14. S. Corkin, "Some Relationships between Global Amnesias and the Memory Impairments in Alzheimer's Disease", in S. Corkin et al (orgs.) *Alzheimer's Disease: A Report of Progress in Research* (Nova York: Raven Press, 1982): 149–164.
15. B. Milner et al., "Further Analysis of the Hippocampal Amnesic Syndrome: 14-Year Follow-up Study of H.M.", *Neuropsychologia* 6 (1968): 215–234.
16. B. Milner, "Effects of Different Brain Lesions on Card Sorting: The Role of the Frontal Lobes", *Archives of Neurology* 9 (1963): 100–110.
17. Jeneson, A. e L.R. Squire, "Working Memory, Long-Term Memory, and Medial Temporal Lobe Function", *Learning & Memory* 19 (2012): 15–25.
18. N. Wiener, *Cybernetics: or, Control and Communication in the Animal and the Machine* (Cambridge: MIT Press, 1948).
19. G.A. Miller et al., *Plans and the Structure of Behavior* (Nova York: Holt, 1960).
20. R.C. Atkinson e R.M. Shiffrin, "Human Memory: A Proposed System and Its Control Processes", in K.W. Spence e J.T. Spence (orgs.) *The Psychology of Learning and Motivation: Advances in Research and Theory*, vol. 2, (Nova York: Academic Press, 1968): 89–195; disponível em tinyurl.com/aa4w696 (acessado em novembro de 2012).
21. A.D. Baddeley e G.J.L. Hitch, "Working Memory", in G.H. Bower (org.) *The Psychology of Learning and Motivation: Advances in Research and Theory* (Nova York: Academic Press, 1974): 47–89.
22. B.R. Postle, "Working Memory as an Emergent Property of the Mind and Brain", *Neuroscience* 139 (2006): 23–38; D'Esposito, M., "From Cognitive to Neural Models of Working Memory", *Philosophical Transactions of the Royal Society of London, Series B: Biological Sciences* 362 (2007): 761–772; J. Jonides et al., "The Mind and Brain of Short-Term Memory", *Annual Review of Psychology* 59 (2008): 193–224.
23. Miller e Cohen, "An Integrative Theory of Prefrontal Cortex Function", *Annual Review of Neuroscience* 24 (2001): 167–202.
24. Ibidem.

NOTAS

5. Memórias são feitas disso

1. As anotações e esboços de Scoville constituíram a base para um conjunto de desenhos detalhados de outro cirurgião, Lamar Roberts, os quais acompanharam o artigo de Scoville e Milner de 1957.
2. P.C. Lauterbur, "Image Formation by Induced Local Interactions: Examples of Employing Nuclear Magnetic Resonance", *Nature* 242 (1973): 1901; P. Mansfield e P.K. Grannell, "NMR 'Diffraction' in Solids?", *Journal of Physics C: Solid State Physics* 6 (1973): p. L422.
3. S. Corkin et al., "H.M.'s Medial Temporal Lobe Lesion: Findings from MRI", *Journal of Neuroscience* 17 (1997): 3964-3979.
4. H. Eichenbaum, *The Cognitive Neuroscience of Memory: An Introduction* (Nova York: Oxford University Press, 2011).
5. B. Milner et al., "Further Analysis of the Hippocampal Amnesic Syndrome: 14-Year Follow-up Study of H.M.", *Neuropsychologia* 6 (1968): 215-234.
6. Ibidem.
7. Corkin, "H.M.'s Medial Temporal Lobe Lesion."
8. H. Eichenbaum et al., "Selective Olfactory Deficits in Case H.M.", *Brain* 106 (1983): 459-472.
9. Ibidem.
10. Ibidem.
11. Ibidem.
12. A dificuldade de Henry na tarefa de navegação, executada como um experimento de laboratório, reforçou a teoria apresentada no clássico livro de John O'Keefe e Lynn Nadel de 1978, *The Hippocampus as a Cognitive Map* (Nova York: Oxford University Press), que combinava informação de fontes teóricas, comportamentais, anatômicas e fisiológicas para propor que o hipocampo orienta o mapeamento cognitivo e a memória para disposições espaciais e experiências movendo-se no espaço.
13. B. Milner, "Visually-Guided Maze Learning in Man: Effects of Bilateral Hippocampal, Bilateral Frontal, and Unilateral Cerebral Lesions", *Neuropsychologia* 3 (1965): 317-338.

14. S. Corkin, "Tactually-Guided Maze Learning in Man: Effects of Unilateral Cortical Excisions and Bilateral Hippocampal Lesions", *Neuropsychologia* 3 (1965): 339-351.
15. S. Corkin, "What's New with the Amnesic Patient H.M.?", *Nature Reviews Neuroscience* 3 (2002): 153-160.
16. S. Corkin et al., "H.M.'s Medial Temporal Lobe Lesion."
17. V.D. Bohbot e S. Corkin, "Posterior Parahippocampal Place Learning in H.M.", *Hippocampus* 17 (2007): 863-872.
18. Ibidem.

6. "Uma discussão comigo mesmo"

1. J.D. Payne, "Learning, Memory, and Sleep in Humans", *Sleep Medicine Clinics* 6 (2011): 15-30; R. Stickgold e M. Tucker, "Sleep and Memory: In Search of Functionality", in I. Segev (org.) *Augmenting Cognition* (Boca Raton, Flórida: CRC Press, 2011): 83-102.
2. P. Broca, "Sur la Circonvolution Limbique et la Scissure Limbique", *Bulletins de la Société d'Anthropologie de Paris* 12 (1877): 646-657; J.W. Papez, "A Proposed Mechanism of Emotion", *Archives of Neurology and Psychiatry* 38 (1937): 725-743.
3. Papez, "A Proposed Mechanism of Emotion"; J. Nolte e J.W. Sundsten, *The Human Brain: An Introduction to Its Functional Anatomy* (Filadélfia, Pensilvânia: Mosby, 2009); K.A. Lindquist et al., "The Brain Basis of Emotion: A Meta-Analytic Review", *Behavioral and Brain Sciences* 35 (2012): 121-143.
4. P. Ekman, "Basic Emotions", in T. Dalgleish et al. (orgs.) *Handbook of Cognition and Emotion* (Nova York: Wiley, 1999): 45-60.
5. E.A. Kensinger e S. Corkin, "Memory Enhancement for Emotional Words: Are Emotional Words More Vividly Remembered Than Neutral Words?", *Memory and Cognition* 31 (2003): 1169-1180; E.A. Kensinger e S. Corkin, "Two Routes to Emotional Memory: Distinct Neural Processes for Valence and Arousal", *Proceedings of the National Academy of Sciences* 101 (2004): 3310-3315.

7. Codificar, armazenar, recuperar

1. C.E. Shannon, "A Mathematical Theory of Communication", *Bell System Technical Journal* 27 (1948): 379-423, 623-656; Miller, G.A. "The Magical Number Seven, Plus or Minus Two: Some Limits on Our Capacity for Processing Information", *Psychological Review* 63 (1956): 81-97.
2. A.S. Reber, "Implicit Learning of Artificial Grammars 1", *Journal of Verbal Learning and Verbal Behavior* 6 (1967): 855-863; N.J. Cohen e L.R. Squire, "Preserved Learning and Retention of Pattern-Analyzing Skill in Amnesia: Dissociation of Knowing How and Knowing That", *Science* 210 (1980): 207–210; L.R. Squire e S. Zola-Morgan, "Memory: Brain Systems and Behavior", *Trends in Neuroscience* 11 (1988): 170-175.
3. F.I.M. Craik e R.S. Lockhart, "Levels of Processing: A Framework for Memory Research", *Journal of Verbal Learning and Verbal Behavior* 11 (1972): 671-684; F.I.M. Craik e E. Tulving, "Depth of Processing and the Retention of Words in Episodic Memory", *Journal of Experimental Psychology* 104 (1975): 268-294.
4. Ibidem.
5. S. Corkin, "Some Relationships between Global Amnesias and the Memory Impairments in Alzheimer's Disease", in S. Corkin et al. (orgs.) *Alzheimer's Disease: A Report of Progress in Research* (Nova York: Raven Press, 1982): 149-164.
6. Ibidem.
7. Corkin, "Some Relationships"; Velanova, K. et al., "Evidence for Frontally Mediated Controlled Processing Differences in Older Adults", *Cerebral Cortex* 17 (2007): 1033-1046.
8. R.L. Buckner e J.M. Logan, "Frontal Contributions to Episodic Memory Encoding in the Young and Elderly", in A. Parker et al. *The Cognitive Neuroscience of Memory* (Nova York: Psychology Press, 2002): 59-81; U. Wagner et al., "Effects of Cortisol Suppression on Sleep-Associated Consolidation of Neutral and Emotional Memory", *Biological Psychiatry* 58 (2005): 885-893.
9. J.A. Ogden, *Trouble in Mind: Stories from a Neuropsychologist's Case-book* (Nova York: Oxford University Press, 2012).
10. J.D. Spence, *The Memory Palace of Matteo Ricci* (Londres: Quercus, 1978).

11. A. Raz et al., "A Slice of Pi: An Exploratory Neuroimaging Study of Digit Encoding and Retrieval in a Superior Memorist", *Neurocase* 15 (2009): 361-372.
12. Raz, "A Slice of Pi"; K.A. Ericsson, "Exceptional Memorizers: Made, Not Born", *Trends in Cognitive Science* 7 (2003): 233-235.
13. Buckner e Logan, "Frontal Contributions to Episodic Memory Encoding."
14. H.A. Lechner et al., "100 Years of Consolidation—Remembering Müller and Pilzecker", *Learning Memory* 6 (1999): 77-87.
15. Ibidem.
16. Ibidem.
17. C.P. Duncan, "The Retroactive Effect of Electroshock on Learning", *Journal of Comparative Psychology* 42 (1949): 32-44; McGauch, J.L. "Memory—A Century of Consolidation", *Science* 287 (2000): 248-251; S.J. Sara e B. Hars, "In Memory of Consolidation", *Learning and Memory* 13 (2006): 515-521.
18. H. Eichenbaum "Hippocampus: Cognitive Processes and Neural Representations That Underlie Declarative Memory", *Neuron* 44 (2004): 109-120.
19. Eichenbaum, "Hippocampus"; Shohamy, D. e A.D. Wagner, "Integrating Memories in the Human Brain: Hippocampal-Midbrain Encoding of Overlapping Events", *Neuron* 60 (2008): 378-389.
20. W.B. Scoville e B. Milner, "Loss of Recent Memory after Bilateral Hippocampal Lesions", *Journal of Neurology, Neurosurgery, and Psychiatry* 20 (1957): 11-21; B. Milner, "Psychological Defects Produced by Temporal Lobe Excision", *Research Publications—Association for Research in Nervous and Mental Disease* 36 (1958): 244-257.
21. Ibidem; W. Penfield e B. Milner, "Memory Deficit Produced by Bilateral Lesions in the Hippocampal Zone", A.M.A. *Archives of Neurology & Psychiatry* 79 (1950): 475-497. Para examinar a complexidade dos processos cognitivos e neurais que sustentam cada estágio da memória nos seres humanos, neurocientistas se voltaram para experimentos com uma variedade de espécies animais. Essas investigações documentaram a formação da memória em vários níveis—melhoria do desempenho da memória, aumento ou diminuição na taxa de disparo dos neurônios e modificações estruturais e funcionais nas células e moléculas. Essas alterações são, todas, evidência da plasticidade neural, a capacidade do cérebro de mudar como resultado da experiência. O

NOTAS

objetivo eventual dessa pesquisa em andamento é integrar conhecimento de todos os níveis para criar uma descrição compreensiva de como surgiram o aprendizado e a memória. Macacos são animais escolhidos para trabalhos sobre processos cognitivos similares àqueles que ocorrem com os seres humanos. Podem aprender tarefas mais complexas que os roedores, especialmente quando se trata de flexibilidade cognitiva — a capacidade de estabelecer objetivos e depois executar os pensamentos e ações para atingi-los. Mas a manutenção dos macacos é cara e são necessários meses de treinamento porque as tarefas cognitivas que os pesquisadores querem que realizem são muito complexas. Como resultado disso, ratos e camundongos são amplamente utilizados na pesquisa da memória. Cada espécie tem suas vantagens. Os camundongos são os sujeitos ideais quando são necessários modelos ou manipulação genética. As sementes do estudo de manipulação genética foram semeadas em 1977, e a tecnologia evoluiu até o ponto em que agora é utilizada em milhares de laboratórios em todo o mundo. Em 2007, o Prêmio Nobel de Fisiologia ou Medicina foi outorgado a Mario Capecchi, a Sir Martin Evans e a Oliver Smithies "por suas descobertas de princípios para introduzir modificações de genes específicas em camundongos pelo uso de células-tronco embriônicas". Esse método pode ser usado para eliminar funções em tecidos específicos do camundongo e, ao fazê-lo, replicar centenas de doenças humanas. A vantagem de utilização dos camundongos como modelos é que eles permitem que os cientistas estudem doenças com maior precisão do que seria possível em seres humanos, com a esperança de criar novas terapias dirigidas à patologia subjacente. Ver Estudo dos genes, 1977 até o presente, Conferência do Prêmio Nobel http://www.nobelprize.org:nobel_prizes:medicine:laureates:2007:capecchi-lecture.html. A manipulação genética em ratos não tinha sido possível até recentemente, mas eles têm sido caracterizados de maneira muito mais completa nos laboratórios em termos de sua anatomia, fisiologia e comportamento, e seus cérebros maiores tornam mais fácil o registro da atividade de neurônios em animais ativos. Grande parte da pesquisa em neurociência utiliza ambas as espécies de maneira complementar para enfrentar perguntas não respondidas. Uma gama interessante de outras espécies tem sido utilizada com objetivos mais especializados — tentilhões zebrados para o estudo do aprendizado de canções, furões pelo seu maravilhoso sistema visual, e até lesmas-do-mar, conhecidas como *aplysia*, por seus enormes e facilmente acessíveis neurônios. A história da pesquisa da memória é uma síntese de experimentos com a memória em múltiplas espécies, cada uma delas contribuindo com avanços importantes ao longo do caminho. Embora incontáveis perguntas permaneçam sem resposta, as poucas décadas passadas trouxeram uma enorme quantidade de conhecimento, que sugere como uma experiência de aprendizagem é transformada em mudanças duradouras nos circuitos cerebrais.

22. McGauch, "Memory — A Century of Consolidation"; teóricos da consolidação da memória especularam que a memória declarativa de longo prazo, a nêmeses de Henry, depende de interações próximas e da coordenação entre o funcionamento do hipocampo e os processos no córtex. O córtex cerebral intato de Henry não podia fazer o trabalho sozinho. Em 2012, a pesquisa continua a focar-se em como o sistema hipocampal interage com os circuitos corticais para consolidar e armazenar lembranças. Como a consolidação ocorre gradualmente, é razoável supor que mecanismos múltiplos no hipocampo e no córtex são recrutados ao longo do caminho. Ver D. Marr, "Simple Memory: A Theory for Archicortex", *Philosophical Transactions of the Royal Society of London, Series B, Biological Sciences* 262 (1971): 23–81; L.R. Squire et al., "The Medial Temporal Region and Memory Consolidation: A New Hypothesis", in H. Weingartner et al. (orgs.) *Memory Consolidation: Psychobiology of Cognition* (Hillsdale, Nova Jersey: Lawrence Erlbaum Associates, 1984): 185–210; e J.L. McClelland et al., "Why There Are Complementary Learning Systems in the Hippocampus and Neocortex: Insights from the Successes and Failures of Connectionist Models of Learning and Memory", *Psychological Review* 102 (1995): 419–57.

23. S. Ramón y Cajal, "La Fine Structure des Centres Nerveux", *Proceedings of the Royal Society of London* 55 (1894): 444–468; D.O. Hebb, *The Organization of Behavior: A Neuropsychological Theory* (Nova York: John Wiley & Sons, 1949).

24. T. Lømo, "Frequency Potentiation of Excitatory Synaptic Activity in the Dentate Areas of the Hippocampal Formation", *Acta Physiologica Scandinavica* 68 (1966): 128; T.V.P. Bliss e T. Lømo, "Long-Lasting Potentiation

of Synaptic Transmission in the Dentate Area of the Anaesthetized Rabbit Following Stimulation of the Perforant Path", *Journal of Physiology* 232 (1973): 331-356; R.M. Douglas e G. Goddard, "Long-Term Potentiation of the Perforant Path-Granule Cell Synapse in the Rat Hippocampus", *Brain Research* 86 (1975): 205-215.

25. S.J. Martin et al., "Synaptic Plasticity and Memory: An Evaluation of the Hypothesis", *Annual Review of Neuroscience* 23 (2000): 649-711; T. Bliss et al., "Synaptic Plasticity in the Hippocampus", in P. Anderson et al. (orgs.) *The Hippocampus Book* (Nova York: Oxford University Press, 2007): 343-474.

26. Ibidem.

27. Em seguida, esses cientistas se perguntaram se esse déficit de aprendizado era aplicável a todos os tipos de aprendizado ou era específico do aprendizado espacial. Eles treinaram ratos em uma simples tarefa de discriminação visual, onde lhes era permitido escolher entre duas plataformas baseados em sua aparência. A cinza flutuava e propiciava a fuga, e a preta e branca listrada afundava. Essa tarefa não requeria aprendizado espacial. Ratos que receberam a droga para bloquear a LTP desempenhavam a tarefa de discriminação visual normalmente, o que indicava que o hipocampo não era necessário. O agudo contraste entre o dramático déficit em aprendizado espacial (declarativo) e o aprendizado intato de discriminação (não declarativo) é reminiscência da incapacidade pós-operação de Henry para encontrar o caminho para o banheiro no hospital, ao lado de sua facilidade para aprender novas habilidades motoras. Ver R.G. Morris et al., "Selective Impairment of Learning and Blockade of Long-Term Potentiation by an N-Methyl-D-Aspartate Receptor Antagonist, Ap5", *Nature* 319 (1986): 774-776.

28. J.Z. Tsien et al., "Subregion-and Cell Type-Restricted Gene Knockout in Mouse Brain", *Cell* 87 (1996): 1317-1326; T.J. McHugh et al., "Impaired Hippocampal Representation of Space in CA1-Specific NMDAR1 Knockout Mice", *Cell* 87 (1996): 1339-49; A. Rotenberg et al., "Mice Expressing Activated CaMKII Lack Low Frequency LTP and Do Not Form Stable Place Cells in the CA1 Region of the Hippocampus", *Cell* 87 (1996): 1351-1361.

29. T.V.P. Bliss e S.F. Cooke, "Long-Term Potentiation and Long-Term Depression: A Clinical Perspective", *Clinics* 66 (2011): 3-17.

30. J. O'Keefe e J. Dostrovsky, "The Hippocampus as a Spatial Map: Preliminary Evidence from Unit Activity in the Freely-Moving Rat", *Brain Research* 34 (1971): 171-175.
31. Y.L. Qin et al. "Memory Reprocessing in Corticocortical and Hippocampocortical Neuronal Ensembles", *Philosophical Transactions of the Royal Society of London, Series B, Biological Sciences* 352 (1997): 1525-1533.
32. J.D. Payne, "Learning, Memory, and Sleep in Humans", *Sleep Medicine Clinics* 6 (2011): 145-156.
33. K. Louie e M.A. Wilson, "Temporally Structured Replay of Awake Hippocampal Ensemble Activity During Rapid Eye Movement Sleep", *Neuron* 29 (2001): 145-156.
34. Ibidem.
35. A.K. Lee e M.A. Wilson, "Memory of Sequential Experience in the Hippocampus During Slow Wave Sleep", *Neuron* 36 (2002): 1183-1194. O *replay* da memória em ratos despertos também faz avançar nossa compreensão da consolidação. Em 2006, Wilson e colaboradores descobriram que, depois que um rato corria por uma trilha nova e parava para descansar, limpar seus bigodes ou apenas permanecer quieto, as lembranças de lugares no labirinto formadas em seu hipocampo eram passadas em ordem inversa — as células de lugar associadas com o final da trilha disparavam primeiro, e aquelas relacionadas com o começo disparavam por último. Essa reprodução instantânea de trás para diante sugere que o rato parava literalmente para pensar no tempo passado, contemplando, assimilando e consolidando o que recentemente havia experimentado. Como dois neurocientistas da Rutgers University mostraram em 2007, ratos despertos também podem reproduzir sequências de eventos para diante — na mesma ordem em que foram experimentados. O enigma é: o que estão pensando esses ratos, e por que se envolvem com a repetição? Se isso não é um pensamento pleno, pelo menos é um salto gigantesco nessa direção. Ver D.J. Foster e M.A. Wilson, "Reverse Replay of Behavioural Sequences in Hippocampal Place Cells During the Awake State", *Nature* 440 (2006): 680-683.
36. Ibidem; e K. Diba e G. Buzsaki, "Forward and Reverse Hippocampal Place--Cell Sequences During Ripples", *Nature Neuroscience* 10m (2007): 1241-1242.

37. D. Ji e M.A. Wilson, Coordinated Memory Replay in the Visual Cortex and Hippocampus During Sleep", *Nature Neuroscience* 10 (2007): 100–107.
38. E. Tulving e D.M. Thomson, "Encoding Specificity and Retrieval Processes in Episodic Memory", *Psychological Review* 80 (1973), 352–373.
39. H. Schmolck et al., "Memory Distortions Develop over Time: Recollections of the O.J. Simpson Trial Verdict after 15 and 32 Months", *Psychological Science* 11 (2000): 39–45.
40. J. Przybyslawski e S.J. Sara, "Reconsolidation of Memory after Its Reactivation", *Behavioural Brain Research* 84(1997): 241–246.
41. Ibidem.
42. O. Hardt et al., "A Bridge over Troubled Water: Reconsolidation as a Link between Cognitive and Neuroscientific Memory Research Traditions", *Annual Review of Psychology* 61 (2010): 141–167; Ver também D. Schiller et al., "Preventing the Return of Fear in Humans Using Reconsolidation Update Mechanisms", *Nature* 463 (2010): 49–53.
43. J.T. Wixted, "The Psychology and Neuroscience of Forgetting", *Annual Review of Psychology* 55 (2004): 235–269.
44. D.M. Freed et al., "Forgetting in H.M.: A Second Look", *Neuropsychologia* 25 (1987): 461–471.
45. Freed, "Forgetting in H.M."; Freed, D.M. e S. Corkin, "Rate of Forgetting in H.M.: 6-Month Recognition", *Behavioral Neuroscience* 102 (1988): 823–827.
46. R.C. Atkinson e J.F. Juola, "Search and Decision Processes in Recognition Memory", in D.H. Krantz (org.) *Contemporary Developments in Mathematical Psychology: Learning, Memory, and Thinking* (São Francisco, Califórnia: W.H. Freeman, 1974): 242–293; G. Mandler, "Recognizing: The Judgement of Previous Occurrence", *Psychological Review* 87 (1980): 252–271; Jacoby, L.L., "A Process Dissociation Framework: Separating Automatic from Intentional Uses of Memory", *Journal of Memory and Language* 30 (1991): 513–541.
47. J.P. Aggleton e M.W. Brown, "Episodic Memory, Amnesia, and the Hippocampal-Anterior Thalamic Axis", *Behavioral and Brain Science* 22 (1999): 425–444.
48. Freed, "Forgetting in H.M."; Freed e Corkin, "Rate of Forgetting in H.M."; e Aggleton e Brown, "Episodic Memory."

49. C. Ranganath et al., "Dissociable Correlates of Recollection and Familiarity within the Medial Temporal Lobes", *Neuropsychologia* 42 (203): 2-13.
50. Ibidem.
51. Ibidem.
52. B. Bowles et al., "Impaired Familiarity with Preserved Recollection after Anterior Temporal-Lobe Resection That Spares the Hippocampus", *Proceedings of the National Academy of Sciences* 104 (2007): 16382-16387; M.W. Brown et al., "Recognition Memory: Material, Processes, and Substrates: *Hippocampus* 20 (2010): 1228-1244. Em 2011, neurocientistas cognitivos da New York University propuseram um enfoque diferente sobre a organização da memória de reconhecimento em áreas do lobo temporal medial. Seus resultados em exames de ressonância magnética funcional com pacientes de pesquisa saudáveis sugeriram que o córtex perirrinal era especializado em representar objetos individuais, enquanto o córtex parahipocampal era especializado em representar cenas. Ver B.P. Staresina et al., "Perirhinal and Parahippocamal Cortices Differentially Contribute to Later Recollection of Object- and Scene- Related Event Details", *Journal of Neuroscience* 31 (2011): 8739-8747.

8. Memória sem lembrança I

1. A.S. Reber, "Implicit Learning of Artificial Grammars", *Journal of Verbal Learning and Verbal Behavior* 6 (1967): 855-863; L.R. Squire e S. Zola-Morgan, "Memory: Brain Systems and Behavior", *Trends in Neuroscience* 11 (1988): 170-175; K.S. Giovanello e M. Verfaellie, "Memory Systems of the Brain: A Cognitive Neuropsychological Analysis", *Seminars in Speech and Language* 22 (2001): 107-116.
2. S. Nicolas, "Experiments on Implicit Memory in a Korsakoff Patient by Claparède (1907)", *Cognitive Neuropsychology* 13 (1996): 1193-1199.
3. B. Milner, "Memory Impairment Accompanying Bilateral Hippocampal Lesions", in P. Passouant (orgs.) *Psychologie De L'hippocampe* (Paris, França: Centre National de la Recherche Scientifique, 1962): 257-272.
4. Ibidem.

NOTAS

5. S. Corkin, "Tactually-Guided Maze Learning in Man: Effects of Unilateral Cortical Excisions and Bilateral Hippocampal Lesions", *Neuropsychologia* 3 (1965): 339-351.
6. E.K. Miller e J.D. Cohen, "An Integrative Theory of Prefrontal Cortex Function", *Annual Review of Neuroscience* 24 (2001): 167-202; disponível online em web.mit.edu/ekmiller/Public/www/miller/Publications/Miller_Cohen_2001.pdf (acessado em setembro de 2012).
7. S. Corkin, "Acquisition of Motor Skill after Bilateral Medial Temporal-Lobe Excision", *Neuropsychologia* 6 (1968): 255-265; disponível online em web.mit.edu/bnl/pdf /Corkin%201968.pdf (acessado em setembro de 2012).
8. Ibidem.
9. Ibidem.
10. Ibidem.
11. Ibidem.
12. Ibidem.
13. Ibidem.
14. G. Ryle, "Knowing How and Knowing That", in *The Concept of Mind* (Londres, Hutchinson's University Library, 1949): 26-60; texto completo disponível online em tinyurl.com/8kqedyj (acessado em setembro de 2012). Décadas depois da publicação do livro de Ryle, a distinção filosófica entre "saber como" e "saber o quê" abriu caminho até a comunidade de inteligência artificial. Como foi visto no começo do capítulo cinco, a pesquisa de inteligência artificial com frequência ajudou a desenvolver teorias sobre o cérebro porque lida com a tarefa prática de programar computadores para que funcionem como cérebros humanos. As soluções resultantes podem dar aos neurocientistas modelos para testar e para prever como o cérebro funciona. Nos anos 1970, pesquisadores de inteligência artificial utilizavam os termos procedimental e declarativo para descrever dois modos de representar o conhecimento. Em 1975, Terry Winograd publicou um artigo, "Frame Representations and the Declarative/Procedural Controversy" (in D.G. Bobrow et al. (orgs.) *Representation and Understanding: Studies in Cognitive Sciences* [Nova York: Academic Press], p. 185-210), que esboçava uma discussão entre os processualistas e os declarativistas: "Os

processualistas afirmam que nosso conhecimento é primariamente 'saber como'. O processador de informação humano é um dispositivo de programa armazenado, com seu conhecimento do mundo *embutido* nos programas. O que uma pessoa (ou robô) sabe sobre a língua inglesa, sobre o jogo de xadrez ou sobre as propriedades físicas de seu mundo é coextensivo com seu conjunto de programas para operá-los com ele" (p. 186). Em outras palavras, o conhecimento consiste em rotinas específicas que guiam nosso comportamento. "Os declarativistas, por outro lado, não acreditam que o conhecimento de um assunto esteja intimamente ligado com os procedimentos sobre sua utilização. Eles veem a inteligência descansando sobre duas bases: um conjunto geral de procedimentos para manipular fatos de todo tipo, e um conjunto de fatos específicos que descrevem domínios particulares do conhecimento." Esse modo de encarar o conhecimento o considera como informação, em vez de um conjunto de operações. Winograd defendeu borrar a distinção entre os dois tipos de representações e propôs ficar no meio termo entre conhecimento declarativo e procedimental ao especificar como as afirmações declarativas particulares seriam usadas. Sua ideia era ligar procedimentos a fatos na memória de longo prazo. Contrariamente, John Anderson defendeu a diferença fundamental entre conhecimento declarativo e procedimental. Em seu livro de 1976 *Language, Memory, and Thought* (Hillsdale, Nova Jersey: Psychology Press), fazendo referência a Ryle, Anderson reparou em três características distintivas. A primeira é que o conhecimento declarativo é algo que temos ou não temos, enquanto o conhecimento procedimental pode ser adquirido gradualmente, um pouco de cada vez. Uma segunda distinção, escreveu ele, "é que adquirimos o conhecimento declarativo subitamente, através do que nos dizem, enquanto adquirimos o conhecimento procedimental gradualmente, ao desempenhar a habilidade" (p. 117). A terceira característica distintiva é que podemos falar de nosso conhecimento declarativo, mas não podemos explicar nosso conhecimento procedimental. Enquanto os teóricos debatiam sobre quão distintos realmente eram esses dois tipos de conhecimento, o cientista de computação Patrick Winston sugeriu um acordo. Em seu livro de 1977 *Artificial Intelligence* (Reading, Massachusetts: Addison-Wesley),

Winston escreveu, "Há argumentos pró e contra as posições procedimental e declarativa de como o conhecimento deve ser armazenado. Na maior parte das situações, o melhor plano é enfrentar os problemas de um modo bipartidário, aproveitando talentos de ambos os lados" (p. 393). Os seres humanos necessitam do conhecimento procedimental e declarativo para funcionar na vida cotidiana, e o cérebro atribui diferentes processos e circuitos para obter e armazenar esses dois tipos de informação. Milner já havia revelado essa distinção biológica 15 anos antes, quando relatou os resultados de Henry no teste de desenhar pelo espelho. Ver também Milner, "Memory Disturbance after Bilateral Hippocampal Lesions."

15. M. Victor e A.H. Ropper, *Adams and Victor's Principles of Neurology*, 7. ed. (Nova York: McGraw-Hill, Medical Pub. Division, 2001).

16. Ibidem.

17. Testes cognitivos adicionais reforçaram nossa conclusão de que o déficit apresentado no teste de desenhar pelo espelho que descobrimos em pacientes com Parkinson era na verdade um distúrbio de aprendizado. Para eliminar a possibilidade de que o aprendizado lento dos pacientes fosse devido a déficits no processamento de disposições espaciais ou de funções motoras básicas, pedimos a eles que passassem por testes adicionais para examinar essas outras capacidades. Quando nossas análises de dados levaram em conta todas essas outras pontuações de testes, eles ainda mostravam um significativo déficit de aprendizado. Essa descoberta fortalece a visão de que desenhar pelo espelho é sustentado por um circuito de memória que depende da neurotransmissão intata no estriado.

18. M.J. Nissen e P. Bullemer, "Attentional Requirements of Learning: Evidence from Performance Measures", *Cognitive Psychology* 19 (1987): 1–32.

19. D. Knopman e M.J. Nissen, "Procedural Learning Is Impaired in Huntington's Disease: Evidence from the Serial Reaction Time Task", *Neuropsychologia* 29 (1991): 245–254.

20. A. Pascual-Leone et al., "Procedural Learning in Parkinson's Disease Cerebellar Degeneration", *Annals of Neurology* 34 (1993): 594–602; J.N. Sanes et al., "Motor Learning in Patients with Cerebellar Dysfunction", *Brain* 113, (1990): 103–120.

21. T.A. Martin et al., "Throwing while Looking through Prisms. I. Focal Olivocerebellar Lesions Impair Adaptation", e "II. Specificity and Storage of Multiple Gaze—Throw Calibrations", *Brain* 119 (1996): 1183-1198: 1199-1211.
22. R. Shadmehr e F.A. Mussa-Ivaldi, "Adaptive Representation of Dynamics during Learning of a Motor Task", *Journal of Neuroscience* 14 (1994): 3208-3224; disponível em www.jneurosci.org/content/14/5/3208.full.pdf+html (acessado em setembro de 2012). Um modelo importante da neuropsicologia, que Daniel Willingham propôs em 1998, explica os estágios através dos quais progride o aprendizado de habilidades motoras. De acordo com essa teoria, o aprendizado de habilidades motoras utiliza dois modos independentes, um deles inconsciente e o outro consciente. O modo inconsciente agrupa três processos de controle motor que funcionam além da consciência: selecionar alvos espaciais para o movimento, sequenciar esses alvos e transformá-los em comandos musculares. O modo consciente, que demanda atenção, sustenta o aprendizado de habilidades motoras: selecionar objetivos para mudar o ambiente, selecionar alvos para o movimento e reunir uma sequência de alvos. O modo consciente é exercido quando uma pessoa imita o desempenho de um especialista. O aprendizado avança através da interação dos modos consciente e inconsciente. O modelo de Willingham permite que o pesquisador faça previsões sobre diferentes estágios e processos de aprendizado e seus fundamentos neurais. No entanto, ele não esclareceu os mecanismos através dos quais aprendemos habilidades motoras passo a passo. Ver D.B. Willingham, "A Neuropsychological Theory of Motor Skill Learning", *Psychological Review* 105 (1998): 558-584.
23. M. Kawato e D. Wolpert, "Internal Models for Motor Control", *Novartis Foundation Symposium* 218 (1998): 291-304.
24. Ibidem.
25. Ibidem.
26. H. Imamizu e M. Kawato, "Brain Mechanisms for Predictive Control by Switching Internal Models: Implications for Higher-Order Cognitive Functions", *Psychological Research* 73 (2009): 527-544.
27. T. Brashers-Krug et al., "Consolidation in Human Motor Memory", *Nature* 382 (1996): 252-255; disponível em tinyurl.com/8hhuga3 (acessado em setembro de 2012).

28. R. Shadmehr et al., "Time-Dependent Motor Memory Processes in Amnesic Subjects", *Journal of Neurophysiology* 80 (1998): 1590-1597; disponível em web.mit.edu/bnl/pdf/Shadmehr.pdf (acessado em setembro de 2012).
29. Ibidem.
30. Ibidem.
31. Ibidem.
32. Ibidem.
33. Karni, A. et al., "The Acquisition of Skilled Motor Performance: Fast and Slow Experience-Driven Changes in Primary Motor Cortex", *Proceedings of the National Academy of Sciences* 95 (1998): 861-868.
34. Ibidem. *Ver também* J.N. Sanes e J.P. Donoghue, "Plasticity and Primary Motor Cortex", *Annual Review of Neuroscience* 23 (2000): 393-415; disponível em tinyurl.com/8oyl87x (acessado em setembro de 2012).
35. E. Dayan e L.G. Cohen, "Neuroplasticity Subserving Motor Skill Learning", *Neuron* 72 (2011): 443-454.
36. R.A. Poldrack et al., "The Neural Correlates of Motor Skill Automaticity", *Journal of Neuroscience* 25 (2005): 5356-5364.
37. C.J. Steele e V.B. Penhune, "Specific Increases within Global Decreases: A Functional Magnetic Resonance Imaging Investigation of Five Days of Motor Sequence Learning", *Journal of Neuroscience* 30 (2010): 8332-8841.

9. Memória sem lembrança II

1. Pavlov, *Conditioned Reflexes: An Investigation of the Physiological Activity of the Cerebral Cortex* (Londres: Oxford University Press, 1927). O psicólogo Edwin B. Twitmyer fez uma descoberta similar em humanos quase simultaneamente. Em 1902, ele observou que, se uma campainha soava logo antes que um martelo para reflexos golpeasse o joelho de uma pessoa e causasse um movimento involuntário do joelho, o indivíduo também exibiria esse reflexo ao escutar a campainha, mesmo se o martelo não o tocasse. Ao longo do século, seguindo as descobertas de Pavlov e Twitmyer, os pesquisadores examinaram o condicionamento clássico em muitas espécies, inclusive em ratos, grilos, moscas-da-fruta, pulgas e lebres-do-mar. E.B. Twitmyer, "Knee

Jerks without Stimulation of the Patellar Tendon", *Psychological Bulletin* 2 (1905): 43-44; I. Gormezano et al., "Twenty Years of Classical Conditioning Research with the Rabbit", in J.M. Sprague et al. (orgs.) *Progress in Physiological Psychology* (Nova York: Academic Press, 1983): 197-275.
2. D. Woodruff-Pak, "Eyeblink Classical Conditioning in H.M.: Delay and Trace Paradigms", *Behavioral Neuroscience* 107 (1993): 911-925.
3. Ibidem.
4. Ibidem.
5. Ibidem.
6. Ibidem.
7. Ibidem.
8. R.E. Clark et al., "Classical Conditioning, Awareness, and Brain Systems", *Trends in Cognitive Sciences* 6 (2002): 524-531.
9. Ibidem.
10. O aprendizado perceptual na amnésia foi relatado pela primeira vez em 1968 pelos neuropsicólogos Elizabeth Warrington e Lawrence Weiskrantz. Essa descoberta foi quase tão revolucionária como a demonstração inicial de Milner da habilidade preservada de Henry para desenhar pelo espelho. Cinco de seus seis pacientes amnésicos eram portadores da síndrome de Korsakoff, na qual ocorre a perda de células no tálamo e no hipotálamo, o que levantou a questão: as lesões do lobo temporal medial de Henry teriam poupado aquela habilidade? Nós demonstramos mais tarde que ele era realmente capaz de exercer o aprendizado perceptual. E.K. Warrington e L. Weiskrantz, "New Method of Testing Long-Term Retention with Special Reference to Amnesic Patients", *Nature* 217 (1968): 972-974.; B. Milner et al., "Further Analysis of the Hippocampal Amnesic Syndrome: 14-Year Follow-up Study of H.M.", *Neuropsychologia* 6 (1968): 215-234, disponível em www.psychology.uiowa. edu/Faculty/Freeman/Milner_68.pdf (acessado em novembro de 2012).
11. E.S. Gollin, "Developmental Studies of Visual Recognition of Incomplete Objects", *Perceptual and Motor Skills* 11 (1960): 289-298; Milner et al., "Further Analysis of the Hippocampal Amnesic Syndrome."
12. Milner et al., "Further Analysis of the Hippocampal Amnesic Syndrome."
13. Ibidem.

14. Ibidem.
15. J. Sergent et al., "Functional Neuroanatomy of Face and Object Processing. A Positron Emission Tomography Study", *Brain* 115 (1992): 15-36; N. Kanwisher, "Functional Specificity in the Human Brain: A Window into the Functional Architecture of the Mind", *Proceedings of the National Academy of Sciences* 107 (2010): 11163-11170.
16. I. Gauthier et al., "Expertise for Cars and Birds Recruits Brain Areas Involved in Face Recognition", *Nature Neuroscience* 3 (2000): 191-197; disponível em http://www.systems.neurosci.info/FMRI/gauthier00.pdf (acessado em novembro de 2012).
17. C.D. Smith et al., "MRI Diffusion Tensor Tracking of a New Amygdalo-Fusiform and Hippocampo-Fusiform Pathway System in Humans", *Journal of Magnetic Resonance Imaging* 29 (2009): 1248-1261.
18. Warrington e Weiskrantz publicaram o primeiro relatório de precondicionamento por repetição em 1970, quando descobriram que seus pacientes amnésicos podiam completar uma base de três letras —MET— de uma palavra estudada previamente —METAL— com a mesma frequência que os participantes do grupo-controle. Os estímulos para esse estudo eram duas versões fragmentadas de cada palavra e a palavra completa. Os investigadores criaram as palavras fragmentadas ao fotografá-las com manchas que cobriam parte das letras. Em uma fase inicial dos estudos, os participantes viam primeiro a versão mais fragmentada de todas as palavras, depois as versões menos fragmentadas de cada uma e depois a palavra completa — METAL. Pediam que eles identificassem as palavras tão rapidamente quanto fosse possível. O objetivo do estudo era comparar três medidas de memória: retenção, onde duas delas — recordar e reconhecer — eram declarativas, e a terceira — completamento parcial — era não declarativa. O grupo amnésico, como esperado, teve problemas para recordar e para reconhecer as palavras que haviam visto antes — a marca registrada da amnésia. A grande surpresa surgiu na fase subsequente do teste, quando os participantes viam as primeiras três letras de cada palavra e depois pensavam em uma palavra de cinco letras — recuperação por completamento parcial. Nessa ocasião, os pacientes amnésicos relatavam tantas palavras estudadas quanto os

participantes do grupo-controle. Embora os pesquisadores, na época, não interpretassem esse resultado como evidência de precondicionamento poupado na amnésia, ainda assim eles publicaram a primeira demonstração de precondicionamento por completamento de bases de palavras. O método que utilizaram deu aos cientistas uma maneira de explorar a aprendizagem sem utilização da consciência em indivíduos saudáveis e em pacientes com uma variedade de desordens neurológicas e psiquiátricas. Ver E.K. Warrington e L. Weiskrantz, "Amnesic Syndrome: Consolidation or Retrieval?", *Nature* 228 (1970): 628–630. Durante os anos 1980 e 1990, apareceram centenas de relatórios de pesquisa sobre precondicionamento por repetição. Pesquisadores da memória examinaram os efeitos do precondicionamento em participantes saudáveis e em pacientes amnésicos, utilizando uma ampla gama de estímulos de texto: palavras, pseudopalavras (palavras inventadas que obedeciam às regras da ortografia inglesa), fragmentos de palavras, categorias de objetos, homófonos (palavras que soam iguais, mas possuem significados diferentes, como *conserto* e *concerto*), retratos, retratos fragmentados e padrões. Esses estudos elegantes elucidaram os meandros cognitivos do efeito de precondicionamento, particularmente em adultos jovens e saudáveis. À medida que o corpo de conhecimento sobre o precondicionamento por repetição cresceu, a questão do precondicionamento por repetição preservado na amnésia continuou a ocupar especialistas em memória. Em 1984, Peter Graf, Larry Squire e George Mandler escreveram um artigo no qual relataram os resultados de três experimentos. Sua intenção era comparar o desempenho de participantes amnésicos e do grupo-controle em quatro instâncias do aprendizado: três delas — recordação livre, reconhecimento e recordação auxiliada por pistas — eram declarativas, enquanto a quarta — completamento de palavras — era não declarativa. Os participantes inicialmente estudaram uma lista de palavras e depois passaram por um dos quatro testes mencionados acima. P. Graf et al., "The Information That Amnesic Patients Do Not Forget", *Journal of Experimental Psychology: Learning, Memory, and Cognition* 10 (1984): 164–178. Para o teste de recordação livre, os participantes escreviam as palavras que podiam lembrar uma lista do estudo em uma folha de papel. Para o teste de reeconhecimento, eles viam uma das palavras estudadas, junto com outras duas que começavam com o mesmo estema de três letras. Quando a palavra estudada era MERcado, as palavras que serviam para distraí-los seriam, por exemplo, MERcedes e MERgulho. Os participantes tinham que selecionar a palavra que haviam visto antes na lista. Para os testes de recordação com pistas e de completar palavras, os participantes recebiam as três primeiras letras das palavras estudadas como pistas. A principal diferença entre essas duas tarefas estava nas instruções. Para a recordação com pistas, pediam aos participantes que se lembrassem intencionalmente da lista de palavras com o auxílio das pistas. Estava claro para todos os participantes que aquele era um teste de memória. Para o teste de completar palavras, diziam aos participantes que a base de três letras era o começo de uma palavra inglesa, e pediam que transformassem cada um em uma palavra inteira. Eram encorajados a escrever a primeira palavra que lhes viesse à cabeça, e não notavam que sua memória estava sendo testada. As descobertas validaram os resultados de 1970 Warrington e Weiskrantz. As tarefas de recordação livre, de reconhecimento e de recordação com pistas mediam a memória declarativa, e o desempenho nessas tarefas, que não causava surpresa, estava severamente prejudicado nos participantes amnésicos. A questão-chave era se os pacientes amnésicos teriam o mesmo desempenho na tarefa de completar palavras como os participantes do grupo-controle — e assim foi. Com referência à explicação do precondicionamento como ativação de uma representação estabelecida de palavras estudadas, os cientistas concluíram que esse tipo de ativação permanecia intato na amnésia. Esse experimento ilustrava o papel fundamental das instruções na distinção entre memória declarativa e memória não declarativa. Quando pediam explicitamente aos pacientes amnésicos que lembrassem a lista de palavras com o auxílio do estema de três letras, eles tinham que acessar seu conhecimento declarativo e, portanto, falhavam em comparação ao desempenho dos participantes saudáveis. No entanto, quando lhes permitiam recorrer a seu conhecimento não declarativo, e simplesmente completar o estema de três letras com a primeira palavra que lhes viesse à cabeça, eles podiam realizar a tarefa com tanto sucesso como os participantes do grupo-controle. Ver Warrington e Weiskrantz, "Amnesic Syndrome: Consolidation or Retrieval?";

R. Diamond e P. Rozin, "Activation of Existing Memories in Anterograde Amnesia", *Journal of Abnormal Psychology* 93 (1984): 98-105, disponível em http://www.psych.stanford.edu/~jlm/pdfs/DiamondRozin84.pdf (acessado em novembro de 2012). Essas descobertas levantaram uma questão fundamental: o efeito de precondicionamento dura tanto nos pacientes amnésicos como o faz nos participantes do grupo-controle? Para que o desempenho dos pacientes amnésicos fosse considerado normal, a resposta a essa pergunta teria que ser sim. Examinadores mostravam aos participantes a lista do estudo e depois os testavam, tanto imediatamente como 15 minutos depois e 120 minutos depois, utilizando um diferente conjunto de palavras em cada período de tempo. Os pacientes alcançavam tantas respostas corretas como os participantes do grupo-controle, e o desempenho dos dois grupos era comparável em todos os períodos de tempo. Esse resultado significava que o efeito de precondicionamento durava a mesma quantidade de tempo — duas horas — em pacientes amnésicos e em participantes do grupo-controle. Ver Warrington e Weiskrantz, "Amnesic Syndrome: Consolidation or Retrieval?"; Graf et al., "The Information That Amnesic Patients Do Not Forget."
19. J.D.E. Gabrieli et al., "Dissociation among Structural-Perceptual, Lexical--Semantic, and Event-Fact Memory Systems in Amnesia, Alzheimer's Disease, and Normal Subjects", *Cortex* 30 (1994): 75-103.
20. Ibidem.
21. Ibidem.
22. Diamond e Rozin, "Activation of Existing Memories in Anterograde Amnesia."
23. Ibidem.
24. J.D.E. Gabrieli et al., "Intact Priming of Patterns Despite Impaired Memory", *Neuropsychologia* 28 (1990): 417-427; disponível em http://web.mit.edu/bnl/pdf/ Gabrieli_Milberg_Keane_Corkin_1990.pdf (acessado em novembro de 2012).
25. Ibidem.
26. Ibidem.
27. Ibidem.
28. Ibidem.

29. Keane, M.M. et al., "Priming in Perceptual Identification of Pseudowords Is Normal in Alzheimer's Disease", *Neuropsychologia* 32 (1994): 343-356.
30. Keane et al., "Priming of Perceptual Identification of Pseudowords Is Normal in Alzheimer's Disease"; Keane, M.M. et al., "Evidence for a Dissociation between Perceptual and Conceptual Priming in Alzheimer's Disease", *Behavioral Neuroscience* 105 (1991): 326-342.
31. Ibidem.
32. Arnold, S.E. et al., "The Topographical and Neuroanatomical Distribution of Neurofibrillary Tangles and Neuritic Plaques in the Cerebral Cortex of Patients with Alzheimer's Disease", *Cerebral Cortex* 1 (1991): 103-116.
33. Keane, M.M. et al., "Double Dissociation of Memory Capacities after Bilateral Occipital-Lobe or Medial Temporal-Lobe Lesions", *Brain* 118 (1995): 1129-1148.

10. O universo de Henry

1. Ogden, J.A. e S. Corkin, "Memories of H.M.", in *Memory Mechanisms: A Tribute to G. V. Goddard*. Corballis, M. et al. (orgs.) (Hillsdale, Nova Jersey: L. Erlbaum Associates, 1991): 195-215.
2. Hebben, N. et al., "Diminished Ability to Interpret and Report Internal States after Bilateral Medial Temporal Resection: Case H.M.", *Behavioral Neuro-science* 99 (1985): 1031-1039; disponível em web.mit.edu/bnl/pdf/Diminished%20Ability.pdf (acessado em novembro de 2012).
3. Kobayashi, S., "Organization of Neural Systems for Aversive Information Processing: Pain, Error, and Punishment", *Frontiers in Neuroscience* 6 (2012), disponível em www.ncbi.nlm.nih.gov/pmc/articles/PMC3448295/ (acessado em novembro de 2012).
4. Hebben et al., "Diminished Ability"; W. C. Clark, "Pain Sensitivity and the Report of Pain: An Introduction to Sensory Decision Theory", *Anesthesiology* 40 (1974): 272-287.
5. Hebben et al., "Diminished Ability"; de Graaf, C. et al., "Biomarkers of Satiation and Satiety", *American Journal of Clinical Nutrition* 79 (2004): 946-961.
6. Hebben et al., "Diminished Ability."

7. Butters, N. e L.S. Cermak, "A Case Study of the Forgetting of Autobiographical Knowledge: Implications for the Study of Retrograde Amnesia", in *Autobiographical Memory*, Rubin, D.C. (Nova York: Cambridge University Press, 1986): 253-272.
8. W.B. Scoville e B. Milner, "Loss of Recent Memory after Bilateral Hippocampal Lesions", Journal of Neurology, Neurosurgery, and Psychiatry 20(1957): 11-21; B. Milner et al., "Further Analysis of the Hippocampal AmnesicSyndrome: 14-Year Follow-up Study of H.M.", *Neuropsychologia* 6 (1968): 215-234, disponível em www.psychology.uiowa.edu/Faculty/Freeman/Milner_68.pdf (acessado em novembro de 2012).
9. H.J. Sagar et al., "Dissociations among Processes in Remote Memory", Annals of the New York Academy of Sciences 444 (1985): 533-555.
10. Ibidem.
11. Sagar et al., "Dissociations among Processes"; H.F. Crovitz e H. Schiffman, "Frequency of Episodic Memories as a Function of Their Age", *Bulletin of the Psychonomic Society* 4 (1974): 517-518.
12. Sagar et al., "Dissociations among Processes"; Sagar et al., "Temporal Ordering and Short-Term Memory Deficits in Parkinson's Disease", *Brain* 111 (Parte 3) (1988), 525-539. A teoria "último a entrar, primeiro a sair" data de 1881, quando o psicólogo francês Théodule Ribot observou que a perda da memória retrógrada com frequência segue um gradiente temporal — as memórias mais novas têm mais probabilidade de serem perdidas, enquanto as memórias mais antigas têm mais probabilidade de serem preservadas. T. Ribot, *Les Maladies de la Memoire* (Paris: Germer Baillière, 1881).
13. Os resultados de nossa entrevista estruturada com Henry mostraram que os primeiros relatórios clínicos dos anos 1950 e 1960 subestimaram enormemente a extensão de sua amnésia retrógrada. Os processos necessários para recuperar lembranças dos anos anteriores à sua operação estavam severamente interrompidos. Uma de nossas tarefas, o teste Crovitz, posteriormente foi criticada por nós e por outros, porque não era satisfatoriamente sensitiva ao diferenciar entre os relatórios de memória que eram suficientemente detalhados para merecerem a pontuação máxima de três daqueles que também ganharam uma nota três, mas eram muito mais ricos em detalhes. Precisá-

vamos de um teste que fizesse uma distinção mais fina entre os melhores desempenhos. Nossos experimentos subsequentes atingiram esse objetivo. Crovitz e Schiffman, "Frequency of Episodic Memories."

14. Tomados em conjunto, nossos estudos iniciais sobre a amnésia retrógrada de Henry forneceram resultados conflitantes, em parte porque não distinguiram entre lembranças pessoais remotas que refletiam conhecimento geral, tal como o nome de uma escola secundária, e aquelas que se sustentavam em reviver uma experiência, tal como o primeiro beijo. Como vimos no caso de Henry, ele podia nos dizer que colégio havia frequentado, mas não o que aconteceu no dia da sua formatura. Quando o interrogávamos, ficava aparente que, embora pudesse fornecer respostas para as perguntas mais gerais, algo ficava faltando quando o pressionávamos por detalhes mais específicos.

15. E. Tulving, "Episodic and Semantic Memory", in E. Tulving e W. Donaldson (orgs.) *Organization of Memory* (Nova York: Academic Press, 1972): 381-403.

16. L.R. Squire "Memory and the Hippocampus: A Synthesis from Findings with Rats, Monkeys, and Humans", *Psychological Review* 99 (1992): 195-231.

17. L.R. Squire e P.J. Bayley, "The Neuroscience of Remote Memory", *Current Opinion in Neurobiology* 17 (2007): 185-196.

18. L. Nadel e M. Moscovitch, "Memory Consolidation, Retrograde Amnesia and the Hippocampal Complex", *Current Opinion Neurobiology* 7 (1997): 217-227; e também Moscovitch e Nadel, "Consolidation and the Hippocampal Complex Revisited: In Defense of the Multiple-Trace Model", *Current Opinion Neurobiology* 8 (1998): 297-300.

19. B. Milner, "The Memory Defect in Bilateral Hippocampal Lesions", *Psychiatric Research Reports of the American Psychiatric Association* 11 (1959): 43-58.

20. S. Steinvorth et al., "Medial Temporal Lobe Structures Are Needed to Re--experience Remote Autobiographical Memories: Evidence from H.M. e W.R.", *Neuropsychologia* 43 (2005): 479-496.

21. Ibidem; *Ver também* E.A. Kensinger e S. Corkin, "Two Routes to Emotional Memory: Distinct Neural Processes for Valence and Arousal", *Proceedings of the National Academy of Sciences* 101 (2004): 3310-3315; disponível em www.pnas.org/content/101/9/3310.full.pdf+html (acessado em novembro de 2012).

22. Steinvorth et al., "Medial Temporal Lobe Structures."

23. Squire, L.R. "The Legacy of Patient H.M. for Neuroscience", *Neuron* 61 (2009): 6-9; disponível em whoville.ucsd.edu/PDFs/444_Squire_Neuron_2009.pdf (acessado em novembro de 2012); S. Corkin et al., "H.M.'s Medial Temporal Lobe Lesion: Findings from MRI", *Journal of Neuroscience* 17 (1997): 3964-3979.
24. Steinvorth et al., "Medial Temporal Lobe Structures Are Needed"; Nadel e Moscovitch, "Memory Consolidation, Retrograde Amnesia, and the Hippocampal Complex."
25. Y. Nir e G. Tononi, "Dreaming and the Brain: From Phenomenology to Neurophysiology", *Trends in Cognitive Sciences* 14 (2010): 88-100.
26. P. Maquet et al., "Functional Neuroanatomy of Human Rapid-Eye-Movement Sleep and Dreaming", *Nature* 383 (1996): 163-166.
27. D.L. Schacter et al., "Episodic Simulation of Future Events: Concepts, Data, and Applications", *Annals of the New York Academy of Sciences* 1124 (2008): 39-60.

11. Conhecendo os fatos

1. Kensinger, E.A. et al., "Bilateral Medial Temporal Lobe Damage Does Not Affect Lexical or Grammatical Processing: Evidence from Amnesic Patient H.M.", *Hippocampus* 11 (2001): 347-360.
2. Lackner, J.R., "Observations on the Speech Processing Capabilities of na Amnesic Patient: Several Aspects of H.M.'s Language Function", *Neuropsychologia* 12 (1974): 199-207.
3. MacKay, D.G. et al., "H.M. Revisited: Relations between Language Comprehension, Memory, and the Hippocampus System", *Journal of Cognitive Neuroscience* 10 (1998): 377-394.
4. Kensinger et al., "Bilateral Medial Temporal Lobe Damage Does Not Affect Lexical or Grammatical Processing."
5. Ibidem.
6. Ibidem.
7. Friederici, A.D., "The Brain Basis of Language Processing: From Structure to Function", *Physiological Review* 92 (2011): 1357-1392; Price, C.J., "A Review

and Synthesis of the First 20 Years of PET and fMRI Studies of Heard Speech, Spoken Language, and reading", *Neuroimage* 62 (2012): 816-847.
8. Park, D.C. e P. Reuter-Lorenz, "The Adaptive Brain: Aging and Neurocognitive Scaffolding", *Annual Review of Psychology* 60 (2009): 173-196.
9. Kensinger et al., "Bilateral Medial Temporal Lobe Damage Does Not Affect Lexical or Grammatical Processing."
10. Warrington, E.K. e L. Weiskrantz, "Amnesic Syndrome: Consolidation or Retrieval?", *Nature* 228 (1970): 628-630; Marslen-Wilson, W.D. e H.-L. Teuber, "Memory for Remote Events in Anterograde Amnesia: Recognition of Public Figures from Newsphotographs", *Neuropsychologia* 13 (1975): 353-364.
11. M. Kinsbourne e F. Wood, "Short-Term Memory Processes and the Amnesic Syndrome", in D. Deutsch et al. (orgs.) *Short-Term Memory* (San Diego, Califórnia, Academic Press, 1975): 258-2 93; M. Kinsbourne, "Brain Mechanisms and Memory", *Human Neurobiology* 6 (1987): 81-92.
12. J.D. Gabrieli et al., "The Impaired Learning of Semantic Knowledge Following Bilateral Medial Temporal-Lobe Resection", *Brain Cognition* 7 (1988): 157-177.
13. Ibidem.
14. F.B. Wood et al., "The Episodic-Semantic Memory Distinction in Memory and Amnesia: Clinical and Experimental Observations", in L.S. Cermak (org.) *Human Memory and Amnesia* (Hillsdale, Nova Jersey: Erlbaum, 1982): 167-194.
15. J.D. Gabrieli et al., "The Impaired Learning of Semantic Knowledge."
16. Ibidem.
17. Ibidem.
18. Ibidem.
19. B.R. Postle e S. Corkin, "Impaired Word-Stem Completion Priming but Intact Perceptual Identification Priming with Novel Words: Evidence from the Amnesic Patient H.M.", *Neuropsychologia* 36 (1998): 421-440.
20. Ibidem.
21. Ibidem.
22. Ibidem.
23. Ibidem.
24. Ibidem.
25. Ibidem.

26. E. Tulving et al., "Long-Lasting Perceptual Priming and Semantic Learning in Amnesia: A Case Experiment", *Journal of Experimental Psychology: Human Learning and Memory* 17 (1991): 595–617; P.J. Bayley e L.R. Squire, "Medial Temporal Lobe Amnesia: Gradual Acquisition of Factual Information by Nondeclarative Memory", *Journal of Neuroscience* 22 (2002): 5741–5748.
27. G. O'Kane et al., "Evidence for Semantic Learning in Profound Amnesia: An Investigation with Patient H.M.", *Hippocampus* 14 (2004): 417–425.
28. Ibidem.
29. Ibidem.
30. Ibidem.
31. Ibidem.
32. Ibidem.
33. Ibidem.
34. Ibidem.
35. Ibidem.
36. B.G. Skotko et al., "Puzzling Thoughts for H.M.: Can New Semantic Information Be Anchored to Old Semantic Memories?", *Neuropsychology* 18 (2004): 756–769.
37. Ibidem.
38. Ibidem.
39. F.C. Bartlett, *Remembering: A Study in Experimental and Social Psychology* (Cambridge: University Press, 1932).
40. D. Tse et al., "Schemas and Memory Consolidation", *Science* 316 (2007): 76–82.
41. Ibidem.

12. Fama crescente e saúde em declínio

1. W.B. Scoville e B. Milner, "Loss of Recent Memory after Bilateral Hippocampal Lesions", *Journal of Neurology, Neurosurgery, and Psychiatry* 20 (1957): 11–21.
2. D.H. Salat et al., "Neuroimaging H.M.: A 10-Year Follow-up Examination", *Hippocampus* 16 (2006): 936–945.
3. Nosso cérebro abriga bilhões de células nervosas individuais, ou neurônios, com milhares de tipos distintos já identificados e outros ainda desconhecidos.

NOTAS

Os neurônios são especializados no processamento de informação — recebendo, conduzindo e transmitindo sinais elétricos e químicos. O neurônio padrão tem o corpo de uma célula nervosa, numerosos dendritos e um único axônio que se ramifica. Os dendritos recebem sinais de outras células e os entregam ao corpo da célula, enquanto o axônio leva sinais para fora do corpo da célula, para ativar outros neurônios. Agrupações de corpos de células nervosas são chamadas de substância cinzenta, e grupos de axônios são conhecidos como substância branca. O córtex cerebral é feito de substância cinzenta, enquanto as vias de fibras curtas e longas que permitem que a informação flua de uma área para outra são substância branca. Com a ressonância magnética, fomos capazes de observar os efeitos do envelhecimento cerebral tanto na massa cinzenta como na matéria branca, em Henry e em pessoas idosas saudáveis. (E. Diaz, "A Functional Genomics Guide to the Galaxy of Neuronal Cell Types", *Nature Neuroscience* 9 (2006): 10-12; K. Sugino et al., "Molecular Taxonomy of Major Neuronal Classes in the Adult Mouse Forebrain", *Nature Neuroscience* 9 (2006): 99-107). Um estudo de autópsias de adultos mais velhos que não estavam dementes revelou que a substância cinzenta no córtex fica muito mais fina com o aumento da idade, mas a espessura cortical não se relacionou com o desempenho em teste cognitivo estimando capacidade mental geral do indivíduo logo antes da morte. Essa descoberta sugeriu que a cognição no envelhecimento poderia estar ligada mais diretamente à perda de substância branca do que à de substância cinzenta. Se esse fosse o caso, então qual seria a consequência do colapso da substância branca? Quando a substância branca está intata, a transmissão da informação neural é rápida e segue seu curso, um rio fluindo suavemente sem obstáculos no caminho. Mas, quando mínimas estruturas na substância branca estão comprometidas, esse rio se enche de represas, pedras, árvores e um bote parcialmente submerso. A transmissão neural fica obstruída e ineficiente, freando o processamento cognitivo e neural. S.H. Freeman et al., "Preservation of Neuronal Number Despite Age-Related Cortical Brain Atrophy in Elderly Subjects without Alzheimer Disease", *Journal of Neuropathology and Experimental Neurology* 67 (2008): 1205-1212; Salthouse, T.A., "The Processing-Speed Theory of Adult Age Differences in Cognition", *Psychological Review* 103 (1996): 403-428.

Embora as mudanças na substância branca em cérebros mais velhos sejam mais conspícuas que as da substância cinzenta, até recentemente mapear essas redes no cérebro vivo era uma tarefa difícil. Agora, um tipo avançado de ressonância magnética, imagens por tensor de difusão, pode medir e mapear a integridade do tecido da substância branca em indivíduos vivos saudáveis ou doentes. Com essa ferramenta, nossos colaboradores do Mass General Martinos Center descobriram erosão da substância branca não só em participantes mais velhos, mas também em indivíduos de meia-idade, reforçando que o declínio na memória relacionado com a idade também pode começar na meia-idade, mesmo em pessoas perfeitamente saudáveis. Em 2008, os membros do meu laboratório e eu fizemos duas perguntas-chave: a substância branca e a massa cinzenta são afetadas diferentemente pelo envelhecimento? E as medidas de desempenho cognitivo estão ligadas mais de perto a alterações na substância branca ou na massa cinzenta? Utilizamos técnicas de ressonância magnética para medir a espessura da massa cinzenta e mudanças sutis na matéria branca em todo o cérebro, em participantes jovens e mais velhos. Os dados de imagem forneceram informação sobre a integridade de áreas do cérebro que mediavam três tipos de aptidões: memória episódica, recordação atrasada de listas de palavras e de histórias; memória semântica, nomeando objetos e vocabulário; e processos de controle cognitivo — prestar atenção, vencer respostas dominantes e alcançando objetivos. Nos testes cognitivos, os adultos jovens se desempenharam melhor que os mais velhos nas questões de memória episódica e controle cognitivo, mas, como frequentemente ocorre, os adultos mais velhos de desempenharam melhor que os jovens nas tarefas de memória semântica, que sondavam seu conhecimento geral sobre o mundo. À medida que envelhecemos, nosso vocabulário e nosso conjunto de informações crescem e se tornam mais sofisticados. Consistentemente com estudos anteriores, descobrimos que o envelhecimento saudável está acompanhado pela deterioração da massa cinzenta e da matéria branca. Uma análise posterior das imagens de ressonância magnética revelou novas perspectivas. Quando correlacionamos aquelas medidas de estrutura cerebral com as pontuações dos testes cognitivos de adultos mais velhos, descobrimos que a espessura cortical — indicador da substância cinzenta — não estava

relacionada com o desempenho nos testes cognitivos. Em vez disso, nossos resultados confirmaram a especulação de que o dano à substância branca é enormemente mais responsável pelos déficits cognitivos que caracterizam o envelhecimento saudável. Encontramos correlações específicas à região entre pontuações de testes cognitivos e medições de substância branca. Os processos de controle cognitivo se correlacionavam com a integridade da substância branca do lobo frontal, ao passo que a memória episódica se relacionava à integridade da substância branca dos lobos parietal e temporal. Nosso experimento enviou a importante mensagem de que os cientistas que quiserem entender os fundamentos neurais da perda cognitiva devem examinar não apenas a substância cinzenta, mas também a substância branca. Essa sugestão se aplica não apenas aos experimentos sobre envelhecimento e suas doenças, mas também à pesquisa em participantes de todas as idades. D.A. Ziegler et al., "Cognition in Healthy Aging Is Related to Regional White Matter Integrity, but Not Cortical Thickness", *Neurobiology of Aging* 31 (2010): 1912-1926; D.H. Salat et al., "Age-Related Alterations in White Matter Microstructure Measured by Diffusion Tensor Imaging", *Neurobiology of Aging* 26 (2005): 1215-1227.
4. J.W. Rowe e R.L. Kahn, "Human Aging: Usual and Successful", *Science* 237 (1987): 143-149.
5. Salat et al., "Neuroimaging H.M."
6. Ibidem.

13. O legado de Henry

1. Há muito tempo eu acreditava que seria essencial estudar o cérebro de Henry após sua morte para tirar o máximo partido da riqueza de informação que surgia de sua participação na pesquisa. Minha visão sobre doação de cérebro provinha, parcialmente, de reconhecer o valor da informação que havia sido obtida em estudos prévios de autópsia sobre o mal de Parkinson e a doença de Alzheimer. Em 1960, um neurocientista da Universidade de Viena realizou autópsias em pacientes com o mal de Parkinson e descobriu que eles tinham níveis abaixo do normal de dopamina no cérebro. Essa importante descoberta

estimulou tratamentos para substituir a função da dopamina e assim aliviar os movimentos anormais que caracterizam o mal de Parkinson. Na doença de Alzheimer, podemos saber com certeza se o paciente teve a doença apenas ao procurar marcadores patológicos no cérebro durante a autópsia. Mesmo nos estágios iniciais do distúrbio, emaranhados neurofibrilares e placas amiloides são abundantes, e a morte de células é significativa. Examinar os cérebros depois da morte também esclarece os cientistas que estudam funções cognitivas em outras manifestações de dano cerebral, embora as autópsias em tais casos sejam raras. Neste livro, enfatizei o quanto aprendemos sobre os papéis de diferentes circuitos cerebrais ao estudar pacientes que tiveram o infortúnio de perder a função naquelas áreas; Henry foi apenas um exemplo excepcional. Na maior parte de nossa pesquisa, fizemos suposições sobre o dano cerebral real. Quando estudei danos cerebrais em militares veteranos, por exemplo, tive que inferir a localização e a extensão de suas lesões cerebrais com base nas feridas em seus crânios. Recentes avanços nos exames por imagem tornaram possível ver a anatomia do cérebro com muito mais detalhe, mas a ressonância magnética ainda é imperfeita. O único modo de ver realmente as anormalidades do cérebro é olhar diretamente para ele, o que só é possível após a morte. Estudos *post mortem* desses pacientes nos dizem, de um modo mais detalhado e mais completo, que dano cerebral levou àqueles déficits cognitivos, e eles podem auxiliar os debates científicos sobre o papel de estruturas cerebrais específicas na memória e sobre outras capacidades.

2. "H.M., an Unforgettable Amnesiac, Dies at 82"; disponível em www.nytimes. com /2008/12/05/us/05hm.html?pagewanted=all (acessado em dezembro de 2012).

Epílogo

1. Cirurgias experimentais foram praticadas desde a Antiguidade e foram o alicerce de muitos avanços no tratamento. Um exemplo surpreendente do século XXI é a cirurgia através de orifícios naturais. Vários anos atrás, um cirurgião do Mass General extraiu a vesícula biliar de uma mulher através de sua vagina. Esse tipo de cirurgia, apesar de parecer desagradável, oferece

várias vantagens sobre os métodos consagrados pelo tempo. Esses procedimentos não requerem uma incisão porque são levados a cabo através de uma abertura natural do corpo — a boca, o ânus, a vagina ou a uretra. Como resultado, não deixam cicatrizes e o tempo de recuperação é muito mais rápido — dias em vez de semanas, no caso de remoção da vesícula. Embora a cirurgia através de orifícios naturais pareça segura e efetiva, não podemos tirar conclusões firmes sobre os experimentos até que cada um deles e suas novas ferramentas especializadas tenham sido testados em estudos clínicos. Ao contrário disso, a operação experimental de Henry imediatamente deu uma forte diretiva a outros cirurgiões — nunca realizar esta operação. Sacha Pfeiffer, "You Want to Take My What Out of My Where? Hospitals Experiment with Orifice Surgery", WBUR/NPR News, 22 de junho de 2009, www.wbur.org/2009/06/22/orifice-surgery (acessado em dezembro de 2012).
2. B. Milner e W. Penfield, "The Effect of Hippocampal Lesions on Recent Memory", *Transactions of the American Neurological Association* (1955-56): 42-48; W.B. Scoville", World Neurosurgery: A Personal History of a Surgical Specialty", *International Surgery* 58 (1973): 526-535.
3. S. Tigaran et al., "Evidence of Cardiac Ischemia during Seizures in Drug Refractory Epilepsy Patients", *Neurology* 60 (2003), 492-495.

Índice

acidente de automóvel, 140-42
acompanhamento bimanual, 198-201, 214, 219, 222
adaptação a prismas, 208-10
adaptação, 118, 208-10, 403-04
altruísmo de Henry, 14, 256-57, 378
alucinações, 42, 45
ambiguidades linguísticas, 292-96
ambiguidades, léxicas, 292-96
ameaça de suicídio de Henry, 134-35
American Neurological Association, 68-69
Amígdala
  ataques do lobo temporal, 28, 378
  efeito a longo prazo da remoção, 133, 138, 258-62, 284, 286
  emoções, 131-32, 133, 138, 143, 280
  olfato, 116-18
  operação de Henry, 37, 52-53
  operação em D.C., 69
  operação em F.C. e P.B., 65
  pesquisa *post mortem*, 368
questões bioéticas sobre psicocirurgia, 376-79
resseção do lobo temporal medial bilateral, 37, 52-53
ressonância magnética do cérebro de Henry pós-operação, 109
Amnésia
  amnésia anterógrada, 110, 263, 268, 273, 381, 409-10
  amnésia retrógrada, 263-65, 268, 273-76, 411-13
  definindo, 10
  demência e, 268, 274, 329, 340
  modelos animais, 70, 119, 391, 395-96
  Ver também Memória
amnésia anterógrada, 110, 263, 268, 273, 381
amnésia global, 68
amnésia psicogênica, 10
amnésia retrógrada, 263-76
amplitude de dígitos, 77, 86, 345
anestesia, 27, 39, 61, 335

animais, amor de Henry pelos, 330
Annese, Jacopo, 352, 360-61, 363-67
   Digital Brain Laboratory Project (UCSD), 369
anticorpos, 369
apetite, 30, 114, 143, 258-62, 336, 345
Aplysia (*ver* lesma-do-mar), 80-82
aprendizado de habilidades motoras, 17, 191-224
   acompanhamento rotacional, 198-201, 222
   adaptação a prismas, 208-10
   aprendizado de labirintos, 196
   aprendizado rápido versus aprendizado gradual, 223-24
   aquisição de memórias motoras, 191-224
   atividade cerebral durante a aquisição de habilidade, 219-24
   batidas coordenadas, 198, 200
   cinemática, 219
   coordenação bimanual, 198-201, 214, 219, 222
   dinâmica, 219
   evolução das, 197-98
   modelo avançado, 213
   modelos teóricos de, 211-19
   natureza automática da, 220
   pacientes de Parkinson e de Huntington, 203-07, 220
   papel do estriado e do cerebelo em, 202-04, 213-14
   usando um andador, 192

aprendizado e memória declarativos (explícitos), 17, 18
   aprendizado de habilidades motoras e, 196-97, 201, 216
   construindo o futuro, 288-89
   episódica, 110, 149-50, 162-63, 180, 242, 265, 267-91, 298-302, 313-14, 381
   memória de trabalho e, 94-96
   Modelo Padrão de Consolidação da Memória, 273-76, 281-82
   semântica, 111, 152-54, 271-76, 280-82, 291-324
   sono e, 130, 171-76
   Teoria de Consolidação da Memória por Traços Múltiplo, 274-76, 281-82
   três estágios de formação da memória, 98
   Ver também, consolidação e armazenamento; codificação; evocação
aprendizado e memória não declarativos (implícitos/processuais). *Ver* aprendizado de habilidades motoras; aprendizado perceptual; aprendizado sem consciência I; aprendizado sem consciência II; condicionamento clássico; precondicionamento por repetição
aprendizado gradual, 223-24
aprendizado rápido, 224
aprendizado. *Ver* aprendizado declarativo e memória; aprendizado não declarativo e memória

ÍNDICE

área fusiforme facial, 234, 287
armazenamento de longo prazo, 16, 79, 148, 150, 158-59, 169, 177-78, 183-84, 196, 280, 282-83
armazenamento. *Ver* consolidação e armazenamento
arte e teatro, 374
aspiração, 52-53
associações, formação de, 155, 160-64, 189, 242-43, 247, 276, 322-23, 333
associatividade, 168
ativação do traço, 240
Atkinson, Richard, 98-99, 184
atualização da informação, 94-95
autoconsciência, 16, 255, 258, 273, 286-88
autópsia. *Ver* pesquisa post mortem
axônios, 165-67

Baddeley, Alan, 99
Ballantine, H. Thomas, 47
Bartlett, Sir Frederic, 64, 321
Berger, Hans, 28
Bickford Health Care Center, 113, 188-89, 254-55, 270, 323, 325, 327-28, 343, 347, 348, 351, 356, 371-73
Bickford, Ken, 254
Bickford, Rose, 254
bioética, 327, 377-79
bit, 148
Blasko, Lucille Taylor, 31
blog, 375
Brown, John, 90-91

Buckler, Arthur, 133-35, 144
Bullemer, Peter, 205, 223
Burckhardt, Gottlieb, 42

capacidade de aprendizado em labirintos, 119-21, 168, 171-75, 178-79, 196
capacidades de linguagem, 18, 42, 54, 61, 72, 74, 87, 99, 111, 124, 144, 148-49, 238-39, 242, 292-324, 331, 340, 348
capacidades perceptuais, 105, 111, 114-19, 235
aprendizado perceptual, 231-34
precondicionamento por identificação perceptual, 243-46, 307-11
capacidades sensoriais, 18
percepção, 114-19, 128, 231-32
raízes da formação da memória, 105-06, 114
sistema somatossensorial, 13, 73, 110, 116, 123, 196
Carey, Benedict J., 363, 367
celebridades, conhecimento de, 111, 234, 267, 305, 312-21, 324
células de lugar e campos de lugar, 171-76
células gliais, 56-60
cerebelo
aprendizado de habilidades motoras, 191, 202, 207-11, 213-14, 220-22, 224
cérebro atrofiado de Henry, 107-09, 368
condicionamento clássico, 227, 230
modelos internos, 213-14

cérebro emocional, 53
Chaplin, Charlie, 228, 320
choque eletroconvulsivo, 160-61
Churchland, Patricia, 367
Churchland, Paul, 367
cibernética, 97
ciência da computação, 16, 97, 148, 202, 213
Circuito de Papez, 53
civilização mesopotâmica, 25
civilizações antigas, 25, 29
Claparède, Édouard, 193
Clinical Research Center (CRC), Massachusetts Institute of Technology (MIT), 13
  avaliação médica de Henry, 137-38, 254-55, 335
  criação do CRC, 112
  vida de Henry no, 13, 14, 113-14, 327, 332, 337
Cohen, Jonathan, 101
Cohen, Neal, 270
coleção de armas, 32, 133, 176, 217, 373
comportamento orientado a objetivo, 18, 88, 92, 96-97, 101, 150, 212-13, 217-19, 303
condicionamento clássico, 193, 225-32, 247
condicionamento com atraso, 227-31, 247
condicionamento do traço, 228-32
conduta persistente, 93
Cone, William V., 62
consciência, 111, 123, 125, 192, 201, 231-32, 243, 246-47, 302, 314, 317, 380

consolidação e armazenamento
  aprendizado de habilidades motoras, 201, 215-16, 221
  aprendizagem declarativa e, 142, 158-76, 196
  importância do sono, 130, 170-76, 282-86
  incapacidade de consolidar novas memórias semânticas, 306
  papel do hipocampo, 142, 161, 164, 170, 174-76, 181, 275, 281-82
  processos subjacentes, 165-70
  Teoria do Modelo Padrão e de Traços Múltiplos, 273-76, 281-82
convulsões, 10
  estigma social associado com as, 30-32
  frequência cada vez maior das, 36
  grand mal, 25
  interferindo com o trabalho, 32-34
  localização das, 29-31, 35, 39-40
  longevidade de Henry, 376
  petit mal, 23-25
córtex auditivo, 231
córtex cerebral
  comunicação com o hipocampo, 105-06, 123-24, 142, 161, 164-65, 174-75, 275-83
  efeito de profundidade do processamento, 153
  locação neural da memória de curto prazo, 87

ÍNDICE

primeira psicocirurgia gravada em, 42
Ver também lobo frontal, lobo occipital, lobo parietal, lobo temporal
córtex cingulado, 123, 131, 158, 259, 289
córtex entorrinal, 52-53, 109, 187
córtex motor primário, 220-22
córtex para-hipocampal, 53, 109-11, 116-18, 125-27, 131, 150, 163, 187-88, 294, 318, 368
córtex perirrinal, 53, 109-11, 185-88, 318, 368
córtex pré-frontal
adaptabilidade para a tomada de decisões, 101
processos de controle cognitivo, 197-98
memória declarativa, 368
reconhecimento do rosto, 287
planejamento futuro, 288-89
aprendizado de habilidades motoras, 196-98, 222-24
processos de recuperação, 157
memória de trabalho, 101
córtex visual, 123, 175, 203, 234, 243-45, 310
Craik, Fergus, 151-52
Cushing, Harvey Williams, 27, 58

D'Esposito, Mark, 100
Dean, John, 147, 312
demência, 15-16, 28, 49, 245, 268, 274, 329, 340-48, 369
dendritos, 165-67
depressão, 40-41, 46, 143-44
desenho pelo espelho, 193-96, 204-08, 214, 222
detalhes da experiência, 275-79
Dia do Pi, 156-57
Dilantina (Fenitoína), 30, 34-35, 109, 116, 191-92, 336
distração, efeito na memória, 70, 88-91, 241
Distúrbio de Estresse Pós-Traumático (DEPT), 180
Distúrbios neurodegenerativos, 111-12
Ver também doença de Alzheimer; mal de Huntington; mal de Parkinson
Distúrbios psiquiátricos, cirurgia para.
Ver leucotomia pré-frontal; lobotomia pré-frontal; lobotomia temporal medial;
Dittrich, Luke, 72
doação de órgãos, 17, 342, 351, 353, 381
doença de Alzheimer, 71, 96, 112, 243-46, 342, 345-46, 369, 391, 394, 403-04, 410, 417-18
Dopamina, 203
drogas, tratamento com
anestesia durante cirurgia de substituição de quadril, 335
declínio de Henry com a idade, 346-47
doses maciças em Henry, 33, 35
histórico de uso em epilépticos, 25, 29
inadequação no controle dos 191-92, 199-200

Scoville, 35, 40
Ver também Dilantina
dura-máter, 39, 40, 51-52, 361-62

efeito de profundidade do processamento, 151-54
Eichenbaum, Howard, 113
Ekman, Paul, 139
eletroencefalograma (EEG), 28-30, 35-36, 39-40, 66, 173, 284, 326
emoção
    ansiedade de Henry com relação a seus pais, 254
    capacidade de Henry para, 258
    circuitos cerebrais, 49-53, 130-32, 158, 258
    envelhecimento de Henry e declínio da saúde, 340
    memória autobiográfica de Henry, 277, 280
    seis emoções básicas, 139
    vida emocional e personalidade de Henry, 129-45, 330-32
empregos, 33, 134-36, 250-51
enfisema, 132, 253
ensaio elaborativo, 154
entrevista sobre eventos públicos, 268, 281-82
epilepsia, 10, 12
    etimologia de, 25
    relatos históricos e tratamentos, 25-30
    lobotomia temporal medial, 50
    pesquisa colaborativa de Milner e Scoville, 68-72
    pesquisa de Penfield e procedimentos cirúrgicos, 27-28, 51, 57-70, 376
    testes pré e pós-operação no Montreal Neurological Institute, 71-74
    resultante da lobotomia, 46, 49-50
    tratamento, 26, 29, 33, 35, 40, 161, 191, 262, 335-36
    epilepsia de Henry, 10, 12-14, 23-25, 30-31, 33, 35-37, 40, 262-63, 348
    pesquisa colaborativa de Milner e Penfield, 12, 57, 64-68
equilíbrio, 109, 192
erros de intrusão, 160
Escândalo Watergate, 147, 312
escola secundária, 270
especificidade de entrada, 168
esquecimento, 10, 89, 142, 181-83, 197, 224, 303, 316
esquemas mentais, 315, 320-23, 333-34
esquizofrenia, psicocirurgia para a, 36, 45, 47, 50, 68
estriado, 127, 164, 202-07, 220-23, 368, 404
estruturas do lobo temporal medial
    efeito de profundidade do processamento, 150-55
    memória episódica, 110, 149-50, 162-63, 180, 242, 265, 267-91, 298-302, 313-14, 381
    ressonâncias magnéticas de Henry, 107-11
    pesquisa post mortem, 343, 351-52, 354-63, 365-68, 379

remoção das, 37, 50-55
memória semântica, 271-76, 280-82, 291-92, 298-302, 306, 309-22, 326, 381
  Ver também aprendizado declarativo e memória; memória episódica; memória semântica
estudos sobre a memória remota, 264-82
eventos futuros, 289
experimentos com chimpanzés, 43

família
  confiança de Henry nas lembranças da, 15
  reconhecimento por Henry da, 272-73
  Ver também Molaison, Elizabeth McEvitt (mãe); Molaison, Gustave Henry (pai)
familiaridade, 12, 13, 184-89, 267, 287, 333, 381
Fenitoína (Dilantina). Ver Dilantina
Fenobarbital (Luminal), 30, 35, 192, 200
figuras e eventos públicos, 67, 110, 266-69, 281-82, 300-02, 305
Fischer, Liselotte, 37, 77
Fluência da linguagem, 295-96
Foerster, Otfrid, 27, 60-61
Foley, Mary, 356
fome, consciência da, 258-62
formação da memória motora, 222-24
fracionamento da memória, 127, 149
Freeman, Walter, 41, 46-49

Frosch, Matthew, 342, 353, 360-64
fumo, 21, 138, 252, 276
Fundação Dana, 358
futebol americano, 161

Galanter, Eugene, 97
gene HTT, 162
Gibbs, Frederic, 28
glutamato, 169
Goddard, Harvey Burton, 34
Grass Instrument Company, 28
Grass, Albert, 28
Gregg, Alan, 63

H.M. (filme), 374
habituação, 81
Hartford Association for Retarded Citizens (HARC), 251
Hartford Regional Center, 133-38, 144, 258
Haylett, Howard Buckley, 35
Hebb, Donald O., 64, 79, 82-83, 166
hemisférios cerebrais, 50, 73, 294, 297
Herrick, Lillian, 249-55, 272, 328-30, 343, 371
Hilts, Philip, 14, 328
hipocampo
  aprendizagem por *esquemas*, 322-23
  capacidades de linguagem, 291-98
  compensação pelo dano em um lado, 66-67
  cortes cirúrgicos de Henry, acesso a informações sobre os, 53-54

emoção, 132
lembrança e familiaridade, 12, 13, 184-89, 267, 287, 333, 381
memória de reconhecimento, 68, 110, 153, 183-87, 234-35, 239, 242-44, 267, 270, 305, 332
memória episódica, 110, 149-50, 162-63, 180, 242, 265, 267-91, 298-302, 313-14, 381
memória semântica, 111, 271-76, 280-83, 292, 298-302, 306, 309-21, 326, 381
modelo padrão de consolidação da memória, 273-76, 281-82
papel na criação de associações, 161-65
pesquisa de Milner e Penfield sobre P.B. e F.C., 64-67
potenciação de longo prazo, 166-67
respostas condicionadas, 227
resseção bilateral do lobo temporal medial, 39-40, 50-55
ressonância magnética do cérebro de Henry após a operação, 108-11, 188, 203, 227, 338-43
sono, 170-76
Teoria dos Múltiplos Traços de Consolidação da Memória, 274-77, 281-82
tomografias computadorizadas do cérebro de Henry após a operação, 107-08

Ver também memória declarativa; memória episódica; memória semântica
Hitch, Graham J., 99
Horsley, Victor, 26

identidade. *Ver* senso de si mesmo
imageamento cerebral, 17, 105, 107-11, 150, 157, 187, 220-22, 232-34, 296-97, 338, 341-44, 352, 355, 357-58, 360, 363-64, 368-70, 372
Imagens por ressonância magnética (IRM), 14, 17
   atrofia cerebelar, 109, 203, 227, 368
   avaliando a remoção de tecido feita por Scoville, 52-53, 107-11
   avaliando os danos provocados pela operação de Henry, 108-11
   familiaridade, 187
   memória espacial de Henry, 123-24
   pesquisa post mortem, 17, 352, 354-60, 364
   surgimento do envelhecimento e da demência de Henry, 338-342
   TC versus, 107
imaginação, 288-89
Império Acadiano, 25
Infância, 10, 12, 21-25, 113, 176, 217, 264, 272, 277, 287, 319, 366
inibição de resposta, 95
início da vida de Henry, 12, 19-37
interferência, 142, 159, 176-77, 215-16
Internet, 375

ÍNDICE

IRM Funcional (fIRM)
   capacidades de linguagem, 297
   formação do modelo interno, 213-14
   método de *loci*, 157
   processamento facial, 234
   processos de aprendizado motor, 220-24
   processos de codificação, 158-59
   recordação e familiaridade, 185-88

Jackson, John Hughlings, 26
James, William, 78
Jasper, Herbert, 27-29, 66
Johnson, Duncan, 31
Jonides, John, 100
Journal of Neurosurgery, 376
Juola, James, 184

Kandel, Eric R., 80-82, 169
Kennedy, Joseph, 41
Kennedy, Rosemary, 41, 47
Kesey, Ken, 40
Krause, Fedor, 26

Lahey Clinic, Boston, Massachusetts, 33, 46
leitura de mapas, 124-25, 127
lembrança espontânea, 153
Lennox, William Gordon, 28
lesma-do-mar (*Aplysia*), 80-81
lesões na cabeça sofridas por Henry, 23
leucotomia pré-frontal, 44-46
Leucótomo, 44-46

Libido, 144, 258, 262, 331
Lima, Almeida, 44-45
lobectomia temporal, 27-28, 65-67, 188, 379
lobectomia, 27-28, 65-67, 188, 379
lobo frontal
   codificação de Henry, 157-59
   cortando fibras que conectam o lobo parietal e o, 43
   IRM, 157, 222
   lobotomia, 40-50
   memória de trabalho, 86-94, 97
   olfato, 116-19
lobo occipital, 100, 123, 154, 165, 245, 274, 367
lobo parietal
   cortando fibras que conectam o lobo frontal e, 43
   habilidades espaciais, 87, 123
   história da cirurgia de epilepsia, 30
   planejamento futuro, 289
   precondicionamento por repetição, 245
   processos associados ao, 87-88
lobo temporal
   córtex temporal inferior, 123
   especialização da função, 66-67
   lobectomia temporal de Penfield, 27-28
   operação de Henry, 52-53
   pesquisa de Milner e Penfield sobre F.C. e P.B., 57, 64-65

reconhecimento do rosto e do objeto, 234-37
Ver também estruturas do lobo temporal medial; lobotomia temporal medial
lobotomia
    crianças, 47
    frontal, 40-41, 46-50
    síndrome de lobotomia, 48-49
    temporal medial, 10, 37, 50-55, 68-70, 262, 317, 376
    transorbital, 46
lobotomia pré-frontal, 40-50, 376
lobotomia temporal medial, 37, 50-55
    base lógica para a, 52
lobotomia transorbital, 46
localização dos focos epilépticos de Henry, 30, 35-36, 39-40
localização neural da memória. Ver aprendizado declarativo e memória; aprendizado não declarativo e memória; memória de curto prazo; memória de longo prazo; memória de trabalho; memória episódica; memória semântica;
Lockhart, Robert, 151-52
Lømo, Terje, 166
Luminal (Fenobarbital), 30, 35, 192, 200

MacLean, Paul, 53
mal de Huntington, 203-01, 206-07, 220, 223

mal de Parkinson, 96, 203-07, 220, 223, 369
Mandler, George, 185
manutenção da informação, 94-95
mapa cognitivo, 120, 122-28
mascaramento, 115
matemática aplicada, 97, 148
Mathieson, Gordon, 66
McKay, Bettiann, 353-54
memória
    amnésia anterógrada, 110, 263-64, 268, 273, 381
    amnésia retrógrada, 263-65, 268, 273-76
    aprendizado de habilidades motoras, 191-224
    autobiográfica, 265, 267-89, 381
    capacidade de aprendizado em labirintos, 119-21, 168, 171-75, 178-79, 196
    consolidação e armazenamento da, 142, 158-76, 196, 273-76, 281-82
    do procedimento cirúrgico, 36, 257
    especificidade e seletividade da perda de Henry, 75-76
    esquecimento, 10, 89, 142, 181-83, 197, 224, 303, 316
    exame pós-operação de Henry, realizado por Milner, 70-73
    experimentos com chimpanzés, 43-44
    formação da, 53, 70, 76, 97, 105-06, 127, 149, 159, 167-68, 222
    fracionamento da, 127, 149, 382

ÍNDICE

identidade e, 15, 255, 273
Lembrança de Henry do voo em avião, 19-21, 24, 278-81, 366
memória de curto prazo, 75-92
memória de trabalho, 92-103
memória espacial, 95, 119-27, 168-76, 253
método de *loci*, 155-57
palácio da, 155-57
papel do lobo frontal na, 93-94, 97-98, 101, 197, 221-22, 245, 274, 289, 299, 368
papel do lobo temporal medial na, 110-11
papel do sono na consolidação da, 130, 170-76, 282-86
pesquisa de Milner e Penfield sobre F.C. e P.B., 57, 64-67
potenciação a longo prazo, 166-70
primária e secundária, 78
processos de codificação, 127, 148, 150-54, 158-61, 168-69, 182, 280, 282, 318, 322
processos de evocação, 10, 106, 110, 148, 150, 157, 169, 176-89, 221, 246-47, 275-76, 280, 282, 289, 299-302
reforço para a informação emocional, 131-33, 139-43, 280
repetição da, 170-76
teoria do processo dual, 76, 78-83, 86-87
teoria do processo único, 76, 83, 86
traços de, 15-16, 93, 131, 133, 142, 160-62, 166, 176-81, 267, 275, 280-83, 298, 308, 321
três estágios da formação da memória, 98, 147-89
Ver também memória declarativa; memória episódica; memória não declarativa; memória semântica; processos de codificação; processos de consolidação e armazenamento; processos de evocação;
memória autobiográfica, 265, 267-89, 381
memória de curto prazo
alcance de dígitos, 77, 86, 345
associação em blocos, 198
efeito da distração, 89-95
estoque de, 76, 87, 91, 94, 98-99, 293
interação da memória de longo prazo com a, 100
localização neural, 87
memória de trabalho, 91-102
processos de controle, 87-88
teoria do processo dual, 75-92
versus a memória de longo prazo, 77-78, 86
Ver também memória de longo prazo
memória de longo prazo, 10
declarativa e não declarativa como processos separados, 17, 18, 130, 149, 192-93, 196, 201, 224, 225, 313, 317-18, 335, 368, 381
declarativa e processual, 192-93, 196, 246

déficit de memória de K.F., 86-87
efeito de profundidade de processamento, 151-54
em cérebros que envelhecem, 17, 338-39
episódica e semântica, 271, 274-76, 280-83, 291, 298-300, 302, 313-14, 381
memória de curto prazo como processo separado, 75-103
papel dos lobos temporais mediais no, 10, 66, 69-70, 87, 96, 110-11, 119, 149, 153, 164-65
vivendo o momento sem, 76-79, 102-03, 133, 255-56
Ver também aprendizado declarativo e memória; aprendizado não declarativo e memória; memória de curto prazo; memória de trabalho; memória; processos de codificação; processos de consolidação e armazenamento; processos de evocação;
memória de trabalho, 78-79
memória de trabalho, 91-97
   condições neurológicas e, 97
   fenômeno emergente, 99-101
   memória declarativa e, 94-97
memória do tipo "Último a entrar, primeiro a sair", 268
memória episódica/conhecimento episódico, 110, 149-50, 162-63, 180, 242, 265, 267-91, 298-302, 313-14, 381

   aprendizado, semântica e, 313-18
   papel dos lobos temporais mediais, 302-03
memória espacial, 95, 119-27, 168-76, 253
memória explícita. *Ver* Tarefa de Piscar os olhos na memória declarativa, 227-32
memória implícita. *Ver* memória não declarativa
memória recente, 76
memória secundária, 78
memória semântica/conhecimento semântico, 291-324, 381
   amnésia anterógrada, 110-11
   aprendizado rápido *versus* lento, 317
   conhecimento de celebridades, 111, 305, 312-18
   conhecimento declarativo, 149
   conhecimento pré e pós-operação, 291-311
   envelhecimento e, 345-46
   esquemas, 315
   incapacidade para consolidar novas memórias, 302-07
   memória episódica e, 313-18
   modelo padrão de consolidação da memória, 273-76, 281-82
   papel dos lobos temporais mediais, 302
   Teoria de Consolidação da memória por traços múltiplos, 274-77, 281-82

ÍNDICE

unindo nova informação semântica a antigas memórias semânticas, 318-21
versus episódica, 271
Memory's Ghost (Hilts), 14, 238
metacontraste, 115
método de *loci*, 155-57
mídia, 13-14, 49, 267, 328, 373, 374-75
Miller, Earl K., 101
Miller, George A., 97, 148
Milner, Brenda, 12
   aprendizado de habilidades motoras, 193-96
   aprendizado preservado na amnésia, 193-96
   capacidade de Henry de formar associações, 164
   colaboração de Scoville, 68-71
   estudos comportamentais da memória imediata de Henry, 83-86
   estudos de F.C. e P.B., 57-58, 64-68
   exame psicológico de Henry, 69-71, 77, 88-89, 93-94, 119-21, 127, 163-65, 193-96, 232-34
   impacto nos futuros pesquisadores, 379
   laboratório no Montreal Neurological Institute, 72-74
   morte de Henry, 362
   repetindo a informação, 87-89
   teste de aprendizado perceptual, 232-34
mnemônica, 99, 155-57
modelo anterógrado, 212
modelo de função cerebral, 28
modelo inverso, 212
modelo padrão de consolidação da memória, 273-76, 281-82
modelos animais de amnésia, 70, 119, 391, 395
modelos internos, 211-14, 217-19
Molaison, Elizabeth McEvitt (mãe), 147, 196
   aparência, 21-22
   cirurgia, 129
   cuidadora, 121, 133
   declínio físico e mental, 249-51
   emoção de Henry em relação a, 138, 258
   explosões de Henry, 134-36
   graduação de Henry, 32
   lembranças de Henry de, 268-70
   morte de seu marido, 132-33
   morte de, 253
   operação de Henry, 54-55
   reconhecimento de fotografias feito por Henry, 273
   visita de Henry a Montreal, 74
Molaison, Gustave Henry (pai), 19-25, 32, 54-55, 129-38, 143, 249, 254, 258, 269-70, 272, 277, 282, 374
Molaison, Henry
   adaptação ao prisma, 208-10
   aprendizado de *esquema*, 321-23
   aprendizado de habilidades motoras, 193-202, 211, 216-19, 224
   aprendizado declarativo versus aprendizado não declarativo, 149, 196

aprendizado perceptual, 231-34
arte e teatro, 374-75
capacidade de aprender a planta baixa, 111, 122-25, 127, 368
capacidade de aprendizado em labirintos, 119-21
capacidade de formar associações, 164
capacidades de linguagem, 111, 291-98
capacidades perceptuais, 105, 111, 114-19, 235
capacidades sensoriais, 114-19
cavalheirismo, 257
codificando informação, 158-59
condicionamento clássico, 227-32
conhecimento pré-operação versus pós-operação, 291-324
conteúdo dos sonhos, 283-86
contribuição para a ciência, 372-74
declínio físico com a idade, 334-49
desenvolvendo um mapa cognitivo mental, 123-25, 127
efeito de profundidade do processamento, 151-54
especificidade da perda de memória, 71
esquecimento, 182-84
esquema mental do autor, 332-34
estudos de memória remota, 265-73
extensão da amnésia, 70-71
fama, 325-28
fixando nova informação semântica a antigas memórias semânticas, 318-21

higiene, 253
ilhas de lembranças, 111, 291-98
imaginação, 288-89
importância como participante de pesquisa, 225-26, 325-26, 379-82
lembrança e familiaridade, 185-88
lobotomia temporal medial, 37, 50-55
memória autobiográfica, 265, 267-89, 381
memória de trabalho, 92-97, 101-02
memória declarativa, 149-52
memória espacial, 95, 119-27, 168-76, 253
memória semântica, 312-18
modelos internos, 216-19
morte de seu pai, 132-33
morte e post mortem, 343, 351-54, 363, 365-66, 371-72
osteoporose, 191-92
participação na pesquisa, 76, 106, 145, 181-82, 226
personalidade, 16, 69, 77, 143-45, 255, 258, 332
pesquisa post mortem, 343, 351-52, 354-63, 365-68, 379-80
precondicionamento por repetição, 236-43, 307-11
processamento da informação, 148-49
programas de rádio, 32
questões éticas, 375-78
recuperação da informação, 176
relacionamento com a mãe, 138, 250-51

ÍNDICE

ressonância magnética do cérebro após a operação, 108-10
senso de humor, 14, 37, 144, 257, 287, 338, 348, 372, 373
senso de si mesmo, 15-16, 254-63, 273, 286-87, 327
transformações ambientais, 288-89
vida com a Sra. Herrick, 249-55
vida em Bickford, 328-32, 337-38
vida emocional, 129-45
visita ao Montreal Neurological Institute, 73-74
viver o momento, 102-03
Moniz, António Egas, 43-48
Montreal Neurological Institute, 12, 27-28, 63-64, 66, 119-22, 195, 234
mapeamento do cérebro intraoperativo, 72-73
Morris, Richard, 168, 326-27
Morte
  da mãe de Henry, 254
  de Henry, 17, 351-66
  de pacientes lobotomizados, 47
  do pai de Henry, 132-38, 143
Moscovitch, Morris, 274
Mulheres
  lobotomias nas, 47-48
  relacionamento de Henry com as, 31, 144, 262, 331
Müller, Georg Elias, 159-60, 181, 273
Murray, Bob, 32
Murray, George, 143-44
Mussa-Ivaldi, Ferdinando, 211

Nadel, Lynn, 274
National Institute of Mental Health (NIMH), 220
National Institutes of Health (NIH), 112
neurociência de sistemas, 17-18
Neurônios
  células gliais e, 59-60
  doença de Huntington, 203-04
  mal de Parkinson, 203
neuropatia periférica, 116
neurose de experiência, 43
neurotransmissores, 169, 203
New York Times, 14, 363, 367, 375
Nissen, Mary Jo, 205-07, 223
NMDA (N-metil-D-aspartato), 169
núcleo caudado, 202-03, 207, 211, 297

Ogden, Jenni, 257
olfato, 116-19
olfato, sentido do, 116-19
oligodendróglia, 60
Osler, William, 58
osteoporose, 191-92

palavras cruzadas, 9, 17, 137, 252, 299, 318-23, 330, 337, 340
Patient HM (peça de teatro), 375
Pavlov, Ivan, 226
Penfield, Wilder
  cirurgia prematura do lobo temporal, 51
  colaboração Scoville-Milner, 68
  experiência e pesquisa, 58-62

Foerster e, 27
glia, 59-60
missão de vida, 61-64
operação em F.C. e P.B., 57, 65-66
pesquisa cognitiva de Milner com, 57-58, 64-68
questões éticas sobre a psicocirurgia, 376
percepção da dor, 39, 258-62
"Perda da memória recente após lesões hipocampais bilaterais", 69, 325
personalidade, 16, 69, 77, 143-45, 255, 258, 332
pesquisa com animais
　aprendizado de *esquema*, 322-23
　células de lugar, 170-73
　codificar a informação, 160-61, 168-69, 322
　condicionamento clássico de Pavlov nos cães, 226
　experimentos com a memória de chimpanzés, 43-44
　potenciação de longo prazo, 166-70
　reconsolidar a informação, 177-80
　sono, 171-76
pesquisa post mortem, 119, 210, 343, 351-70
Peterson, Lloyd, 90
Peterson, Margaret, 90
Pilzecker, Alfons, 159-60, 181, 273
Plans and the Structure of Behavior (Miller, Galanter e Pribram), 97
planta baixa, 111, 122-25, 127, 368

plasticidade estrutural e funcional, 82, 166-71, 175, 219, 221-22, 231, 235
pneumoencefalograma (radiografia do cérebro), 23, 34-35, 107
pós-efeito negativo, 209-10
Postle, Bradley, 100
potenciação da frequência, 167
potenciação de longo prazo (PLP), 166-70
precondicionamento conceitual, 237-47, 307-11
precondicionamento por repetição, 236-47, 307-11
precondicionamento. *Ver* precondicionamento por repetição
Prêmio Nobel, 43, 58, 169
Pribram, Karl H., 97
Primeira Guerra Mundial, 27
Prisko, Lilli, 83-86
procedimento de Montreal, 64
processamento da informação, 149-88
　efeito de profundidade do processamento, 150-54
　três estágios da formação da memória, 148
processamento de rostos, 87, 100, 106, 110, 115, 128, 138, 150-51, 153, 189, 234-36, 270, 287-88, 300-01, 333, 381
processos cognitivos, 15, 27, 70, 88, 92, 94, 98, 100, 125, 149-50, 157, 184-85, 197, 205, 219, 223, 245, 247, 297, 339, 381
processos de alta ordem, 17, 245, 247
processos de cima para baixo, 101

ÍNDICE

processos de codificação, 127, 148, 150-54, 158-61, 168-69, 182, 280, 282, 318, 322
processos de controle
  aprendizado de habilidades motoras, 198-99, 223
  exemplos de, 88-89, 339
  memória de trabalho, 91, 98-99, 157-58
  processos de evocação, 10, 106, 110, 148, 150, 157, 169, 176-89, 221, 246-47, 275-76, 280, 282, 289, 299-302
Propranolol, 180
psicocirurgia, 10
  lembranças de Henry sobre, 254-58
  leucotomia pré-frontal, 44-46
  lobotomia frontal, 40-50, 376
  lobotomia pré-frontal, 40-50, 376
  lobotomia temporal medial, 50-55
  lobotomia transorbital, 46-47
  questões éticas, 376-79
  resseção bilateral do lobo temporal medial, 10, 37, 39-40, 69, 376
psicologia matemática, 184
psicose, 45, 49-50, 143
putâmen, 202-04, 207, 211, 223, 341
Puusepp, Ludvig, 43

QI, 67, 77, 105, 134, 299
questões éticas, 375-78
Quinlan, Jack, 31

Ramachandran, Vilayanur S., 367
Ramón y Cajal, Santiago, 59, 80, 166

reconhecimento, 68, 110, 153, 183-87, 234-35, 239, 242-44, 267, 270, 305, 332
  familiaridade, 12, 13, 184-89, 267, 287, 333, 381
  modelo de processo dual, 185-87
  recordação, 24, 32, 76, 103, 142-43, 149, 180, 183-88, 218, 232, 257, 268, 274, 279, 282, 301-02, 381
reconsolidação, 176-81
recordação, 153
registro sensorial, 98-99
repetição de informação, 84, 87-92, 154, 373-74
repetição simples, 154
Resnick, Susan, 358
resseção bilateral do lobo temporal medial, 10, 37, 69, 262, 295, 317, 376, 379
  resultados psiquiátricos, 36
ressonância magnética *Ex vivo*, 357, 363
Ricci, Matteo, 155
Río-Hortega, Pío del, 59
Ryle, Gilbert, 202

Salat, David, 356-57
Schiller, Peter, 114
Scientific American Mind, 375
Scoville, William Beecher, 12
  extensão da perda de memória de Henry, 68-71, 188, 198, 247, 291, 306

impulso sexual de Henry, 144, 262, 331
lembranças de Henry sobre, 256-57, 334
operação de Henry, 28, 37, 39-42, 52-55
questões éticas sobre a psicocirurgia, 376-77
remoção de áreas olfatórias, 116-19
treinamento e prática, 33-34, 71
Segunda Guerra Mundial, 31, 112, 266, 271, 296
sensibilização, 81
Senso de humor de Henry, 14, 37, 144, 154, 257, 287, 338, 348, 372, 373
senso de si mesmo, 15-16, 254-63, 273, 286-87, 327
sequências de RM, 358
sequências, 358
Ver também IRM funcional
sexualidade, 144, 258, 262, 331
Shadmehr, Reza, 211, 215-16
Shannon, Claude, 148
Sherrington, Charles Scott, 58
Shiffrin, Richard, 98-99
Simpson, O.J., 178
sinapses
fenda sináptica, 165
função das, 60, 79-80
papel na aprendizagem, 81-82
plasticidade estrutural e funcional, 166-70
plasticidade sináptica, 80

potenciação a longo prazo, 166-70
teorias da memória de processo único e dual, 79
síndrome de Korsakoff, 193, 264
sistema límbico, 50-53, 131-32, 158, 258
sistemas-escravos da memória de trabalho, 99-100
sonhos, 170-75, 283-86
sono REM (movimento rápido dos olhos), 130, 173-74, 284-86
sono, 130, 170-76, 282-86
Squire, Larry, 273, 281-82, 367
Sr. M., 249, 255, 343, 353, 371
Status epilepticus, 377
Steinvorth, Sarah, 277-81, 373
Stevens, Allison, 354
subsistema executivo central, 99
substância negra, 203
substituição de quadril, 335

tálamo, 46, 131, 202, 297, 341, 368
tarefa de alcance, 216-18, 224
tarefa de aprendizado sequencial, 205-08, 223
tarefa de batidas coordenadas, 198, 200
tarefa de distração de Brown-Peterson, 90-91
tarefa de palavra vs. de não palavra, 304-07
tarefa de separação de cartas, 93, 98
tato, sentido do, 13, 73, 110, 116, 123, 196

ÍNDICE

tempo, passagem do, 9-11, 68, 113, 154, 181
teoria da informação, 148
Teoria de processo dual da memória 76, 78-83, 86-87
teoria de processo único da memória, 76, 83, 86-87, 98
Teoria dos Múltiplos Traços de Consolidação da Memória, 274-77, 281-82
teoria matemática da comunicação, 148
teste de acompanhamento rotacional, 198-201, 222
Teste de Desenhos Incompletos de Gollin, 232-35
teste de escolha auto-ordenada, 95
Teste de reconhecimento de cenas famosas por múltipla escolha, 267
Teste de Wada, 378-79
Teste eSAM ("teste de fala e memória com utilização de etomidato"), 378
Teste N-atrás, 94-95
testes de localização espacial, 95, 126-27
tetrodos, 173
Teuber, Christopher, 137, 139-40
Teuber, Hans-Lukas, 111, 129-30, 135-42, 300, 325
The Concept of Mind (Ryle), 202
Théodule, Marie Laure, 375
tomografia computadorizada (TC), 108
tomografia por emissão de pósitrons (PET), 150, 234, 297

Tonegawa, Susumu, 169
tractografia, 342
tratos de substância branca, 45, 222, 235, 297, 339, 341-43, 358, 369
Treatise on Mnemonic Arts (Ricci), 155
Tribe, Kerry, 374-75
tronco cerebral, 109
Tulving, Endel, 271, 274

Um estranho no ninho (filme), 40
Universidade da Califórnia, em Irvine, 168
Universidade da Califórnia, em Los Angeles, 293, 326, 343
Universidade da Califórnia, em San Diego, 96, 178, 181, 231, 274, 326, 352, 365, 366-68
Universidade de Edimburgo, 168, 322
Universidade de Stanford, 97
Universidade de Yale, 33, 43, 373
Universidade do Arizona, 125-28, 136
Universidade Pierre e Marie Curie, 178
Universidade Vanderbilt, 235

van der Kouwe, André, 354, 384, 385
varicosidades axonais, 166
ventrículos laterais, 107
veteranos, 112, 180
vida social, 31-32, 252, 262-63, 270, 296, 329, 340

viver o momento, 76-78, 102-03, 133-34, 138
vocabulário, 75, 150, 298-99, 302-04, 318, 325
voo de avião, 19-21, 24, 278-81, 366

Watts, James, 41, 46-47
Wiener, Norbert, 97

Wii, 216
Wilson, Matthew, 172-75

Zangwill, Oliver, 64
zumbido, 109, 335-36

Este livro foi composto na tipologia Minion
Pro Regular, em corpo 11/16, e impresso em
papel off-white no Sistema Cameron da
Divisão Gráfica da Distribuidora Record.